Web 开发视频点播大系

HTML5 APP 开发从入门到精通

（基于 HTML5+CSS3+jQuery Mobile+Bootstrap）

未来科技　编著

中国水利水电出版社
www.waterpub.com.cn
·北京·

内 容 提 要

　　《HTML5 APP 开发从入门到精通（基于 HTML5+CSS3+jQuery Mobile+Bootstrap)》一书分为 4 大部分，共 21 章。第 1 部分讲述 HTML5 实战的基础知识，主要包括 HTML5 入门、HTML5 文字和版式变化、构建 HTML5 文档结构、HTML5 表单、HTML5 多媒体应用、客户端数据存储等；第 2 部分讲述 CSS3 的基础知识，主要包括 CSS3 概述、CSS 选择器、定义字体和文本样式、设计背景和边框样式、设计多列网页布局等技术；第 3 部分为框架部分，介绍了 jQuery Mobile 和 Bootstrap 实战框架的使用、常用组件的应用，以及 jQuery Mobile 的一些高级特性，如布局、主题、事件等；第 4 部分是实战部分，通过 3 个移动项目案例：微信 wap 网站、记事本应用项目和互动社区 wap 项目，介绍了 APP 开发的全过程。

　　《HTML5 APP 开发从入门到精通（基于 HTML5+CSS3+jQuery Mobile+Bootstrap)》配备了极为丰富的学习资源，其中配套资源有：**293 节教学视频（可二维码扫描）、素材源程序**；附赠的拓展学习资源有：**习题及面试题库、案例库、工具库、网页模板库、网页配色库、网页素材库、网页案例欣赏库**等。

　　《HTML5 APP 开发从入门到精通（基于 HTML5+CSS3+jQuery Mobile+Bootstrap)》适用于 HTML5 入门者、HTML5 移动开发入门者、jQuery Mobile 和 Boot strap 实战入门者，也可作为各大中专院校网页设计、网页制作、网站建设、Web 前端开发等专业的教学参考用书，或相关培训机构的培训教材。

图书在版编目（C I P）数据

HTML5 APP开发从入门到精通 ： 基于HTML5+CSS3+
jQuery Mobile+Bootstrap / 未来科技编著. -- 北京 ：
中国水利水电出版社, 2017.8(2020.3 重印)
　　（Web开发视频点播大系）
　　ISBN 978-7-5170-5420-7

　　Ⅰ. ①H… Ⅱ. ①未… Ⅲ. ①超文本标记语言—程序
设计 Ⅳ. ①TP312.8

中国版本图书馆CIP数据核字(2017)第115096号

书　　名	HTML5 APP 开发从入门到精通（基于 HTML5+CSS3+jQuery Mobile+Bootstrap） HTML5 APP KAIFA CONG RUMEN DAO JINGTONG
作　　者	未来科技　编著
出版发行	中国水利水电出版社 （北京市海淀区玉渊潭南路 1 号 D 座　100038） 网址：www.waterpub.com.cn E-mail：zhiboshangshu@163.com 电话：（010）62572966-2205/2266/2201（营销中心）
经　　售	北京科水图书销售中心（零售） 电话：（010）88383994、63202643、68545874 全国各地新华书店和相关出版物销售网点
排　　版	北京智博尚书文化传媒有限公司
印　　刷	三河市龙大印装有限公司
规　　格	203mm×260mm　16 开本　33.5 印张　934 千字
版　　次	2017 年 8 月第 1 版　2020 年 3 月第 6 次印刷
印　　数	13001—15000 册
定　　价	69.80 元

前 言

Preface

随着移动互联网的快速发展，网站能不能直接转换成手机可以浏览的版本，或者直接安装在手机上，已经成为很多用户比较关心的技术话题。为移动设备开发一个原生应用程序，费用比较昂贵，进入门槛也比较高。但是通过 HTML5 技术，稍微修改一下现有网站就能放到移动设备上，功能界面与普通 APP 没有区别，甚至更加美观，客户接受度普遍都很高。

当然，对于程序开发人员而言，最大的问题应该是界面设计部分，jQuery Mobile 和 Bootstrap 的出现，完全解决了这个问题，它们的优点之一就是只要稍加设置属性，就能将表单组件转换成移动设备界面。HTML5 能够与 jQuery Mobile 和 Bootstrap 搭配使用，轻易实现跨平台、跨设备的目的，这无疑是目前开发跨移动设备网站的技术首选。

本书以 HTML5 为主体，搭配 jQuery Mobile 和 Bootstrap 制作移动 APP，内容由基础到高级，循序渐进，通过范例帮助读者进行实战。

本书编写特点

📖 **案例丰富**

本书采用实例驱动的方式介绍移动 APP 开发，全书提供近百个实战案例，旨在教会读者如何进行移动开发。书中案例包含作者做过的很多应用，这些案例全部来源于真实的生活。本书最后通过 3 个综合项目来复习和巩固所学知识点。

📖 **实用性强**

本书对于 HTML5、CSS3、jQuery Mobile 和 Bootstrap 的剖析不仅仅关注知识面的系统性，更强调技术的实用性，特别是实战开发，除了进行深入的讲解和剖析，还具体演示了如何设计各种网站。

📖 **入门容易**

本书思路清晰、语言平实、操作步骤详细。因 HTML5、CSS3、jQuery Mobile 和 Bootstrap 涉及知识比较多，读者初次接触会面临很多困难和障碍。本书从零开始，手把手地说明和演示，帮助读者快速上手，旨在教会读者正确设计可用的移动版网站。

📖 **操作性强**

本书颠覆传统的"看"书观念，是一本能"操作"的图书。每个示例的步骤清晰、明了，读者简单模仿都能够快速上手，且这样的示例遍布全书每个小节。

编者的初衷是，不但能让读者了解做什么与怎么做，更能让读者清楚为什么要这么做。本书还提供了很多移动 APP 的设计技巧，以帮助读者找到最佳的学习路径和项目解决方案。

本书内容

本书分为 4 大部分，共 21 章，具体结构划分及内容如下。

第 1 部分：HTML5 基础知识，包括第 1～6 章，主要介绍了 HTML5 相关基础知识，包括 HTML5 入门、HTML5 文字和版式变化、构建 HTML5 文档结构、HTML5 表单、HTML5 多媒体、客户端数据存储等技术。

第 2 部分：CSS3 基本知识，包括第 7～11 章，讲解了 CSS3 基础知识，主要内容包括 CSS3 概述、CSS 选择器、定义字体和文本样式、设计背景和边框样式、设计多列网页布局等技术。

第 3 部分：框架部分，包括第 12～18 章，主要介绍了 jQuery Mobile 和 Bootstrap 框架的使用，以及常用组件的应用，包含页面、对话框、工具栏、按钮、表单、列表等可视元素，还介绍了 jQuery Mobile 的一些高级特性，如布局、主题、事件等。

第 4 部分：实战部分，包括第 19～21 章。这部分介绍了 3 个利用 jQuery Mobile 和 Bootstrap 实现的移动项目，分别为微信 wap 网站、记事本应用项目、互动社区 wap 项目。本书不仅给出了这些项目的源代码，还给出了 APP UI 的一些设计技巧。

本书显著特色

📖 体验好

二维码扫一扫，随时随地看视频。书中几乎每个章节都提供了二维码，读者朋友可以通过手机微信扫一扫，随时随地看相关的教学视频（若个别手机不能播放，请参考前言中的"本书学习资源列表及获取方式"下载后在计算机上可以一样观看）。

📖 资源多

从配套到拓展，资源库一应俱全。本书不仅提供了几乎覆盖全书的配套视频和素材源文件，还提供了拓展的学习资源，如习题及面试题库、案例库、工具库、网页模板库、网页配色库、网页素材库、网页案例欣赏库等，拓展视野、贴近实战，学习资源一网打尽！

📖 案例多

案例丰富详尽，边做边学更快捷。跟着大量的案例去学习，边学边做，从做中学，使学习更深入、更高效。

📖 入门易

遵循学习规律，入门实战相结合。本书编写模式采用"基础知识+中小实例+实战案例"的形式，内容由浅入深、循序渐进，从入门中学习实战应用，从实战应用中激发学习兴趣。

📖 服务快

提供在线服务，随时随地可交流。本书提供 QQ 群、网站下载等多渠道贴心服务。

本书学习资源列表及获取方式

本书的学习资源十分丰富，全部资源分布如下：

📖 配套资源

（1）本书的配套同步视频，共计 293 节（可用二维码扫描观看或从下述的网站下载）。

（2）本书的素材及源程序，共计 344 项。

📖 拓展学习资源

（1）习题及面试题库（共计 1 000 题）。

（2）案例库（各类案例 4 396 个）。

（3）工具库（HTML 参考手册 11 部、CSS 参考手册 10 部、JavaScript 参考手册 26 部）。

（4）网页模板库（各类模板 1 636 个）。

（5）网页素材库（17 大类）。

（6）网页配色库（623 项）。

（7）网页案例欣赏库（共计 508 例）。

以上资源的获取及联系方式

（1）登录网站 xue.bookln.cn，输入书名，搜索到本书后下载。

（2）加入本书学习 QQ 群：625853788，在群公告中找到相关资源后下载。

（3）读者朋友还可通过电子邮件 weilaitushu@126.com、945694286@qq.com 与我们联系。

（4）读者朋友可以加入本书微信公众号咨询关于本书的所有问题。

本书约定

为了节省版面，本书显示的大部分示例代码都是局部的，读者需要补全完整的网页代码，或者参考本书示例源代码。

针对部分示例可能需要虚拟服务器的配合，读者可以使用 Dreamweaver 定义一个本地虚拟服务器站点。

上机练习本书中的示例要用到 Opera Mobile Emulator 等移动平台浏览器。因此，为了测试所有内容，读者需要安装上述类型的最新版本浏览器。

为了给读者提供更多的学习资源，同时弥补篇幅有限的缺憾，本书提供了很多参考链接，部分本书无法详细介绍的问题都可以通过这些链接找到答案。这些链接地址仅供参考，因为这些链接地址会因时间而有所变动或调整，本书无法保证所有的地址是长期有效的。

本书所列出的插图可能会与读者实际环境中的操作界面有所差别，这可能是由于操作系统平台、浏览器版本等不同而引起的，在此特别说明，读者应该以实际情况为准。

本书适用对象

本书适用于以下读者：HTML5 入门者、HTML5 移动开发入门者、jQuery Mobile 和 Bootstrap 实战入门者。

关于作者

本书由未来科技组织编写，未来科技是由一群热爱 Web 开发的青年骨干教师组成的一个松散组织，主要从事 Web 开发、教学培训、教材开发等业务。该群体编写的同类图书在很多网店上的销量名列前茅，让数十万的读者轻松跨进了 Web 开发的大门，为 Web 开发的普及和应用做出了积极贡献。

参与本书编写的人员有：雷海兰、郭靖、邹仲、谢党华、刘望、彭方强、马林、刘金、吴云、赵德志、张卫其、李德光、刘坤、杨艳、顾克明、班琦、蔡霞英、曾德剑、曾锦华、曾兰香、曾世宏、曾旺新、曾伟、常星、陈娣、陈凤娟、陈凤仪、陈福妹、陈国锋、陈海兰、陈华娟、陈金清、陈马路、陈石明、陈世超、陈世敏、陈文广等。

编　者

目　录

Contents

第 1 章　HTML5 入门

HTML 是 Hypertext Markup Language 的缩写，中文翻译为超文本标识语言。HTML 是目前在网络上应用最为广泛的语言，也是构成网页文档的主要语言。HTML 文档是由 HTML 标签组成的描述性文本，HTML 标签可以标识文字、图形、动画、声音、表格、链接等。使用 HTML 标签编写的文档称为 HTML 文档，目前最新版本是 HTML5，也是最流行的 HTML 版本。

【学习重点】
- 了解 HTML5 与 HTML4 的不同。
- 了解 HTML5 的基本语法。
- 熟悉 HTML5 的新增元素和属性。
- 了解 HTML5 的全局属性。
- 了解 HTML5 的禁用元素和属性。

1.1　HTML5 与 HTML4 比较

2007 年 W3C（万维网联盟）立项 HTML5，直至 2014 年 10 月底，这个长达约 8 年的规范终于正式封稿。过去这些年，HTML5 颠覆了 PC 互联网的格局，优化了移动互联网的体验，接下来，HTML5 将颠覆原生 APP 世界。

HTML5 是最新的 HTML 标准，目前多数标准都已经制定，大部分的浏览器也都已经支持 HTML5 标准。广义的 HTML5 除了本身的 HTML5 标签之外，还包含 CSS3 和 JavaScript。为了配合 CSS 语法，HTML5 中架构与网页排版美化方面的标签做了很大的更改，但是基本的标签语法并没有大的改变。

HTML5 以 HTML4 为基础，对 HTML4 进行了大量的修改。下面简单介绍 HTML5 对 HTML4 进行了哪些修改，HTML5 与 HTML4 之间比较大的区别是什么。

1. 语法简化

HTML、XHTML 的 DOCTYPE、html、meta、script 等标签，在 HTML5 中有大幅度的简化。

2. 统一网页内嵌多媒体语法

以前在网页中播放多媒体时，需要使用 ActiveX 或 Plug-in 的方式来完成，例如，YouTube 视频需要安装 Flash Player，苹果网站的视频则需要安装 QuickTime Player。HTML5 之后使用<video>或<audio>标签播放视频和音频，不需要再安装额外的外挂了。

3. 新增<header>、<footer>、<section>、<article>等语义标签

为了让网页的可读性更高，HTML5 增加了<header>、<footer>、<section>、<article>等标签，明确表示网页的结构，这样搜索引擎就能轻易抓到网页的重点，对于 SEO（Search Engine Optimization，搜索引擎优化）有很大的帮助。

4. HTML5 废除了一些旧的标签

HTML5 新增了一些标签，但是也废除了一些旧标签，大部分是网页美化方面的，例如，<font>、<big>、<u>等。在后面的小节中会列出废除的标签。

5. 全新的表单设计

对于网页的程序设计者来说，表单是最常用的功能，在这方面，HTML5 做了很大的更改，不但新增了几项新的标签，原来的<form>标签也增加了许多属性。

6. 利用<canvas>标签绘制图形

HTML5 新增了具有绘图功能的<canvas>标签，利用它可以搭配 JavaScript 语法在网页上画出线条和图形。

7. 提供 API 开发网页应用程序

为了让网页程序设计者开发网页设计应用程序，HTML5 提供了多种 API 供设计者使用，例如，Web SQL Database 让设计者可以脱机访问客户端的数据库。当然，要使用这些 API，必须熟悉 JavaScript 语法。

以上 7 项只是 HTML5 中较大的更改，有些标签语法的小修改，在以后的章节中会陆续进行说明。

1.2 HTML5 基本语法

扫一扫，看视频

1. 内容类型

HTML5 的文件扩展符与内容类型保持不变。也就是说，扩展符仍然为 ".html" 或 ".htm"，内容类型（ContentType）仍然为 "text/html"。

2. 文档类型声明

根据 HTML5 设计化繁为简的准则，文档类型和字符说明都进行了简化。DOCTYPE 声明是 HTML 文件中必不可少的，它位于文件的第一行。在 HTML4 中，它的声明方法如下：

```
<!DOCTYPE html PUBLIC "-//W3C//DTD XHTML 1.0 Transitional//EN" "http://www.w3.org/TR/xhtml1/DTD/xhtml1-transitional.dtd">
```

在 HTML5 中，刻意不使用版本声明，一份文档将会适用于所有版本的 HTML。HTML5 中的 DOCTYPE 声明方法（不区分大小写）如下：

```
<!DOCTYPE html>
```

另外，当使用工具时，也可以在 DOCTYPE 声明方式中加入 SYSTEM 识别符，声明方法如下面的代码所示：

```
<!DOCTYPE HTML SYSTEM "about:legacy-compat">
```

在 HTML5 中像这样的 DOCTYPE 声明方式是允许的，不区分大小写，引号不区分是单引号还是双引号。

📢 提示：

使用 HTML5 的 DOCTYPE 会触发浏览器以标准兼容模式显示页面。众所周知，网页都有多种显示模式，如怪异模式（Quirks）、近标准模式（Almost Standards）和标准模式（Standards）。其中标准模式也被称为非怪异模式（No-quirks）。浏览器会根据 DOCTYPE 来识别该使用哪种模式，以及使用什么规则来验证页面。

3. 字符编码

在 HTML4 中，使用 meta 元素的形式指定文件中的字符编码，如下所示：

```
<meta http-equiv="Content-Type" content="text/html;charset=UTF-8">
```

在 HTML5 中，可以使用对<meta>元素直接追加 charset 属性的方式来指定字符编码，如下所示：

```
<meta charset="UTF-8">
```

两种方法都有效，可以继续使用前面的一种方式，即通过 content 元素的属性来指定。但是不能同时混合使用两种方式。在以前的网站代码中可能会存在下面代码所示的标记方式，但在 HTML5 中，这种字符编码方式将被认为是错误的：

```
<meta charset="UTF-8" http-equiv="Content-Type" content="text/html;charset=UTF-8">
```

从 HTML5 开始，对于文件的字符编码推荐使用 UTF-8。

4．版本兼容性

HTML5 的语法是为了保证与之前的 HTML 语法达到最大程度的兼容而设计的。简单说明如下。

➜　可以省略标记的元素

在 HTML5 中，元素的标记可以省略。具体来说，元素的标记分为三种类型：不允许写结束标记、可以省略结束标记、开始标记和结束标记全部可以省略。下面简单介绍这三种类型各包括哪些 HTML5 新元素。

第一，不允许写结束标记的元素有：area、base、br、col、command、embed、hr、img、input、keygen、link、meta、param、source、track、wbr。

第二，可以省略结束标记的元素有：li、dt、dd、p、rt、rp、optgroup、option、colgroup、thead、tbody、tfoot、tr、td、th。

第三，可以省略全部标记的元素有：html、head、body、colgroup、tbody。

◀》提示：

> 不允许写结束标记的元素是指，不允许使用开始标记与结束标记将元素括起来的形式，只允许使用<元素/>的形式进行书写。例如，
...</br>的书写方式是错误的，正确的书写方式为
。当然，HTML5 之前的版本中
这种写法可以被沿用。

可以省略全部标记的元素是指，该元素可以完全省略。注意，即使标记被省略了，该元素还是以隐式的方式存在的。例如，将 body 元素省略不写时，它在文档结构中还是存在的，可以使用 document.body进行访问。

➜　具有布尔值的属性

对于具有 boolean 值的属性，如 disabled 与 readonly 等，当只写属性而不指定属性值时，表示属性值为 true；如果想要将属性值设为 false，可以不使用该属性。另外，要想将属性值设定为 true 时，也可以将属性名设定为属性值，或将空字符串设定为属性值。

【示例 1】　在 HTML5 文档中，下面几种写法都是合法的。

```
<!-- 只写属性，不写属性值，代表属性为true-->
<input type="checkbox" checked>
<!-- 不写属性，代表属性为false-->
<input type="checkbox">
<!-- 属性值=属性名，代表属性为true-->
<input type="checkbox" checked="checked">
<!-- 属性值=空字符串，代表属性为true-->
<input type="checkbox" checked="">
```

➜　省略引号

属性值两边既可以用双引号，也可以用单引号。HTML5 在此基础上做了一些改进，当属性值不包括空字符串、<、>、=、单引号、双引号等字符时，属性值两边的引号可以省略。

【示例 2】　在 HTML5 文档中，下面的写法都是合法的。

```
<input type="text">
<input type='text'>
<input type=text>
```

【示例3】　通过上面介绍的 HTML5 语法知识，下面完全用 HTML5 编写一个文档，在该文档中省略了<html>、<head>、<body>等元素。可以通过这个示例复习一下本节中所介绍到的 HTML5 知识要点，如 DOCTYPE 声明，用<meta>元素的 charset 属性指定字符编码，<p>元素的结束标记的省略，使用<元素/>的方式来结束<meta>元素，以及
元素等。

```
<!DOCTYPE html>
<meta charset="UTF-8">
<title>HTML5 基本语法</title>
<h1>HTML5 目标</h1>
<p>HTML5 目标是为了能够创建更简单的 Web 程序，书写出更简洁的 HTML 代码。
<br/>例如，为了使 Web 应用程序的开发变得更容易，提供了很多 API；为了使 HTML 变得更简洁，开发出了新的属性、新的元素等。总体来说，为下一代 Web 平台提供了许许多多新的功能。
```

保存文档为 test3.html，然后在 IE 浏览器中的运行，则预览效果如图 1.1 所示

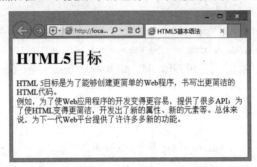

图 1.1　第一个 HTML5 文档

1.3　HTML5 新增元素

HTML5 引入了很多新的元素，根据应用的内容类型的不同，这些元素被分成 6 大类，如表 1.1 所示。

表 1.1　HTML5 内容类型

内容类型	说　明
内嵌	在文档中添加其他类型的内容，如 audio、video、canvas 和 iframe 等
流	在文档和应用的 body 中使用的元素，如 form、h1 和 small 等
标题	段落标题，如 h1、h2 和 hgroup 等
交互	与用户交互的内容，如音频和视频的控件、button 和 textarea 等
元数据	通常出现在页面的 head 中，设置页面其他部分的表现和行为，如 script、style 和 title 等
短语	文本和文本标记元素，如 mark、kbd、sub 和 sup 等

表 1.1 中所有类型的元素都可以通过 CSS 来设定样式。虽然 canvas、audio 和 video 元素在使用时往往需要其他 API 来配合，以实现细粒度控制，但它们同样可以直接使用。

1.3.1　结构元素

扫一扫，看视频

HTML5 定义了一组新的语义化标记来描述元素的内容。虽然语义化标记也可以使用 HTML 标记进行替换，但是它可以简化 HTML 页面设计，并且将来搜索引擎在抓取和索引网页的时候，也会利用到这些元素的优势。在目前主流的浏览器中已经可以用这些元素了。新增的语义化标记元素如表 1.2 所示。

表 1.2　HTML5 新增的语义化元素

元 素 名 称	说　　明
header	标记头部区域的内容（用于整个页面或页面中的一块区域）
footer	标记脚部区域的内容（用于整个页面或页面中的一块区域）
section	Web 页面中的一块区域
article	独立的文章内容
aside	相关内容或者引文
nav	导航类辅助内容
main	定义主要内容区域

根据 HTML5 效率优先的设计理念，它推崇表现和内容的分离，所以在 HTML5 的实际编程中，开发人员必须使用 CSS 来定义样式。

【示例】　在下面的示例中分别使用 HTML5 提供的各种语义化结构标记重新设计一个网页，效果如图 1.2 所示。

```
<!DOCTYPE html>
<html>
<head>
<meta charset="utf-8" >
<title>HTML5 结构元素</title>
<link rel="stylesheet" href="html5.css">
</head>
<body>
<header>
    <h1>网页标题</h1>
    <h2>次级标题</h2>
    <h4>提示信息</h4>
</header>
<div id="container">
    <nav>
        <h3>导航</h3>
        <a href="#">链接 1</a> <a href="#">链接 2</a> <a href="#">链接 3</a> </nav>
    <section>
        <article>
            <header>
                <h1>文章标题</h1>
            </header>
            <p>文章内容……</p>
            <footer>
                <h2>文章注脚</h2>
            </footer>
        </article>
    </section>
    <aside>
        <h3>相关内容</h3>
        <p>相关辅助信息或者服务……</p>
    </aside>
    <footer>
        <h2>页脚</h2>
    </footer>
```

```
</div>
</body>
</html>
```

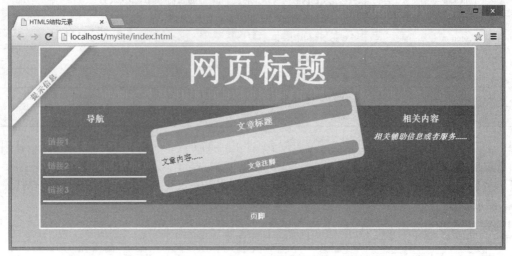

图 1.2　HTML5 语义化结构网页

注意：

在上面示例中使用了 CSS3 的一些新特性，如圆角（border-radius）和旋转变换（transform:rotate()）等，相关技术将在后面章节介绍，本节仅作了解。

1.3.2　功能元素

➥ hgroup 元素：用于对整个页面或页面中一个内容区块的标题进行组合。例如：

```
<hgroup>...</hgroup>
```

在 HTML4 中表示为：

```
<div>...</div>
```

➥ figure 元素：表示一段独立的流内容，一般表示文档主体流内容中的一个独立单元。使用 figcaption 元素为 figure 元素组添加标题。例如：

```
<figure>
    <figcaption>标题</figcaption>
    <p>内容...</p>
</figure>
```

在 HTML4 中表示为：

```
<dl>
    <h1>标题</h1>
    <p>内容...</p>
</dl>
```

➥ video 元素：定义视频，比如电影片段或其他视频流。例如：

```
<video src="movie.ogg" controls="controls">video 元素</video>
```

在 HTML4 中表示为：

```
<object type="video/ogg" data="movie.ogv">
    <param name="src" value="movie.ogv">
</object>
```

➥ audio 元素：定义音频，比如音乐或其他音频流。例如：

```
<audio src="someaudio.wav">audio 元素</audio>
```

在 HTML4 中表示为：

```
<object type="application/ogg" data="someaudio.wav">
    <param name="src" value="someaudio.wav">
</object>
```

➥　embed 元素：用来插入各种多媒体，格式可以是 Midi、Wav、AIFF、AU、MP3 等。例如：

```
<embed src="horse.wav" />
```

在 HTML4 中表示为：

```
<object data="flash.swf" type="application/x-shockwave-flash"></object>
```

➥　mark 元素：主要用来在视觉上向用户呈现那些需要突出显示或高亮显示的文字。mark 元素的一个比较典型的应用就是在搜索结果中向用户高亮显示搜索关键词。例如：

```
<mark></mark>
```

在 HTML4 中表示为：

```
<span></span>
```

➥　time 元素：表示日期或时间，也可以同时表示两者。例如：

```
<time></time>
```

在 HTML4 中表示为：

```
<span></span>
```

➥　canvas 元素：表示图形，如图表和其他图像。这个元素本身没有行为，仅提供一块画布，但它把一个绘图 API 展现给客户端 JavaScript，以使脚本能够把想绘制的东西绘制到这块画布上。例如：

```
<canvas id="myCanvas" width="200" height="200"></canvas>
```

在 HTML4 中表示为：

```
<object data="inc/hdr.svg" type="image/svg+xml" width="200" height="200">
</object>
```

➥　output 元素：表示不同类型的输出，比如脚本的输出。例如：

```
<output></output>
```

在 HTML4 中表示为：

```
<span></span>
```

➥　source 元素：为媒介元素（比如<video>和<audio>）定义媒介资源。例如：

```
<source>
```

在 HTML4 中表示为：

```
<param>
```

➥　menu 元素：表示菜单列表。当希望列出表单控件时使用该标签。例如：

```
<menu>
    <li><input type="checkbox" />red</li>
    <li><input type="checkbox" />blue</li>
</menu>
```

在 HTML4 中，不推荐使用 menu 元素。

➥　ruby 元素：表示 ruby 注释（中文注音或字符）。例如：

```
<ruby>汉<rt><rp>(</rp>ㄏㄢ'<rp>)</rp></rt></ruby>
```

➥　rt 元素：表示字符（中文注音或字符）的解释或发音。例如：

```
<ruby>汉<rt> ㄏㄢ'</rt></ruby>
```

➥　rp 元素：在 ruby 注释中使用，以定义不支持 ruby 元素的浏览器所显示的内容。例如：

```
<ruby>汉<rt><rp>(</rp>ㄏㄢ'<rp>)</rp></rt></ruby>
```

➥　wbr 元素：表示软换行。wbr 元素与 br 元素的区别：br 元素表示此处必须换行；wbr 元素的意思是浏览器窗口或父级元素的宽度足够宽时（没必要换行时），不进行换行，而当宽度不够时，主动在此处进行换行。

```
<p> TW3C invites media, analysts, and other attendees of Mobile World Congress (MWC)
<wbr> 2012 to meet with W3C and learn how the Open Web Platform <wbr>is transforming
industry. From 27 February through 1 March W3C will </p>
```

➥ command 元素：表示命令按钮，如单选按钮、复选框或按钮。例如：

```
<command onclick=cut()" label="cut">
```

➥ details 元素：表示用户要求得到并且可以得到的细节信息。它可以与 summary 元素配合使用。summary 元素提供标题或图例。标题是可见的，用户点击标题时，会显示出细节信息。summary 元素应该是 details 元素的第一个子元素。例如：

```
<details>
    <summary>HTML5</summary>
    For the latest updates from the HTML WG, possibly including important bug fixes,
please look at the editor's draft instead. There may also be a more up-to-date Working
Draft with changes based on resolution of Last Call issues.
</details>
```

➥ datalist 元素

datalist 元素表示可选数据的列表，与 input 元素配合使用，可以制作出输入值的下拉列表。例如：

```
<datalist></datalist>
```

➥ datagrid 元素：表示可选数据的列表，它以树形列表的形式显示。例如：

```
<datagrid></datagrid>
```

➥ keygen 元素：表示生成密钥。例如：

```
<keygen>
```

➥ progress 元素：表示运行中的进程，可以使用 progress 元素来显示 JavaScript 中耗费时间的函数的进程。例如：

```
<progress></progress>
```

➥ email：表示必须输入 E-mail 地址的文本输入框。

➥ url：表示必须输入 URL 地址的文本输入框。

➥ number：表示必须输入数值的文本输入框。

➥ range：表示必须输入一定范围内数字值的文本输入框。

➥ Date Pickers：HTML5 拥有多个可供选取日期和时间的新型输入文本框。

   ↳ Date：选取日、月、年。

   ↳ Month：选取月和年。

   ↳ Week：选取周和年。

   ↳ Time：选取时间（小时和分钟）。

   ↳ Datetime：选取时间、日、月、年（UTC 时间）。

   ↳ datetime-local：选取时间、日、月、年（本地时间）。

1.4　HTML5 废除的元素

HTML5 新增了一些元素，也废除了一些旧的元素，虽然目前这些即将废除的元素仍然可以使用，不过既然 W3C 已经明确指出将废除这些元素，为了避免以后网页显示发生问题，最好避免使用它们。

如果网页中不小心使用了这些废除的元素也没有关系，当标记停用时，HTML5 仍然具备向下兼容的特性，浏览器将会跳过错误继续向下执行，只是网页可能会无法完整呈现想要的效果。

在 HTML5 中废除了 HTML4 过时的元素，简单介绍如下。

1. 能使用 CSS 替代的元素

对于 basefont、big、center、font、s、strike、tt、u 这些元素，由于它们的功能都是表现文本效果，而 HTML5 中提倡把呈现性功能放在 CSS 样式表中统一编辑，所以将这些元素废除了，并使用编辑 CSS、添加 CSS 样式表的方式进行替代。其中 font 元素允许由"所见即所得"的编辑器来插入，s 元素、strike 元素可以由 del 元素替代，tt 元素可以由 CSS 的 font-family 属性替代。

2. 不再使用 frame 框架

对于 frameset 元素、frame 元素与 noframes 元素，由于 frame 框架对网页可用性存在负面影响，在 HTML5 中已不支持 frame 框架，只支持 iframe 框架，或者用服务器方创建的由多个页面组成的复合页面的形式，同时将以上这三个元素废除。

3. 只有部分浏览器支持的元素

对于 applet、bgsound、blink、marquee 等元素，由于只有部分浏览器支持这些元素，特别是 bgsound 元素以及 marquee 元素，只被 IE 所支持，所以在 HTML5 中被废除。其中 applet 元素可由 embed 元素或 object 元素替代，bgsound 元素可由 audio 元素替代，marquee 元素可以由 JavaScript 编程的方式替代。

其他被废除元素还有：

- 使用 ruby 元素替代 rb 元素。
- 使用 abbr 元素替代 acronym 元素。
- 使用 ul 元素替代 dir 元素。
- 使用 form 元素与 input 元素相结合的方式替代 isindex 元素。
- 使用 pre 元素替代 listing 元素。
- 使用 code 元素替代 xmp 元素。
- 使用 GUIDS 替代 nextid 元素。
- 使用"text/plian"MIME 类型替代 plaintext 元素。

1.5　HTML5 新增属性

HTML5 增加了很多属性。简单说明如下。

1.5.1　表单属性

- 为 input（type=text）、select、textarea 与 button 元素新增加 autofocus 属性。它以指定属性的方式让元素在画面打开时自动获得焦点。
- 为 input 元素（type=text）与 textarea 元素新增加 placeholder 属性，它会对用户的输入进行提示，提示用户可以输入的内容。
- 为 input、output、select、textarea、button 与 fieldset 元素新增加 form 属性，声明它属于哪个表单，然后将其放置在页面上任何位置，而不是表单之内。
- 为 input 元素（type=text）与 textarea 元素新增加 required 属性。该属性表示在用户提交的时候进行检查，确保该元素内一定要有输入内容。
- 为 input 元素增加 autocomplete、min、max、multiple、pattern 和 step 属性。同时还有一个新的 list 元素与 datalist 元素配合使用。datalist 元素与 autocomplete 属性配合使用。multiple 属性允许

在上传文件时一次上传多个文件。

➥ 为 input 元素与 button 元素增加了新属性 formaction、formenctype、formmethod、formnovalidate 与 formtarget，它们可以重载 form 元素的 action、enctype、method、novalidate 与 target 属性。为 fieldset 元素增加了 disabled 属性，可以把它的子元素设为 disabled（无效）状态。

➥ 为 input 元素、button 元素、form 元素增加了 novalidate 属性，该属性可以取消提交时进行的有关检查，表单可以被无条件地提交。

1.5.2 链接属性

➥ 为 a 与 area 元素增加了 media 属性，该属性规定目标 URL 是为什么类型的媒介/设备进行优化的，只能在 href 属性存在时使用。

➥ 为 area 元素增加了 hreflang 属性与 rel 属性，以保持与 a 元素、link 元素的一致。

➥ 为 link 元素增加了新属性 sizes。该属性可以与 icon 元素结合使用（通过 rel 属性），用于指定关联图标（icon 元素）的大小。

➥ 为 base 元素增加了 target 属性，主要目的是保持与 a 元素的一致性。

1.5.3 其他属性

➥ 为 ol 元素增加属性 reversed，它指定列表倒序显示。

➥ 为 meta 元素增加 charset 属性，因为这个属性已经被广泛支持了，而且为文档的字符编码的指定提供了一种比较良好的方式。

➥ 为 menu 元素增加了两个新的属性——type 与 label。label 属性为菜单定义一个可见的标注，type 属性让菜单可以以上下文菜单、工具条与列表菜单等三种形式出现。

➥ 为 style 元素增加 scoped 属性，用来规定样式的作用范围，譬如只对页面上某个树起作用。

➥ 为 script 元素增加 async 属性，它定义脚本是否异步执行。

➥ 为 html 元素增加属性 manifest，开发离线 Web 应用程序时它与 API 结合使用，定义一个 URL，在这个 URL 上描述文档的缓存信息。

➥ 为 iframe 元素增加三个属性 sandbox、seamless 与 srcdoc，用来提高页面的安全性，防止不信任的 Web 页面执行某些操作。

1.6 HTML5 废除的属性

HTML5 废除了 HTML4 中过时的属性，而采用其他属性或其他方案进行替代，具体说明如表 1.3 所示。

表 1.3 HTML5 废除的属性

HTML4 属性	适应元素	HTML5 替代方案
rev	link、a	Rel
charset	link、a	在被链接的资源中使用 HTTP Content-type 头元素
shape、coords	a	使用 area 元素代替 a 元素
longdesc	img、iframe	使用 a 元素链接到较长描述
target	link	多余属性，被省略

（续）

HTML4 属性	适 应 元 素	HTML5 替代方案
nohref	area	多余属性，被省略
profile	head	多余属性，被省略
version	html	多余属性，被省略
name	img	id
scheme	meta	只为某个表单域使用 scheme
archive、classid、codebase、codetype、declare、standby	object	使用 data 与 type 属性类调用插件。需要使用这些属性来设置参数时，使用 param 属性
valuetype、type	param	使用 name 与 value 属性，不声明值的 MIME 类型
axis、abbr	td、th	使用以明确简洁的文字开头，后跟详述文字的形式。可以对更详细的内容使用 title 属性，来使单元格的内容变得简短
scope	td	在被链接的资源中使用 HTTP Content-type 头元素
align	caption、input、legend、div、h1、h2、h3、h4、h5、h6、p	使用 CSS 样式表替代
alink、link、text、vlink、background、bgcolor	body	使用 CSS 样式表替代
align、bgcolor、border、cellpadding、cellspacing、frame、rules、width	table	使用 CSS 样式表替代
align、char、charoff、height、nowrap、valign	tbody、thead、tfoot	使用 CSS 样式表替代
align、bgcolor、char、charoff、height、nowrap、valign、width	td、th	使用 CSS 样式表替代
align、bgcolor、char、charoff、valign	tr	使用 CSS 样式表替代
align、char、charoff、valign、width	col、colgroup	使用 CSS 样式表替代
align、border、hspace、vspace	object	使用 CSS 样式表替代
clear	br	使用 CSS 样式表替代
compact、type	ol、ul、li	使用 CSS 样式表替代
compact	dl	使用 CSS 样式表替代
compact	menu	使用 CSS 样式表替代
width	pre	使用 CSS 样式表替代
align、hspace、vspace	img	使用 CSS 样式表替代
align、noshade、size、width	hr	使用 CSS 样式表替代
align、frameborder、scrolling、marginheight、marginwidth	iframe	使用 CSS 样式表替代
autosubmit	menu	

1.7　HTML5 新增全局属性

在 HTML5 中，新增全局属性的概念。所谓全局属性是指可以对任何元素都使用的属性。

1.7.1 contentEditable 属性

contentEditable 属性的主要功能是允许用户在线编辑元素中的内容。contentEditable 是一个布尔值属性，可以被指定为 true 或 false。此外，该属性还有个隐藏的 inherit（继承）状态，属性为 true 时，元素被指定为允许编辑；属性为 false 时，元素被指定为不允许编辑；未指定 true 或 false 时，则由 inherit 状态来决定，如果元素的父元素是可编辑的，则该元素就是可编辑的。

【示例】 在下面的示例中为列表元素加上 contentEditable 属性后，该元素就变成可编辑的了，用户可自行在浏览器中修改列表内容。

```html
<!DOCTYPE html>
<head>
<meta charset="UTF-8">
<title>conentEditalbe 属性示例</title>
</head>
<h2>可编辑列表</h2>
<ul contentEditable="true">
    <li>列表元素 1</li>
    <li>列表元素 2</li>
    <li>列表元素 3</li>
</ul>
```

保存文档为 test.html，然后在 Google Chrome 浏览器中预览，此时可以直接单击列表项目文本进行编辑，运行结果如图 1.3 所示。

（a）原始列表

（b）编辑列表项项目

图 1.3 可编辑列表

📢 注意：

在编辑完元素中的内容后，如果想要保存其中的内容，只能把该元素的 innerHTML 发送到服务器端进行保存，因为改变元素内容后该元素的 innerHTML 内容也会随之改变，目前还没有特别的 API 来保存编辑后元素中的内容。

📢 提示：

contentEditable 属性支持的元素包括：defaults、A、ABBR、ACRONYM、ADDRESS、B、BDO、BIG、BLOCKQUOTE、BODY、BUTTON、CENTER、CITE、CODE、CUSTOM、DD、DEL、DFN、DIR、DIV、DL、DT、EM、FIELDSET、FONT、FORM、hn、I、INPUT type=button、INPUT type=password、INPUT type=radio、INPUT type=reset、INPUT type=submit、INPUT type=text、INS、ISINDEX、KBD、LABEL。

1.7.2 designMode 属性

designMode 属性用来指定整个页面是否可编辑，当页面可编辑时，页面中任何支持上文所述的

contentEditable 属性的元素都变成了可编辑状态。designMode 属性只能在 JavaScript 脚本里被编辑修改。该属性有两个值：on 与 off。该属性被指定为 on 时，页面可编辑；被指定为 off 时，页面不可编辑。

使用 JavaScript 脚本来指定 designMode 属性的用法如下所示。

```
document.designMode="on"
```

📢 提示：

针对 designMode 属性，各浏览器的支持情况也各不相同。

- ↘ IE8：出于安全考虑，不允许使用 designMode 属性让页面进入编辑状态。
- ↘ IE9：允许使用 designMode 属性让页面进入编辑状态。
- ↘ Chrome 3 和 Safari：使用内嵌 frame 的方式，该内嵌 frame 是可编辑的。
- ↘ Firefox 和 Opera：允许使用 designMode 属性让页面进入编辑状态。

1.7.3 hidden 属性

在 HTML5 中，所有的元素都允许使用一个 hidden 属性。该属性类似于 input 元素中的 hidden 属性，功能是通知浏览器不渲染该元素，使该元素处于不可见状态。但是元素中的内容还是浏览器创建的，也就是说页面装载后允许使用 JavaScript 脚本将该属性取消，取消后该元素变为可见状态，同时元素中的内容也即时显示出来。hidden 属性是一个布尔值的属性，当设为 true 时，元素处于不可见状态；当设为 false 时，元素处于可见状态。

1.7.4 spellcheck 属性

spellcheck 属性是 HTML5 针对 input 元素（type=text）与 textarea 这两个文本输入框提供的一个新属性，它的功能是对用户输入的文本内容进行拼写和语法检查。spellcheck 属性是一个布尔值的属性，具有 true 或 false 两种值。但是它在书写时有一个特殊的地方，就是必须明确声明属性值为 true 或 false。

基本用法如下所示。

```
<!--以下两种书写方法正确-->
<textarea spellcheck="true" >
<input type=text spellcheck=false>
<!--以下书写方法错误-->
<textarea spellcheck >
```

📢 注意：

如果元素的 readOnly 属性或 disabled 属性设为 true，则不执行拼写检查。目前除了 IE 之外，Firefox、Chrome、Safari、Opera 等浏览器都对该属性提供了支持。

1.7.5 tabindex 属性

tabindex 属性是开发中的一个基本概念，当不断按 Tab 键让窗口或页面中的控件获得焦点，对窗口或页面中的所有控件进行遍历的时候，每一个控件的 tabindex 属性表示该控件是第几个被访问到的。

扫一扫，看视频

1.8　HTML5 其他功能

与 HTML4.01 和 XHTML1.0 相比，HTML5 在一些 HTML 代码结构、界面样式定义和标记含义上都有一定的简化和重新定义。此外，HTML5 还增强了一些新功能，简单说明如下：

- ↳ HTML 标记：更新的 HTML5 标记。
- ↳ Canvas 2D：画布技术，通过脚本动态渲染位图图像。
- ↳ Web Messaging：跨文档消息通信。例如，向 iFrarne 中的 HTML 发送消息。
- ↳ Web Sockets：基于 TCP 接口实现双向通信的技术。
- ↳ Drag and Drop：基于 Web 的拖曳功能。
- ↳ Microdata：实现语义网技术，通过自定义 Web 页面词汇表扩展与实现语义信息。
- ↳ Audio/Video：原生的音频与视频技术。
- ↳ Web Workers：基于 JavaScript 的多线程解决方案。
- ↳ Web Storage：将信息存储于浏览器本地。与 Cookie 不同的是，Web Storage 存储的数据更多。
- ↳ HTML+RDFa：实现语义网的技术。

此外，随着 HTML5 的发展，一些与 HTML5 相关的技术也被浏览器厂商所支持，例如，MathML 以 XML 描述数学算法和逻辑，SVG 以 XML 描述二维矢量图形等。下面重点介绍几项实用技术。

1. Selectors API

HTML5 引入了一种用于查找页面 DOM 元素的快捷方式。在传统方法中主要使用 JavaScript 脚本来实现。例如，使用 getElementById()函数根据指定的 ID 值查找并返回元素，使用 getElementsByName()函数返回所有 name 指定值的元素，getElementsByTagName()函数返回所有标签名称与指定值相匹配的元素。

有了新的 Selectors API 之后，可以用更精确的方式来指定希望获取的元素，而不必再用标准 DOM 的方式循环遍历。Selectors API 与现在 CSS 中使用的选择规则一样，通过它可以查找页面中的一个或多个元素。例如，CSS 已经可以基于嵌套、兄弟和子模式等关系进行元素选择。CSS 的最新版除添加了更多对伪类的支持，例如判断一个对象是否被启用、禁用或者被选择等，还支持对属性和层次的随意组合叠加。使用如表 1.4 所示的函数就能按照 CSS 规则来选取 DOM 中的元素。

表 1.4　QuerySelector 新方法

函　　数	说　　明	示　　例	返　回　值
querySelector()	根据指定的选择规则，返回在页面中找到的第一个匹配元素	querySelector ("input.error");	返回第一个 CSS 类名为 error 的文本输入框
querySelectorAll()	根据指定规则返回页面中所有相匹配的元素	querySelectorAll ("#results td");	返回 id 值为 results 的元素下所有的单元格

【示例 1】　可以为 Selectors API 函数同时指定多个选择规则：

```
// 选择文档中类名为 highClass 或 lowClass 的第一个元素
var x = document.querySelector(".highClass", ".lowClass");
```

对于 querySelector()来说，选择的是满足规则中任意条件的第一个元素。对于 querySelectorAll()来说，页面中的元素只要满足规则中的任何一个条件，都会被返回，多条规则是用逗号分隔的。以前在页面上跟踪用户操作很困难，但新的 Selectors API 提供了更为便捷的方法。

【示例 2】　在页面上有一个表格，如果想获取鼠标当前在哪个单元格上，使用 Selectors API 来实现就很简单。演示效果如图 1.4 所示。

```
<!DOCTYPE html>
<html>
<head>
<meta charset="utf-8" />
<style type="text/css">
```

```
td { border-style: solid; border-width: 1px; font-size: 200%; }
td:hover { background-color: cyan; }
#hoverResult { color: green; font-size: 200%; }
</style>
</head>
<body>
<section>
    <table>
        <tr>
            <td>1</td>
            <td>一个人生活</td>
            <td>温岚</td>
        </tr>
        <tr>
            <td>2</td>
            <td>让我爱你</td>
            <td>胡夏</td>
        </tr>
    </table>
    <button type="button" id="findHover" autofocus>查看鼠标焦点目标位置</button>
    <div id="hoverResult"></div>
    <script type="text/javascript">
    document.getElementById("findHover").onclick = function() {
        //找到鼠标当前悬停的单元格
        var hovered = document.querySelector("td:hover");
        if (hovered)
            document.getElementById("hoverResult").innerHTML = hovered.innerHTML;
        }
    </script>
</section>
</body>
</html>
```

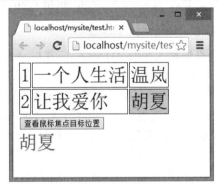

图 1.4　Selectors API 应用

从以上示例可以看到，仅用一行代码即可找到用户鼠标下面的元素：

```
var hovered = document.querySelector("td:hover");
```

🔊 提示：

Selectors API 不仅仅只是方便，在遍历 DOM 的时候，Selectors API 通常会比以前的子节点搜索 API 更快。为了实现快速样式表，浏览器对选择器匹配进行了高度优化。

2. JavaScript 日志和调试

从技术上讲 JavaScript 日志和浏览器内调试虽然不属于 HTML5 的功能，但在过去的几年里，相关工具的发展出现了质的飞跃。第一个可以用来分析 Web 页面及其所运行脚本的强大工具是一款名为 Firebug 的 Firefox 插件。现在，相同的功能在其他浏览器的内嵌开发工具中也可以找到，例如，Safari 的 Web Inspector、Google 的 Chrome 开发者工具（Developer Tools）、IE 的开发者工具（Developer Tools），以及 Opera 的 Dragonfly。很多调试工具支持设置断点来暂停代码执行、分析程序状态以及查看变量的当前值。

console.log API 已经成为 JavaScript 开发人员记录日志的事实标准。为了便于开发人员查看记录到控制台的信息，很多浏览器提供了分栏窗格的视图。console.log API 要比 alert()好用很多，因为它不会阻塞脚本的执行。

3. window.JSON

JSON 是一种相对来说比较新并且正在日益流行的数据交换格式。作为 JavaScript 语法的一个子集，它将数据表示为对象字面量。由于其语法简单和在 JavaScript 编程中与生俱来的兼容性，JSON 变成了 HTML5 应用内部数据交换的事实标准。典型的 JSON API 包含两个函数：parse()和 stringify()（分别用于将字符串序列化成 DOM 对象和将 DOM 对象转换成字符串）。

如果在旧的浏览器中使用 JSON，需要 JavaScript 库（有些可以从 http://json.org 找到）。在 JavaScript 中执行解析和序列化效率往往不高，所以为了提高执行速度，现在新的浏览器原生扩展了对 JSON 的支持，可以直接通过 JavaScript 来调用 JSON 了。这种本地化的 JSON 对象被纳入了 ECMAScript 5 标准，成为了下一代 JavaScript 语言的一部分。它也是 ECMAScript 5 标准中首批被浏览器支持的功能之一。所有新的浏览器都支持 window.JSON，将来 JSON 必将大量应用于 HTML5 应用中。

4. DOM Level 3

事件处理是目前 Web 应用开发中最麻烦的部分。除了 IE 以外，绝大多数浏览器都支持处理事件和元素的标准 API。早期 IE 实现的是与最终标准不同的事件模型，而 IE9 开始支持 DOM Level 2 和 DOM Level 3 的特性。如此，在所有支持 HTML5 的浏览器中，用户终于可以使用相同的代码来实现 DOM 操作和事件处理了，包括非常重要的 addEventListener()和 dispatchEvent()方法。

5. Monkeys、Squirrelfish 和其他 JavaScript 引擎

最新版本的主流浏览器不仅大量增加了新的 HTML5 标签和 API，同时主流浏览器中 JavaScript/ECMAScript 引擎的升级幅度也非常大。新的 API 提供了很多上一代浏览器无法实现的功能，因而脚本引擎整体执行效率的提升，不论对现有的还是使用了最新 HTML5 特性的 Web 应用都有好处。

开发出更快的 JavaScript 引擎是目前主流浏览器竞争的核心。过去的 JavaScript 纯粹是被解释执行，而最新的引擎则直接将脚本编译成原生机器代码，相比 2005 年前后的浏览器，速度的提升已经不在一个数量级上了。

2006 年 Adobe 将其 JIT 编译引擎和代号为 Tamarin 的 ECMAScript 虚拟机捐赠给 Mozilla 基金会，从此 JavaScript 引擎的竞争序幕就拉开了。尽管新版的 Mozilla 中 Tamarin 技术已经所剩无几，但 Tamarin 的捐赠促进了各家浏览器对新脚本引擎的研发，而这些引擎的名字就如同他们声称的性能一样有意思。总之，得益于浏览器厂商间的良性竞争，JavaScript 的执行性能越来越接近于本地桌面应用程序了。

各主流浏览器最新的 JavaScript 引擎说明如表 1.5 所示。

表 1.5　Web 浏览器的 JavaScript 引擎

浏览器	引擎名称	说　明
Safari	Nitro（也称 Squirrel Fish Extreme）	Safari 4 中发布，在 Safari 5 中提升性能，包括字节码优化和上下文线程的本地编译器
Chrome	V8	自从 Chrome 2 开始，使用了新一代垃圾回收机制，可确保内存高度可扩展而不会发生中断
IE	Chakra	注重于后台编译和高效的类型系统，速度比 IE8 快 10 倍
Firefox	JägerMonkey	从 3.5 版本优化而来，结合了快速解释和源自追踪树（trace tree）的本地编译
Opera	Carakan	它采用了基于寄存器的字节码和选择性本地编译的方式，声称效率比 10.50 版本提升了 75%

1.9　jQuery Mobile 与 HTML5

使用 jQuery Mobile 1.0 Alpha 版本和 Beta 版本开发 Web 移动应用时，是基于 HTML4.01 的，但是 jQuery Mobile 1.0 发布之后，Web 移动应用的开发已经转为基于 HTML5。特别是 jQuery Mobile 1.3.0 所增加的响应式设计等新特性，需要基于 HTML5 才能运行。

jQuery Mobile 是一种面向浏览器的 JavaScript 界面实现方案。在一些场景下，适时地使用 HTML5 新特性将有助于增强和改善用户体验，增强 Web 移动应用的功能。例如，在实时监控应用中，通过 Web Sockets 实现移动设备与服务器之间的实时双向通信。在面对公众的内容发布系统上，例如，新闻或者 UGC 社区，通过 RDFa 或者 Microdata 增强页面内容语义来优化搜索引擎。

在基于 jQuery Mobile 的 Web 移动应用中，经常用到的 HTML5 新特性如下：

- ➥ DOM 选择器：大多数 jQuery Mobile 选项、属性和事件处理中将会用到。
- ➥ 增强的表单功能：jQuery Mobile 表单。
- ➥ Media Queries：具有面对高分辨率屏幕的用户界面设计与图片呈现、屏幕方向发生变化之后的页面布局调整、响应式设计（jQuery Mobile 1.3.0 之后开始支持）等特性。
- ➥ Session Storage：在多页面视图环境下实现参数传递。
- ➥ 离线 Web 应用：移动应用运行的网络环境通常并不稳定，可能在 2G 与 3G 移动网络之间切换或者在移动网络与 Wi-Fi 之间切换甚至断网。在网络不可用的时候，通过离线 Web 应用这个特性，可以改善用户体验。

此外，还有一些 HTML5 新特性也会根据业务场景需要而应用于 Web 移动应用中，例如，通过画布特性渲染图像，或者通过 Geolocation 实现位置定位服务等。

1.10　实　战　案　例

本节将通过几个案例，帮助读者练习使用 HTML5 新建和编辑网页文档。

1.10.1　新建 HTML5 文档

学习 HTML5 之前，必须先准备好编写 HTML 的操作环境，用户不需要准备昂贵的硬件与软件设备，只要准备好下面两个基本工具即可：.

- ➥ 浏览器，如 Microsoft Internet Explorer（IE）、Google Chrome 或者 Mozilla Firefox 浏览器等。

扫一扫，看视频

➥ 纯文本编辑软件，HTML 是标准的文本文件，任何一种纯文本编辑软件都可以编辑 HTML 文件，例如，Windows 操作系统中的"记事本"，就是一个基本的文字编辑工具；一般用户习惯使用 Adobe Dreamweaver 等。

📣 提示：

> 目前，Google Chrome、Firefox、Opera 及 Safari 浏览器都支持 HTML5，只是支持程度各有不同，IE 从 IE9 之后对 HTML5 才有较佳的支持。

为了兼顾零起步读者的学习，本节一步步介绍如何创建 HTML，进而存储文件，并在浏览器中预览其结果。

【操作步骤】

第 1 步，启动 Windows 操作系统中的记事本，在打开的记事本中输入如图 1.5 所示的字符。

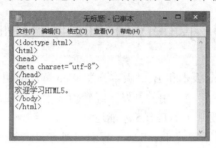

图 1.5　输入字符串

第 2 步，在"文件"菜单中选择"另存为"命令，打开"另存为"对话框，在"文件名"文本框中输入 test.html，注意扩展名为.html。然后单击"保存"按钮保存当前文本文件，如图 1.6 所示。

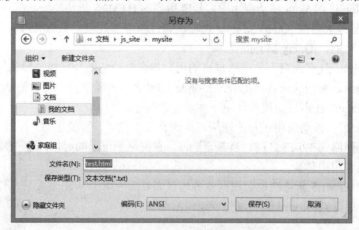

图 1.6　保存文本文件为网页文件

第 3 步，完成以上操作后，这个文件的格式就是 HTML 文件。接着就可以利用浏览器来观看网页的效果了。找到文件的保存位置，双击文件名，即可使用默认浏览器打开并进行预览，效果如图 1.7 所示。

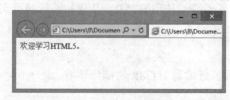

图 1.7　观看网页效果

📢 **注意：**

从学习效率角度考虑，强烈建议大家选用 Dreamweaver 等专业网页编辑器作为学习工具。

1.10.2 设计图文页面

标准网页开发很重要的一点：就是结构（structure）与表现（presentation）分开，让网页开发人员只需关注网页结构与内容，而网页设计师可以用 CSS 帮助美化网页。这样，不仅增加了程序的可读性，当网页需要改版时，设计师只要更改 CSS 文件就可以让网页焕然一新，不需要去修改 HTML 文件。

语义化标签其实并不算新的概念，曾经动手设计过网页的用户，相信对分栏、头部、菜单、内容区、页脚等结构很熟悉。如果要对页面进行分栏处理、添加标题栏、导航栏或页脚区，在 HTML4 中的做法是使用<div>标签指定 id 属性名称，再加上 CSS 语法来达到想要的效果。

如图 1.8 所示就是使用传统方法设计的两栏式网页架构。

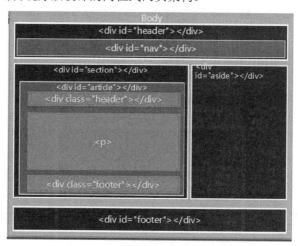

图 1.8 传统网页结构

<div>标签的 id 属性是自由命名的，如果 id 名称与架构完全无关，其他人就很难从名称去判断网页的架构，而且文件中过多的<div>代码会让代码看起来凌乱且不易阅读。HTML5 新的结构标签带来了网页布局的改变，提升了对搜索引擎的友好度。现在，用户不再频繁使用<div>标签了，利用 HTML5 新的结构标签，同样的两栏式网页架构就可以如图 1.9 所示。

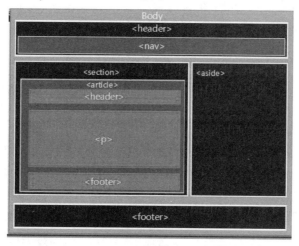

图 1.9 HTML5 网页结构

下面设计一个复杂点的 HTML5 页面，这个页面包含大量的文本信息以及图片等内容。通过 HTML5 标记把这些文本分隔开来，以便知道它们表达了不同的语义。页面效果如图 1.10 所示。

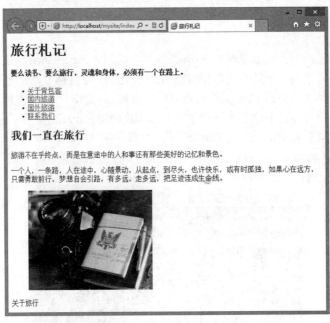

图 1.10　设计图文页面效果

读者可以打开本节示例文档，页面第一部分使用<header>标签定义了一个头部区块，其中包含标题信息和导航信息。代码如下所示：

```
<header id="header">
   <hgroup>
      <h1>旅行札记</h1>
      <h4>要么读书、要么旅行，灵魂和身体，必须有一个在路上。</h4>
   </hgroup>
   <nav>
      <ul>
         <li><a href="#">关于背包客</a></li>
         <li class="current-item"><a href="#">国内旅游</a></li>
         <li><a href="#">国外旅游</a></li>
         <li><a href="#">联系我们</a></li>
      </ul>
   </nav>
</header>
```

下面使用<article>标签定义文章块，其中使用<section>标签定义文章内容区块，使用<aside>标签定义附加图片。代码如下所示：

```
<article id="travel">
   <section>
      <h2>我们一直在旅行</h2>
      <p>旅游不在乎终点，而是在意途中的人和事还有那些美好的记忆和景色。</p>
      <p>一个人，一条路，人在途中，心随景动，从起点，到尽头，也许快乐，或有时孤独，如果心在远方，只需勇敢前行，梦想自会引路，有多远，走多远，把足迹连成生命线。
</p>
   </section>
   <aside>
```

```
    <figure> <img src="images/1.jpg" alt="" /> </figure>
  </aside>
</article>
```

HTML 语法只是显示网页结构与内容，语法在以后章节中有详细的介绍。至于网页美化的部分，就交给 CSS 去处理。读者不妨打开本节 index2.html 文件，可以看到经过 CSS 简单设计后的页面效果，如图 1.11 所示。

图 1.11　使用 CSS 设计后的效果

1.11　课后练习

本节将通过上机示例，帮助初学者熟悉 HTML 文档结构和 HTML5 基础，感兴趣的读者可以扫码练习。

第 2 章　HTML5 文字和版式变化

文字是网页中最基本的要素之一，网页文字的表现形式多样，如段落文本、标题文本、链接文本、列表文本、表格文本等。设计网页时，如果密密麻麻的文字不经标识和版式设计，网友还没看到丰富精彩的网页内容，就会对缺乏易读性的网页失去兴趣。本章将学习如何使用 HTML5 标签设计网页文字和版式。

【学习重点】
- 了解 HTML5 文档结构。
- 熟悉 HTML5 常用标签。
- 灵活使用段落标签、格式标签定义网页正文样式。
- 灵活使用表格标签排版网页文字。
- 灵活使用列表和超链接标签定义网页列表、链接信息。

扫一扫，看视频

2.1　HTML5 文 档

在没有接触 HTML5 文档之前，相信很多读者对于 XHTML 文档结构比较熟悉，由于 XHTML 文档是 HTML 向 XML 规范的过渡版本，其文档格式也基本按如下 XML 规范进行要求。

- 必须为文档定义命名空间，其值为 http://www.w3.org/1999/xhtml。
- MIME type 不能是 text/html，而是 text/xml、application/xml 或者 application/xml+html。
- 必须有根元素，根元素为<html>，即<html>的开始和结束标签不能省略。
- 所有元素只要有了开始标签，就不能没有结束标签，或者自闭合。
- 所有元素都得严格遵守大小写规范，元素名称必须为小写。

HTML5 文档结构更加清晰明确，容易阅读，增加了很多新的结构标签，避免不必要的复杂性，这样既方便浏览者的访问，也提高了 Web 设计人员的开发速度。

与 HTML4 文档一样，HTML5 文档扩展名为 htm 或者 html。现在主流浏览器都能够正确解析 HTML5 文档，如 Chrome、Firefox、Safri、IE9+、Opera。

【示例 1】　下面是一个简单的 HTML5 文档的源代码。

```
<!DOCTYPE html>
<html>
<head>
<meta charset="utf-8" />
<title>Hello HTML5</title>
</head>
<body>
</body>
</html>
```

HTML5 文档以<!DOCTYPE html>开头，必须位于 HTML5 文档的第一行，用以声明文档类型，告诉浏览器在解析文档时应该遵循的基本规则。

<html>标签是 HTML5 文档的根标签，在<!DOCTYPE html>下面。<html>标签支持 HTML5 全局属性和 manifest 属性。manifest 属性主要在创建 HTML5 离线应用时使用。

　　\<head\>标签是所有头部标签的容器。位于\<head\>内部的标签可以包含脚本、样式表、元信息等。\<head\>标签支持 HTML5 全局属性。

　　\<meta\>标签位于文档的头部，不包含任何内容。标签的属性定义了与文档相关联的名/值对。该标签定义页面的元信息（meta-information），如针对搜索引擎和更新频度的描述和关键词。

　　\<meta charset="utf-8"/\>定义了文档的字符编码是 UTF-8。其中 charset 是 meta 标签的属性，而 utf-8 是属性值。HTML5 中很多标签都有属性，从而扩展了标签的功能。

　　\<title\>标签位于\<head\>标签内，定义了文档的标题。该标签定义了浏览器工具栏中的标题、提供页面被添加到收藏夹时的标题、显示在搜索引擎结果中的页面标题。所以该标签非常重要，当编写 HTML5 文档时要定义该标签。title 标签支持 HTML5 全局属性。

　　\<body\>标签定义文档的主体，文档的所有内容，如文本、超链接、图像、表格、列表等都包含在该标签中。

　　【示例 2】　为了帮助读者更好地对 HTML5 的网页有一个简单的理解与认识，也为了让读者能够顺利读懂 HTML5 网页代码的准确意思，下面给出一个详细的、符合标准的 HTML5 文档结构代码，并进行详细注释。

```
<!DOCTYPE html>                    <!-- 声明文档类型 -->
<html lang=zh-cn>                  <!-- 声明文档语言编码-->
   <head>                          <!-- 文档头部区域 -->
      <meta charset=utf-8>         <!-- 定义字符集，设置字符编码，utf-8 是通用编码 -->
      <!--[if IE]><![endif]-->     <!-- IE 专用标签，兼容性写法 -->
      <title>文档标题</title>       <!-- 文档标题 -->
      <!--[if IE 9]><meta name=ie content=9><![endif]--> <!--兼容 IE9 -->
      <!--[if IE 8]><meta name=ie content=8 ><![endif]--><!--兼容 IE8 -->
      <meta name=description content=文档描述信息><!-- 定义文档描述信息-->
      <meta name=author content=文档作者><!--开发人员署名 -->
      <meta name=copyright content=版权信息><!--设置版权信息 -->
      <link rel=shortcut icon href=favicon.ico><!--网页图标 -->
      <link rel=apple-touch-icon href=custom_icon.png><!-- apple 设备图标的引用 -->
      <!--不同接口设备的特殊声明-->
      <meta name=viewport content=width=device-width, user-scalable=no >
      <link rel=stylesheet href=main.css><!--引用外部样式文件-->
      <!--兼容 IE 的专用样式表 --><!--[if IE 7]-->
      <!--[if IE]--><link rel=stylesheet href=win-ie-all.css><![endif]-->
      <link rel=stylesheet type=text/css href=win-ie7.css><![endif]--><!-- 兼容
IE7 浏览器 -->
      <!--[if lt IE 8]><script src=http://ie7-js.googlecode.com/svn/version/2.0
(beta3)/IE8.js></script><![endif]--><!--让 IE8 及其早期版本也兼容 HTML5 的 JavaScript 脚
本-->
      <script src=script.js></script><!-- 调用 JavaScript 脚本文件-->
   </head>
   <body>
      <header>HTML5 文档标题</header>
      <nav>HTML5 文档导航</nav>
      <section>
         <aside>HTML5 文档侧边导航 </aside>
         <article>HTML5 文档的主要内容</article>
      </section>
      <footer>HTML5 文档页脚</footer>
   </body>
</HTML>
```

2.2 HTML5 标签

HTML5 新增了 27 个标签，废弃了 16 个标签，根据现有的标准规范，把 HTML5 的标签按优先等级定义为结构性标签、级块性标签、行内语义性标签、交互性标签 4 大类。下面简单介绍一下新增标签。

📢 提示：

HTML5 全部标签说明可以参考 http://www.w3school.com.cn/tags/index.asp，标签分类说明可以参考 http://www.w3school.com.cn/tags/html_ref_byfunc.asp。

2.2.1 结构性标签

结构性标签主要负责 Web 的上下文结构的定义，确保 HTML 文档的完整性，这类标签包括以下几个。

- ➥ <section>：用于表达书的一部分或一章，或者一章内的一节。在 Web 页面应用中，该元素也可以用于区域的章节表述。
- ➥ <header>：页面主体上的头部，注意区别于<head>标签。这里可以给初学者提供一个判断的小技巧：<head>标签中的内容往往是不可见的，而<header>标签往往在一对 body 元素之中。
- ➥ <footer>：页面的底部（页脚）。通常，人们会在这里标出网站的一些相关信息，例如关于我们、法律申明、邮件信息、管理入口等。
- ➥ <nav>：是专门用于菜单导航、链接导航的元素，是 navigator 的缩写。
- ➥ <article>：用于表示一篇文章的主体内容，一般为文字集中显示的区域。

2.2.2 级块性标签

级块性标签主要完成 Web 页面区域的划分，确保内容的有效分隔，这类标签包括以下几个。

- ➥ <aside>：用以表达注记、贴士、侧栏、摘要、插入的引用等作为补充主体的内容。从一个简单页面显示上看，就是侧边栏，可以在左边，也可以在右边。从一个页面的局部看，就是摘要。
- ➥ <figure>：是对多个元素进行组合并展示的元素，通常与<figcaption>标签联合使用。
- ➥ <code>：表示一段代码块。
- ➥ <dialog>：用于表达人与人之间的对话。该标签还包括<dt>和<dd>这两个组合标签，它们常常同时使用。<dt>用于表示说话者，而<dd>用来表示说话者说的内容。

2.2.3 行内语义性标签

行内语义性标签主要完成 Web 页面具体内容的引用和表述，是丰富内容展示的基础，这类标签包括以下几个。

- ➥ <meter>：表示特定范围内的数值，可用于工资、数量、百分比等。
- ➥ <time>：表示时间值。
- ➥ <progress>：用来表示进度条，可通过对其 max、min、step 等属性进行控制，完成对进度的表示和监视。
- ➥ <video>：视频元素，用于支持和实现视频（含视频流）文件的直接播放，支持缓冲预载和多种视频媒体格式，如 MPEG-4、OggV 和 WebM 等。
- ➥ <audio>：音频元素，用于支持和实现音频（音频流）文件的直接播放，支持缓冲预载和多种音频媒体格式。

2.2.4　交互性标签

交互性标签主要用于功能性的内容表达，会有一定的内容和数据的关联，是各种事件的基础，这类标签包括以下几个。

- ➥ <details>：用来表示一段具体的内容，但是内容默认可能不显示，通过某种手段（如点击）与 legend 交互才会显示出来。
- ➥ <datagrid>：用来控制客户端数据与显示，可以由动态脚本即时更新。
- ➥ <menu>：主要用于交互菜单（这是一个曾被废弃现在又被重新启用的元素）。
- ➥ <command>：用来处理命令按钮。

2.3　设计段落版式

HTML5 用来设置段落的标签有<p>、
、<pre>、<blockquote>、<hr>、<hl>~<h6>等。下面分别进行介绍。

扫一扫，看视频

2.3.1　设置段落样式

HTML 语法中可以利用<p>标签来区分段落，换行可以利用
标签来完成。

- ➥ <p>

<p>是成对的标签，将<p>标签置于段落起始处，</p>标签置于段落结尾，这样不但具有分段功能，还具有设置段落居中或靠右对齐的功能。如果不设置对齐方式，将<p>标签置于段落结尾，同样具有分段功能。语法如下：

```
<p>...</p>
```

- ➥

标签的功能是换行，可以说它是 HTML 标签中最常用的一个标签，不需要结尾标签，也没有属性。语法如下：

```
第 1 行<br /> 第 2 行
```

【示例】　新建 HTML5 文档，保存为 test.html，在<body>标签中输入如下代码，分别使用<p>和
标签对文本进行断行显示，效果如图 2.1 所示。

```
<p>黄鹤楼送孟浩然之广陵</p>
<p>李白</p>
<p>
故人西辞黄鹤楼，<br />
烟花三月下扬州。<br />
孤帆远影碧空尽，<br />
唯见长江天际流。
</p>
```

图 2.1　设计断行文本显示

2.3.2 设置对齐和缩进

除了分段与分行之外，段落处理中最重要的就是对齐与缩进的功能。

➥ <pre>

<pre>标签可以让文字按照原始代码的排列方式进行显示。

【示例1】 下面诗句使用<pre>标签排版后，显示效果更美观，如图 2.2 所示。

```
<p>黄鹤楼送孟浩然之广陵</p>
<p>李白</p>
<pre>
故人西辞黄鹤楼，
    烟花三月下扬州。
孤帆远影碧空尽，
    唯见长江天际流。
</pre>
```

图 2.2 使用预定义格式缩进

➥ <blockquote>

<blockquote>标签用来表示引用文字，会将标签内的文字换行并缩进。<blockquote>标签包含一个属性 cite，该属性取值为 URL，定义引用的来源。

【示例2】 下面诗句使用<blockquote>标签排版后，显示效果如图 2.3 所示。

```
<p>黄鹤楼送孟浩然之广陵</p>
<p>李白</p>
<blockquote>
故人西辞黄鹤楼，
烟花三月下扬州。
孤帆远影碧空尽，
唯见长江天际流。
</blockquote>
```

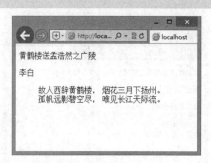

图 2.3 使用引用缩进格式显示

2.3.3 添加分隔线

为了版面编排的效果，可以在网页中添加分隔线，让画面更容易区分主题或段落。<hr>标签的作用是添加分隔线。在 HTML4 中<hr>标签有一些改变外观的属性可以使用，包括 align、size、width、color、noshade 等，这些属性 HTML5 都不再支持，建议使用 CSS 语法来改变分隔线的外观。

语法如下：

```
<hr>
```

【示例】 下面诗句使用<hr>标签分隔标题和正文内容，显示效果如图 2.4 所示。

```
<p>黄鹤楼送孟浩然之广陵</p>
<p>李白</p>
<hr>
<blockquote>
故人西辞黄鹤楼，
烟花三月下扬州。
孤帆远影碧空尽，
唯见长江天际流。
</blockquote>
<hr>
```

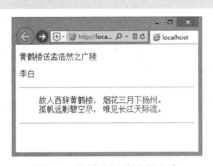

图 2.4　使用分隔线分隔文本

2.3.4 设置标题样式

<h1>、<h2>、<h3>、<h4>、<h5>、<h6>这几个标签的作用是设置段落标题的大小级别，<h1>字体最大，<h6>字体最小。由<h1>～<h6>标签标识的文字将会独占一行。语法如下：

```
<h1>...</h1>
```

HTML5 不再支持<h1>~<h6>标签的 align 属性，要想设置标题放置的位置，可以利用 CSS 进行调整。

【示例】 下面诗句使用<h1>定义诗名，使用<h2>定义作者，然后使用 CSS 行内样式定义居中显示，效果如图 2.5 所示。

```
<h1 style="text-align: center">黄鹤楼送孟浩然之广陵</h1>
<h2 style="text-align: center">李白</h2>
<hr>
<blockquote>
故人西辞黄鹤楼，
烟花三月下扬州。
孤帆远影碧空尽，
唯见长江天际流。
</blockquote>
<hr>
```

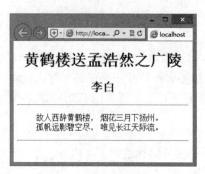

图 2.5　设计标题文本

2.4　设计文字效果

HTML 中最常用的就是文字，与文字相关的标签也最多。本节将说明与文字效果相关的标签的用法。HTML 常用的文字效果标签有\<b>、\<i>、\<u>、\<sup>等。

2.4.1　设置字形样式

扫一扫，看视频

HTML 提供的字形样式方面的标签主要可以设置粗体、斜体、下划线等。HTML4 中常用\<font>标签来设置文字外观，这个标签 HTML5 已经停用。

\<b>、\<u>、\<i>都必须有结束标签。\<b>、\<u>、\<i>三者可以组合使用，简单说明如下。

➥　\<b>标签是将文字设置为粗体。

➥　\<i>标签是将文字设置为斜体。

➥　\<u>标签是为文字添加下划线。

【示例 1】　下面诗句第 1、3 句使用\<b>标签加粗显示，第 2 句使用\<i>标签斜体显示，第 4 句使用\<u>标签添加下划线，效果如图 2.6 所示。

```html
<h2 style="text-align: center">黄鹤楼送孟浩然之广陵</h2>
<h4 style="text-align: center">李白</h4>
<hr>
<blockquote>
<b>故人西辞黄鹤楼，</b>
<i>烟花三月下扬州。</i>
<b>孤帆远影碧空尽，</b>
<u>唯见长江天际流。</u>
</blockquote>
<hr>
```

图 2.6　使用\<b>、\<u>、\<i>标签

提示：

> 基本上，HTML5 不建议使用这些字形标签，最好使用 CSS 来代替，\<b\>标签可以用 CSS 的 font-weight 属性代替；\<i\>标签可以用 CSS 的 font-style 属性代替；\<u\>使用 text-decoration 属性代替。

【示例 2】　　针对上面示例，HTML5 推荐用法如下，可以使用 CSS 来定义文字显示效果。

```
<h2 style="text-align: center">黄鹤楼送孟浩然之广陵</h2>
<h4 style="text-align: center">李白</h4>
<hr>
<blockquote>
<span style="font-weight:bold">故人西辞黄鹤楼，</span>
<span style="font-style:italic">烟花三月下扬州。</span>
<span style="font-weight:bold">孤帆远影碧空尽，</span>
<span style="text-decoration:underline">唯见长江天际流。</span>
</blockquote>
<hr>
```

2.4.2　设置上标、下标

扫一扫，看视频

　　字形效果样式方面的标签主要可以为文字添加上标、下标等效果。\<sup\>与\<sub\>标签分别用于将文字设置为上标和下标，通常用于化学方程式或数学公式。

　　【示例】　　对于下面这个数学解题演示的段落文本，使用不同的格式化语义标签能够很好地解决数学公式中各种特殊格式的要求。对于机器来说，也能够很好地理解它们的用途，效果如图 2.7 所示。

```
<html>
<head>
<meta charset="utf-8">
</head>
<body>
<div id="maths">
    <h1>解一元二次方程</h1>
    <p>一元二次方程求解有四种方法：</p>
    <ul>
        <li>直接开平方法 </li>
        <li>配方法 </li>
        <li>公式法 </li>
        <li>分解因式法</li>
    </ul>
    <p>例如，针对下面这个一元二次方程：</p>
    <p><i>x</i><sup>2</sup>-<b>5</b><i>x</i>+<b>4</b>=0</p>
    <p>我们使用<big><b>分解因式法</b></big>来演示解题思路如下：</p>
    <p><small>由：</small>(<i>x</i>-1)(<i>x</i>-4)=0</p>
    <p><small>得：</small><br />
        <i>x</i><sub>1</sub>=1<br />
        <i>x</i><sub>2</sub>=4</p>
</div>
</body>
</html>
```

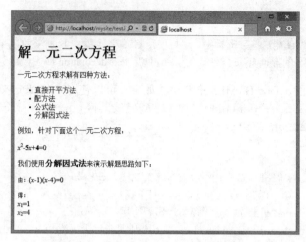

图 2.7　格式化文本的语义结构效果

在上面代码中混合使用格式化文本的大部分常用元素。例如，使用 i 元素定义变量 x 以斜体显示；使用 sup 元素定义二元一次方程中的二次方；使用 b 元素加粗显示常量值；使用 big 元素和 b 元素加大加粗显示"分解因式法"这个短语；使用 small 元素缩写操作谓词"由"和"得"的字体大小；使用 sub 元素定义方程的两个解的下标。

2.5　设计列表文字

在网页中列表文字比较常见，如导航条、菜单栏、新闻列表、引导页、列表页、页面框架等。合理使用列表能够增强页面的结构性、语义性。网页中的列表结构包含三种模式：无序列表（ul）、有序列表（ol）和定义列表（dl）。

2.5.1　无序列表

扫一扫，看视频

无序列表是一种不分排序先后的列表结构，使用<ul>标签定义，其中包含多个<li>列表项目标签。

浏览器对无序列表的默认解析也是有规律的。无序列表可以分为一级无序列表和多级无序列表，一级无序列表在浏览器中解析后，会在列表<li>标签前面添加一个小黑点的修饰符，而多级无序列表则会根据级数而改变列表前面的修饰符。

【示例】　下面页面设计了三层嵌套的多级列表结构，在无修饰情况下浏览器默认解析时的显示效果如图 2.8 所示。

```
<!doctype html>
<html>
<head>
<meta charset="utf-8">
</head>
<body>
<ul>
    <li>一级列表项目 1
        <ul>
            <li>二级列表项目 1</li>
            <li>二级列表项目 2
                <ul>
```

```
                    <li>三级列表项目 1</li>
                    <li>三级列表项目 2</li>
                </ul>
            </li>
        </ul>
    </li>
    <li>一级列表项目 2</li>
</ul>
</body>
</html>
```

通过观察可以发现，无序列表在嵌套结构中随着其所包含的列表级数的增加而逐渐缩进，并且随着列表级数的增加而改变不同的修饰符。合理地使用 HTML 标签能让页面的结构更加清晰，相对地更符合语义。

2.5.2 有序列表

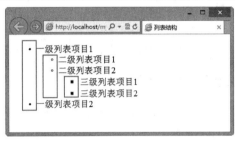

图 2.8　多级无序列表的默认解析效果

有序列表是一种讲究排序的列表结构，使用<ol>标签定义，其中包含多个<li>列表项目标签。

一般网页设计中，列表结构可以互用有序或无序列表标签。但是，在强调项目排序的栏目中，选用有序列表会更科学，如新闻列表（根据新闻时间排序）、排行榜（强调项目的名次）等。

【示例】　有序列表也可分为一级有序列表和多级有序列表，浏览器默认解析时都是将有序列表以阿拉伯数字表示，并增加缩进，如图 2.9 所示。

```
<!doctype html>
<html>
<head>
<meta charset="utf-8">
</head>
<body>
<ol>
    <li>一级列表项目 1
        <ol>
            <li>二级列表项目 1</li>
            <li>二级列表项目 2
                <ol>
                    <li>三级列表项目 1</li>
                    <li>三级列表项目 2</li>
                </ol>
            </li>
        </ol>
    </li>
    <li>一级列表项目 2</li>
</ol>
</body>
</html>
```

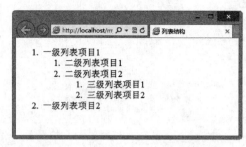

图 2.9　多级有序列表默认解析效果

扫一扫，看视频

📢 提示：

> HTML5 不支持使用 type 属性来设置项目符号的样式，可以使用 CSS 的 list-style-type 属性来定义样式。可以使用 value 属性设置有序列表的开始值，此属性只有搭配<ol>标签时才有用，默认值为 1，取值为整数值。

2.5.3　定义列表

定义列表以<dl>标签形式出现，在<dl>标签中包含<dt>和<dd>标签，一个<dt>标签对应着一个或多个<dd>标签。

定义列表与无序列表和有序列表存在着结构上的差异性，相同点就是 HTML 结构必须是如下形式：

```
<dl>
    <dt>定义列表标题</dt>
    <dd>定义列表内容</dd>
</dl>
```

或者：

```
<dl>
    <dt>定义列表标题 1</dt>
    <dd>定义列表内容 1.1</dd>
    <dd>定义列表内容 1.2</dd>
</dl>
```

也可以是多个组合形式：

```
<dl>
    <dt>定义列表标题 1</dt>
    <dd>定义列表内容 1</dd>
    <dt>定义列表标题 2</dt>
    <dd>定义列表内容 2</dd>
</dl>
```

无论是以哪种形式，都应注意如下几个问题：

➥ <dl>标签必须与<dt>标签相邻，<dd>标签需要对应一个<dt>标签。

➥ <dl>、<dt>和<dd>三个标签之间不允许出现第四者。

➥ 标签必须成对出现，嵌套要合理。

【示例】　当需要介绍花圃中花的种类时，可以采用定义列表的形式，页面完整代码如下。

```
<!doctype html>
<html>
<head>
<meta charset="utf-8">
</head>
<body>
<div class="flowers">
    <h1>花圃中的花</h1>
```

```
    <dl>
        <dt>玫瑰花</dt>
        <dd>玫瑰花，一名赤蔷薇，为蔷薇科落叶灌木。茎多刺。花有紫、白两种，形似蔷薇和月季。一般
用作蜜饯、糕点等食品的配料。花瓣、根均作药用，入药多用紫玫瑰。</dd>
        <dt>杜鹃花</dt>
        <dd>中国十大名花之一。在所有观赏花木之中，称得上花、叶兼美，地栽、盆栽皆宜，用途最为广
泛的。白居易赞曰："闲折二枝持在手，细看不似人间有，花中此物是西施，鞭蓉芍药皆嫫母。"在世界杜鹃
花的自然分布中，种类之多、数量之巨，没有一个能与中国匹敌，中国，乃世界杜鹃花资源的宝库！今江西、
安徽、贵州以杜鹃为省花，定为市花的城市多达七八个，足见人们对杜鹃花的厚爱。杜鹃花盛开之时，恰值杜
鹃鸟啼之时，古人留下许多诗句和优美、动人的传说，并有以花为节的习俗。杜鹃花多为灌木或小乔木，因生
态环境不同，有各自的生活习性和形状。最小的植株只有几厘米高，呈垫状，贴地面生。最大的高达数丈，巍
然挺立，蔚为壮观。</dd>
    </dl>
</div>
</body>
</html>
```

当列表结构的内容集中时，可以适当添加一个标题，定义列表内部主要通过定义标题以及定义内容项帮助浏览者明白该列表中所存在的关系以及相关介绍。

当介绍花圃中花的品种时，先说明主题，再分别介绍花的种类以及针对不同种类的花进行详细介绍，演示效果如图 2.10 所示。

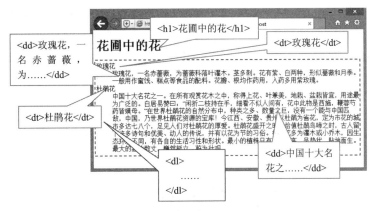

图 2.10 定义列表结构分析图

2.6 设计链接文字

超链接是网页设计中相当重要的一环，通过它可以创建网页与网页之间的关系，也可以链接到其他网站，达到网网相连的目的。

2.6.1 认识超链接

超链接（hyperlink）是指在 HTML 文件的图片或文字中添加链接标签，当浏览者单击该图片或文字时，会立即被引导到另一个位置。这个位置可以是网页、BBS、FTP，甚至可以是链接到文件，让浏览者打开或下载，也可以直接链接到 Email 邮箱，当单击链接时，自动打开创建邮件的画面。

通常设置超链接的文字或图片会以一些特殊的方式显示。例如，不同的文字颜色、大小或样式，默认以添加下划线的蓝色字体显示，而且鼠标光标移动到超链接的位置时，光标会变成小手的形状，如图2.11 所示。

扫一扫，看视频

2.6.2 定义超链接

首先认识链接标签，链接标签是<a href="">\</a>，不管是文字、图片都可以加上超链接。语法如下：

```
<a href="#"> </a>
```

<a href="">标签包含很多属性，简单说明如下：

↘ href="index.htm"

href 属性设置的是该链接所要链接的网址或文件路径，例如：

图 2.11 链接样式

```
<a href="http://www.yahoo.com.hk">
<a href="download/file.zip">
```

如果文件路径与 HTML 文件不是位于同一目录，必须加上适当的路径，相对路径或绝对路径都可以。

📢 提示：

根据路径（URL）不同，网页中的超链接一般可以分为 3 种类型：内部链接、锚点链接、外部链接。

内部链接所链接的目标一般位于同一个网站中，对于内部链接来说，可以使用相对路径和绝对路径。所谓相对路径就是 URL 中没有指定超链接的协议和互联网位置，仅指定相对位置关系。

例如，如果 a.html 和 b.html 位于同一目录下，则直接指定文件（b.html）即可，因为它们的相对位置关系是平等的。如果 b.html 位于本目录的下一级目录（sub）中，则可以使用"sub / b.html"相对路径。如果 b.html 位于上一级目录（father）中，则可以使用"../ b.html"相对路径，其中".."符号表示父级目录。还可以使用"/"来定义站点根目录，如"/ b.html"就表示链接到站点根目录下的 b.html 文件。

外部链接所链接的目标一般为外部网站目标，当然也可以是网站内部目标。外部链接一般要指定链接所使用的协议和网站地址。例如，http://www.mysite.cn/web2_nav/index.html，其中 http 是传输协议，www.mysite.cn 表示网站地址，后面跟随字符是站点相对地址。

锚点链接是一种特殊的链接方式，实际上它是在内部链接或外部链接基础上增加锚点标签后缀（#标签名）。例如，http://www.mysite.cn/web2_nav/index.html#anchor，就表示跳转到 index.htm 页面中标签为 anchor 的锚点位置。

↘ target="_top"

target 属性设置链接的网页打开方式，有下列几种打开方式。

   ↪ target="_blank"：链接的目标网页会在新的窗口中打开。

   ↪ target="_parent"：链接的目标网页会在当前的窗口中打开，如果在框架网页中，则会在上一层框架打开目标网页。

   ↪ target="_self"：链接的目标网页会在当前运行的窗口中打开，这是默认值。

   ↪ target="_top"：链接的目标网页会在浏览器窗口打开，如果有框架的话，网页中的所有框架也将被删除。

   ↪ target="窗口名称"：链接的目标网页会在有指定名称的窗口或框架中打开。

超链接可以分为文字超链接和图片超链接。要让文字产生超链接，只需在文字前后加上<a href="#">\</a>标签就可以了，例如：

```
<a href="index.html">返回首页</a>
```

在所有浏览器中，链接的默认外观是：

   ↪ 未被访问的链接带有下划线而且是蓝色的。

   ↪ 已被访问的链接带有下划线而且是紫色的。

   ↪ 活动链接带有下划线而且是红色的。

要在图片上产生超链接，同样在图片前后加上<a href ="">\</a>标签就可以了，例如：

```
<a href="mailto:service@dajie.com"><img src="email.png" alt="Email 链接图片"style=
"border:none;height:80px;"/></a>
```

📢 提示：

可以使用 CSS 伪类向文本超链接添加复杂而多样的样式。

2.6.3　定义站外链接

如果要从自己的网页连接到其他人的网站，可以在网页上加入站外网页链接，语法如下：

```
<a href="网站网址">...</a>
```

【示例】　下面示例演示了如何使用站外链接在页面中定义导航信息，效果如图 2.12 所示。

```
<h2>搜索引擎网站</h2>
<dl>
    <dt><a href="http://www.baidu.com." target="_top">百度</a> </dt>
    <dd>www.baidu.com </dd>
    <dt><a href="http://www.google.com" target="_blank">google</a> </dt>
    <dd>www.google.com </dd>
    <dt><a href="http://www.sogou.com/">搜狗</a> </dt>
    <dd>www.sogou.com </dd>
</dl>
```

在上面代码中前两个链接添加了 target 属性，设置值为"_top"
与"_blank"，"_top"是将链接目标在最上方窗口中打开。由于本
身已经是最上层，因此与没有加入 target 属性的效果一样，即会将
网页在当前使用的窗口中打开。

2.6.4　定义站内链接

站内链接就是自己网站中网页的链接，语法与站外网页链接相
同。唯一区别在于站内链接必须以相对路径来指定链接目标，语法
如下：

图 2.12　定义站外链接

```
<a href="相对路径">...</a>
```

如果网页与链接目标位于同一个目录中，那么只要填入文件名就行了；如果位于不同目录，必须将
相对路径标识清楚，否则链接无效。

【示例 1】　下面示例演示了如何使用站内链接，在页面中定义多条文本链接信息，效果如图 2.13
所示。

图 2.13　定义站内链接

```
<h3>李清照（宋代女词人）</h3>
<p><img src="2.jpg" height="120" alt=""/></p>
<p>李清照（1084 年 3 月 13 日—1155 年 5 月 12 日），号易安居士，汉族，齐州章丘（今山东章丘）人。
宋代（两宋之交）女词人，婉约词派代表，有"千古第一才女"之称。</p>
<p>
<a href="poetry/poetry1.html">一剪梅·红藕香残玉簟秋</a>    
<a href="poetry/poetry2.html">如梦令·常记溪亭日暮</a>
</p>
```

上例中我们希望在 test1.html 网页的"一剪梅·红藕香残玉簟秋"文字中加入超链接，单击链接之后可以打开 poetry 目录中的 poetry1.html 网页。然而这两个网页位于不同的目录，因此必须填入正确的相对路径，如<a href="poetry/poetry1.html">一剪梅·红藕香残玉簟秋</a>。

那么，如果想从 poetry1. html 网页再回到 test1.html 网页，超链接又应该怎么写呢?可参考下面示例代码。

【示例2】 下面示例演示了如何在站内设计返回链接，效果如图 2.14 所示。

```
<h3>一剪梅·红藕香残玉簟秋</h3>
<p>《一剪梅·红藕香残玉簟秋》是宋代女词人李清照的作品。此词作于词人与丈夫赵明诚离别之后，寄寓着
作者不忍离别的一腔深情，反映出初婚少妇沉溺于情海之中的纯洁心灵。作品以其清新的格调，女性特有的沉
挚情感，丝毫"不落俗套"的表现方式，给人以美的享受，是一首工致精巧的别情词作。  </p>
<p><img src="1.jpg" height="120" alt=""/></p>
<blockquote>
<p>红藕香残玉簟秋，轻解罗裳，独上兰舟。云中谁寄锦书来？雁字回时，月满西楼。</p>
<p>花自飘零水自流，一种相思，两处闲愁。此情无计可消除，才下眉头，却上心头。</p>
</blockquote>
<p><a href="../test1.html">返回上页</a></p>
```

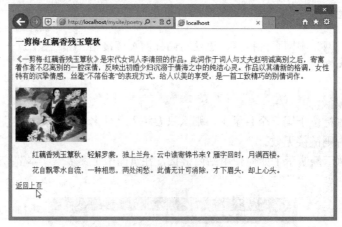

图 2.14　定义返回链接

由于 test1.html 网页位于 poetry 目录的上一层目录中，相对目录写法以"../"表示回到上一层目录，因此超链接只要填入"../test1.html"就可以了。

📢 注意：

相对路径的优点是，不论网页位于任何服务器或任何目录，只要网页与网页之间的目录不变，路径都不需要更改，因此超链接大多会采用相对路径。

2.6.5　定义 Email 链接

要与网页的浏览者互动，最简单的方式就是在网页中添加 Email 超链接，这样浏览者就可以给你写

扫一扫，看视频

信了。链接到 Email 邮箱的语法如下：

```
<a href="mailto:Email 账号">...</ a>
```

当单击 Email 超链接时，就会自动启动内置的邮件软件。浏览者只要在新邮件窗口填写好主题和内容，将邮件送出就可以发信给超链接 mailto 处设置的邮箱了。

如果收件人不止一个人，可以用分号（;）分区，如下所示：

```
<a href="mailto:one@163.com;two@163.com;">并发邮件</ a>
```

为了让浏览者更加省事，可以事先设置好主题，设置方式很简单，只要在 Email 邮箱后加上"?Subject=主题文字"就可以了，语法如下：

```
<a href="mailto:one@163.com?subject=主题名称">发邮件</ a>
```

单击超链接之后，新邮件窗口就自动显示主题了。

除主题之外，还可以设置邮件抄送、密件抄送以及邮件正文。语法如下：

```
<a href="mailto:one@163.com?cc=抄送账号">抄送邮件</ a>
<a href="mailto:one@163.com?bcc=抄送账号">密件抄送邮件</ a>
<a href="mailto:one@163.com?body=邮件内容">发邮件</ a>
```

2.7　设计表格文字

表格简洁、明了，是最有效的网页文字管理工具。网页表格的应用相当广泛，但是标签却很简单，只要熟记<table>、<tr>、<td>这三个最重要的标签及其属性，就可以应用自如。在编写表格标签时应力求整齐易读，否则杂乱无章的写法会让以后编辑 HTML 文件时格外辛苦。

2.7.1　定义表格

表格是由一行或者多行单元格组成，其主要作用是显示数据或者其他内容，以便快速引用和分析。表格是由行、列、单元格三个部分组成的。

单元格是表格中行与列的交叉部分，它是组成表格的最小单位，单个数据的输入和修改都是在单元格中进行的。单元格可以拆分，也可以合并。以 Excel 表为例，可以很清晰地了解表格的组成部分，如图 2.15 所示。

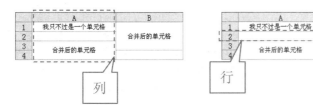

图 2.15　表格结构分析

从上图可以看到，表格中任何一个格子就是一个单元格，横向排列组成的单元格称之为行，竖向排列组成的单元格称之为列。

配合使用<table>、<tr>和<td>三个标签即可构建一个基本表格结构。其中<table>标签是负责包含所有数据（数据表）的外框，类似于标准布局中的包含框（<div id="wrap">）；<tr>负责包含数据行的外框，类似于标准布局中的子包含框（<div id="container">）；而<td>标签负责对最小数据单元的控制，相当于标准布局中的最小栏目块。

【示例1】　下面示例是一个 8 行 3 列的数据表，该表显示 IE 浏览器发展中每个版本、发布时间和捆绑的操作系统相关联的数据，在没有任何格式的情况显示如图 2.16 所示。

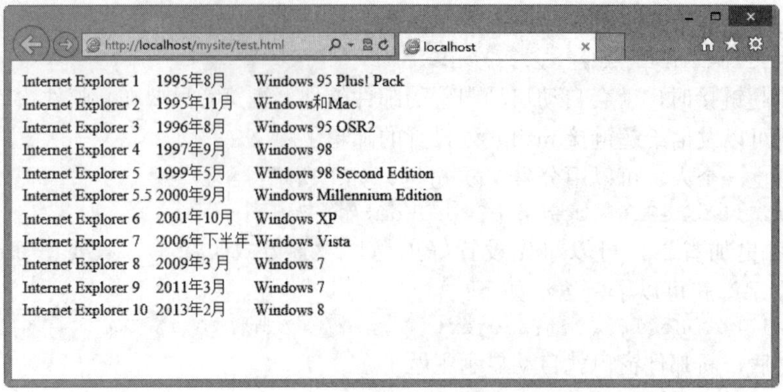

Internet Explorer 1	1995年8月	Windows 95 Plus! Pack
Internet Explorer 2	1995年11月	Windows和Mac
Internet Explorer 3	1996年8月	Windows 95 OSR2
Internet Explorer 4	1997年9月	Windows 98
Internet Explorer 5	1999年5月	Windows 98 Second Edition
Internet Explorer 5.5	2000年9月	Windows Millennium Edition
Internet Explorer 6	2001年10月	Windows XP
Internet Explorer 7	2006年下半年	Windows Vista
Internet Explorer 8	2009年3 月	Windows 7
Internet Explorer 9	2011年3月	Windows 7
Internet Explorer 10	2013年2月	Windows 8

图 2.16　IE 浏览器发展历史数据表

```
<!doctype html>
<html>
<head>
<meta charset="utf-8">
</head>
<body>
<table>
    <tr><td>Internet Explorer 1</td><td>1995 年 8 月</td><td>Windows 95 Plus! Pack
</td></tr>
    <tr><td>Internet Explorer 2</td><td>1995 年 11 月</td><td>Windows 和 Mac</td></tr>
    <tr><td>Internet Explorer 3</td><td>1996 年 8 月</td><td>Windows 95 OSR2</td>
</tr>
    <tr><td>Internet Explorer 4</td><td>1997 年 9 月</td><td>Windows 98</td></tr>
    <tr><td>Internet Explorer 5</td><td>1999 年 5 月 </td><td>Windows 98 Second
Edition</td>    </tr>
    <tr><td>Internet Explorer 5.5</td><td>2000 年 9 月</td><td>Windows Millennium
Edition</td>  </tr>
    <tr><td>Internet Explorer 6</td><td>2001 年 10 月</td><td>Windows XP</td></tr>
    <tr><td>Internet Explorer 7</td><td>2006 年下半年</td><td>Windows Vista</td>
</tr>
    <tr><td>Internet Explorer 8</td><td>2009 年 3 月</td><td>Windows 7</td></tr>
    <tr><td>Internet Explorer 9</td><td>2011 年 3 月</td><td>Windows 7</td></tr>
    <tr><td>Internet Explorer 10</td><td>2013 年 2 月</td><td>Windows 8</td></tr>
</table>
</body>
</html>
```

【示例 2】　如果不借助表格，要显示如图 2.16 所示的表格数据，可能需要构建类似如下的结构：

```
<div class="table">
    <ul>
        <li>Internet Explorer 1</li>
        <li>1995 年 8 月</li>
        <li>Windows 95 Plus! Pack</li>
    </ul>
    ......
</div>
```

从代码的角度比较，表格与非表格显示数据似乎没有什么区别。但是如果在浏览器中预览，会发现它们的显示效果是不同的，更重要的是它们所表达的语义不同，对于搜索引擎来说，将被理解为不同的信息，如图 2.17 所示。

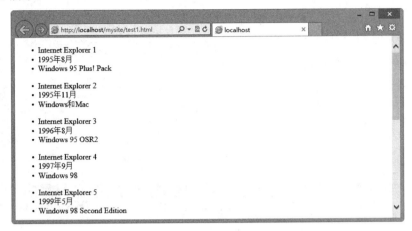

图 2.17　使用非表格标签显示数据

扫一扫，看视频

2.7.2　设计表格结构

<table>、<tr>和<td>是数据表格的三个基本标签，但是为更有利于搜索引擎的阅读，在标准设计中应该对数据表格的结构进行优化，以提升表格的语义化水平。

【示例 1】　使用<caption>标签为数据表格定义一个标题。该标签可以放在<table>和</table>标签之间的任意位置。一般习惯把它放在<table>标签内的首行，如图 2.18 所示。

```
<table>
    <caption>IE 浏览器发展大事记</caption>
    <tr>
        <td>Internet Explorer 1</td>
        <td>1995 年 8 月</td>
        <td>Windows 95 Plus! Pack</td>
    </tr>
    ……
</table>
```

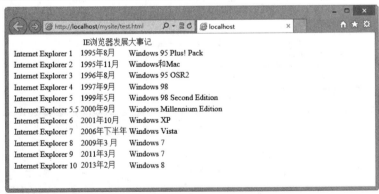

图 2.18　设计数据表的标题效果

【示例 2】　使用<th>标签设计数据列或行的标题。下面为上面示例的数据表增加一个标题列，标题行或列默认显示为粗体、居中的样式，显示效果如图 2.19 所示。

```
<table>
    <caption>IE 浏览器发展大事记</caption>
```

```
   <tr>
      <th>版本</th>
      <th>发布时间</th>
      <th>绑定系统</th>
   </tr>
   <tr>
      <td>Internet Explorer 1</td>
      <td>1995 年 8 月</td>
      <td>Windows 95 Plus! Pack</td>
   </tr>
   ……
</table>
```

图 2.19　设计数据表的列标题效果

【示例 3】　如果要设置行标题，只需要调整标题标签的位置即可。例如，设置第 1 列数据为标题行，则可以进行如下修改，显示效果如图 2.20 所示。

图 2.20　设计数据表的行标题效果

```
<table>
   <caption>IE 浏览器发展大事记</caption>
   <tr>
      <th>版本</th>
      <th>发布时间</th>
      <th>绑定系统</th>
   </tr>
   <tr>
      <th>Internet Explorer 1</th>
```

```
        <td>1995 年 8 月</td>
        <td>Windows 95 Plus! Pack</td>
    </tr>
    <tr>
        <th>Internet Explorer 2</th>
        ……
    </tr>
    ……
</table>
```

除了数据表、行和列标题之外，还可以使用<thead>、<tbody>和<tfoot>标签来对数据行进行分组。分组的目的是方便数据显示样式的控制，以及更利于搜索引擎的阅读。另外使用<colgroup>和<col>标签为数据列进行分组。

【示例4】 下面把整个数据表进行纵横分组，其中每列为一组，对应名称为 version、postTime 和 OS，然后把列标题作为一组，定义为头部区域（<thead>），中间数据区域为主体区域（<tbody>），并增加一个页脚行区域（<tfoot>）。

```
<table>
    <caption>IE 浏览器发展大事记</caption>
    <colgroup>
        <col id="verson" />
        <col id="postTime" />
        <col id="OS" />
    </colgroup>
    <thead>
        <tr>
            <th>版本</th>
            <th>发布时间</th>
            <th>绑定系统</th>
        </tr>
    </thead>
    <tbody>
        <tr>
            <th>Internet Explorer 1</th>
            <td>1995 年 8 月</td>
            <td>Windows 95 Plus! Pack</td>
        </tr>
        ……
    </tbody>
    <tfoot>
        <tr>
            <td colspan="3">页脚区域</td>
        </tr>
    </tfoot>
</table>
```

从上面代码可以看到，<table>标签的子级有<caption>、<colgroup>、<col>、<thead>、<tfoot>和<tbody>等6个子级标签，而这6个子级标签中也对应包含多个子级标签。其中<tr>标签在<thead>、<tfoot>和<tbody>这三个标签中，而不是直接成为<table>的子级。

◁》提示：

下面把表格结构所用到的标签进行简单汇总，说明如下。

- <table>：定义表格。在 <table> 标签内部，可以放置表格的标题、表格行、表格列、表格单元以及其他的表格。
- <caption>：定义一个表格标题。caption 标签必须紧随 table 标签之后。只能对每个表格定义一个标题。通常这个标题会被居中于表格之上。
- <th>：定义表格内的表头单元格。此 th 元素内部的文本通常会呈现为粗体。
- <tr>：在表格中定义一行。
- <td>：定义表格中的一个单元格。
- <thead>：定义表格的表头。
- <tbody>：定义一段表格主体（正文）。使用 <tbody> 标签，可以将表格分为一个单独的部分。<tbody> 标签可将表格中的一行或几行合成一组。在表格中包括两个或更多个 <tbody> 标签都是正确的，在 <tbody> 标签中，只有 <tr> 标签可以定义表格行。
- <tfoot>：定义表格的页脚（脚注）。
- <col>：定义某个表格中针对一个或多个列的属性值。只能在表格或 colgroup 中使用此属性。
- <colgroup>：定义表格列的分组。通过此元素，可以对列进行组合以便进行格式化。此元素只有在 <table> 标签内部才是合法的。

扫一扫，看视频

2.7.3　设置表格属性

表格具有强大的布局功能，同理它也拥有强大的自控能力。在没有 CSS 之前，设计师借助表格自身定义的各种属性也能够完成表格样式的设计。

数据表一般都需定义边框，以便能很好地区分数据的行和列，<table>标签提供了 border 属性来定义边框粗细，默认为 0，即不显示边框线，还可以使用 bordercolor 属性定义边框的颜色。不过，使用 CSS 来设计数据表的边框会更灵活，选择的余地更大。

【示例1】　输入如下样式可以为表格定义一个外框，如图 2.21 所示。

```
<style type="text/css">
table {
    border:solid 1px red;
}
</style>
```

图 2.21　table 边框效果

【示例2】　如果要为每行和列都定义边框，则需要同时为 th 和 td 也定义边框，代码如下，显示效果如图 2.22 所示。

```
<style type="text/css">
th, td {border:solid 1px red;}
</style>
```

图 2.22　th 和 td 边框效果

此时会发现表格单元格之间显示双线框，这是因为每个单元格都被定义了边框。

【示例 3】　使用 CSS 的 border-collapse 属性可以合并单元格边框线，该属性应定义到 table 标签上才有效，设置效果如图 2.23 所示。

```
<style type="text/css">
table {
    border:solid 1px red;
    border-collapse:collapse;                    /* 合并单元格边框线 */}
th, td { border:solid 1px red;}
</style>
```

图 2.23　CSS 设置表格边框样式效果

使用<table>标签的 cellpadding 属性可以定义单元格的内边距的大小，使用 cellspacing 属性可以定义单元格外边距的大小。也可以使用 CSS 的 padding 属性定义单元格的边距，定义的样式如下：

```
<style type="text/css">
th, td {
    border:solid 1px red;
    padding:10px;}
</style>
```

在表格中对齐方法有多种，简单说明如下：

➥ 表格居中显示：

```
<table align="center">
```

➥ 单元格包含对象水平居中：

```
<td align="center">1997 年 9 月</td>
```

➥ 单元格包含对象垂直居中：

```
<td valign="middle">1997 年 9 月</td>
```

使用 CSS 定义表格居中需要兼顾不同浏览器，设置样式如下：

```
body {text-align:center;}
table {
    border-collapse:collapse;
    margin:0 auto;}
```

如果要设置单元格文本居中，则可以直接为 td 对象定义 text-align:center;声明，而对于单元格垂直居中，则可以使用如下样式：

```
th, td {vertical-align:middle;}
```

对于其他 CSS 样式，正常使用即可，这里就不再详细讲解。

2.7.4　合并单元格

合并单元格是一种特殊操作，CSS 暂不支持该功能，不过由于单元格合并在表格样式设计中很重要，一般使用<td>标签的专有属性来实现。

如果要合并多列单元格，可以使用 colspan 属性，为该属性指定一个值，则表示要合并的单元格数目，如图 2.24 所示。

```
<table>
    <tr>
        <td colspan="2"> </td>
    </tr>
    <tr>
        <td> </td>
        <td> </td>
    </tr>
</table>
```

如果要合并多行单元格，则可以使用 rowspan 属性来定义，为该属性指定一个值，则表示要合并的单元格数目，如图 2.25 所示。

```
<table>
    <tr>
        <td rowspan="2"> </td>
        <td> </td>
    </tr>
    <tr>
        <td> </td>
    </tr>
</table>
```

扫一扫，看视频

图 2.24 合并多列

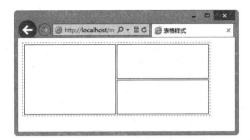

图 2.25 合并多行

扫一扫，看视频

提示：

> 如果要合并多行多列，可以在单元格中同时定义 colspan 和 rowspan 属性。当数据表内存在各种形式的合并操作时，容易出现结构错位，所以在合并单元格时，最好使用 Dreamweaver 可视化操作完成，这样既安全又快捷。

2.7.5 定义列组和行组

单元格位于表格的行和列交叉点上，根据表格布局模型，单元格应从属于行，而不是列。根据表格布局模型，多个同列的单元格可以形成一个列组。列和列组对象所支持的属性如下。

- ➢ border：定义指定列或列组的边框。只有当\<table\>标签声明了 border-collapse:collapse 时，border 属性才有效。
- ➢ background：定义列或列组中单元格的背景，只有当单元格或行设置了透明背景时适用。
- ➢ width：定义列或列组的最小宽度。
- ➢ visibility：当设置列的 visibility 属性值为 collapse，该列中所有的单元格都不会被渲染，而延伸到其他列的单元格将被剪裁。另外，表格的宽度也会减少该列本应占据的宽度。

【示例1】 在下面示例中，定义 12 个列组对象，然后对数据列进行分组。并为其中特殊列定义样式，详细代码如下所示，在 IE 中的预览效果如图 2.26 所示。

```
<!doctype html>
<html>
<head>
<meta charset="utf-8">
<title>表格样式</title>
<style type="text/css">
table {/* 定义表格样式 */
    border:dashed 1px red;                      /* 定义表格虚线框显示 */
    border-collapse:collapse;                   /* 合并单元格边框 */}
th, td {border:solid 1px #000; /* 定义单元格边框线 */}/* 定义单元格样式 */
col.col1, col.col11 {/* 第1、第11 列样式 */
    width:3em;                                  /* 固定列宽度为 3 个字体大小 */
    text-align:center;                          /* 居中对齐（IE 下有效）*/
    font-weight:bold;                           /* 字体加粗显示（IE 下有效）*/
    color:red;                                  /* 列内数据红色字体显示（IE 下有效）*/}
col.col2 {border:solid 12px blue; /* 定义列粗边框显示（IE 下无效）*/}/* 第 2 列样式 */
col.col3 {background:#FF99FF; /* 定义列背景色 */}/* 第 3 列样式 */
col.col4, col.col7 {background:#33CCCC; /* 定义列背景色 */}/* 第 4、第 7 列样式 */
</style>
</head>
<body>
```

```
<table>
    <colgroup>
    <col class="col1" />                           <!-- 第 1 列分组 -->
    <col class="col2" />                           <!-- 第 2 列分组 -->
    <col class="col3" />                           <!-- 第 3 列分组 -->
    <col class="col4" />                           <!-- 第 4 列分组 -->
    <col class="col5" />                           <!-- 第 5 列分组 -->
    <col class="col6" />                           <!-- 第 6 列分组 -->
    <col class="col7" />                           <!-- 第 7 列分组 -->
    <col class="col8" />                           <!-- 第 8 列分组 -->
    <col class="col9" />                           <!-- 第 9 列分组 -->
    <col class="col10" />                          <!-- 第 10 列分组 -->
    <col class="col11" />                          <!-- 第 11 列分组 -->
    <col class="col12" />                          <!-- 第 12 列分组 -->
    </colgroup>
    <tr>
        <th>排名</th>
        <th>校名</th>
        <th>总得分</th>
        <th>人才培养总得分</th>
        <th>研究生培养得分</th>
        <th>本科生培养得分</th>
        <th>科学研究总得分</th>
        <th>自然科学研究得分</th>
        <th>社会科学研究得分</th>
        <th>所属省份</th>
        <th>分省排名</th>
        <th>学校类型</th>
    </tr>
    ……<!-- 省略后面各行及其包含的数据 -->
</table>
</body>
</html>
```

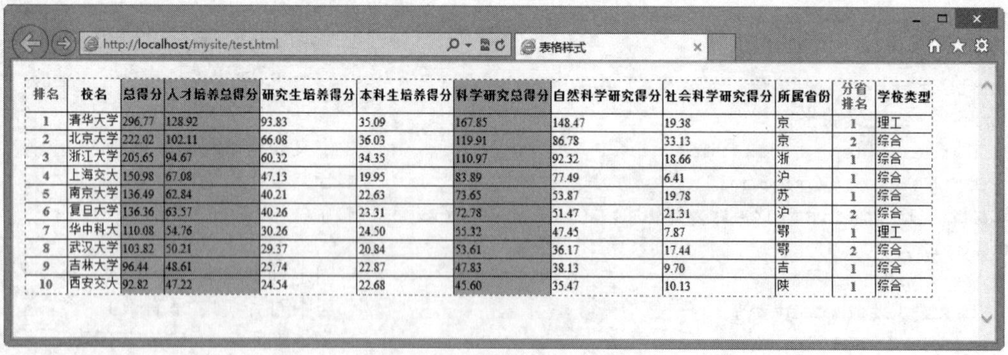

排名	校名	总得分	人才培养总得分	研究生培养得分	本科生培养得分	科学研究总得分	自然科学研究得分	社会科学研究得分	所属省份	分省排名	学校类型
1	清华大学	296.77	128.92	93.83	35.09	167.85	148.47	19.38	京	1	理工
2	北京大学	222.02	102.11	66.08	36.03	119.91	86.78	33.13	京	2	综合
3	浙江大学	205.65	94.67	60.32	34.35	110.97	92.32	18.66	浙	1	综合
4	上海交大	150.98	67.08	47.13	19.95	83.89	77.49	6.41	沪	1	综合
5	南京大学	136.49	62.84	40.21	22.63	73.65	53.87	19.78	苏	1	综合
6	复旦大学	136.36	63.57	40.26	23.31	72.78	51.47	21.31	沪	2	综合
7	华中科大	110.08	54.76	30.26	24.50	55.32	47.45	7.87	鄂	1	理工
8	武汉大学	103.82	50.21	29.37	20.84	53.61	36.17	17.44	鄂	2	综合
9	吉林大学	96.44	48.61	25.74	22.87	47.83	38.13	9.70	吉	1	综合
10	西安交大	92.82	47.22	24.54	22.68	45.60	35.47	10.13	陕	1	综合

图 2.26　定义表格列样式

如果控制单行样式，使用<tr>标签即可；如果控制多行样式，使用<tbody>、<tfoot>、<thead>标签对数据行进行分组，然后通过这些行组对象来控制多行样式。

【示例 2】 针对上面示例，分别使用<tbody>、<tfoot>、<thead>标签对数据行进行分组，分组后的数据表结构如下（为了节省篇幅，这里省略了每行数据中大部分单元格结构及其包含的数据）。

```
<table>
    <thead>
        <tr><th>排名</th>...</tr>
        <tr class="row1"><td>1</td>...</tr>
        <tr class="row2"><td>2</td>...</tr>
        <tr class="row3"><td>3</td>...</tr>
        <tr class="row4"><td>4</td>...</tr>
    </thead>
    <tbody>
        <tr><td>5</td>...</tr>
        <tr><td>6</td>...</tr>
        <tr><td>7</td>...</tr>
        <tr><td>8</td>...</tr>
        <tr><td>9</td>...</tr>
    </tbody>
    </tfoot>
        <tr><td>10</td>...</tr>
    </tfoot>
</table>
```

然后，分别为第 1~4 行，以及<tbody>行组对象增加定义样式：

```
tr.row1 {/* 第 1 行样式类 */
    width:3em;                              /* 最小宽度，将会响到其他行单元格宽度 */
    text-align:center;                      /* 居中显示 */
    font-weight:bold;                       /* 加粗字体 */
    color:red;                              /* 红色字体 */}
tr.row2 {border:solid 12px blue; /* 定义粗边框线效果 */}/* 第 2 行样式类 */
tr.row3 {background:#FF99FF; /* 定义背景色 */}/* 第 3 行样式类 */
tr.row4 {background:#33CCCC; /* 定义背景色 */}/* 第 4 行样式类 */
tbody {/* 主体行组样式类 */
        background:blue;                        /* 定义行组背景色 */
    color:white;                            /* 定义行组字体颜色 */}
```

最后，在浏览器中预览，则显示效果如图 2.27 所示。

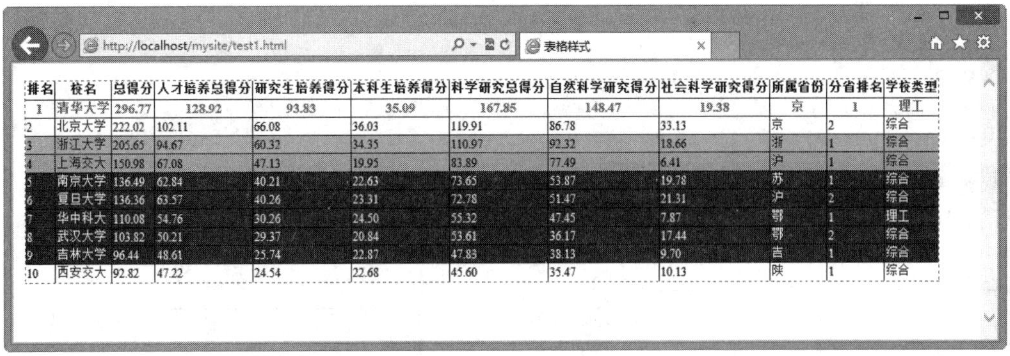

排名	校名	总得分	人才培养总得分	研究生培养得分	本科生培养得分	科学研究总得分	自然科学研究得分	社会科学研究得分	所属省份	分省排名	学校类型
1	清华大学	296.77	128.92	93.83	35.09	167.85	148.47	19.38	京	1	理工
2	北京大学	222.02	102.11	66.08	36.03	119.91	86.78	33.13	京	2	综合
3	浙江大学	205.65	94.67	60.32	34.35	110.97	92.32	18.66	浙	1	综合
4	上海交大	150.98	67.08	47.13	19.95	83.89	77.49	6.41	沪	1	综合
5	南京大学	136.49	62.84	40.21	22.63	73.65	53.87	19.78	苏	1	综合
6	复旦大学	136.36	63.57	40.26	23.31	72.78	51.47	21.31	沪	2	综合
7	华中科大	110.08	54.76	30.26	24.50	55.32	47.45	7.87	鄂	1	理工
8	武汉大学	103.82	50.21	29.37	20.84	53.61	36.17	17.44	鄂	2	综合
9	吉林大学	96.44	48.61	25.74	22.87	47.83	38.13	9.70	吉	1	综合
10	西安交大	92.82	47.22	24.54	22.68	45.60	35.47	10.13	陕	1	综合

图 2.27　定义表格行和行组样式

提示：

在添加<tbody>标签时，应先添加<thead>标签，否则浏览器会把所有数据行都归为<tbody>行组中。

2.7.6　定义表格标题

表格是一种特殊的结构，它的所有对象都被封装在一个匿名框中，<table>标签产生的匿名框可以包含表格框本身（数据框）、标题框（如果定义）。这些框相互独立，包含自身的内容，拥有独自的补白、边界和边框属性。匿名框的大小以包含数据框和标题框的最小尺寸为准。

使用 CSS 的 caption-side 属性可以定义标题框中文本的显示位置，该属性取值包括 top（位于表格框的上面）、bottom（位于表格框的下面）、left（位于表格框的左侧）、right（位于表格框的右侧）。

如果要水平对齐标题则可以使用 text-align 属性。对于左右两侧的标题，可以使用 vertical-align 属性进行垂直对齐，取值包括 top、middle 和 bottom，其他取值无效，默认为 top。

【示例】　在下面示例中，定义标题靠左显示，并设置标题垂直居中显示。但不同浏览器在解析时分歧比较大，如在 IE 浏览器中显示如图 2.28 所示，但在 Firefox 中显示如图 2.29 所示。

```
<!doctype html>
<html>
<head>
<meta charset="utf-8">
<title>表格样式</title>
<style type="text/css">
table {border: dashed 1px red;/* 虚线外框 */ }          /* 定义表格样式 */
th, td {/* 定义单元格样式 */
    border: solid 1px #000;                              /* 实线内框 */
    padding: 20px 80px;                                  /* 单元格内补白大小 */}
caption {/* 定义标题行样式 */
    caption-side: left;                                  /* 左侧显示 */
    width: 10px;                                         /* 定义宽度 */
    margin: auto 20px;                                   /* 定义左右边界 */
    vertical-align: middle;                              /* 垂直居中显示 */
    font-size: 14px;                                     /* 定义字体大小 */
    font-weight: bold;                                   /* 加粗显示 */
    color: #666;                                         /* 灰色字体 */}
</style>
</head>
<body>
<table>
    <caption>表格标题</caption>
    <tr><td>北</td><td>西</td> </tr>
    <tr><td>东</td><td>南</td> </tr>
</table>
</body>
</html>
```

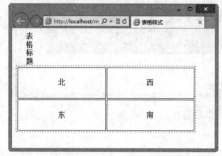

图 2.28　IE 解析表格标题效果

图 2.29　Firefox 解析表格标题效果

提示:

早期 IE 浏览器不支持 caption-side 属性。如果在早期 IE 浏览器中定义标题行的显示位置,可以使用 caption 元素的私有属性 align,但是它仅能够定位标题在顶部(top)和底部(bottom),以及顶部左(left)、中(center)和右(right)侧显示。

2.8 实 战 案 例

本节将通过两个案例帮助读者上机练习链接、列表和表格对象中文字的设计技巧。

2.8.1 设计新闻内页

本案例将通过一个新闻内页的设计,上机练习列表结构和超链接文本混合版式设计的一般方法,同时借助 CSS 设置列表的显示样式,以及超链接在页面中的交互效果。示例效果如图 2.30 所示。

图 2.30 新闻内页栏目

【操作步骤】

第 1 步,启动 Dreamweaver,新建一个 HTML5 文档,保存为 index.html。

第 2 步,构建网页结构。在本示例中首先用三个<div>标签设置了新闻栏目的容器,在每一个<div>块中分别用<ul>标签和<li>标签定义了新闻栏目和新闻标题。

```
<div class="junshi">
    <h2>军事新闻<span>more...</span></h2>
    <ul>
        <li><a href="#">中国为何不怕美国 英国人一句话道出真相。</a> </li>
        <li><a href="#">日本记者南沙回来很感慨:终于领略中国的强大。</a></li>
        <li><a href="#">外媒:运载马航 MH17 残骸卡车抵达荷兰境内 。</a> </li>
        <li><a href="#">揭秘藏在中国的军事间谍:自称"军迷"搜集资料。</a></li>
    </ul>
</div>
<div class="caijing">
```

```
<h2>财经资讯<span>more...</span></h2>
<ol>
    <li><a href="#">莫迪亚诺小说年底密集上市 国内出版商争抢版权。</a> </li>
    <li> <a href="#">银行间外汇市场事前准入许可明年取消。 </a></li>
    <li><a href="#">华润万家花椒粉铅超标两倍 称是"土地"惹的祸 。 </a></li>
    <li> <a href="#">人民币即期汇率两天暴跌逾500点。</a></li>
</ol>
</div>
<div class="yule">
<h2>娱乐资讯<span>more...</span></h2>
<ul>
    <li><a href="#">林志玲张柏芝范冰冰章子怡 夜店性感狂野销魂。</a> </li>
    <li><a href="#"> 《匆匆那年》热映 欢乐六人行特辑爆主演趣事。 </a></li>
    <li><a href="#">杜德伟曝关之琳将结婚 指王菲嘉玲生日玩快闪。</a> </li>
    <li><a href="#">李晨邓超Angelababy 细数《奔跑吧兄弟》嘉宾。</a></li>
</ul>
</div>
```

此时的显示效果如图 2.31 所示，可以看到，网页的基本结构已经搭建好了，但是由于没有进行 CSS 样式设置，界面中只是把文字内容罗列起来，没有任何修饰。

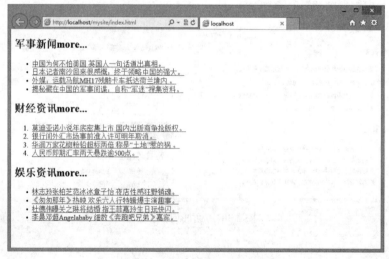

图 2.31　构建网页的基本结构

第 3 步，在<head>标签内添加<style type="text/css">标签，定义一个内部样式表，然后输入下面样式，定义网页基本属性、新闻栏目的样式以及文字"more..."样式。

```
body {/*网页基本属性*/
    font-size: 13px;              /*字体大小*/
    font-family: "黑体";          /*字体样式*/
    margin: 0px;                  /*清除页边距*/
    padding: 0px;                 /*清除页边距*/
    background:url(images/bg.png) no-repeat;           /*模拟新闻栏目页面效果*/
}
h2 {/*新闻栏目的文本样式*/
    margin: 24px 0 0 5px;      *新闻栏目文字上下补白*/
    color: #006699;
```

```
    font-size: 16px;
}
h2 span {    /*文字 "more…" 的显示样式*/
    color: #999;
    float: right;                    /*右对齐*/
}
```

以上代码中，设置了页面的基本属性，<h2>标签的内容是新闻的栏目，设置了其字体颜色、大小等属性。<span>标签的内容是文字 "more…"，此时的显示效果如图 2.32 所示。

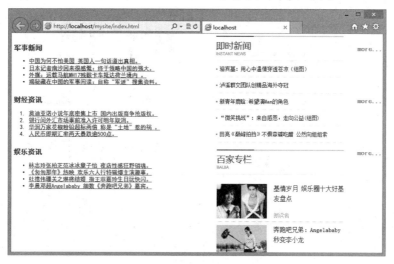

图 2.32　设置网页基本属性

第 4 步，定义网页<div>块，也就是新闻栏目块的共有属性。

```
div{       /*每一个新闻栏目块的样式*/
    line-height:16pt;                    /*行间距*/
    width:400px;                          /*块的宽度*/
    margin:10px 0 0 10px;                 /*各个新闻块之间距离*/
}
```

第 5 步，接下来为列表<ul>和<ol>添加 CSS 样式。

```
.junshi ul{                          /*第一个新闻块的列表样式*/
    margin-left:40px;                    /*文字左侧离边框的距离*/
    list-style-type:upper-alpha;         /*项目符号是大写字母*/
}
.caijing ol {                         /*第二个新闻块的列表样式*/
    margin-left:40px;
    list-style-type: upper-roman;        /*项目符号是大写罗马字母*/
}
.yule ul {                            /*第三个新闻块的列表样式*/
    margin-left:40px;
    list-style-type: circle;             /*项目符号是空心圆*/
}
```

以上代码中，分别设置了三个新闻栏目的列表样式。此时的显示效果如图 2.33 所示，可以看到，项目符号和编号按设置的样式进行显示。

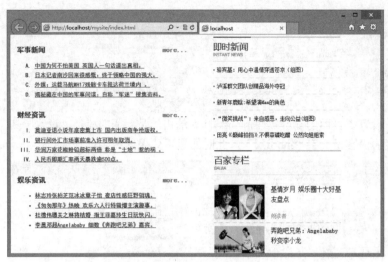

图 2.33　列表的 CSS 设置

第 6 步，从图中可以看出，网页已初见效果，最后定义\<li\>标签和\<a\>标签的样式。

```
li {  /*<li>标签样式，也就是新闻标题样式*/
    margin:5px 0 5px 0;              /*每条新闻标题之间间隔*/
}
a {  /*链接样式*/
    text-decoration:none;           /*不显示下划线*/
    color:#000;
}
```

此时新闻栏目示例设计完成，显示效果如图 2.30 所示。

2.8.2　设计网页日历

扫一扫，看视频

表格在网页中随处可见，除了用来描述数据关系外，还常用于各种组件设计，如调色板、日期选择器等。日历在网页中或桌面应用中都会看到。本案例日历表是一个相对比较简单的日历表，其中有当天日期状态、当天日期文字说明以及双休日以红色文字浅灰色背景显示，并且将周日到周一的标题加粗显示。

【操作步骤】

第 1 步，启动 Dreamweaver，新建 HTML5 文档，保存为 index.html，在\<body\>标签内输入以下代码。

```
<table>
    <caption>
    2016 年 7 月 1 日
    </caption>
    <thead>
        <tr>
            <th>日</th>
            <th>一</th>
            <th>二</th>
            <th>三</th>
            <th>四</th>
            <th>五</th>
            <th>六</th>
        </tr>
```

```
    </thead>
    <tbody>
        <tr><td>29</td><td>30</td><td>1</td><td>2</td><td>3</td><td>4</td><td>5</td
></tr>
        <tr><td>6</td><td>7</td><td>8</td><td>9</td><td>10</td><td>11</td><td>12</t
d></tr>
       <tr><td>13</td><td>14</td><td>15</td><td>16</td><td>17</td><td>18</td><td>
19</td></tr>
       <tr><td>20</td><td>21</td><td>22</td><td>23</td><td>24</td><td>25</td><td>
26</td></tr>
       <tr><td>27</td><td>28</td><td>29</td><td>30</td><td>31</td><td>1</td><td>2</
td></tr>
       <tr><td>3</td><td>4</td><td>5</td><td>6</td><td>7</td><td>8</td><td>9</t
d></tr>
    </tbody>
</table>
```

日历表以表格结构形式表示，不仅在结构上表达了日历是一种数据型的结构，而且能更显著地在页面无 CSS 样式情况下表现日历表应该具有的结构，如图 2.34 所示。

图 2.34　无 CSS 样式的日历表

第 2 步，在<head>标签内添加<style type="text/css">标签，定义一个内部样式表，然后输入下面样式，设计表格框样式。

```
table {/* 定义表格文字样式 */
        border-collapse:collapse; /* 合并单元格之间的边 */
        border:1px solid #DCDCDC;
        font:normal 12px/1.5em Arial, Verdana, Lucida, Helvetica, sans-serif;}
```

合并表格单元格之间的边框，设计表格内对象的继承样式。例如，单元格之间的边框合并、文字样式。考虑日历表中显示的内容以数字居多，因此文字主要采用了英文字体。

第 3 步，设计表格标题样式。设置表头的高度属性以及文字颜色。

```
caption { /* 定义表头的样式，文字居中等 */
        text-align:center;
    line-height:46px;
    font-size:20px;
    color: blue;}
```

第 4 步，设计单元格基本样式。

```
td, th {/* 将单元格内容和单元格标题的共同点归为一组样式定义 */
        width: 40px;
    height: 40px;
    text-align: center;
```

```
    border: 1px solid #DCDCDC;}
th {/* 针对单元格标题定义样式，使其与单元格内容产生区别 */
    color: #000000;
    background-color: #EEEEEE;}
```

单元格内容 td 标签和单元格标题 th 标签所需要的样式只有背景颜色和文字颜色的不同，因此可以将这两个元素归为一个组定义样式，然后再单独针对单元格标题定义背景颜色和文字颜色。这样的处理方式不仅减少了 CSS 样式的代码，也能使 CSS 样式代码更加直观，对于后期维护也会带来不少的帮助。

第 5 步，单元格<td>标签中所显示的时间是当前系统所显示的时间，添加一个名为 current 的 class 类名，并将其 CSS 样式定义成与其他单元格内容不同，突出显示当前日期。而且.current 类还有一个作用是为程序开发人员提供一个接口，方便他们在程序开发的过程中调用这个类名，便于判断系统当前日期后为页面实现效果。

```
td.current {/* 定义当前日期的单元格内容样式 */
    font-weight:bold;
    color:#FFFFFF;
    background-color: blue;}
```

第 6 步，设计.current 类之后，把该类绑定到表格当日单元格中，如<td class="current">1</td>。

第 7 步，日历表中为了能更好地体现某个月份的上一个月份的月尾几天和下一个月份的月头几天在当前月份中的位置，可以在页面中添加该内容，并通过 CSS 样式将其视觉效果弱化。

```
td.last_month, td.next_month {color:#DFDFDF;} /* 定义上个月以及下个月在当前月中的文字
颜色 */
```

第 8 步，设计.last_month 和.next_month 类之后，把这两个类绑定到表格非当月单元格中，代码示例如下。

```
<tr>
    <td class="last_month">29</td>
    <td class="last_month">30</td>
    <td class="current">1</td>
    <td>2</td>
    <td>3</td>
    <td>4</td>
    <td>5</td>
</tr>
……
<tr>
    <td class="next_month">3</td>
    <td class="next_month">4</td>
    <td class="next_month">5</td>
    <td class="next_month">6</td>
    <td class="next_month">7</td>
    <td class="next_month">8</td>
    <td class="next_month">9</td>
</tr>
```

第 9 步，设计表格列组样式。在表格框<table>内部前面添加如下代码：

```
<table>
    <caption>
    2016年7月1日
    </caption>
    <colgroup span="7">
    <col span="1" class="day_off">
    <col span="5">
```

```
<col span="1" class="day_off">
</colgroup>
<thead>
......
```

第 10 步，使用<colgroup>标签将表格的前后两列（即双休日）的日期定义一种样式，相对于其他单元格内容中的日期形成落差。

```
tr>td, tr>td+td+td+td+td+td {
        color:#B3222B;
        background-color:#F8F8F8;}/* 定义第一列以及最后一列的单元格内容（即双休日）的样式 */
tr>td+td {
        color:#333333;
        background-color:#FFFFFF;}  /* 定义中间五列单元格内容的样式 */
col.day_off {
        color:#B3222B;
        background-color:#F8F8F8;}  /* 针对 IE 浏览器定义双休日的单元格样式 */
```

其中 tr>td 这个子选择符是将所有的单元格内容的 td 标签设置文字颜色和背景颜色；tr>td+td+td+td+td+td 是子选择符与相邻选择符的结合，定义最后一列单元格内容 td 标签的文字颜色和背景颜色；再次定义 tr>td+td 是将除了第一列以外的所有单元格内容 td 标签定义样式，但因为 CSS 优先级的关系，无法覆盖最后一列单元格 td 标签的样式。最终形成的是前后两列样式的样式与中间五列的样式不同。

col.day_off 是针对 IE 浏览器而定义样式，主要是第一列与最后一列的文字颜色和背景颜色。该选择符的定义方式需要 XHTML 结构的支持，读者可以查看 XHTML 结构中<col>标签选择控制列的方式。

第 12 步，设计完毕，保存页面，在浏览器中预览，则显示效果如图 2.35 所示。

图 2.35　日历页面设计效果

2.9　课后练习

本节将通过大量的上机示例，帮助初学者练习使用 HTML5 语义标签灵活定义网页文本样式和版式。

第 3 章　构建 HTML5 文档结构

HTML5 扩展了很多新技术，同时对 HTML4 的文档进行修改，使文档结构更加清晰明确，容易阅读，增加了很多新的结构元素，避免不必要的复杂性，这样既方便浏览者访问，也提高了 Web 设计人员的开发速度。本章将详细介绍 HTML5 中新增的主体结构元素，了解它们的用法以及使用场合，掌握 HTML5 中应该怎样结合运用这些新增结构元素来合理编排页面总体布局。

【学习重点】

● 了解 HTML5 文档结构。
● 使用 HTML5 结构标签。
● 构建 HTML5 结构。
● 定义语义块。

3.1　创建 HTML5 结构

在 HTML5 中，为了使文档的结构更加清晰明确，增加了与页眉、页脚、内容区块等与文档结构相关联的结构标签。

🔊 提示：

内容区块是指将 HTML 页面按逻辑进行分割后的单位。例如，对于书籍来说，章、节都可以称为内容区块；对于博客网站来说，导航菜单、文章正文、文章的评论等每一个部分都可称为内容区块。接下来将详细讲解 HTML5 中在页面的主体结构方面新增加的结构标签。

3.1.1　定义文章块

扫一扫，看视频

article 元素用来表示文档、页面中独立的、完整的、可以独自被外部引用的内容。它可以是一篇博客或报刊中的文章、一篇论坛帖子、一段用户评论或独立的插件等。除了内容部分，一个 article 元素通常有它自己的标题，一般放在一个 header 元素里面，有时还有自己的脚注。当 article 元素嵌套使用的时候，内部的 article 元素内容必须和外部 article 元素内容相关。article 元素支持 HTML5 全局属性。

【示例 1】　下面代码演示了如何使用 article 元素设计网络新闻展示。

```
<!DOCTYPE HTML>
<html>
<head>
<meta charset="utf-8">
<title>新闻</title>
</head>
<body>
<article>
    <header>
        <h1>人工智能击败职业围棋选手 百万美元挑战世界冠军</h1>
        <time pubdate="pubdate">2016-01-29 19:28:00</time>
    </header>
    <p>央广网北京 1 月 29 日消息（记者赵珂）据经济之声《天下公司》报道，今年三月份，一场举世瞩目
的对决将在韩国首尔举行。这就是谷歌的人工智能电脑 AlphaGo 与韩国九段棋手李世石的围棋比赛。</p>
```

```
<footer>
    <p>http://news.163.com/</p>
</footer>
</article>
</body>
</html>
```

上面示例是一篇讲述科技新闻的文章，在 header 元素中嵌入了文章的标题，标题名被包裹在 h1 元素中，文章的发表日期包含在 time 元素中。在标题下部的 p 元素中，嵌入了一大段该博客文章的正文，在结尾处的 footer 元素中，定义了文章的著作权，作为脚注。整个示例的内容相对独立、完整，比较适合使用 article 元素来描述。

article 元素是可以嵌套使用的，内层的内容在原则上需要与外层的内容相关联。例如，一篇科技新闻中，针对该新闻的相关评论就可以使用嵌套 article 元素的方式，用来呈现评论的 article 元素被包含在表示整体内容的 article 元素里面。

【示例2】　下面示例是在上面代码基础上演示如何实现 article 元素的嵌套使用。

```
<!DOCTYPE HTML>
<html>
<head>
<meta charset="utf-8">
<title>新闻</title>
</head>
<body>
<article>
    <header>
        <h1>人工智能击败职业围棋选手 百万美元挑战世界冠军</h1>
        <time pubdate="pubdate">2016-01-29 19:28:00</time>
    </header>
    <p>央广网北京 1 月 29 日消息（记者赵珂）据经济之声《天下公司》报道，今年三月份，一场举世瞩目的对决将在韩国首尔举行。这就是谷歌的人工智能电脑 AlphaGo 与韩国九段棋手李世石的围棋比赛。</p>
    <footer>
        <p>http://news.163.com/</p>
    </footer>
    <section>
        <h2>评论</h2>
        <article>
            <header>
                <h3>张三</h3>
                <p>
                    <time pubdate datetime="2016-2-1 19:10-08:00">人类应该警惕人工智能</time>
                </p>
            </header>
            <p>ok</p>
        </article>
        <article>
            <header>
                <h3>李四</h3>
                <p>
                    <time pubdate datetime="2016-2-2 19:10-08:00">人工智能知否会像核弹一样毁灭人类？</time>
                </p>
```

```
        </header>
        <p>well</p>
    </article>
    </section>
</article>
</body>
</html>
```

上面示例的内容比第一个示例中的内容更加完整，它添加了评论内容。整个内容比较独立、完整，因此继续使用 article 元素。具体来说，示例内容又分为几部分，文章标题放在 header 元素中，文章正文放在 header 元素后面的 p 元素中，然后 section 元素把正文与评论部分进行了区分，在 section 元素中嵌入了评论的内容，评论中每一个人的评论相对来说又是比较独立、完整的，因此对它们都使用一个 article 元素，在评论的 article 元素中，又可以分为标题与评论内容部分，分别放在 header 元素与 p 元素中。

【示例 3】 article 元素也可以用来表示插件，它的作用是使插件看起来好像内嵌在页面中一样。下面代码使用 article 元素表示插件的应用。

```
<article>
    <h1>使用插件</h1>
    <object>
        <param name="allowFullScreen" value="true">
        <embed src="#" width="600" height="395"></embed>
    </object>
</article>
```

3.1.2 定义内容块

扫一扫，看视频

section 元素用于对页面上的内容进行分区。一个 section 元素通常由内容及其标题组成。div 元素也可以用来对页面进行分区，但 section 元素并非一个普通的容器元素，当一个容器需要被直接定义样式或通过脚本定义行为时，推荐使用 div，而非 section 元素。

📢 **提示：**

div 元素关注结构的独立性，而 section 元素关注内容的独立性，section 元素包含的内容可以单独存储到数据库中或输出到 Word 文档中。

【示例 1】 下面示例使用 section 元素把新歌排行版的内容进行单独分隔，如果在 HTML5 之前，习惯使用 div 元素来分隔该块内容。

```
<!DOCTYPE HTML>
<html>
<head>
<meta charset="utf-8">
</head>
<body>
<section>
    <h1>新歌 TOP10</h1>
    <ol>
        <li>心术 张宇</li>
        <li>最亲爱的你 范玮琪</li>
        <li>珍惜 李宇春</li>
        <li>思凡 林宥嘉 </li>
        <li>错过 王铮亮</li>
        <li>好难得 丁当</li>
        <li>抱着你的感... 费玉清</li>
```

```
        <li>好想你也在 郁可唯</li>
        <li>不难 徐佳莹 </li>
        <li>我不能哭 莫艳琳</li>
    </ol>
</section>
</body>
</html>
```

article 元素与 section 元素都是 HTML5 新增的元素，它们的功能与 div 类似，都是用来区分不同区域，它们的使用方法也相似，因此很多初学者会将其混用。HTML5 之所以新增这两种元素，就是为了更好地描述文档的内容，所以它们之间肯定是有区别的。

article 元素代表文档、页面或者应用程序中独立完整的可以被外部引用的内容。例如：博客中的一篇文章，论坛中的一个帖子或者一段浏览者的评论等。因为 article 元素是一段独立的内容，所以 article 元素通常包含头部（header 元素）、底部（footer 元素）。

section 元素用于对网站或者应用程序中页面上的内容进行分块。一个 section 元素通常由内容以及标题组成。

section 元素需要包含一个<hn>标题元素，一般不用包含头部（header 元素）或者底部（footer 元素）。通常用 section 元素为那些有标题的内容进行分段。

【示例 2】　section 元素的作用，是对页面上的内容分块处理，如对文章分段等，相邻的 section 元素的内容应当是相关的，而不是像 article 那样独立。

```
<!DOCTYPE HTML>
<html>
<head>
<meta charset="utf-8">
</head>
<body>
<article>
    <header>
        <h1>潜行者 M 的个人介绍</h1>
    </header>
    <p>潜行者 m 是一个中国男人，是一个帅哥……</p>
    <section>
        <h2>评论</h2>
        <article>
            <h3>评论者：潜行者 n</h3>
            <p>确实，m 同学真的很帅</p>
        </article>
        <article>
            <h3>评论者：潜行者 a</h3>
            <p>M 今天吃药了没？</p>
        </article>
    </section>
</article>
</body>
</html>
```

在上面示例中，用户能够观察到 article 元素与 section 元素的区别。事实上 article 元素可以看作是特殊的 section 元素。article 元素更强调独立性、完整性，section 更强调相关性。

📢 注意：

article、section 可以用来划分区域，但是不能够使用它们来取代 div 布局网页。div 的用处就是用来布局网页，划分大的区域，HTML4 只有 div、span 来划分区域，所以习惯性地把 div 当成了一个容器。而 HTML5 改变了这种用法，它让 div 的工作更纯正。div 就是用来布局大块，在不同的内容块中，按照需求添加 article、section 等内容块，并且显示其中的内容，这样才是合理地使用这些元素。

在使用 section 元素时应该注意几个问题：

- ➥ 不要将 section 元素当作设置样式的页面容器，对于此类操作应该使用 div 元素实现。
- ➥ 如果 article 元素、aside 元素或 nav 元素更符合使用条件，不要使用 section 元素。
- ➥ 不要为没有标题的内容区块使用 section 元素。

通常不推荐为那些没有标题的内容使用 section 元素，可以使用 HTML5 轮廓工具（http://gsnedders.html5.org/outliner/）来检查页面中是否包含没标题的 section，如果使用该工具进行检查后，发现某个 section 的说明中有 "untitled section"（没有标题的 section）文字，这个 section 就有可能使用不当，但是 nav 元素和 aside 元素没有标题是合理的。

【示例 3】 section 元素的作用是对页面上的内容进行分块，类似对文章进行分段，与具有完整、独立的内容模块 article 元素不同。下面来看 article 元素与 section 元素混合使用的示例。

```html
<!DOCTYPE HTML>
<html>
<head>
<meta charset="utf-8">
</head>
<body>
<article>
    <h1>W3C</h1>
    <p>万维网联盟（World Wide Web Consortium，W3C），又称 W3C 理事会。1994 年 10 月在麻省
理工学院计算机科学实验室成立。建立者是万维网的发明者蒂姆&middot;伯纳斯-李。</p>
    <section>
        <h2>CSS</h2>
        <p>全称 Cascading Style Sheet，级联样式表，通常又称为"风格样式表（Style Sheet）"，
它是用来进行网页风格设计的。</p>
    </section>
    <section>
        <h2>HTML</h2>
        <p>全称 Hypertext Markup Language，超文本标记语言，用于描述网页文档的一种标记语言。
</p>
    </section>
</article>
</body>
</html>
```

在上面代码中，可以看到整个版块是一段独立的、完整的内容，因此使用 article 元素。该内容是一篇关于 W3C 的简介，该文章分为 3 段，每一段都有一个独立的标题，因此使用了两个 section 元素。

🔊 注意：

对文章分段的工作是使用 section 元素完成的。为什么没有对第一段使用 section 元素？其实是可以使用的，但是由于其结构比较清晰，分析器可以识别第一段内容在一个 section 元素里，所以也可以将第一个 section 元素省略，但是如果第一个 section 元素里还要包含子 section 元素或子 article 元素，就必须写明第一个 section 元素。

【示例 4】 接着来看一个包含 article 元素的 section 元素示例。

```html
<!DOCTYPE HTML>
<html>
<head>
```

```
<meta charset="utf-8">
</head>
<body>
<section>
    <h1>W3C</h1>
    <article>
        <h2>CSS</h2>
        <p>全称 Cascading Style Sheet，级联样式表，通常又称为"风格样式表（Style Sheet）"，
它是用来进行网页风格设计的。</p>
    </article>
        <h2>HTML</h2>
        <p>全称 Hypertext Markup Language，超文本标记语言，用于描述网页文档的一种标记语言。
</p>
</section>
</body>
</html>
```

上面示例比第一个示例复杂了一些。首先，它是一篇文章中的一段，因此没有使用 article 元素。但是，在这一段中有几块独立的内容，所以嵌入了独立的 article 元素。

在 HTML5 中，article 元素可以看成是一种特殊种类的 section 元素，它比 section 元素更强调独立性。即 section 元素强调分段或分块，而 article 强调独立性。具体来说，如果一块内容相对来说比较独立、完整的时候，应该使用 article 元素，但是如果想将一块内容分成几段的时候，应该使用 section 元素。另外，在 HTML5 中，div 元素变成了一种容器，当使用 CSS 样式的时候，可以对这个容器进行一个总体的 CSS 样式的套用。

在 HTML5 中，可以将所有页面的从属部分，如导航条、菜单、版权说明等，包含在一个统一的页面中，以便统一使用 CSS 样式进行装饰。

3.1.3　定义导航栏

扫一扫，看视频

nav 元素是一个可以用作页面导航的链接组，其中的导航元素链接到其他页面或当前页面的其他部分。并不是所有的链接组都要被放进 nav 元素，只需要将主要的、基本的链接组放进 nav 元素即可。

例如，在页脚中通常会有一组链接，包括服务条款、首页、版权声明等，这时使用 footer 元素最恰当。一个页面中可以拥有多个 nav 元素，作为页面整体或不同部分的导航。

具体来说，nav 元素可以用于以下场合：

- ↰ 传统导航条。常规网站都设置有不同层级的导航条，其作用是将当前画面跳转到网站的其他主要页面上去。
- ↰ 侧边栏导航。现在主流博客网站及商品网站上都有侧边栏导航，其作用是将页面从当前文章或当前商品跳转到其他文章或其他商品页面上去。
- ↰ 页内导航。页内导航的作用是在本页面几个主要的组成部分之间进行跳转。
- ↰ 翻页操作。翻页操作是指在多个页面的前后页或博客网站的前后篇文章滚动。

【示例1】　在 HTML5 中，只要是导航性质的链接，就可以很方便地将其放入 nav 元素中。该元素可以在一个文档中多次出现，作为页面或部分区域的导航。

```
<!DOCTYPE HTML>
<html>
<head>
<meta charset="utf-8">
<title></title>
</head>
```

```
<body>
<nav draggable="true">
    <a href="index.html">首页</a>
    <a href="book.html">图书</a>
    <a href="bbs.html">论坛</a>
</nav>
</body>
</html>
```

上述示例代码创建了一个可以拖动的导航区域，nav 元素中包含三个用于导航的超链接，即"首页""图书"和"论坛"。该导航可用于全局导航，也可以放在某个段落，作为区域导航。

【示例 2】 在下面示例中，页面由几部分组成，每个部分都带有链接，但只将最主要的链接放入了 nav 元素中。

```
<!DOCTYPE HTML>
<html>
<head>
<meta charset="utf-8">
<title></title>
</head>
<body>
<h1>技术资料</h1>
<nav>
    <ul>
        <li><a href="/">主页</a></li>
        <li><a href="/blog">博客</a></li>
    </ul>
</nav>
<article>
    <header>
        <h1>HTML5+CSS3</h1>
        <nav>
            <ul>
                <li><a href="#HTML5">HTML5</a></li>
                <li><a href="#CSS3">CSS3</a></li>
            </ul>
        </nav>
    </header>
    <section id="HTML5">
        <h1>HTML5</h1>
        <p>HTML5 特性说明</p>
    </section>
    <section id="CSS3">
        <h1>CSS3</h1>
        <p>CSS3 特性说明</p>
    </section>
    <footer>
        <p> <a href="?edit">编辑</a> | <a href="?delete">删除</a> | <a href="?add">
添加</a> </p>
    </footer>
</article>
<footer>
    <p><small>版权信息</small></p>
```

```
</footer>
</body>
</html>
```

在上面示例中，第一个 nav 元素用于页面导航，将页面跳转到其他页面上去，如跳转到网站主页或博客页面；第二个 nav 元素放置在 article 元素中，表示在文章中内进行导航。除此之外，nav 元素也可以用于其他所有你觉得是重要的、基本的导航链接组中。

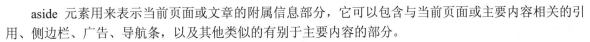 **提示：**

在 HTML5 中不要用 menu 元素代替 nav 元素。很多用户喜欢用 menu 元素进行导航，menu 元素主要用在一系列交互命令的菜单上，如使用在 Web 应用程序中。

扫一扫，看视频

3.1.4 定义侧边栏

aside 元素用来表示当前页面或文章的附属信息部分，它可以包含与当前页面或主要内容相关的引用、侧边栏、广告、导航条，以及其他类似的有别于主要内容的部分。

aside 元素主要包括下面两种用法。

➥ 作为主要内容的附属信息部分，包含在 article 元素中，其中的内容可以是与当前文章有关的参考资料、名词解释等。

【示例 1】 下面代码使用 aside 元素解释在 HTML5 历史中的两个名词。这是一篇文章，网页的标题放在 header 元素中，在 header 元素的后面将所有关于文章的部分放在了一个 article 元素中，将文章的正文部分放在一个 p 元素中，但是该文章还有一个名词解释的附属部分，用来解释该文章中的一些名词，因此，在 p 元素的下部又放置了一个 aside 元素，用来存放名词解释部分的内容。

```
<!DOCTYPE html>
<head>
<meta charset="utf-8">
<title></title>
</head>
<body>
<header>
    <h1>HTML5</h1>
</header>
<article>
    <h1>HTML5 历史</h1>
    <p>HTML5 草案的前身名为 Web Applications 1.0，于 2004 年被 WHATWG 提出，于 2007 年被 W3C
接纳，并成立了新的 HTML 工作团队。HTML5 的第一份正式草案已于 2008 年 1 月 22 日公布。HTML5 仍处
于完善之中。然而，大部分现代浏览器已经具备了某些 HTML5 支持。</p>
    <aside>
        <h1>名词解释</h1>
        <dl>
            <dt>WHATWG</dt>
            <dd>Web Hypertext Application Technology Working Group，HTML 工作开发组的
简称，目前与 W3C 组织同时研发 HTML5。</dd>
        </dl>
        <dl>
            <dt>W3C</dt>
            <dd>World Wide Web Consortium，万维网联盟，万维网联盟是国际著名的标准化组织。
1994 年成立后，至今已发布近百项相关万维网的标准，对万维网发展做出了杰出的贡献。</dd>
        </dl>
    </aside>
```

```
</article>
</body>
```

aside 元素被放置在一个 article 元素内部，因此引擎将这个 aside 元素的内容理解成是与 article 元素的内容相关联的。

➥ 作为页面或站点全局的附属信息部分，在 article 元素之外使用。最典型的形式是侧边栏，其中的内容可以是友情链接，或博客中其他文章列表、广告单元等。

【示例 2】 下面代码使用 aside 元素为个人网页添加一个友情链接版块。

```
<!DOCTYPE html>
<head>
<meta charset="utf-8">
<title></title>
</head>
<body>
<aside>
    <nav>
        <h2>友情链接</h2>
        <ul>
            <li> <a href="#">网站 1</a></li>
            <li> <a href="#">网站 2</a></li>
            <li> <a href="#">网站 3</a></li>
        </ul>
    </nav>
</aside>
</body>
```

友情链接在博客网站中比较典型，一般放在左右两侧的边栏中，因此可以使用 aside 元素来实现，但是该侧边栏又是具有导航作用的，因此嵌套了一个 nav 元素，该侧边栏的标题是"友情链接"，放在 h2 元素中，在标题之后使用了一个 ul 列表，用来存放具体的导航链接。

3.1.5 标题块

扫一扫，看视频

header 元素是一种具有引导和导航作用的结构元素，通常用来放置整个页面或页面内的一个内容区块的标题，但也可以包含其他内容，如数据表格、搜索表单或相关的 logo 图片，因此整个页面的标题应该放在页面的开头。

【示例 1】 在一个网页内可以多次使用 header 元素，下面示例显示为每个内容区块加一个 header 元素。

```
<!DOCTYPE html>
<head>
<meta charset="utf-8">
<title></title>
</head>
<body>
<header>
    <h1>网页标题</h1>
</header>
<article>
    <header>
        <h1>文章标题</h1>
    </header>
    <p>文章正文</p>
```

```
</article>
</body>
```

在 HTML5 中，header 元素通常包含 h1~h6 元素，也可以包含 hgroup、table、form、nav 等元素，只要应该显示在头部区域的语义标签，都可以包含在 header 元素中。

【示例 2】 下面页面是个人博客首页的头部区域代码示例，整个头部内容都放在 header 元素中。

```
<!DOCTYPE html>
<head>
<meta charset="utf-8">
<title></title>
</head>
<body>
<header>
    <hgroup>
        <h1>我的博客</h1>
        <a href="#">[URL]</a> <a href="#">[订阅]</a> <a href="#">[手机订阅]</a>
    </hgroup>
    <nav>
        <ul>
            <li>首页</li>
            <li><a href="#">目录</a></li>
            <li><a href="#">社区</a></li>
            <li><a href="#">微博我</a></li>
        </ul>
    </nav>
</header>
</body>
```

3.1.6 脚注块

footer 元素可以作为内容块的注脚，如在父级内容块中添加注释，或者在网页中添加版权信息等。脚注信息有很多种形式，如作者、相关阅读链接及版权信息等。

【示例 1】 在 HTML5 之前，要描述注脚信息，一般使用<div id="footer">标签定义包含框。自从 HTML5 新增了 footer 元素，这种方式将不再使用，而是使用更加语义化的 footer 元素来替代。在下面代码中使用 footer 元素为页面添加版权信息栏目。

```
<!DOCTYPE html>
<head>
<meta charset="utf-8">
<title></title>
</head>
<body>
<article>
    <header>
        <hgroup>
            <h1>主标题</h1>
            <h2>副标题</h2>
            <h3>标题说明</h3>
        </hgroup>
        <p>
            <time datetime="2016-03-20">发布时间：2016 年 3 月 20 日</time>
        </p>
```

```
    </header>
    <p>新闻正文</p>
</article>
<footer>
    <ul>
        <li>关于</li>
        <li>导航</li>
        <li>联系</li>
    </ul>
</footer>
</body>
```

【示例2】　与 header 元素一样，页面中也可以重复使用 footer 元素。同时，可以为 article 元素或 section 元素添加 footer 元素。在下面代码中分别在 article、section 和 body 元素中添加 footer 元素。

```
<!DOCTYPE html>
<head>
<meta charset="utf-8">
<title></title>
</head>
<body>
<header>
    <h1>网页标题</h1>
</header>
<article> 文章内容
    <h2>文章标题</h2>
    <p>正文</p>
    <footer>注释</footer>
</article>
<section>
    <h2>段落标题</h2>
    <p>正文</p>
    <footer>段落标记</footer>
</section>
<footer>网页版权信息</footer>
</body>
```

3.1.7　主要区域

一般网页都有一些不同的区块，如页眉、页脚、包含额外信息的附注栏、指向其他网站的链接等。不过，一个页面只有一个部分代表其主要内容。可以将这样的内容包在 main 元素中，该元素在一个页面仅使用一次。

【示例】　下面页面是一个完整的主体结构。main 元素包围着代表页面主题的内容。

```
<header role="banner">
    <nav role="navigation">[包含多个链接的 ul]</nav>
</header>
<main role="main">
    <article>
        <h1 id="gaudi">主要标题</h1>
        <p>[页面主要区域的其他内容]
    </article>
</main>
```

```
<aside role="complementary">
    <h1>侧边标题</h1>
    <p>[附注栏的其他内容]
</aside>
<footer role="info">[版权]</footer>
```

main 元素是 HTML5 新添加的元素，在一个页面里仅使用一次。在 main 开始标签中加上 role="main"，这样可以帮助屏幕阅读器定位页面的主要区域。

与 p、header、footer 等元素一样，main 元素的内容显示在新的一行，除此之外不会影响页面的任何样式。如果创建的是 Web 应用，应该使用 main 包围其主要的功能。注意，不能将 main 放置在 article、aside、footer、header 或 nav 元素中。

3.2　定义语义块

除了以上几个主要的结构元素之外，HTML5 内还增加了一些表示逻辑结构或附加信息的非主体结构元素，简单介绍如下。

3.2.1　定义微格式

HTML5 引入了一种新的机制：微格式，即在 HTML 文档中新增了一些专门的标签，可以帮助程序员分析标签之中的数据的真实含义。具体说，微格式是一种利用 HTML 的 class 属性对网页添加附加信息的方法，附加信息如新闻事件发生的日期和时间、个人电话号码、企业邮箱等。

微格式并不是在 HTML5 之后才有的，在 HTML5 之前它就和 HTML 结合使用了，但是在使用过程中发现在日期和时间的机器编码上出现了一些问题，编码过程中会产生一些歧义。HTML5 增加了一种新的元素来无歧义地、明确地对机器的日期和时间进行编码，并且以让人易读的方式来展现它。这个元素就是 time 元素。

【示例】　time 元素代表 24 小时中的某个时刻或某个日期，表示时刻时允许带时差。它可以定义很多格式的日期和时间，如下所示：

```
<!DOCTYPE html>
<head>
<meta charset="utf-8">
<title></title>
</head>
<body>
<time datetime="2016-6-13">2013 年 11 月 13 日</time>
<time datetime="2016-6-13">11 月 13 日</time>
<time datetime="2016-6-13">我的生日</time>
<time datetime="2016-6-13T20:00">我生日的晚上 8 点</time>
<time datetime="2016-6-13T20:00Z">我生日的晚上 8 点</time>
<time datetime="2016-6-13T20:00+09:00">我生日的晚上 8 点的美国时间</time>
</body>
```

浏览器能够自动获取 datetime 属性值，在开始标记与结束标记中间的内容将显示在网页上。datetime 属性中日期与时间之间要用"T"文字分隔，"T"表示时间。

📢 注意：

倒数第二行，时间加上文字 Z 表示给机器编码时使用 UTC 标准时间，倒数第一行则加上了时差，表示向机器编码另一地区时间，如果是编码本地时间，则不需要添加时差。

3.2.2 定义日期

pubdate 属性是一个可选的布尔值属性，它可以用在 article 元素中的 time 元素上，意思是 time 元素代表了文章（artilce 元素的内容）或整个网页的发布日期。

【示例1】 下面示例使用 pubdate 属性为文档添加引擎检索的发布日期。

```
<!DOCTYPE html>
<head>
<meta charset="utf-8">
<title></title>
</head>
<body>
<article>
    <header>
        <h1>探索新增长源 苹果发力现实增强技术</h1>
        <p>发布日期<time datetime="2016-1-30" pubdate>2016 年 01 月 30 日 09:17</time> </p>
    </header>
    <p>  新浪科技讯 北京时间 1 月 30 日早间消息，苹果已组建一支虚拟现实和现实增强专家团队，以开发
能够匹敌 Facebook Oculus Rift 和微软 HoloLens 的产品。目前，苹果正探索除 iPhone 以外的新增长
来源。</p>
    <footer>
        <p>http://www.sina.com.cn</p>
    </footer>
</article>
</body>
```

【示例2】 由于 time 元素不仅仅表示发布时间，而且可以表示其他用途的时间，如通知、约会等。为了避免引擎误解发布日期，使用 pubdate 属性可以显式告诉引擎文章中哪个是真正的发布时间。

```
<!DOCTYPE html>
<head>
<meta charset="utf-8">
<title></title>
</head>
<body>
<article>
    <header>
        <h1>探索新增长源 苹果发力现实增强技术</h1>
        <p>发布日期<time datetime="2016-1-30" pubdate>2016 年 01 月 30 日 09:17</time></p>
        <p>关于<time datetime=2016-2-3>2 月 3 日</time>更正通知</p>
    </header>
    <p>  新浪科技讯 北京时间 1 月 30 日早间消息，苹果已组建一支虚拟现实和现实增强专家团队，以开发
能够匹敌 Facebook Oculus Rift 和微软 HoloLens 的产品。目前，苹果正探索除 iPhone 以外的新增长
来源。</p>
    <footer>
        <p>http://www.sina.com.cn</p>
    </footer>
</article>
</body>
```

在上面示例中，有两个 time 元素，分别定义了两个日期：更正日期和发布日期。由于都使用了 time 元素，所以需要使用 pubdate 属性表明哪个 time 元素代表了新闻的发布日期。

扫一扫，看视频

3.2.3 联系信息

address 元素用来在文档中定义联系信息，包括文档作者或文档编辑者名称、电子邮箱、真实地址、电话号码等。

【**示例 1**】 address 元素的用途不仅仅是用来描述电子邮箱或真实地址，还可以描述与文档相关的联系人的所有联系信息。下面代码展示了博客侧栏中的一些技术参考网站网址链接。

```
<!DOCTYPE html>
<head>
<meta charset="utf-8">
<title></title>
</head>
<body>
<address>
    <a href="http://www.w3.org/">W3C</a>
    <a href="http://www.whatwg.org/">WHATWG</a>
    <a href="http://www.mhtml5.com/">HTML5 研究小组</a>
</address>
</body>
```

【**示例 2**】 也可以把 footer 元素、time 元素与 address 元素结合起来使用，以实现设计一个比较复杂的版块结构。

```
<!DOCTYPE html>
<head>
<meta charset="utf-8">
<title></title>
</head>
<body>
<footer>
    <section>
        <address>
        <a title="作者: html5" href="http://www.whatwg.org/">HTML5+CSS3 技术趋势</a>
        </address>
        <p> 发布于:
            <time datetime="2016-3-1">2016 年 3 月 1 日</time>
        </p>
    </section>
</footer>
</body>
```

在上面示例中，把博客文章的作者、博客的主页链接作为作者信息放在 address 元素中，把文章发表日期放在 time 元素中，把这个 address 元素与 time 元素中的总体内容作为脚注信息放在 footer 元素中。

3.3 实战案例 1：设计博客首页

扫一扫，看视频

在博客应用中，有大量内容需要使用结构化标记进行组织。博客包括头部、尾部、多种导航（博文归档链接、至其他博客或网站的链接列表和内部链接）、博文和回帖。本节将以一个博客首页为例，使用 HTML5 标记进行编写。

本例是一个非常典型的博客结构，头部区域包含水平导航。在主要的正文区域中，每篇文章都包括头部和尾部。此外，文章还可能包括摘要或旁白。侧边栏包含其他的导航元素。最后是页面的尾部，它包含联系方式和版权信息。结构本身并没有任何新意，唯一不同的是，本例将使用语义化标签来代替以往大量使用的 div 标签。页面设计效果如图 3.1 所示。

图 3.1　个人博客首页效果

【操作步骤】

第 1 步，设计正确的文档类型声明。如果想使用 HTML5 的新元素，就需要让浏览器能够识别这些新标签。新建 HTML5 文档，保存为 index.html，写入基本的 HTML5 模板：

```
<!doctype html>
<html>
<head>
<meta charset="utf-8">
<title></title>
</head>
<body>
</body>
</html>
```

注意：

上面代码中第 1 行的文档类型声明，是 HTML5 的文档类型声明。如果经常编写网页，下面这段冗长难记的 XHTML 文档类型声明一定不会感到陌生：

```
<!DOCTYPE HTML PUBLIC "-//W3C//DTD HTML4.01 Transitional//EN" "http://www.w3.org/
TR/html4/loose.dtd">
```

相比之下，HTML5 的文档类型声明显然更加简单好记。文档类型声明有两个作用。

第一，浏览器依据它来判断应该采用何种验证规则去验证代码。

第二，文档类型声明能够强制 IE6、IE7 和 IE8 以"标准模式"（standards mode）渲染页面，在页面需要兼容所有浏览器时，这点极其重要。HTML5 文档类型声明具备了上述两种作用，它甚至可以被 IE6 识别。

第 2 步，设计头部。

不要将头部（header）与 h1、h2、h3 这样的标题（heading）混为一谈，头部可能包含从公司的 Logo

到搜索框在内的各式各样的内容。本例博客的头部只包含博客的标题：

```
<header id="page_header">
    <h1>APP 开发入门</h1>
</header>
```

同一个页面中可以包含多个 header 元素。每个独立的区段或文章块都可以拥有自己的头部。

本示例代码中为头部添加可唯一标识一个元素的 ID 属性，借助 ID 值，开发人员可以更便捷地添加 CSS 样式，或使用 JavaScript 快速定位元素。

第 3 步，设计尾部。

footer 元素用来为文档或相邻区段定义尾部信息。以前在网站上见过的页面尾部通常会包括版权日期和网站链接信息。HTML5 规范中允许在同一份页面文档中出现多个 footer 元素，这就意味着即使在博文中也能使用 footer 元素。

本例为页面定义一个简单的尾部。由于可以使用多个尾部，因此这里为页面尾部设置了 ID 属性。如同前面为头部设置 ID 属性一样，当需要为此元素及其子元素添加样式时，这种做法有助于我们准确识别它。

```
<footer id="page_footer">
    <p>Copyright © 2015 APP 开发.</p>
</footer>
```

代码中的尾部只包含版权日期。其实，尾部与头部类似，通常也会包含其他元素，如导航元素等。

第 4 步，设计导航。

导航对于网站至关重要。如果访客难以找到所需信息，他们就不会再在网站停留，就这点而言，存在一个与导航相对应的 HTML 标签是有意义的。

本例将在文档头部添加导航。导航中的链接分别指向博客的首页、文章列表页、博文作者列表页以及联系人信息页等。

```
<header id="page_header">
    <h1>APP 开发入门</h1>
    <nav>
      <ul>
          <li><a href="#">最新文档</a></li>
          <li><a href="#">精选文档</a></li>
          <li><a href="#">技术支持</a></li>
          <li><a href="#">联系我们</a></li>
      </ul>
    </nav>
</header>
```

与 header 元素和 footer 元素一样，页面可以包含多个 nav 元素。通常情况下，头部和尾部都会包含导航，因此访客能够清晰地将其辨认出来。博客尾部的导航链接需要分别指向博客主页、关于我们页面，以及服务条款和隐私政策等页面。这里使用无序列表来组织这些链接，并将其置于页面的 footer 元素中：

```
<footer id="page_footer">
    <p>Copyright © 2015 APP 开发.</p>
    <nav>
      <ul>
          <li><a href="#">主页</a></li>
          <li><a href="#">关于</a></li>
          <li><a href="#">团队</a></li>
          <li><a href="#">隐私</a></li>
      </ul>
```

```
    </nav>
</footer>
```

第 5 步，设计区块。

区块是页面上的逻辑区域，在描述页面逻辑区域时，用户可以使用 section 元素来代替之前被随意滥用的 div 标签：

```
<section id="posts">
</section>
```

当然，不要乱用 section 元素，要利用 section 元素将内容合理归类。上面代码创建了用于容纳所有博文的区块。不过，单篇博文不适合都独立占用区块。为此，本例选择了更恰当的标签。

第 6 步，设计文章块。

article 标签最适合描述网页实际内容。页面上有很多元素，包括头部、尾部、导航、广告、部件（widget）、至其他博客或网站的链接、社交媒体书签等，这些繁杂的元素很容易让用户遗忘非常重要的一点：网友访问网站是源于对网站内容的兴趣，而 article 标签正好可以用来描述内容。

每篇文章都包括一个头部、一些内容和一个尾部，本例按下述方式定义一篇完整的文章：

```
<article class="post">
    <header>
        <h2>移动前端开发之 viewport 的深入理解 </h2>
        <p>小李子发布于
            <time datetime="2015-10-01T14:39">October 1st, 2015 at 2:39PM</time>
        </p>
    </header>
    <p>在移动设备上进行网页的重构或开发，首先得搞明白的就是移动设备上的 viewport 了，只有明白了
viewport 的概念以及弄清楚了跟 viewport 有关的 meta 标签的使用，才能更好地让我们的网页适配或响
应各种不同分辨率的移动设备。</p>
    <p>…… </p>
    <footer>
        <p><a href="comments"><i>14 评论</i></a> ...</p>
    </footer>
</article>
```

用户可以在 article 元素内部使用 header 元素和 footer 元素，以更方便地描述具体的逻辑区域，也可以用 section 元素将文档分为多个部分。

第 7 步，设计旁白。

有时候，用户需要为主要内容添加一些附加信息，如引言、图表、补充观点、相关链接等。此时，可以使用新的 aside 标签来标识这些元素。

本例将标注置于 aside 元素中，并将 aside 元素置于 article 元素内部，以保证 aside 元素能够紧邻着与其相关的内容。带有 aside 元素的完整区段代码如下所示：

```
<article class="post">
    <header></header>
    <aside>
        <p> &ldquo;本博客文章如无特别注明，均为原创，欢迎转载、传阅，共同交流~&rdquo; </p>
    </aside>
    <p> </p>
    <footer></footer>
</article>
```

第 8 步，设计侧栏。

博客右侧是一个侧边栏，内含指向博文列表页的链接。尽管可以使用 aside 标签来定义博客侧边栏，但会背离 HTML5 规范。aside 标签的设计初衷是为了展示与文章相关的内容。因此，它是呈现相关链接、

术语表（glossary）或引言的最佳位置。要将含有历史归档链接列表的侧边栏标记出来，使用 section 标签和 nav 标签即可。

```
<section id="sidebar">
    <nav>
        <h3>归档</h3>
        <ul>
            <li><a href="2015/10">October 2015</a></li>
            <li><a href="2015/09">September 2015</a></li>
            <li><a href="2015/08">August 2015</a></li>
            <li><a href="2015/07">July 2015</a></li>
            <li><a href="2015/06">June 2015</a></li>
            <li><a href="2015/05">May 2015</a></li>
            <li><a href="2015/04">April 2015</a></li>
            <li><a href="2015/03">March 2015</a></li>
            <li><a href="2015/02">February 2015</a></li>
            <li><a href="2015/01">January 2015</a></li>
            <li><a href="all">更多</a></li>
        </ul>
    </nav>
</section>
```

以上是博客的 HTML 结构。接下来为新元素添加样式。

第 9 步，新建样式表文件，保存为 style.css，然后使用<link>标签在 index.html 的头部区域（<head>标签中）导入外部样式表。

```
<link rel="stylesheet" href="style.css">
```

第 10 步，在 style.css 文件中输入代码。

首先，将页面内容整体居中，同时设置基本的字体样式：

```
body {
    margin: 15px auto;
    font-family: Arial, "MS Trebuchet", sans-serif;
    width: 960px;
}
p { margin: 0 0 20px 0; }
p, li { line-height: 20px; }
```

接下来，定义头部的宽度：

```
#page_header { width: 100%; }
```

对导航链接应用样式，将无序列表变换成水平导航条：

```
#page_header > nav > ul, #page_footer > nav > ul {
    list-style: none;
    margin: 0;
    padding: 0;
}
#page_header > nav > ul > li, #page_footer nav > ul > li {
    margin: 0 20px 0 0;
    padding: 0;
    display: inline;
}
```

id 值为 posts 的区段需要浮动到页面左侧并保留一定宽度，文章内部的标注也需要浮动。此外，还要加大标注的字号：

```
#posts {
```

```
    float: left;
    width: 74%;
}
#posts aside {
    float: right;
    font-size: 20px;
    line-height: 40px;
    margin-left: 5%;
    width: 35%;
}
```

还需浮动侧边栏，并定义其宽度：

```
#sidebar {
    float: left;
    width: 25%;
}
```

定义尾部样式，并在尾部上清除浮动，从而保证尾部始终位于页面底部，代码如下：

```
#page_footer {
    clear: both;
    display: block;
    text-align: center;
    width: 100%;
}
```

第 11 步，浏览器兼容处理。

虽然博客首页在 Firefox、Chrome 和 Safari 中显示正常，但由于早期 IE 不兼容 HTML5 的新元素，所以无法对它们应用样式。唯一能让 IE 在新元素上应用样式的方法是使用 JavaScript 将新元素定义为文档的一部分。用户只需在页面的<head> 标签内添加补丁代码即可，这是为了保证代码的执行能够先于浏览器对其他元素的渲染，并将这些代码置于只有 IE 浏览器才能识别的条件注释中：

```
<!--[if lte IE 8]>
<script>
 document.createElement("nav");
 document.createElement("header");
 document.createElement("footer");
 document.createElement("section");
 document.createElement("aside");
 document.createElement("article");
</script>
<![endif]-->
```

上面这些特殊的注释是针对 IE 9.0 以前的所有版本的。本例文档的组织形式和可读性得到了一定程度的改观，内容仍可以正常显示且能被屏幕阅读器阅读，因而没有"可访问性"的顾虑。

3.4　实战案例 2：设计个人主页

通过使用新的结构元素，HTML5 的文档结构比大量使用 div 元素的 HTML4 的文档结构清晰、明确了很多。如果再规划好文档结构的大纲，就可以创建出对于阅读者或屏幕阅读程序来说，都很清晰易读的文档结构。下面通过一个博客主页的设计介绍如何综合运用 HTML5 结构元素设计一个页面。

3.4.1　设计结构

下面简单介绍本例文档中各内容区块的结构编排。内容区块可以使用标题元素（h1～h6）来展示各级内容区块的标题。关于内容区块的编排，可以分为显式编排和隐式编排两种方式。

1. 显式编排

显式编排是指明确使用 section 等元素创建文档结构，在每个内容区块内使用标题（h1～h6、hgroup 等）。例如：

```
<section id="work" class="clearfix">
   <header>
      <h2>My Work</h2>
   </header>
   <ul class="projects list"></ul>
</section>
```

2. 隐式编排

隐式编排是指不明确使用 section 等元素，而是根据页面中所书写的各级标题（h1～h6、hgroup）等把内容区块自动创建出来。因为 HTML5 引擎只要看到书写了某个级别的标题，就会判断存在相对应的内容区块。例如：

```
<div id="work" class="clearfix">
   <h2>My Work</h2>
   <ul class="projects list"></ul>
</div>
```

将这两种编排方式进行对比，很明显，显式编排更加清晰、易读。

不同的标题有不同的级别，h1 的级别最高，h6 的级别最低。隐式编排时按如下规则自动生成内容区块：

- 如果新出现的标题比上一个标题级别低，生成下级内容区块。
- 如果新出现的标题比上一个标题级别高或级别相等，生成新的内容区块。

例如，针对下面内容块，第二个标题比第一个标题级别高。

```
<section>
<h2> </h2>
<p> </p>
<h1> </h1>
<p> </p>
</section>
```

可以把它改成显式编排。

```
<section>
   <h2> </h2>
   <p> </p>
<section>
</section>
   <h1> </h1>
   <p> </p>
</section>
```

因为隐式编排容易让自动生成的整个文档结构与想要的文档结构不一样，而且也容易引起文档结构的混乱，所以尽量使用显式编排。

另外，不同的内容区块可以使用相同级别的标题。例如，父内容区块与子内容区块可以使用相同级别的标题 h1。这样每个级别的标题都可以单独设计，如果既需要整个网页的标题，又需要文章的标题，这样就符合语义结构化设计原则。

```html
<h1> </h1>
<article>
    <header>
        <hgroup>
            <h1> </h1>
            <h2> </h2>
        </hgroup>
        <p> </p>
    </header>
</article>
```

基于以上设计原则，下面就来设计本案例的个人主页基本框架结构。在这个示例中，具备了一个标准博客网页所需具备的基本要素。

```html
<!DOCTYPE HTML>
<html>
<head>
<meta charset="utf-8">
</head>
<body>
<div id="page">
    <aside id="sidebar">
        <nav>
            <ul>
                <li class="active" id="nav-1"><a href="#home">Home</a></li>
                <li id="nav-2"><a href="#work">Work</a></li>
                <li id="nav-3"><a href="#about">About</a></li>
                <li id="nav-4"><a href="#contact">Contact</a></li>
            </ul>
            <div class="bg_bottom"></div>
        </nav>
    </aside>
    <div id="main-content">
        <section id="top"></section>
        <section id="home">
            <div id="loader" class="loader"></div>
            <div id="ps_container" class="ps_container"></div>
            <header class="divider intro-text">
                <h2>I Make Beautiful Websites </h2>
            </header>
            <div class="recent-work columns">
                <h3>My Recent Work</h3>
                <div class="two-column">
                    <figure></figure>
                </div>
                <div class="two-column last">
                    <figure></figure>
                </div>
            </div>
        </section>
        <section id="work" class="clearfix">
            <header>
                <h2>My Work</h2>
```

```
      </header>
      <ul class="projects list"></ul>
  </section>
  <section id="about" class="clearfix">
      <header>
          <h2>Who is this Guy?</h2>
      </header>
      <figure class="marginRight"><img src="images/me.gif" alt="Image" /></figure>
      <h3>Nerdy Skills</h3>
      <ul class="skills"></ul>
  </section>
  <section id="contact" class="clearfix">
      <header>
          <h2>Get in touch</h2>
      </header>
      <form action="#" method="post"></form>
      <div class="social_wrapper">
          <h3>Where to find me?</h3>
          <ul class="social"> </ul>
      </div>
      <div class="copyright">
          <p></p>
      </div>
  </section>
  </div>
</div>
</body>
</html>
```

在上面代码中使用了嵌套 article 元素的方式，将关于评论的 article 元素嵌套在主 article 元素中，在 HTML5 中，推荐使用这种方式。最后，在浏览器中预览，显示效果如图 3.2 所示。

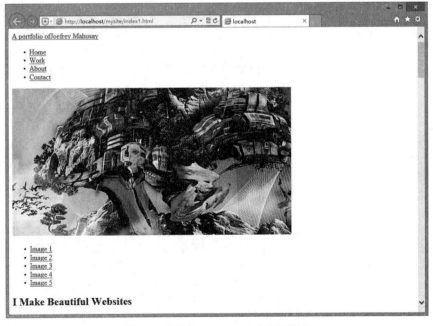

图 3.2 设计的 HTML5 个人主页结构

3.4.2 设计样式

因为很多浏览器尚未对 HTML5 中新增的结构元素提供支持，我们无法知道客户端使用的浏览器是否支持这些元素，所以需要使用 CSS 追加如下声明，目的是通知浏览器页面中使用的 HTML5 中新增元素都是以块方式显示的。

```
//追加 block 声明
html, body, div, span, object, iframe, h1, h2, h3, h4, h5, h6, p, blockquote, pre,
abbr, address, cite, code, del, dfn, em, img, ins, kbd, q, samp,
small, strong, sub, sup, var, b, i, dl, dt, dd, ol, ul, li,
fieldset, form, label, legend, table, caption, tbody, tfoot, thead, tr, th, td,
article, aside, canvas, details, figcaption, figure, footer, header, hgroup,
menu, nav, section, summary, time, mark, audio, video {
    margin:0; padding:0; border:0; outline:0;
    font-size:100%;vertical-align:baseline;
    background:transparent;
}
article, aside, details, figcaption, figure, footer, header, hgroup, menu, nav,
section { display:block; }
```

另外，IE8 及之前的浏览器是不支持用 CSS 的方法来使用这些尚未支持的结构元素的，为了在 IE 浏览器中也能正常使用这些结构元素，需要使用 JavaScript 脚本，代码如下：

```
//在脚本中创建元素
<script>
document.createElement("header");
document.createElement("nav");
document.createElement("article");
document.createElement("footer");
</script>
<style>
//正常使用样式
nav{float;left;;}
article{float:right;;}
</style>
```

尽管这段 JavaScript 脚本在其他浏览器中是不需要的，但它不会对这些浏览器造成什么不良影响。另外，到了 IE9 之后，这段脚本就不需要了。

用户也可以导入外部 IE 兼容解析方案，该方案通过 html5.js 实现，导入如下代码，该代码只能够在小于 IE9 版本的浏览器中有效。

```
<!--[if lt IE 9]>
<script src="http://html5shim.googlecode.com/svn/trunk/html5.js"></script>
<![endif]-->
```

然后规范化标签的默认样式，这些默认样式在不同浏览器中有不同的规定，为了方便统一管理，不妨通过显式声明的方式实现一致效果。

```
nav ul { list-style:none; }
blockquote, q { quotes:none; }
blockquote:before, blockquote:after,
q:before, q:after { content:''; content:none; }
a { margin:0; padding:0; font-size:100%; vertical-align:baseline; background:
transparent; }
ins { background-color:#ff9; color:#000; text-decoration:none; }
mark { background-color:#ff9; color:#000; font-style:italic; font-weight:bold; }
```

```
del { text-decoration: line-through; }
abbr[title], dfn[title] { border-bottom:1px dotted; cursor:help; }
table { border-collapse:collapse; border-spacing:0; }
hr { display:block; height:1px; border:0; border-top:1px solid #ccc; margin:1em 0;
padding:0; }
input, select { vertical-align:middle; }
```

一个网页中可能有多个独立的 article 元素，每一个 article 元素都允许有自己的标题与脚注等从属元素，并允许对自己的从属元素单独使用样式。譬如一个网页中的样式可能如下所示：

```
/* ----aside---- */
aside{
    float:left; padding-top:10px;
    width:248px; position:fixed;
}
/* ----nav---- */
nav{ text-align:center; margin-bottom:20px;}
```

最后，在浏览器中预览，显示效果如图 3.3 所示。

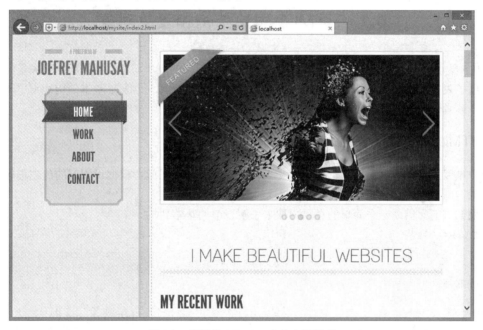

图 3.3 设计的 HTML5 个人主页效果

3.5 课后练习

本节将通过大量的上机示例，帮助初学者练习使用 HTML 结构标签设计各种网页模块。

第 4 章　HTML5 表单

只要用户曾经上过网，一定有过填写表单的经历，例如，申请加入某个网站会员、填写网络问卷、参加抽奖活动等，凡是必须在网页中输入数据的界面，八九不离十都是使用表单制作而成的。HTML5 增强了表单的诸多功能，包括新增的 input 输入类型、新增的表单元素、新增的 form 属性和 input 属性等。使用这些新的元素，网页开发人员可以更加省力和高效地制作出标准的 Web 表单。

【学习重点】
- 使用 HTML5 新增表单元素。
- 使用 HTML5 新增表单属性。
- 设计 HTML5 表单页面。

4.1　HTML5 表单结构和表单对象

HTML5 继承了 HTML4 的表单结构，并支持 HTML4 所有的表单对象，同时新增了大量输入型表单对象，扩展了表单元素和表单控制属性。本节简单介绍一下 HTML5 的表单基本结构和常用表单对象，帮助零起步读者快速入门。

4.1.1　HTML5 表单基本结构

扫一扫，看视频

当用户填写了表单数据之后，单击"提交"按钮，填写的数据就会根据设置好的处理程序来处理表单中的数据。

【示例】　下面借助一个简单的登录界面来了解表单的基本架构。

```
<!doctype html>
<html>
<head>
<meta charset="utf-8">
</head>
<body>
<form method="post" action="">                        <!--表单开始-->
    <h3>请输入账号密码</h3>
    <label for="user_name">账号: </label>             <!--表单标签-->
    <input type="text" name="user_name" size="20"/><br />   <!--文本框-->
    <label for="password">密码: </label>              <!--表单标签-->
    <input type="text" name="password" size="20"/>    <!--文本框-->
    <p>
        <input type="reset" value="取消" name="back"/>   <!--取消按钮-->
        <input type="submit" value="登录" name="ok"/>    <!--提交按钮-->
    </p>
</form>                                                <!--表单结束-->
</body>
</html>
```

保存文档，在浏览器中预览，显示效果如图 4.1 所示。

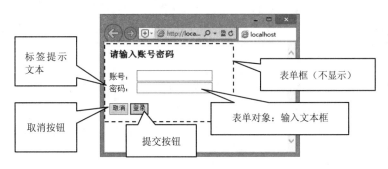

图 4.1　设计简单的表单

<form>是表单的开始标记，</form>是表单的结束标记，各种表单组件必须放在<form>和</form>标记围起的范围内才能有效运行。

📢 注意：

使用 HTML5 新增的 form 属性可以打破这种限制，下面章节会详细介绍。

通过上面示例可以看到，一个完整的表单结构应该由下面三部分组成：

- 表单框（<form>标签）：<form>标签是一个包含框，里面包含所有表单对象。表单框定义提交表单数据的各种属性，如提交字符编码、与服务器交互的 URL、提交方式等。
- 表单对象（<input>、<select>、<textarea>标签）：用于采集用户输入或选择的数据，如文本框、文本区域、密码框、隐藏域、单选框、复选框、下拉选择框及文件上传框等。
- 按钮（<input>、<button>标签）：用于将数据发送给服务器，还可以用来控制其他脚本行为，如提交、重置，以及不包含任何行为的一般按钮。

下面先来认识一下<form>标签。

<form>标签就像一个容器，其中会放置各种表单对象。其语法如下：

```
<form method="" action="" enctype=""target=""autocomplete novalidate>
```

- method

method 属性用于设置发送数据的方式，设置值有 post 和 get 两种。利用 get 方式发送数据时，数据会直接加在 URL 之后，安全性比较差，并且有 255 个字符的字数限制，适用于数据量少的表单，例如：

```
http://localhost/mysite/test.html?user_name=zhangsan
```

其中 user_name=zhangsan 就是通过 get 方式发送的数据。

post 方式是将数据封装之后再发送，字符串长度没有限制，数据安全性比较高。对于需要保密的信息，如用户账号、密码、身份证号、地址以及电话等，通常会采用 post 方式进行发送。

- action

表单通常会与 ASP 或 PHP 等数据库程序配合使用，属性 action 用来指出发送的目的地，例如：action="server.php"表示将表单送到 server.php 网页进行下一步的处理。如果不使用数据库程序，也可以将表单发送到电子邮件信箱，其语法如下：

```
<form method="post" action="mailto:zhangsan@mail.com?subject=xxxx" enctype="text/plain">
```

mailto 是发送邮件到设置的 Email 邮箱，"?subject=xxxx"设置邮件的主题。

- enctype

enctype 是表单发送的编码方式，只有 method="post"时才有效，共有 3 种模式：

- enctype="application/x-www-form-urlencoded"：此为默认值，如果 enctype 省略不写，则表示采取此种编码模式。

    ↻ enctype="multipart/form-data"：用于上传文件的时候。

    ↻ enctype="text/plain"：将表单发送到电子信箱时，enctype 的值必须设为"text/plain"，否则将会出现乱码。

  ↘ target

指定提交到哪一个窗口，属性值共有 5 个，说明如下：

    ↻ _blank：打开新窗口。

    ↻ _self：当前窗口。

    ↻ _parent：上一层窗口（父窗口）。

    ↻ _top：最上层窗口。

    ↻ 框架名称：直接指定窗口或框架名称。

  ↘ autocomplete

autocomplete 用来设置 input 组件是否使用自动完成功能，是 HTML5 新增的属性值，有 on（使用）和 off（不使用）两种。

  ↘ novalidate

novalidate 用来设置是否要在发送表单时验证表单，如需要验证则填入 novalidate 即可，novalidate 也是 HTML5 新增的属性，目前 IE 并不支持 novalidate 属性。

4.1.2　HTML5 表单对象

扫一扫，看视频

表单对象也称为表单控件，是表单页面中可见或可用的各种交互对象。根据用途不同，表单对象可分为四类：输入组件、选择组件、列表组件和按钮组件。

1. 输入控件

输入组件是表单组件中最常用的，主要是让用户输入数据。一般网页中常用的输入组件有：文本框（text）、多行文本框（textarea）、密码域（password）三种，date、number、color、range 等是 HTML5 新增的输入组件，下一节会详细讲解。

2. 列表组件

列表组件包括 select 组件与 datalist 组件。

  ↘ select 组件

select 组件由<select>标签与<option>标签组成。语法如下：

```
<select>
    <option>选项一</option>
    <option>选项二</option>
    ……
</select>
```

其中<select>标签用来定义列表框，<option>标签用来设置列表中的选项。

【示例1】　在下面的示例中，通过下拉菜单设计城市列表，让用户选择，通过<optgroup>标签将城市分组，方便对城市进行分类，使用 selected 属性设置下拉菜单的默认值为"青岛"。如果没有定义该属性，则显示为第一个选项，即"潍坊"。

```
<form>所在城市:
    <select name="选择城市">
        <optgroup label="山东省">
        <option value="潍坊">潍坊</option>
        <option value="青岛" selected="selected">青岛</option>
```

```
      </optgroup>
      <optgroup label="山西省">
      <option value="太原">太原</option>
      <option value="榆次">榆次</option>
      </optgroup>
   </select>
</form>
```

◀》 提示：

<select>标签可以通过下面的属性定制列表框：

　　 ↳　size：设置列表框中可以显示的选项个数。

　　 ↳　multiple：设置列表框中的选项是否支持多选。

<option>标签可以通过下面的属性定义列表项目的值和是否被选。

　　 ↳　value：设置选项的初始值。

　　 ↳　selected：表示此选项为默认选择项。

　❱　datalist 组件

datalist 组件由<datalist>与<option>标签组成，必须与 input 组件的 list 属性一起使用。datalist 组件的功能有点类似于自造词列表，主要是让用户只要输入第一个字，就可以从列表中找出符合的词语。详细说明请参阅下面的章节。

◀》 提示：

在设计选择项目时，如果项目很多，使用单选按钮或复选框会占用很多空间，这时可以使用<select>标签定义。

3. 选择组件

选择组件有两种，一种是单选按钮（radio），另一种是复选框（checkbox）。选择控件一般都会以组的形式使用，形成控件组。

　❱　单选按钮

单选按钮（<input type="radio">）实际是一个圆形的选择框。当选中单选按钮时，圆形按钮的中心会出现一个点，相当于圆点。多个单选按钮可以合并为一个单选按钮组，单选按钮组中的 name 值必须相同，如 name="RadioGroup1"，即单选按钮组同一时刻只能选择一个。

【示例2】　下面代码定义包含三个选项的单选按钮组。

```
<form>性别：
   <label><input type="radio" name="RadioGroup1" value="男" />男</label>
   <label><input type="radio" name="RadioGroup1" value="女" />女</label>
   <label><input type="radio" name="RadioGroup1" value="保密" checked />保密</label>
</form>
```

　❱　复选框

复选框（<input type="checkbox">）组可以允许多项选择。它的外观是一个矩形框，当选中某项时，矩形框里会出现一小对号。与单选按钮（radio）一样，使用 checked 属性表示选中状态。

【实例3】　下面代码定义了一个包含四个选项的复选框组。

```
<form>喜欢的运动：
   <label><input name="CheckboxGroup1" type="checkbox" value="足球" />足球</label>
   <label><input name="CheckboxGroup1" type="checkbox" value="篮球" />篮球</label>
   <label><input name="CheckboxGroup1" type="checkbox" value="排球" />排球</label>
   <label><input name="CheckboxGroup1" type="checkbox" value="羽毛球" checked /> 羽
毛球</label>
</form>
```

4. 按钮组件

按钮组件有 3 种：一种是表单填写完成之后，单击"提交"按钮（submit）将表单发送；一种是提供用户清除表单属性的"重置"按钮（reset）；另一种是普通按钮（button），这种按钮本身并无任何作用，通常会配合 JavaScript 脚本来完成想要的效果。

4.2　新增输入类型

HTML5 出现之前，HTML 表单仅支持少数的 input 输入类型，如表 4.1 所示。

表 4.1　HTML5 之前版本支持的少数 input 输入类型

输入类型	HTML 代码	说　　明
文本域	\<input type="text"\>	定义单行输入字段，用于在表单中输入字母、数字等内容。默认宽度为 20 个字符
单选按钮	\<input type="radio"\>	定义单选按钮，用于从若干给定的选择中选取其一，常与其他类型的输入框构成一组使用
复选框	\<input type="checkbox"\>	定义复选框，用于从若干给定的选择中选取一个或若干选项
下拉列表	\<select\>\<option\>	定义下拉列表，提供多个可选项，select 元素必须与 option 元素配合使用
密码域	\<input type="password"\>	定义密码字段，用于输入密码，输入的内容会以"点"或星号的形式出现，即被"掩码"
提交按钮	\<input type="submit"\>	定义提交按钮，用于将表单数据发送到服务器
可单击按钮	\<input type="button"\>	定义普通可单击按钮，多数情况下，用于通过 JavaScript 启动脚本
图像按钮	\<input type="image"\>	定义图像形式的提交按钮。用户可以通过选择不同的图像来自定义这种按钮的样式
隐藏域	\<input type="hidden"\>	定义隐藏的输入字段
重置按钮	\<input type="reset"\>	定义重置按钮。用户可以通过单击重置按钮来清除表单中的所有数据
文件域	\<input type="file"\>	定义输入字段和"浏览"按钮，用于上传文件

在 HTML5 中，新增加了多个新的表单 input 输入类型，通过使用这些新增的元素，可以实现更好的输入控制和验证。下面通过实例逐一介绍这些新的 input 输入类型。

4.2.1　email 类型

email 类型的 input 元素是一种专门用于输入 Email 地址的文本输入框。在提交表单的时候，会自动验证 Email 输入框的值。如果不是一个有效的 Email 地址，则该输入框不允许提交该表单。

在传统表单中，常用\<input type="text"\>这种纯文本输入框来输入 Email 地址。从用户的角度来说，很难看出这种输入框有什么变化。

email 类型的 input 元素用法如下：

```
<input type="email" name="user_email"/>
```

【示例】　下面是 email 类型的一个应用示例。

```
<!DOCTYPE HTML>
<html>
<body>
<form action="demo_form.php" method="get">
请输入您的 E-mail 地址: <input type="email" name="user_email" /><br />
```

```
<input type="submit" />
</form>
</body>
</html>
```

以上代码在 Chrome 浏览器中的运行结果如图 4.2 所示。如果输入了错误的 Email 地址格式，单击"提交"按钮时会出现如图 4.3 所示的 "请输入电子邮件地址。" 的提示。

图 4.2　email 类型的 input 元素示例

图 4.3　检测到不是有效的 email 地址

其中 demo_form.php 表示提交给服务器端的处理文件。对于不支持 type="email"的浏览器来说，将会以 type="text"来处理，所以并不妨碍旧版浏览器浏览采用 HTML5 中 type="email"输入框的网页。

📢 注意：

如果使用早期 IE 浏览器进行测试，当输入错误 Email 地址格式并单击 "提交" 按钮时，会首先访问后台服务器网页 demo_form.asp，如果找不到链接会出现 "Internet Explorer 无法显示该网页" 的错误提示，而不会出现如 Chrome 浏览器中这样的 "请输入电子邮件地址" 的提示。

不过，在 IE10 版本浏览器之后，开始支持 HTML5 新增的表单对象。

📢 提示：

如果将 email 类型的 input 元素用在手机浏览器中，会更加突显其优势。例如，如果使用 iPhone 或 iPod 中的 Safari 浏览器浏览包含 email 输入框的网页，Safari 浏览器会通过改变触摸屏键盘来配合该输入框，在触摸屏键盘中添加 "@" 和 "." 键以方便用户输入，如图 4.4 所示，而当浏览普通内容时则不会出现这两个键。email 类型的 input 元素这一新增功能虽然用户不易察觉，但屏幕键盘的变化无疑会带来很好的用户体验。

图 4.4　iPod 中的 Safari 浏览器触摸屏键盘随输入域改变而改变

扫一扫，看视频

4.2.2　url 类型

url 类型的 input 元素专门用于输入 URL 地址这类特殊文本的文本框。当提交表单时，如果所输入的内容是 URL 地址格式的文本，则会提交数据到服务器；如果不是 URL 地址格式的文本，则不允许提交。

url 类型的 input 元素用法如下：

```
<input type="url" name="user_url" />
```

【示例】 　下面是 url 类型的一个应用示例。

```
<!DOCTYPE HTML>
<html>
<body>
<form action="demo_form.php" method="get">
请输入网址: <input type="url" name="user_url" /><br/>
<input type="submit" />
</form>
</body>
</html>
```

以上代码在 Chrome 浏览器中的运行结果如图 4.5 所示。如果输入了错误的 URL 地址格式，单击"提交"按钮时会出现如图 4.6 所示的"请输入网址。"的提示，本例中前面漏掉了协议类型，如 http://。

图 4.5　url 类型的 input 元素示例　　　　图 4.6　检测到不是有效的 url 地址

📢 提示：

与前面介绍的 email 类型输入框相同，对于不支持 type="url" 的浏览器，将会以 type="text" 来处理，所以并不妨碍旧版浏览器浏览采用 HTML5 中 type="url" 输入框的网页。

如果使用 iPhone 或 iPod 中的 Safari 浏览器浏览包含 url 输入域的网页，Safari 浏览器会通过改变触摸屏键盘来配合该输入框，在触摸屏键盘中添加"."、"/"和".com"键以方便用户输入，如图 4.7 所示，当浏览普通内容时则不会出现这 3 个键。

图 4.7　iPod 中的 Safari 浏览器触摸屏键盘随输入域改变而改变

4.2.3 number 类型

number 类型的 input 元素提供用于输入数值的文本框。用户还可以设定对所接受的数字的限制，包括规定允许的最大值和最小值、合法的数字间隔或默认值等。如果所输入的数字不在限定范围之内，则会出现错误提示。

【示例】 下面是 number 类型的一个应用示例。

```
<!DOCTYPE HTML>
<html>
<body>
<form action="demo_form.php" method="get">
请输入数值: <input type="number" name="number1" min="1" max="20" step="4">
<input type="submit" />
</form>
</body>
</html>
```

以上代码在 Chrome 浏览器中的运行结果如图 4.8 所示。如果输入了不在限定范围之内的数字，单击"提交"按钮时会出现如图 4.9 所示的提示。

图 4.8 number 类型的 input 元素示例

图 4.9 检测到输入了不在限定范围之内的数字

如图 4.9 所示为输入了大于规定的最大值时出现的提示。同样的，如果违反了其他限定，也会出现相关提示。例如，如果输入数值 15，单击"提交"按钮时会出现"值无效。"的提示，如图 4.10 所示。这是因为限定了合法的数字间隔为 4，在输入时只能输入 4 的倍数，如 4、8、16 等。又如，如果输入数值 -12，则会提示"值必须大于或等于 1。"，如图 4.11 所示。

图 4.10 出现"值无效。"的提示

图 4.11 提示"值必须大于或等于 1。"

number 类型使用表 4.2 的属性来规定对数字类型的限定。

表 4.2 number 类型的属性

属　性	值　类　型	说　　明
max	Number	规定允许的最大值
min	Number	规定允许的最小值
step	number	规定合法的数字间隔（如果 step="4"，则合法的数是 -4,0,4,8 等）
value	number	规定默认值

📢提示：

> 对于不同的浏览器，number 类型的输入框其外观也可能会有所不同。如果使用 iPhone 或 iPod 中的 Safari 浏览器浏览包含 number 输入框的网页，则 Safari 浏览器同样会通过改变触摸屏键盘来配合该输入框，触摸屏键盘会优化显示数字以方便用户输入，如图 4.12 所示。

图 4.12　iPod 中的 Safari 浏览器触摸屏键盘显示出数字与符号

扫一扫，看视频

4.2.4　range 类型

range 类型的 input 元素提供用于输入包含一定范围内数字值的文本框，在网页中显示为滑动条。用户可以设定对所接受的数字的限制，包括规定允许的最大值和最小值、合法的数字间隔或默认值等。如果所输入的数字不在限定范围之内，则会出现错误提示。

【示例】　下面是 range 类型的一个应用示例。

```
<!DOCTYPE HTML>
<html>
<body>
<form action="demo_form.php" method="get">
请输入数值: <input type="range" name="range1" min="1" max="30" />
<input type="submit" />
</form>
</body>
</html>
```

以上代码在 Chrome 浏览器中的运行结果如图 4.13 所示。range 类型的 input 元素在不同浏览器中的外观不同。例如，在 IE 浏览器中的外观如图 4.14 所示，会以色块的形式显示滑动条。

图 4.13　range 类型的 input 元素示例

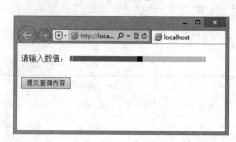

图 4.14　range 类型的 input 元素在 IE 浏览器中的外观

range 类型使用表 4.3 的属性来规定对数字类型的限定。

表 4.3　range 类型的属性

属　　性	值	说　　明
max	number	规定允许的最大值
min	number	规定允许的最小值
step	number	规定合法的数字间隔（如果 step="4"，则合法的数是 -4,0,4,8 等）
value	number	规定默认值

从表 4.3 可以看出，range 类型的属性与 number 类型的属性是完全相同的，这两种类型的不同在于外观表现上，支持 range 类型的浏览器都会将其显示为滑块的形式，而不支持 range 类型的浏览器则会将其显示为普通的纯文本输入框，即以 type="text"来处理。所以不管怎样，用户都可以放心地使用 range 类型的 input 元素。

扫一扫，看视频

4.2.5　日期选择器

日期选择器（Date Pickers）是网页中经常要用到的一种控件，在 HTML5 之前版本中，并没有提供任何形式的日期选择器控件。在网页前端设计中，多是采用一些 JavaScript 框架来实现日期选择器控件的功能，例如，jQuery UI、YUI 等，在具体开发时会比较繁琐。

HTML5 提供了多个可用于选取日期和时间的输入类型，即 6 种日期选择器控件，分别用于选择以下日期格式：日期、月、星期、时间、日期+时间、日期+时间+时区，如表 4.4 所示。

表 4.4　日期选择器类型

输 入 类 型	HTML 代 码	说　　明
date	<input type="date">	选取日、月、年
month	<input type="month">	选取月、年
week	<input type="week">	选取周和年
time	<input type="time">	选取时间（小时和分钟）
datetime	<input type="datetime">	选取时间、日、月、年（UTC 时间）
datetime-local	<input type="datetime-local">	选取时间、日、月、年（本地时间）

📢 提示：

UTC 是 Universal Time Coordinated 的英文缩写，即"协调世界时"，是由国际无线电咨询委员会规定和推荐，并由国际时间局（BIH）负责保持的以秒为基础的时间标度。简单地说，UTC 时间就是 0 时区的时间，而本地时间即地方时。例如，如果北京时间为早上 8 点，则 UTC 时间为 0 点，即 UTC 时间比北京时间晚 8 小时。

下面分别给出这些日期选择器类型的示例与运行结果。

1. date 类型

date 类型的日期选择器用于选取日、月、年，即选择一个具体的日期。例如，2016 年 8 月 9 日，选择后会以 2016-08-09 的形式显示。

【示例 1】　下面是 date 类型的一个应用示例。

```
<!DOCTYPE HTML>
```

```
<html>
<body>
<form action="demo_form.php" method="get">
请输入日期： <input type="date" name=" date1" />
<input type="submit" />
</form>
</body>
</html>
```

以上代码在 Chrome 浏览器中的运行结果如图 4.15 所示，在 Opera 浏览器中的运行结果如图 4.16 所示。Chrome 浏览器中显示为右侧带有微调按钮的数字输入框，可见该浏览器并不支持日期选择器控件。而在 Opera 浏览器中单击右侧小箭头时会显示出日期控件，用户可以使用控件来选择具体日期。

图 4.15　在 Chrome 浏览器中的运行结果

图 4.16　在 Opera 浏览器中的运行结果

2. month 类型

month 类型的日期选择器用于选取月、年，即选择一个具体的月份，例如 2016 年 8 月，选择后会以 2016-08 的形式显示。

【示例2】　下面是 month 类型的一个应用示例。

```
<!DOCTYPE HTML>
<html>
<body>
<form action="demo_form.php" method="get">
请输入月份： <input type="month" name=" month1" />
<input type="submit" />
</form>
</body>
</html>
```

以上代码在 Chrome 浏览器中的运行结果如图 4.17 所示，在 Opera 浏览器中的运行结果如图 4.18 所示。Chrome 浏览器中显示为右侧带有微调按钮的数字输入框，输入或微调时会只显示到月份，而不会显示日期。在 Opera 浏览器中单击右侧小箭头时会显示出日期控件，用户可以使用控件来选择具体月份，但不能选择具体日期。可以看到，整个月份中的日期都会以深灰色显示，单击该区域可以选择整个月份。

图 4.17　在 Chrome 浏览器中的运行结果

图 4.18　在 Opera 浏览器中的运行结果

3. week 类型

week 类型的日期选择器用于选取周和年，即选择具体的哪一周，例如 2016 年 8 月第 32 周，选择后会以 2016-W32 的形式显示。

【示例 3】　下面是 week 类型的一个应用示例。

```
<!DOCTYPE HTML>
<html>
<body>
<form action="demo_form.php" method="get">
请选择年份和周数：<input type="week" name="week1" />
<input type="submit" />
</form>
</body>
</html>
```

以上代码在 Chrome 浏览器中的运行结果如图 4.19 所示，在 Opera 浏览器中的运行结果如图 4.20 所示。Chrome 浏览器中显示为右侧带有微调按钮的数字输入框，输入或微调时会显示年份和周数，而不会显示日期。在 Opera 浏览器中单击右侧小箭头时会显示出日期控件，用户可以使用控件来选择具体的年份和周数，但不能选择具体日期。可以看到，整个月份中的日期都会以深灰色按周数显示，单击该区域可以选择某一周。

图 4.19　在 Chrome 浏览器中的运行结果

图 4.20　在 Opera 浏览器中的运行结果

4. time 类型

time 类型的日期选择器用于选取时间，具体到小时和分钟，例如，6 点 8 分，选择后会以 6:8 的形式显示。

【示例 4】　下面是 time 类型的一个应用示例。

```
<!DOCTYPE HTML>
<html>
<body>
<form action="demo_form.php" method="get">
请选择或输入时间：<input type="time" name="time1" />
<input type="submit" />
</form>
</body>
</html>
```

以上代码在 Chrome 浏览器中的运行结果如图 4.21 所示，在 Opera 浏览器中的运行结果如图 4.22 所示。

图 4.21　在 Chrome 浏览器中的运行结果

图 4.22　在 Opera 浏览器中的运行结果

除了可以使用微调按钮之外，还可以直接输入时间值。如果输入了错误的时间格式并单击"提交"按针，则在 Chrome 浏览器中会显示"值无效"的提示，如图 4.23 所示。而在 Opera 浏览器中则不存在这样的问题，因为该浏览器根本不允许输入错误的数值，而且会一直显示中间的冒号作为小时和分钟的间隔。

图 4.23　显示"值无效"的提示

time 类型支持使用一些属性来限定时间的大小范围或合法的时间间隔，如表 4.4 所示。

表 4.4　time 类型的属性

属　　性	值	描　　述
max	time	规定允许的最大值
min	time	规定允许的最小值
step	number	规定合法的时间间隔
value	time	规定默认值

【示例 5】　　可以使用下列代码来限定时间。

```
<!DOCTYPE HTML>
<html>
<body>
<form action="demo_form.php" method="get">
请选择或输入时间: <input type="time" name="time1" step="5" value="09:00:00">
<input type="submit" />
</form>
</body>
</html>
```

以上代码在 Chrome 浏览器中的运行结果如图 4.24 所示，可以看到，在输入框中出现设置的默认值"09:00:00"，并且当单击微调按钮时，会以 5 秒为单位递增或递减。当然，用户还可以使用 min 和 max 属性指定时间的范围。

在 date 类型、month 类型、week 类型中也支持使用上述属性值。

5. datetime 类型

datetime 类型的日期选择器用于选取时间、日、月、年，其中时间为 UTC 时间。

图 4.24　使用属性值限定时间类型

> 支持 input 的 datetime 类型的浏览器不多，一般 Chrome、Opera 支持 date、time、datetime-local，最新版本不再支持 datetime。

【示例 6】　下面是 datetime 类型的一个应用示例。

```
<!DOCTYPE HTML>
<html>
<body>
<form action="demo_form.php" method="get">
请选择或输入时间：<input type="datetime" name="datetime1" />
<input type="submit" />
</form>
</body>
</html>
```

以上代码在早期 Chrome 浏览器中的运行结果如图 4.25 所示，在早期 Opera 浏览器中的运行结果如图 4.26 所示。

图 4.25　在 Chrome 浏览器中的运行结果　　　　图 4.26　在 Opera 浏览器中的运行结果

6. datetime-local 类型

datetime-local 类型的日期选择器用于选取时间、日、月、年，其中时间为本地时间。

【示例 7】　下面是 datetime-local 类型的一个应用示例。

```
<!DOCTYPE HTML>
<html>
<body>
<form action="demo_form.php" method="get">
请选择或输入时间：<input type="datetime-local" name="datetime-local1" />
<input type="submit" />
</form>
</body>
</html>
```

以上代码在 Chrome 浏览器中的运行结果如图 4.27 所示，在 Opera 浏览器中的运行结果如图 4.28 所示。

图 4.27　在 Chrome 浏览器中的运行结果　　　　图 4.28　在 Opera 浏览器中的运行结果

4.2.6　search 类型

search 类型的 input 元素提供用于输入搜索关键词的文本框。虽然在外观上看起来，search 类型的 input 元素与普通的 text 类型没有什么区别，但实现起来却并不是那么容易。

search 类型提供的搜索框不只是 Google 或百度的搜索框，而是任意网站，即任意网页中的任意一个搜索框。目前大多数网站的搜索框都是用<input type="text">的方式来实现的，即采用纯文本的文本框，而 HTML5 中定义了专用于搜索框的 search 类型。

【示例】　下面是 search 类型的一个应用示例。

```
<!DOCTYPE HTML>
<html>
<body>
<form action="demo_form.php" method="get">
请输入搜索关键词: <input type="search" name="search1" />
<input type="submit" value="Go"/>
</form>
</body>
</html>
```

以上代码在 Chrome 浏览器中的运行结果如图 4.29 所示。如果在搜索框中输入要搜索的关键词，在搜索框右侧就会出现一个"×"按钮，如图 4.30 所示。单击该按钮可以清除已经输入的内容。在 Windows 系统中，新版的 Chrome 浏览器支持"×"按钮这一功能，其他浏览器则不支持。而 Mac OS X 中，新版的 Chrome 浏览器和 Safari 浏览器都支持这一功能。

图 4.29　search 类型的应用　　　　图 4.30　输入关键词后出现"×"按钮

提示：

Mac OS X 中的 Safari 浏览器会将搜索框渲染成圆角，如图 4.31 所示，而不是 Windows 系统中用户常见到的方角。

图 4.31　Mac OS X 中的圆角搜索框

注意：

在默认情况下，旧版的 Safari 浏览器不允许使用基本 CSS 样式来控制<input type="search">搜索框。如果希望用自己的 CSS 样式来控制搜索框的样式，则可以强制 Safari 浏览器将<input type="search">搜索框当作普通文本框来处理，但需要将下面的规则加入样式表：

```
input[type="search"] {
    -webkit-appearance: textfield;
}
```

4.2.7 tel 类型

tel 类型的 input 元素提供专门用于输入电话号码的文本框。它并不限定只输入数字，因为很多的电话号码还包括其他字符，如 "+" "-" "（" "）" 等，例如：86-0536-8888888。

【示例】　下面是 tel 类型的一个应用示例。

```
<!DOCTYPE HTML>
<html>
<body>
<form action="demo_form.php" method="get">
请输入电话号码: <input type="tel" name="tel1" />
<input type="submit" value="提交"/>
</form>
</body>
</html>
```

以上代码在 Chrome 浏览器中的运行结果如图 4.32 所示。从某种程度上来说，所有的浏览器都支持 tel 类型的 input 元素，因为它们都会将其作为一个普通的文本框来显示。

HTML5 规则并不需要浏览器执行任何特定的电话号码语法或以任何特别的方式来显示电话号码。iPhone 或 iPod 中的浏览器遇到 tel 类型的 input 元素时，会自动变换触摸屏幕键盘以方便用户输入，如图 4.33 所示。

图 4.32　tel 类型的应用

图 4.33　iPod 中的屏幕键盘变化

4.2.8 颜色选择器

color 类型的 input 元素提供专门用于选择颜色的文本框。它允许用户调用系统的选色器，令输入颜色非常方便。

【示例】　下面是 color 类型的一个应用示例。

```
<!DOCTYPE HTML>
<html>
<body>
<form action="demo_form.php" method="get">
请选择一种颜色: <input type="color" name="color1" />
<input type="submit" value="提交"/>
</form>
</body>
</html>
```

以上代码在 Opera 浏览器中的运行结果如图 4.34 所示，IE 浏览器暂不支持。单击"色块"按钮，此时会打开 Windows 或 Mac OS 中传统的"颜色"对话框。Windows 系统中的"颜色"对话框如图 4.35 所示，Mac OS 系统中的"颜色"对话框如图 4.36 所示。

图 4.34　color 类型的应用

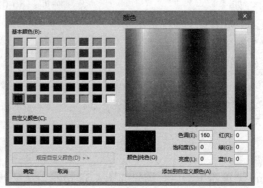

图 4.35　Windows 系统中的"颜色"对话框

图 4.36　Mac OS 系统中的"颜色"对话框

4.3　新增输入控制属性

HTML5 不但为 input 元素增加了新的输入类型，而且新增了几个 input 属性，用于指定输入类型的行为和限制，这些属性分别是 autocomplete、autofocus、form、form overrides、placeholder、height 和 width、min 和 max、step、list、pattern、required。

4.3.1　autocomplete 属性

扫一扫，看视频

多数浏览器都带有辅助用户完成输入的自动完成功能，只要开启了该功能，用户下次输入相同的内容时，浏览器就会自动完成内容的输入。

新增的 autocomplete 属性可以帮助用户在 input 类型的输入框中实现自动完成内容输入，这些 input 类型包括 text、search、url、telephone、email、password、datepickers、range 以及 color。不过，在某些浏览器中，可能需要首先启用浏览器本身的自动完成功能，才能使 autocomplete 属性起作用。目前只有 Opera 浏览器支持 autocomplete 属性。

autocomplete 属性同样适用于<form>标签，默认状态下表单的 autocomplete 属性是处于打开状态的，其中的输入类型继承所在表单的 autocomplete 状态。用户也可以单独将表单中某一输入类型的 autocomplete 状态设置为打开状态，这样可以更好地实现自动完成。

autocomplete 属性有 3 种值：on、off 和空值。例如可以这样来指定 autocomplete 的属性值。

```
<input type="url" name="url1" autocomplete="on">
```

【示例 1】　下面示例代码中将表单的 autocomplete 属性值设置为"on"，而单独将其中某一输入类型的 autocomplete 属性值设置为"off"。

```
<!DOCTYPE HTML>
<html>
<body>
<form action="/formexample.asp" method="get" autocomplete="on">
姓名：<input type="text" name="name1" /><br />
职业：<input type="text" name="career1" /><br />
```

```
电子邮件地址: <input type="email" name="email1" autocomplete="off" /><br />
<input type="submit" value="提交信息" />
</form>
</body>
</html>
```

【示例2】 autocomplete 属性设置为"on"时，可以使用 HTML5 中新增的 datalist 标签和 list 属性提供一个数据列表供用户选择。下面的示例代码说明如何综合应用脚本、autocomplete 属性、datalist 标签及 list 属性实现自动完成功能。在本例中，当用户将焦点定位到文本框中，会自动出现一个城市列表供用户选择，如图 4.37 所示。而当用户单击页面的其他位置时，这个列表就会消失。

当用户输入时，该列表会随用户的输入进行更新，例如，当输入字母 q 时，会自动更新列表，只列出以 q 开头的城市名称，如图 4.38 所示。随着用户不断地输入新的字母，下面的列表还会随之变化。

```
<!doctype html>
<html>
<body>
<h2>HTML5 自动完成功能示例</h2>
输入你最喜欢的城市名称<br>
<form autocompelete="on">
    <input type="text" id="city" list="cityList">
    <datalist id="cityList" style="display:none;">
        <option value="BeiJing">BeiJing</option>
        <option value="QingDao">QingDao</option>
        <option value="QingZhou">QingZhou</option>
        <option value="QingHai">QingHai</option>
    </datalist>
</form>
</body>
</html>
```

图 4.37 自动完成数据列表

图 4.38 数据列表随用户输入而更新

🔊 提示：

> HTML5 之前，打开自动完成功能后，浏览器会自动记录用户所输入的一些信息，从安全性和隐私的角度来考虑，存在较大的隐患。现在有了 autocomplete 属性，如果不希望用户的浏览器自动记录这些历史记录，可以对 form 或 form 中的每个 input 元素都做单独的 autocomplete 属性设置。虽然 autocomplete 是 HTML5 中新增的属性，但其实该属性在此前已经存在了很长时间，早在 IE 5 中便已经加入了，在这之后才慢慢被其他浏览器所支持。

4.3.2 autofocus 属性

用户在访问 Google 主页时，页面中的文字输入框会自动获得光标焦点，以方便输入搜索关键词，对

扫一扫，看视频

大多数用户来说这是非常好的体验。目前的 Web 站点多采用 JavaScript 来实现让表单中某控件自动获取焦点，通常使用 Control.focus()编写 JavaScript 脚本来实现这一功能。

HTML5 中新增了 autofocus 属性，它是一个布尔值，可以使得在页面加载时，某表单控件自动获得焦点。这些控件可以是文本框、复选框、单选按钮、普通按钮等所有<input>标签的类型。autofocus 属性的使用示例如下所示。

```
<input type="text" name="user_name" autofocus="autofocus">
```

autofocus 属性的出现使得页面中的表单控件自动获取焦点变得非常容易，但要注意，在同一页面中只能指定一个 autofocus 属性值，所以必须谨慎使用。当页面中的表单控件比较多时，建议挑选最需要聚焦的那个控件来使用这一属性值，例如一个搜索页面中的搜索文本框，或者一个同意某许可协议的"同意"按钮。

【示例1】 以下的示例说明如何合理地应用 autofocus 属性。

```
<!doctype html>
<html>
<body>
<form>
    <p>请仔细阅读许可协议：</p>
    <p>
        <label for="textarea1"></label>
        <textarea name="textarea1" id="textarea1" cols="45" rows="5">许可协议许可协议许可协议许可协议许可协议许可协议许可协议</textarea>
    </p>
    <p>
        <input type="submit" value="同意" autofocus>
        <input type="submit" value="拒绝">
    </p>
</form>
</body>
</html>
```

以上代码在 Chrome 浏览器中的运行结果如图 4.39 所示。页面载入后，"同意"按钮自动获得焦点，因为通常希望用户直接单击该按钮。

如果将"拒绝"按钮的 autofocus 属性值设置为"on"，则页面载入后焦点在"拒绝"按钮上，如图 4.40 所示，但从页面功用的角度来说并不合适。正如以上所说，autofocus 属性应该谨慎使用，所以在指定 autofocus 时，应考虑页面最主要的目的是什么。

图 4.39 "同意"按钮自动获得焦点

图 4.40 "拒绝"按钮自动获得焦点

【示例 2】　不支持 autofocus 属性的浏览器会将其忽略，如果要使得所有浏览器都能实现自动获得焦点，可以在代码中加一小段脚本，以检测浏览器是否支持 autofocus 属性。

```
<!doctype html>
<html>
<body>
<form name="form1">
   <input type="search" id="s" autofocus>
   <script>
   if (!("autofocus" in document.createElement("input"))) {
     document.getElementById("s").focus();
   }
   </script>
   <input type="submit" value="提交">
</form>
</body>
</html>
```

4.3.3　form 属性

在 HTML5 之前，如果用户要提交一个表单，必须把相关的控件元素都放在表单内部，即\<form>和\</form>标签之间。在提交表单时，会将页面中不是表单子元素的控件直接忽略掉。然而有些时候，可能需要一并提交表单之外的某些元素，而表单固有的缺陷使得这一要求不容易实现。

HTML5 中新增了一个 form 属性，使得这一问题得到了很好的解决。有了 form 属性，便可以把表单内的从属元素写在页面中的任一位置，然后只需要为这个元素指定一下 form 属性并为其指定属性值为该表单的 id。如此一来，便规定了该表单元素属于指定的这一表单。此外，form 属性也允许规定一个表单元素从属于多个表单。form 属性适用于所有的 input 输入类型，在使用时，必须引用所属表单的 id。

【示例】　下面是一个 form 属性应用的示例。

```
<!doctype html>
<html>
<body>
<form action="" method="get" id="form1">
请输入姓名: <input type="text" name="name1" autofocus/>
<input type="submit" value="提交"/>
</form>
<p>下面的输入框在 form 元素之外，但因为指定的 form 属性，并且值为表单的 id，所以该输入框仍然是表单的一部分。</p>
请输入住址: <input type="text" name="address1" form="form1" />
</body>
</html>
```

以上代码在 Chrome 浏览器中的运行结果如图 4.41 所示。如果填写姓名和住址并单击"提交"按钮，则 name1 和 address1 分别会被赋值为所填写的值。例如，如果在姓名处填写"Jacky"，住址处填写"New York"，则单击"提交"按钮后，服务器端会接收到"name1= Jacky"和"address1= New York"。用户也可以在提交后观察浏览器的地址栏，可以看到有"name1=Jacky&address1=New+York"字样，如图 4.42 所示。

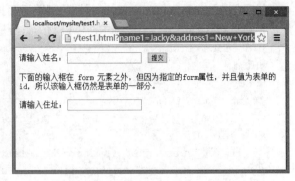

图 4.41　form 属性的应用　　　　　　　　　　图 4.42　地址中要提交的数据

📢 提示：

如果一个 form 属性要引用两个或两个以上的表单，则需要使用空隔将表单的 id 分隔开。例如：

```
<input type="text" name="address1" form="form1 form2 form3" />
```

扫一扫，看视频

4.3.4　formaction 属性

HTML5 中新增了几个表单重写（form override）属性，用于重写 form 元素的某些属性设定，这些表单属性包括：

- 　formaction：用于重写表单的 action 属性。
- 　formenctype：用于重写表单的 enctype 属性。
- 　formmethod：用于重写表单的 method 属性。
- 　formnovalidate：用于重写表单的 novalidate 属性。
- 　formtarget：用于重写表单的 target 属性。

📢 注意：

重写属性并不适用于所有的 input 输入类型，只适用于 submit 和 image 输入类型。

【示例】　在 HTML5 之前，只能使用表单的 action 属性将表单内的所有元素统一提交到另一个页面。而使用 formaction 属性，可以通过重写表单的 action 属性，实现将表单提交到不同的页面中去，代码如下所示。

```
<!doctype html>
<html>
<body>
<form action="1.asp" id="testform">
请输入电子邮件地址: <input type="email" name="userid" /><br />
    <input type="submit" value="提交到页面1" formaction="1.asp" />
    <input type="submit" value="提交到页面2" formaction="2.asp" />
    <input type="submit" value="提交到页面3" formaction="3.asp" />
</form>
</body>
</html>
```

4.3.5　height 和 width 属性

扫一扫，看视频

height 和 width 属性规定用于 image 类型的 input 标签的图像高度和宽度，这两个属性只适用于 image 类型的<input>标签。

【示例】 下面是 height 与 width 属性应用的示例代码。

```
<!doctype html>
<html>
<body>
<form action="testform.asp" method="get">
请输入用户名：<input type="text" name="user_name" /><br /><br />
<input type="image" src="ok.png" width="150" height="32" />
</form>
</body>
</html>
```

以上代码在 Chrome 浏览器中的运行结果如图 4.43 所示。

4.3.6 list 属性

HTML5 中新增了一个 datalist 元素，可以实现数据列表的下拉效果，其外观类似 autocomplete，用户可从列表中选择，也可自行输入。而 list 属性用于指定输入框绑定哪一个 datalist 元素，其值是某个 datalist 的 id。

图 4.43 height 和 width 属性的应用

【示例】 下面是 list 属性应用的示例代码。

```
<!DOCTYPE HTML>
<html>
<body>
<form action="testform.asp" method="get">
请输入网址：<input type="url" list="url_list" name="weblink" />
<datalist id="url_list">
    <option label="新浪" value="http://www.sina.com.cn" />
    <option label="搜狐" value="http://www.sohu.com" />
    <option label="网易" value="http://www.163.com" />
</datalist>
<input type="submit" value="提交" />
</form>
</body>
</html>
```

以上代码在 Chrome 浏览器中的运行结果如图 4.44 所示。在本例中，单击输入框之后，就会弹出已定义的网址列表。

📢 注意：

目前 IE 浏览器不支持该属性。

📢 提示：

list 属性适用于以下 input 输入类型：text、search、url、telephone、email、date pickers、number、range 和 color。

图 4.44 list 属性的应用

4.3.7 min、max 和 step 属性

min、max 和 step 三个属性用于为包含数字或日期的 input 输入类型规定限值，也就是给这些类型的输入框加一个数值的约束，适用于 date、pickers、number 和 range 标签。具体用途如下。

☑ max 属性：规定输入框所允许的最大值。
☑ min 属性：规定输入框所允许的最小值。

➥ step 属性：为输入框规定合法的数字间隔（或称为"步进"。如果 step="4"，则合法的数值是-4、0、4、8 等）。

【示例】 在下面的示例中，显示一个数字输入框，并规定该输入框接受介于 0 到 12 之间的值，且数字间隔为 4（即合法的值为 0、4、8、12）。

```
<!doctype html>
<html>
<body>
<form action="testform.asp" method="get">
请输入数值: <input type="number" name="number1" min="0" max="12" step="4" />
<input type="submit" value="提交" />
</form>
</body>
</html>
```

以上代码在 Chrome 浏览器中的运行结果如图 4.45 所示。在本例中，如果单击数字输入框右侧的微调按钮，可以看到数字以 4 为步进值递增。如果输入不合法的数值，例如数字 5，单击"提交"按钮时会显示"值无效。"的提示，如图 4.46 所示。

图 4.45　min、max 和 step 属性的应用

图 4.46　显示"值无效。"的提示

扫一扫，看视频

4.3.8　multiple 属性

在 HTML5 之前，input 输入类型中的 file 类型只支持选择单个文件来上传，而新增的 multiple 属性支持一次性选择多个文件，并且该属性同样支持新增的 email 类型。这一特性无疑为开发者提供了极大的方便，因为有了 HTML5 便不必再单独开发选择并提交多个文件的控件。

【示例】 下面是 multiple 属性的一个应用示例。

```
<!doctype html>
<html>
<body>
<form action="testform.asp" method="get">
请选择要上传的多个文件: <input type="file" name="img" multiple="multiple" />
<input type="submit" value="提交" />
</form>
</body>
</html>
```

以上代码在 Opera 浏览器中的运行结果如图 4.47 所示。单击"选择文件"按钮，则会允许在打开的对话框中选择多个文件。选择文件并单击"打开"按钮后会关闭对话框，同时输入框中会列出这些被选中文件的完整路径，如图 4.48 所示。

图 4.47　multiple 属性的应用　　　　　　图 4.48　显示被选中文件的个数

扫一扫，看视频

4.3.9　pattern 属性

pattern 属性用于验证 input 类型输入框中用户输入的内容是否与自定义的正则表达式相匹配，该属性适用于以下类型的<input>标签：text、search、url、telephone、email、password。其实许多 input 输入类型本身就是 HTML5 "内建" 的正则表达式，例如 email、number、tel、url 等，使用这些输入类型，浏览器便能够检查用户的输入是否合乎既定的规则。

在一些用于处理字符串的程序或网页代码中，经常会用到一些用于查找或输入符合某些复杂规则的字符串的代码，而正则表达式正是用于描述一系列符合某个句法规则的代码。一个正则表达式通常被称为一个模式（pattern）。

pattern 属性允许用户自定义一个正则表达式，而用户的输入必须符合正则表达式所指定的规则。pattern 属性中的正则表达式语法与 JavaScript 中的正则表达式语法相匹配。

【示例】　下面是 pattern 属性的一个应用示例。该示例的文本输入框规定必须输入 6 位数的邮政编码。

```
<!doctype html>
<html>
<body>
<form action="/testform.asp" method="get">
请输入邮政编码: <input type="text" name="zip_code" pattern="[0-9]{6}"
title="请输入 6 位数的邮政编码" />
<input type="submit" value="提交" />
</form>
</body>
</html>
```

以上代码在 Chrome 浏览器中的运行结果如图 4.49 所示。当指向输入框时，会出现 "请输入 6 位数的邮政编码" 的提示。如果输入的数字不是 6 位，则会出现错误提示，如图 4.50 所示。如果输入的并非规定的数字，而是字母，也会出现这样的错误提示。这是因为，在 pattern="[0-9]{6}" 中规定了必须输入 0~9 这样的阿拉伯数字，并且必须为 6 位数，有关正则表达式的知识可以参考相关图书或资料（例如 Andrew Watt 的《正则表达式入门经典》，或上网搜索并阅读 "正则表达式 30 分钟入门教程" 以快速入门）。

图 4.49　pattern 属性的应用　　　　　　图 4.50　出现错误提示

4.3.10 placeholder 属性

placeholder 属性用于为 input 类型的输入框提供一种提示（hint），这些提示可以描述输入框期待用户输入何种内容，在输入框为空时显示，而当输入框获得焦点时则会消失。placeholder 属性适用于以下类型的<input>标签：text、search、url、telephone、email、password。

【示例】　下面是 placeholder 属性的一个应用示例。请注意比较本例与上例提示方法的不同。

```html
<!DOCTYPE HTML>
<html>
<body>
<form action="/testform.asp" method="get">
请输入邮政编码: <input type="text" name="zip_code" pattern="[0-9]{6}"
placeholder="请输入 6 位数的邮政编码" />
<input type="submit" value="提交" />
</form>
</body>
</html>
```

以上代码在 Chrome 浏览器中的运行结果如图 4.51 所示。当输入框获得焦点开始输入文本时，提示文字消失，如图 4.52 所示。

图 4.51　placeholder 属性的应用

图 4.52　提示消失

4.3.11 required 属性

required 属性用于规定输入框填写的内容不能为空，否则不允许用户提交表单。该属性适用于以下 input 输入类型：text、search、url、telephone、email、password、date pickers、number、checkbox、radio、file。

【示例】　下面是 required 属性的一个应用示例。该示例的文本输入框规定必须输入内容，否则表单不能被提交。

```html
<!DOCTYPE HTML>
<html>
<body>
<form action="/testform.asp" method="get">
请输入姓名: <input type="text" name="usr_name" required="required" />
<input type="submit" value="提交" />
</form>
</body>
</html>
```

以上代码在 Chrome 浏览器中的运行结果如图 4.53 所示。当输入框内容为空并单击"提交"按钮时，会出现"请填写此字段。"的提示，只有在输入了内容之后才允许提交表单。

图 4.53　提示"请填写此字段"

4.4　新增表单元素

HTML5 新增了几个 form 元素，分别是 datalist、keygen 和 output。本节将通过一些应用示例来说明这几个新元素的用法。

4.4.1　datalist 元素

datalist 元素用于为输入框提供一个可选的列表，用户可以直接选择列表中的某一预设的项，从而免去输入的麻烦。该列表由 datalist 中的 option 元素创建。如果用户不希望从列表中选择某项，也可以自行输入其他内容。

在实际应用中，如果要把 datalist 提供的列表绑定到某输入框，则需要使用输入框的 list 属性来引用 datalist 元素的 id，其应用示例在本章前面介绍 list 属性时已经提供，在此不再赘述。

📢 注意：

每一个 option 元素都必须设置 value 属性。

4.4.2　keygen 元素

扫一扫，看视频

keygen 元素是密钥对生成器（key-pair generator），能够使得用户验证更为可靠。用户提交表单时会生成两个键：一个私钥，一个公钥。其中私钥（private key）会被存储在客户端，而公钥（public key）则会被发送到服务器。公钥可以用于之后验证用户的客户端证书（client certificate）。如果各种新的浏览器对 keygen 元素的支持度再增强一些，则有望使其成为一种有用的安全标准。

【示例】　下面是 keygen 属性的一个应用示例。

```
<!DOCTYPE HTML>
<html>
<body>
<form action="/testform.asp" method="get">
请输入用户名: <input type="text" name="usr_name" /><br>
请选择加密强度: <keygen name="security" /><br>
<input type="submit" value="提交" />
</form>
</body>
</html>
```

以上代码在 Chrome 浏览器中的运行结果如图 4.54 所示。在"请选择加密强度"右侧的 keygen 元素中可以选择一种密钥强度，有 2048（高强度）和 1024（中等强度）两种。早期 Opera 浏览器对 keygen 元素支持更多的密钥等级，如图 4.55 所示，但是在新版本 Opera 采用了统一的标准：2048（高强度）和 1024（中等强度）。

图 4.54　选择密钥强度

图 4.55　早期 Opera 浏览器提供的密钥等级

扫一扫，看视频

4.4.3　output 元素

output 元素用于在浏览器中显示计算结果或脚本输出，包含完整的开始和结束标签，语法如下。

```
<output name="">Text</output>
```

【示例】　下面是 output 属性的一个应用示例。该示例计算用户输入的两个数字的乘积。

```
<!doctype html>
<html>
<head>
<meta charset="utf-8">
<title></title>
<script type="text/javascript">
 function multi(){
    a=parseInt(prompt("请输入第 1 个数字。",0));
    b=parseInt(prompt("请输入第 2 个数字。",0));
    document.forms["form"]["result"].value=a*b;
 }
</script>
</head>
<body onload="multi()">
<form action="/testform.asp" method="get" name="form">
两数的乘积为:<output name="result"></output>
</form>
</body>
</html>
```

以上代码在 Chrome 浏览器中的运行结果如图 4.56、图 4.57 所示。当页面载入时，会首先提示"请输入第 1 个数字"，输入并单击"确定"按钮后再根据提示输入第 2 个数字。再次单击"确定"按钮后，显示计算结果，如图 4.58 所示。

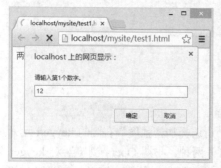

图 4.56　提示输入第 1 个数字

图 4.57　提示输入第 2 个数字

图 4.58　显示计算结果

4.5　新增表单属性

HTML5 中新增了两个 form 属性，分别是 autocomplete 和 novalidate，本节通过实例介绍这两个 form 属性的用法。

4.5.1　autocomplete 属性

form 元素的 autocomplete 属性用于规定 form 中所有元素都拥有自动完成功能。该属性在介绍 input 属性时已经介绍过，其用法与之相同，只不过，当 autocomplete 属性用于整个 form 时，所有从属于该 form 的元素便都具备自动完成功能。如果要使个别元素关闭自动完成功能，则单独为该元素指定 "autocomplete="off"" 即可，具体参见前面有关 autocomplete 属性的介绍。

扫一扫，看视频

4.5.2　novalidate 属性

form 元素的 novalidate 属性用于在提交表单时取消整个表单的验证，即关闭对表单内所有元素的有效性检查。如果要只取消表单中较少部分内容的验证而不妨碍提交大部分内容，则可以将 formnovalidate 属性单独用于 form 中的这些元素。

【示例】　下面是 novalidate 属性的一个应用示例。该示例中取消了整个表单的验证。

```
<!DOCTYPE HTML>
<html>
<body>
<form action="/testform.asp" method="get" novalidate="true">
请输入电子邮件地址: <input type="email" name="user_email" />
<input type="submit" value="提交" />
</form>
</body>
</html>
```

4.6　实　战　案　例

认识了所有的 HTML5 表单组件之后，实际操作一遍，更加能够熟悉表单的应用。下面将通过多个案例强化读者对 HTML5 表单的使用技巧。

4.6.1　设计移动调查表

扫一扫，看视频

随着移动终端（平板电脑、手机）的逐年增多，移动终端用于网络调查会是个大趋势。传统网络调查受限于匿名和实名调查的局限性，移动终端能够很简单地解决这样的问题，可以通过严格的身份验证，并通过技术手段控制样本的随机性。这样不管从数据收集方式高效还是数据的准确性保证来说，移动终端上的网络调查更胜一筹。例如，政府调查、统计调查、市场调查、民意调查、满意度调查、企业内部调查、企业年终调查（意见反馈）等。

本示例利用 HTML5 新特性，配合 jQuery 脚本设计一款简单、实用的分布式调查表单，演示效果如图 4.59 所示。

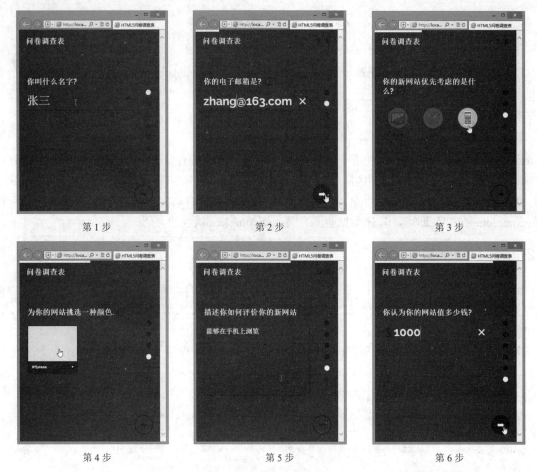

图 4.59　设计分步式调查表单

　　本案例包含大量 JavaScript 脚本和 CSS3 样式，这个不是本节要讲解的知识，下面重点分析 HTML5 代码的编写，完整代码请读者参考本节案例源代码。

【操作步骤】

第 1 步，新建 HTML5 文档，保存为 index.html。

第 2 步，设计表单框。虽然这个表单分为 6 步，但是所有步骤和代码都在 index.html。

```html
<div class="container">
    <div class="fs-form-wrap" id="fs-form-wrap">
        <div class="fs-title">
            <h1>问卷调查表</h1>
        </div>
        <form id="myform" class="fs-form fs-form-full" autocomplete="off">
            <!--表单框包含内容-->
        </form>
    </div>
</div>
```

第 3 步，在表单框<form>标签中插入一个列表框<ol class="fs-fields">，使用<li>定义 6 步操作的表单对象。

第 4 步，逐步设计每个列表项目中包含的表单对象，代码如下所示：

```html
<ol class="fs-fields">
```

```
    <li>
        <label class="fs-field-label fs-anim-upper" for="q1">你叫什么名字?</label>
        <input class="fs-anim-lower" id="q1" name="q1" type="text" placeholder="
乔布斯" required/>
    </li>
    <li>
        <label class="fs-field-label fs-anim-upper" for="q2" data-info="我们保证不
会发送垃圾邮件...">你的电子邮箱是?</label>
        <input class="fs-anim-lower" id="q2" name="q2" type="email" placeholder=
"email@163.com" required/>
    </li>
    <li data-input-trigger>
        <label class="fs-field-label fs-anim-upper" for="q3" data-info="这将帮助我
们知道你需要什么样的服务">你的新网站优先考虑的是什么?</label>
        <div class="fs-radio-group fs-radio-custom clearfix fs-anim-lower"><span>
        <input id="q3b" name="q3" type="radio" value="conversion"/>
        <label for="q3b" class="radio-conversion">卖东西</label></span> <span>
        <input id="q3c" name="q3" type="radio" value="social"/>
        <label for="q3c" class="radio-social">成名</label></span> <span>
        <input id="q3a" name="q3" type="radio" value="mobile"/>
        <label for="q3a" class="radio-mobile">手机市场</label></span> </div>
    </li>
    <li data-input-trigger>
        <label class="fs-field-label fs-anim-upper" data-info="我们要确保使用它">为你
的网站挑选一种颜色.</label>
        <select class="cs-select cs-skin-boxes fs-anim-lower">
        <option value="" disabled selected>选择一种颜色</option>
        <option value="#588c75" data-class="color-588c75">#588c75</option>
        ......
        </select>
    </li>
    <li>
        <label class="fs-field-label fs-anim-upper" for="q4">描述你如何评价你的新网站
</label>
        <textarea class="fs-anim-lower" id="q4" name="q4" placeholder="在这里描述
"></textarea>
    </li>
    <li>
        <label class="fs-field-label fs-anim-upper" for="q5">你认为你的网站值多少
钱?</label>
        <input class="fs-mark fs-anim-lower" id="q5" name="q5" type="number"
placeholder="1000" step="100" min="100"/>
    </li>
</ol>
```

第 5 步，在列表框后面插入一个提交按钮，完成整个表单页面的设计。

```
<button class="fs-submit" type="submit">提交问卷</button>
```

4.6.2 设计 PC 调查表

调查表的主要作用是收集用户的反馈意见，实现与网友之间的"对话"。本例中主要使用了表单域 <fieldset>标签、表单域标题<legend>标签、文件框（type="text"）和文本域<textarea>标签。表单域<fieldset>

扫一扫，看视频

标签主要是将表单分成多个小区域显示在网页中；表单域标题<legend>标签则是针对每个不同的表单域设置标题；文本框用来收集简单的信息；文本域<textarea>标签是可以输入多行文本的元素控件，相对于输入框<input>标签的区别就是多行与单行。此外，还用到了单选按钮组（<input type="radio">）和复选框集合（<input type="checkbox">）。案例演示效果如图 4.60 所示。

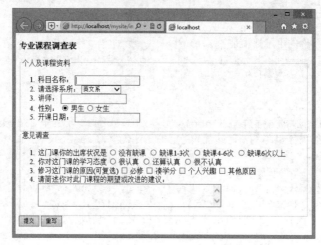

图 4.60　显示计算结果

整个 HTML5 文档结构代码如下所示。

```
<h3>专业课程调查表</h3>
<form method="post" action="" enctype="text/plain">
    <fieldset>
        <legend>个人及课程资料</legend>
        <ol>
            <li>科目名称：<input type="text" name="subject" autofocus /></li>
            <li>请选择系所：<select size="1" name="department">
                <option>英文系</option>
                <option>法律系</option>
                <option>信息管理系</option>
                <option>电子工程系</option>
                <option>资讯工程系</option>
            </select></li>
            <li> 讲师：<input type="text" name="teacher" /></li>
            <li> 性别：
                <input type="radio" name="sex" value="男生" checked />男生
                <input type="radio" name="sex" value="女生" />女生 </li>
            <li>开课日期：<input type="date" name="startdate" /></li>
        </ol>
    </fieldset>
    <fieldset>
        <legend>意见调查</legend>
        <ol>
            <li>这门课你的出席状况是
                <input type="radio" name="assist" value="没有缺课" />没有缺课 
                <input type="radio" name="assist" value="缺课1-3 次" />缺课 1-3 次 
                <input type="radio" name="assist" value="缺课4-6次" />缺课 4-6 次 
                <input type="radio" name="assist" value="缺课 6 次以上" />缺课 6 次以上
</li>
```

```
        <li>你对这门课的学习态度
            <input type="radio" name="attitude" value="很认真" />很认真 
            <input type="radio" name="attitude" value="还算认真" />还算认真 
            <input type="radio" name="attitude" value="很不认真" />很不认真 </li>
        <li> 修习这门课的原因(可复选)
            <input type="checkbox" name="reason" value="必修" />必修
            <input type="checkbox" name="reason" value="凑学分" />凑学分
            <input type="checkbox" name="reason" value="个人兴趣" />个人兴趣
            <input type="checkbox" name="reason" value="其他" />其他原因 </li>
        <li> 请简述你对此门课程的期望或改进的建议: <br />
            <textarea rows="3" name="hope" cols="50"></textarea></li>
    </ol>
</fieldset>
<input type="submit" value="提交" /><input type="reset" value="重写" />
</form>
```

扫一扫，看视频

4.6.3　设计在位编辑

本例使用 HTML5 的 contenteditable 属性设计一个在位编辑的案例。contenteditable 属性可用于任何元素之上，只要添加这一属性，即可将其变成可编辑区域，这样用户就可以彻底摆脱表单束缚，定义页面中任意网页对象为可编辑状态。

【操作步骤】

第 1 步，启动 Dreamweaver，新建 HTML5 文档，保存为 index.html。

第 2 步，模仿表单结构设计一个用户信息编辑表单结构。为其中的用户信息<span>标签定义 contenteditable 属性，让其可以在线编辑。

```
<ul data-url="/users">
    <li> <b>姓名</b> <span id="name" contenteditable>张三</span> </li>
    <li> <b>城市</b> <span id="city" contenteditable>北京</span> </li>
    <li> <b>位置</b> <span id="state" contenteditable>京东</span> </li>
    <li> <b>邮编</b> <span id="postal_code" contenteditable>100100</span> </li>
    <li> <b>Email</b> <span id="email" contenteditable>me@163.com</span> </li>
</ul>
```

第 3 步，新建外部样式表，保存为 style.css，然后导入 index.html。

```
<link rel="stylesheet" href="stylesheets/style.css">
```

第 4 步，使用 CSS3 选择器识别可编辑的区域，定义当用户悬停或选中它们的时候，相应区域的颜色会发生变化。此时页面显示效果如图 4.61 所示。

```
ul { list-style: none; }
li > b, li > span {
    display: block;
    float: left;
    width: 100px;
}
li > span {width: 500px; margin-left: 20px;}
li > span[contenteditable]:hover { background-color: #ffc; }
li > span[contenteditable]:focus {
    background-color: #ffa;
    border: 1px shaded #000;
}
```

图 4.61　设计在位编辑文本样式

第 5 步，虽然用户可以修改数据，但刷新页面或者离开当前页，修改后的数据会随之丢失。因此需要通过某种方法将修改后的数据提交到后台，借助 jQuery 实现的代码如下：

```
$("span[contenteditable]").blur(function(){//为可编辑标签绑定监听器，监听获取焦点事件
    var field = $(this).attr("id");              //获取可编辑标签的 id 值
    var value = $(this).text();                  //获取可编辑标签的包含文本信息
    var resourceURL = $(this).closest("ul").attr("data-url");  //获取祖先元素中包含
的服务器通信地址
    $.ajax({                                     //绑定异步通信
        url: resourceURL,                        //指定通信地址
        dataType: "json",                        //指定通信格式
        method: "PUT",                           //指定通信方式
        data: field + "=" + value,               //传递本地字符串信息
        success: function(data){                 //通信成功，则显示成功信息
            status.html("成功保存记录");
        },
        error: function(data){                   //通信失败，则显示失败信息
            status.html("记录保存失败");
        }
    });
});
```

上面代码为每个 contenteditable 属性值为 true 的 span 标签添加事件监听器。然后使用异步方式自动保存编辑过的数据，向服务器端发送数据。

🔊 注意：

依赖于 JavaScript 提交表单可能会存在风险，例如：
- ↘ 使用 IE7 的用户禁用了 JavaScript。
- ↘ 用户使用了不支持 HTML5 的浏览器。
- ↘ 用户使用了支持 HTML5 的最新版本的 Firefox，但还是禁用了 JavaScript。

考虑到兼容性和可能存在的安全隐患，可以再设计一个表单页面，如果检测到用户无法使用 index.html 页面，则在该页面显示一个链接，允许用户跳转到表单页面。

第 6 步，在 index.html 页面中插入一个链接。

```
<section id="edit_profile_link">
    <p><a href="edit.html">编辑你的个人资料</a></p>
</section>
```

第 7 步，在 edit.html 页面中设计一个表单，允许用户使用表单页面上传用户信息，效果如图 4.62 所示。

```
<form action="/users" method="post" accept-charset="utf-8">
    <fieldset id="your_information">
```

```
            <legend>用户信息</legend>
            <ol>
                <li><label for="name">姓名</label><input type="text" name="name" value=
"" id="name"></li>
                <li><label for="city">城市</label><input type="text" name="city" value=
"" id="city"></li>
                <li><label for="state">位 置 </label><input type="text" name="state"
value="" id="state"></li>
                <li><label for="postal_code">邮 编 </label><input type="text" name=
"postal_code" value="" id="postal_code"></li>
                <li><label for="email">Email</label><input type="email" name="email"
value="" id="email"></li>
            </ol>
        </fieldset>
        <p><input type="submit" value="保存"></p>
</form>
```

图 4.62 设计表单页面

第 8 步，在 index.html 脚本中添加一个条件检测，代码如下：

```
var hasContentEditableSupport = function(){       //判断当前浏览器是否支持在位编辑
    return(document.getElementById("edit_profile_link").contentEditable != null)
};
if(hasContentEditableSupport()){                   //如果支持在位编辑
    $("#edit_profile_link").hide();                //隐藏跳转链接
    var status = $("#status");
    $("span[contenteditable]").blur(function(){ //执行在线编辑监听操作
        //省略第 5 步的脚本
    });
}
```

4.7 课后练习

本节将通过大量的上机示例，帮助初学者练习使用 HTML5 设计表单结构和样式。感兴趣的读者可以扫码练习。

表单行为

表单美化

第 5 章　HTML5 多媒体应用

HTML5 新增了两个重要的多媒体控制元素：audio 和 video，它们的出现让网页多媒体应用多了新的选择，开发人员不必再使用插件来播放音频和视频了。对于这两个元素，HTML5 规范提供了通用、完整、可脚本化控制的 API。本章将介绍如何在 HTML5 中实现音频与视频的播放和控制，一窥这两个激动人心的功能所带来的革新。然后通过案例演示如何通过 API 编程的方式来控制页面中的音频和视频，探讨 HTML5 多媒体在实际中的应用。

【学习重点】

● 使用 HTML5 的 audio 元素。

● 使用 HTML5 的 video 元素。

● 能够使用 JavaScript 控制 HTML5 视频。

5.1　网页多媒体发展历史

很早以前，开发人员就尝试在 Web 页面上使用音频和视频。这种尝试始于在个人主页中嵌入 MIDI 文件，当时使用<embed>标签来引用文件。例如：

```
<embed src="audio.mp3" autostart="true" loop="true" controller="true"></embed>
```

因为<embed>标签一直无法成为标准，所以开发人员换用被纳入了 W3C 标准的<object>标签。为了兼容不支持<object>标签的旧浏览器，通常在<object>标签中还要嵌套<embed>标签。例如：

```
<object>
    <param name="src" value="audio.mp3">
    <param name="autoplay" value="false">
    <param name="controller" value="true">
    <embed src="audio.mp3" autostart="true" loop="true" controller="true"></embed>
</object>
```

这种用法比较蹩脚，且并非所有的浏览器都能以这种方式显示内容，也不是所有的服务器都针对它进行了正确的配置。

在 Web 视频开始变得越来越流行之后，各种各样的音频和视频，包括 RealPlayer、Windows Media，以及 QuickTime，每个厂商都有自家的视频标准，而且似乎每个网站用来编码视频的方法和格式都不相同。

后来，Adobe 的 Flash Player 提供了最佳解决方案，当时近 97%的 Web 浏览器都已支持 Flash，当内容提供者发现只需要做一次编码即可在所有平台上播放其内容时，无数的网站开始转向使用 Flash 传播音频和视频。

Apple 于 2007 年发布了 iPhone 和 iPod touch，同时决定不在这些设备上提供对 Flash 的支持。于是内容提供商随即作出响应，开始逐步放弃对 Flash 视频的投入，转而支持 H.264 视频编码。

HTML5 规范认为，浏览器应该原生支持音频和视频的播放，而不应该依赖于视频插件。这就是 HTML5 音频和视频开始变得越来越有意义的地方，即将音频和视频作为 Web 内容的基本元素来看待。

5.2　HTML5 多媒体技术

HTML5 多媒体技术包含两个基本概念：容器和编解码器。容器就像是一个外壳，其中包含音频流和视频流，甚至有时候还包含一些元数据，如音频或视频的标题、子标题、作者、艺术家、字幕等相关信息。这些音频和视频流需要进行编码，于是就出现了编解码器。

编解码器是用于读取特定的容器格式，并对其中的音频与视频轨道进行解码，然后实现其播放。音频与视频的原始数据一般都比较大，如果不对其进行编码就放到互联网上，其传播就会耗费大量时间，无法实现流畅传输或播放。

大多数编码器对原始音频与视频文件进行了有损压缩，因为只有这样才能得到更小的文件大小和更高的压缩比。也有无损压缩的编码器，但在网页中没有什么优势。视频和音频有成百上千种编码方式，编解码器的数量非常之多，但对于 HTML5 视频和音频，仅需要了解几种即可。

5.2.1　视频编解码器

当观众观看视频的时候，视频播放器需要对视频进行解码。然而用户使用的播放器可能无法解码想看的视频。一些播放器使用软件来解码视频，比较慢或者会大量占用 CPU；有些播放器使用硬件解码，但却限制了可播放的视频格式。现在，要使用 HTML5 的 video 标签的话，仅需要了解 3 种视频格式：H.264、Theora 和 VP8。

编码格式及其支持的浏览器说明如下：

- H.264：IE9+、Safari 4+、Chrome 3+、iOS。
- VP8：IE9+（如果编解码器已安装）、Firefox 4+、Chrome 5+、Opera 10.7+。
- Theora：Firefox 3.5+、Chrome 4+、Opera 10+。

下面简单介绍如下：

- H.264

H.264 是一种高质量的编解码器标准，由 MPEG 组创建并在 2003 年标准化。为了在兼容诸如手机之类的低端设备的同时，兼顾到高端设备的视频处理，H.264 规范分成了好几类：Profile（类）、Baseline（基线类）、Main（主要类）、Extended（扩展类）和 High Profile（高端类）。通用属性在所有类中都有涵盖，但高端类中增加了一些可选的特性，用来提高视频质量。

例如，iPhone 和 Flash Player 都支持 H.264 格式视频的播放，但 iPhone 只支持低质量的 Baseline 类，而 Flash Player 则支持高质量视频流。用户可以一次将视频编码为不同的类，这样就能在不同的平台上实现平滑播放。

由于 Microsoft 和 Apple 都支持 H.264 编码，因此 H.264 已经成为事实标准。除此之外，Google 的 YouTube 将其视频编码转换为 H.264 格式，以便在 iPhone 上播放，而且 Adobe 的 Flash Player 也对它提供支持。不过 H.264 不是开放的技术，它受专利保护，授权后方可使用。内容提供商必须在支付版税后才能使用 H.264 进行视频编码，不过对于免费提供给终端用户的内容来说，是无需支付版税的。

- VP8

Google 的 VP8 是一项完全开源、免版税的编码标准，并且用其创建的视频质量可同 H.264 视频相媲美。支持 VP8 的浏览器有 Mozilla、Google Chrome 和 Opera。Microsoft 承诺只要用户安装过任一款编解码器，其 IE9+ 就可以支持 VP8。Adobe 的 Flash Player 也同样支持 VP8，因此 VP8 是非常值得关注的 H.264 替代品。但是 Safari 和 iOS 设备不支持 VP8，这就意味着尽管 VP8 是免费的，但是要想在 iPhone 或者 iPad 上面发布视频，内容提供商仍需使用 H.264 编解码器。

➡ Theora

Theora 是由 Xiph.Org 组织开发的免版权编码标准。对于内容提供商来说，通过 Theora 可以创建出与使用 H.264 时同样效果的视频，但是设备制造商采用此标准的步伐有点慢。不需要任何额外软件的辅助，Firefox、Chrome 和 Opera 就能够在任意平台上播放 Theora 格式的视频，但是 IE、Safari 和 iOS 设备却不支持。Apple 和 Microsoft 担心该组织延迟发布专利。

5.2.2　音频编解码器

音频编码格式及其支持的浏览器有如下：
➡ AAC：Safari 4+、Chrome 3+、iOS。
➡ MP3：IE9+、Safari 4+、Chrome 3+、iOS。
➡ Vorbis (OGG)：Firefox 3+、Chrome 4+、Opera 10+。
下面简单介绍如下：
➡ AAC

AAC（Advanced Audio Coding）表示高级音频编码，是 Apple 在其 iTunes Store 中使用的音频格式。它的设计初衷是，在相同文件大小的情况下提供比 MP3 更好的音质。同 H.264 类似，AAC 也提供多种音频类。它与 H.264 的另外一个共同点就是，AAC 也不是一项免费的编码标准，有相应的授权费。

Apple 的所有产品都支持 AAC 文件，而 Adobe 的 Flash Player 和开源的 VLC 播放器也支持它。
➡ MP3

尽管 MP3 格式非常普遍和流行，但 Firefox 和 Opera 却不对其提供支持，因为它也受专利保护。Safari 和 Chrome 支持 MP3。
➡ Vorbis（OGG）

这是一款开源的免版税格式，Firefox、Opera 和 Chrome 都对其提供支持。同时 OGG 也可以同 Theora 和 VP8 视频编解码器相配合。Vorbis 文件的音频质量非常好，但是对其提供支持的硬件音乐播放器却不多。

5.2.3　容器

视频编解码器和音频编解码器需要打包在一起才能发布和播放。下面介绍一下视频容器。

容器是一个元数据文件，用于识别和混合音频或视频文件。实际上，容器中并不包含关于其中所含信息的编码方式的信息，关键是容器"包装"音频和视频流。通常容器可以保存任意类型的已编码媒体组合。下面介绍三种常用的视频容器：
➡ OGG 容器，内含 Theora 视频和 Vorbis 音频，得到了 Firefox、Chrome 和 Opera 的支持。
➡ MP4 容器，内含 H.264 视频和 AAC 音频，Safari 和 Chrome 对其提供支持，同时可以用 Adobe 的 Flash Player 播放，也可以在 iPhone、iPod 和 iPad 上播放。
➡ WebM 容器，使用 VP8 视频和 Vorbis 音频，Firefox、Chrome、Opera 和 Adobe Flash Player 提供支持。

鉴于 Google 和 Mozilla 正在推进 VP8 和 WebM，所以 Theora 最终会走向消亡。但是在开发中，用户仍然需要对视频进行两次编码，即为 Apple 用户编码一次（Apple 移动设备所占的份额非常大），然后为 Firefox 和 Opera 用户编码一次，因为这两个浏览器都拒绝支持 H.264。

5.3　HTML5 多媒体支持

HTML5 新增两种多媒体标签，用来播放影片或声音，一个是<video>标签；另一个是<audio>标签。<video>和<audio>都可以播放声音，不同点在于<video>可以显示图像，而<audio>只有声音，不会显示图像。

5.3.1　浏览器支持

audio 和 video 元素的浏览器支持情况如表 5.1 所示，很多浏览器已经实现了对 HTML5 中 audio 和 video 元素的支持。

表 5.1　浏览器支持概述

浏　览　器	说　　　明
IE	9.0 及以上的版本支持
Firefox	3.5 及以上的版本支持。Theora 和 Vorbis 编解码器，OGG 容器
Opera	10.5 及以上的版本支持。Theora 和 Vorbis 编解码器，OGG 容器（10.5 及以上版本）。VP8 和 Vorbis 编解码器，WebM 格式（10.6 及以上版本）
Chrome	3.0 及以上的版本支持。Theora 和 Vorbis 编解码器，OGG 容器。H.264 和 AAC 编解码器，MPEG 4 容器
Safari	3.2 及以上的版本支持。H.264 和 AAC 编解码器，MPEG 4 容器

对于各浏览器支持的音频与视频格式，可以从 http://www.findmebyip.com/litmus/公布的测试结果来做一概览。其中对于 HTML5 音频技术支持如图 5.1 所示。

图 5.1　音频格式的浏览器支持情况

对于 HTML5 视频技术支持如图 5.2 所示。

图 5.2　视频格式的浏览器支持情况

扫一扫，看视频

5.3.2 音频格式支持检测

如果要使用 JavaScript 检测浏览器支持哪些音频格式，可以使用下面示例中的代码。使用 audio 元素的 canPlayType 方法可以检测浏览器支持的文件格式，该方法采用 Mime 类型与编解码器参数，并返回下列三个字符串值之一：probably、maybe、空字符串。

【示例】 以上代码在 Chrome 浏览器中的运行结果如图 5.3 所示，可以看到以上三种格式都支持。

```html
<!doctype html>
<html>
<head>
<meta charset="utf-8">
<script type/javascript>
function checkAudio(){
    var myAudio = document.createElement('audio');
    if (myAudio.canPlayType) {
        if ( "" != myAudio.canPlayType('audio/mpeg')) {
            document.write("您的浏览器支持 mp3 编码。<br>");
        }
        if ( "" != myAudio.canPlayType('audio/ogg; codecs="vorbis"')) {
            document.write("您的浏览器支持 ogg 编码。<br>");
        }
        if ( "" != myAudio.canPlayType('audio/mp4; codecs="mp4a.40.5"')) {
            document.write("您的浏览器支持 aac 编码。");
        }
    }
    else {document.write("您的浏览器不支持要检测的音频格式。");}
}
window.onload=function(){
    checkAudio();
}
</script>
</head>
<body>
</body>
</html>
```

如果 canPlayType 返回 probably 或 maybe，则下面的语句返回 true；如果 canPlayType 返回空字符串，则该语句将返回 false，表示不支持此格式。

```
if ( "" != myAudio.canPlayType('audio/mpeg'))
```

因为 IE8 浏览器不支持以上任何格式，所以在 IE8 浏览器中会显示"您的浏览器不支持要检测的音频格式。"，如图 5.4 所示。

图 5.3　显示支持的格式

图 5.4　IE8 显示不支持的格式

扫一扫，看视频

5.3.3 视频格式支持检测

对于视频格式，同样可以使用上节介绍过的 canPlayType 方法，因为 video 元素同样支持。

【示例】 以下代码在 Chrome 浏览器中的运行结果如图 5.5 所示，可以看到以上三种格式都支持。因为 IE 浏览器不支持以上任何格式，所以在 IE 浏览器中会显示"您的浏览器不支持要检测的视频格式。"，如图 5.6 所示。

```html
<!DOCTYPE HTML>
<head>
<meta charset="utf-8">
<script type/javascript>
function checkVideo(){
    var myVideo = document.createElement('video');
    if (myVideo.canPlayType) {
        if ( "" != myVideo.canPlayType('video/mp4;codecs="avc1.64001E"')) {
            document.write("您的浏览器支持 h264 编码。<br>");
        }
        if ( "" != myVideo.canPlayType('video/ogg; codecs="vp8"')) {
            document.write("您的浏览器支持 vp8 编码。<br>");
        }
        if ( "" != myVideo.canPlayType('video/ogg; codecs="theora"')) {
            document.write("您的浏览器支持 theora 编码。");
        }
    }
    else {document.write("您的浏览器不支持要检测的视频格式。");}
}
window.onload=function(){
    checkVideo();
}
</script>
</head>
<body>
</body>
</html>
```

图 5.5 显示支持的格式

图 5.6 IE8 显示不支持的格式

◀)) 注意：

如果要兼容不支持 HTML5 媒体的浏览器，可以提供可选方式来显示视频，将以插件方式播放视频的代码作为备选内容，放在相同的位置即可。

```html
<video src="video.ogg">
    <object data="videoplayer.swf" type="application/x-shockwave-flash">
```

```
        <param name="movie" value="video.swf"/>
    </object>
</video>
```

在 video 元素中嵌入显示 Flash 视频的 object 元素之后，如果浏览器支持 HTML5 视频，那么 HTML5 视频会优先显示，Flash 视频作为备选。不过在 HTML5 被广泛支持之前，可能需要提供多种视频格式。

扫一扫，看视频

5.4　使用 HTML5 音频

在 HTML5 中，可以使用新增的 audio 元素来播放声音文件或音频流，语法如下。

```
<audio src="samplesong.mp3" controls="controls">
</audio>
```

其中 src 属性用于指定要播放的声音文件，controls 属性用于提供播放、暂停和音量控件。

📢 **提示：**

> 如果浏览器不支持 audio 元素，可以在<audio>与</audio>之间插入一段替换内容，这样旧的浏览器就可以显示这些信息。

```
<audio src="samplesong.mp3" controls="controls">
您的浏览器不支持 audio 标签。
</audio>
```

src 属性定义媒体文件的 URL。替换内容不仅可以使用文本，还可以是一些其他音频插件，或者是声音文件的链接等。

【示例 1】　在下面示例中，使用了 source 元素来链接到不同的音频文件，浏览器会自己选择第一个可以识别的格式。

```
<!doctype html>
<html>
<head>
<meta charset="utf-8">
</head>
<body>
<audio controls>
    <source src="medias/Wah Game Loop.ogg" type="audio/ogg">
    <source src="medias/Wah Game Loop.mp3" type="audio/mpeg">
    您的浏览器不支持 audio 标签。
</audio>
</body>
</html>
```

以上代码在 Chrome 浏览器中的运行结果如图 5.7 所示，可以看到出现一个比较简单的音频播放器，包含播放、暂停、位置、时间显示、音量控制等常用控件。

图 5.7　播放音频

📢 **注意：**

> 为了兼容浏览器不支持相关容器或者编解码器，在<audio>标签中包含了两个<source>标签，这样它们将替换 src 属性定义的媒体源。浏览器可以根据支持能力自动选择，挑选最佳的视频源进行播放。

对于视频源，浏览器会按照声明顺序判断，如果支持的不止一种，浏览器会选择支持的第一个源。数据源列表的排放顺序应按照用户体验由高到低，或者服务器消耗由低到高列出。

提示：

> 一个媒体容器可能会支持多种类型的编解码器，可以在<source>标签中使用 type 属性指定类型与源文件不匹配，浏览器就会拒绝播放。默认省略 type 属性，让浏览器自己检测编码方式。

【示例 2】　下面示例演示了如何在页面中插入背景音乐。实际上使用 audio 元素实现循环播放一首背景音乐非常简单，只需在 audio 元素中设置 autoplay 和 loop 属性即可，详细代码如下所示。

```
<!doctype html>
<html>
<head>
<meta charset="utf-8">
</head>
<body>
<audio autoplay loop>
    <source src="Wah Game Loop.ogg">
    <source src="Wah Game Loop.mp3">
</audio>
</body>
</html>
```

5.5　使用 HTML5 视频

扫一扫，看视频

在传统网页中，大多数视频是通过类似 Flash Player 插件来播放的，不同的浏览器往往拥有不同的插件。在 HTML5 中，使用新增的 video 元素来播放视频文件或视频流，语法如下。

```
<video src="samplemovie.mp4" controls="controls"></video>
```

其中 src 属性用于指定要播放的视频文件，controls 属性用于提供播放、暂停和音量控件，也可以包含宽度和高度属性。

提示：

> 如果浏览器不支持 video 元素，则可以在<video>与</video>之间插入一段替换内容，这样旧的浏览器就可以显示这些信息。

```
<video src=" samplemovie.mp4" controls="controls">
您的浏览器不支持 video 标签。
</video>
```

【示例 1】　下面通过一个完整的示例来演示如何在页面内播放视频。在下面代码中使用了 source 元素来链接到不同的视频文件，浏览器会自己选择第一个可以识别的格式。

```
<!doctype html>
<html>
<head>
<meta charset="utf-8">
</head>
<body>
<video controls="controls">
    <source src="medias/volcano.ogg" type="video/ogg">
    <source src="medias/volcano.mp4" type="video/mp4">
    您的浏览器不支持 video 标签。
</video>
</body>
</html>
```

以上代码在 Chrome 浏览器中的运行结果如图 5.8 所示，可以看到页面显示一个比较简单的视频播放器，包含播放、暂停、位置、时间显示、音量控制这些常用控件。

图 5.8　播放视频

提示：

> 在 audio 元素或 video 元素中设置 controls 属性可以在页面上以默认方式进行播放控制。如果不加这个特性，在播放的时候就不会显示控制界面。如果播放的是音频，页面上任何信息都不会出现，因为音频元素的唯一可视化信息就是对应的控制界面。如果播放的是视频，视频内容会显示。即使不添加 controls 属性也不能影响页面正常显示。

【示例2】　有一种方法可以让没有 controls 特性的音频或视频正常播放，那就是在 audio 元素或 video 元素中设置另一个属性 autoplay。

```
<video autoplay>
    <source src="medias/volcano.ogg" type="video/ogg">
    <source src="medias/volcano.mp4" type="video/mp4">
    您的浏览器不支持 video 标签。
</video>
```

通过设置 autoplay 属性，不需要用户交互，音频或视频文件就会在加载完成后自动播放。不过用户比较反感这种视频播放方式，所以应慎用 autoplay。

注意：

> 在无任何提示的情况下，播放一段音频通常有两种用途，第一种是用来制造背景氛围，第二种是强制用户接收广告。这种方式的问题在于会干扰用户本机播放的其他音频，尤其会给依赖屏幕阅读功能进行 Web 内容导航的用户带来不便。

如果内置的控件不适应用户界面的布局，或者希望使用默认控件中没有的条件或者动作来控制音频或视频文件，可以借助一些内置的 JavaScript 函数和属性来实现，简单说明如下：

- ↘ load()：该函数可以加载音频或者视频文件，为播放做准备。通常情况下不必调用，除非是动态生成的元素。该函数用来在播放前预加载。
- ↘ play()：该函数可以加载并播放音频或视频文件，除非音频或视频文件已经暂停在其他位置了，否则默认从开头播放。

➥ pause(}：该函数暂停处于播放状态的音频或视频文件。

➥ canPlayType(type)：该函数检测 video 元素是否支持给定 MIME 类型的文件。

canPlayType(type)函数有一个特殊的用途：向动态创建的 video 元素中传入某段视频的 MIME 类型后，仅仅通过一行脚本语句即可获得当前浏览器对相关视频类型的支持情况。

【示例 3】　下面示例演示如何通过在视频上移动鼠标来触发 play 和 pause 功能。页面包含多个视频，且由用户来选择播放某个视频时，这个功能就非常适用了。如在用户鼠标移到某个视频上时，播放简短的视频预览片段，用户单击后，播放完整的视频。示例完整代码如下所示。

```
<!doctype html>
<html>
<head>
<meta charset="utf-8">
</head>
<body>
<video id="movies" onmouseover="this.play()" onmouseout="this.pause()" autobuffer=
"true"
    width="400px" height="300px">
    <source src="medias/volcano.ogv" type='video/ogg; codecs="theora, vorbis"'>
    <source src="medias/volcano.mp4" type='video/mp4'>
</video>
</body>
</html>
```

上面代码在浏览器中预览，显示效果如图 5.9 所示。

图 5.9　使用鼠标控制视频播放

5.6　设置属性、方法与事件

与所有其他的 HTML5 元素一样，audio 和 video 元素支持 HTML5 中全局属性和事件属性。此外，还支持多媒体控制专用属性。

5.6.1　音频和视频属性

设置 audio 与 video 元素的属性基本相同，下面就来详细介绍这些属性。

1. autobuffer 属性

可读写属性，设置自动缓冲。默认值为 false，即默认情况下并不自动缓冲；如果值为 true，则自动缓冲，但并不播放；如果使用了 autoplay 属性，则 autobuffer 属性会被忽略。

【示例 1】 autobuffer 属性的用法见下面的示例。

```
<audio autobuffer="true">
    <source src="samplesong.ogg" type="audio/ogg">
    <source src="samplesong.mp3" type="audio/mpeg">
    您的浏览器不支持audio标签。
</audio>
```

2. autoplay 属性

可读写属性，设置页面加载后自动播放。使用 autoplay 属性比使用脚本控制音频或视频播放简便，其值也可以设置为 true 或 false。如果值为 true 或 autoplay，则当音频或视频缓冲到足够多时即开始播放。

【示例 2】 autoplay 属性的用法见下面的示例。

```
<audio autoplay="autoplay">
    <source src="samplesong.ogg" type="audio/ogg">
    <source src="samplesong.mp3" type="audio/mpeg">
    您的浏览器不支持audio标签。
</audio>
```

3. buffered 属性

只读属性，返回一个 TimeRanges 对象，确认浏览器已经缓存媒体文件。

4. controls 属性

可读写属性，设置是否显示控制条，包含播放、暂停、定位、时间显示、音量控制、全屏切换等常用控件。在将来标准中，有望在控制条中看到字幕和音轨。如果用户不希望使用浏览器默认的控制条，也可以使用脚本自定义控制条。

【示例 3】 controls 属性的用法见下面的示例。

```
<audio controls="controls">
    <source src="samplesong.ogg" type="audio/ogg">
    <source src="samplesong.mp3" type="audio/mpeg">
    您的浏览器不支持audio标签。
</audio>
```

5. currentSrc 属性

只读属性，无默认值，返回媒体数据的 URL 地址。如果媒体 URL 地址未指定，则返回一个空字符串。

6. currentTime 属性

可读写属性，无默认值，获取或设置当前播放的位置，返回值为时间，单位为秒。

7. defaultPlaybackRate

可读写属性，无默认值，获取或设置当前播放速率，前提是用户没有使用快进或快退控件。

8. duration 属性

只读属性，无默认值，获取当前媒体的持续时间，返回值为时间，单位为秒。

9. ended 属性

只读属性，无默认值，返回一个布尔值，以获悉媒体是否播放结束。

10. error 属性

只读属性，无默认值，返回一个 MediaError 对象以表明当前的错误状态，如果没有出现错误，则返回 null。错误状态共有 4 个值，说明如下：

- ➥ MEDIA_ERR_ABORTED（数字值为 1）：媒体资源获取异常，媒体数据的下载过程因用户操作而终止。
- ➥ MEDIA_ERR_NETWORK（数字值为 2）：网络错误，在媒体数据已经就绪时用户停止了媒体下载资源的过程。
- ➥ MEDIA_ERR_DECODE（数字值为 3）：媒体解码错误，在媒体数据已经就绪时解码过程中出现了错误。
- ➥ MEDIA_ERR_SRC_NOT_SUPPORTED（数字值为 4）：媒体格式不被支持。

11. initialTime 属性

只读属性，无默认值，获取最早的可用于回放的位置，返回值为时间，单位为秒。

12. loop 属性

可读写属性，获取或设置当媒体文件播放结束时是否再重新开始播放。

【示例 4】　loop 属性的使用方法如下所示。

```
<audio controls="controls" loop="loop">
    <source src="samplesong.mp3" type="audio/mpeg">
    您的浏览器不支持 audio 标签。
</audio>
```

13. muted 属性

可读写属性，无默认值，获取或设置当前媒体播放是否开启静音，取值 true 为开启静音，取值 false 为未开启静音。如果对其赋值，则可以设置播放时是否静音。

14. networkState 属性

只读属性，用于返回媒体的网络状态，共有 4 个可能值。

- ➥ NETWORK_EMPTY（数字值为 0）：元素尚未初始化。
- ➥ NETWORK_IDLE（数字值为 1）：加载完成，网络空闲。
- ➥ NETWORK_LOADING（数字值为 2）：媒体数据加载中。
- ➥ NETWORK_NO_SOURCE（数字值为 3）：因为不存在支持的编码格式，加载失败。

15. paused 属性

只读属性，无默认值，返回一个布尔值，表示媒体是否暂停播放，true 表示暂停，false 表示正在播放。

16. playbackRate 属性

可读写属性，无默认值，读取或设置媒体资源播放的当前速率。

17. played 属性

只读属性，无默认值，返回一个 TimeRanges 对象，标明媒体资源在浏览器中已播放的时间范围。

TimeRanges 对象的 length 属性为已播放部分的时间段，该对象有两个方法，end 方法用于返回已播放时间段的结束时间，start 方法用于返回已播放时间段的开始时间。

【示例5】 played 属性的用法见下面的示例。

```
var ranges = document.getElementById('myVideo').played;
for (var i=0; i<ranges.length; i++)
    var start = ranges.start(i);
    var end = ranges.end(i);
    alert("从" + start +"开始播放到" + end+"结束。");
}
```

18. preload 属性

可读写属性，无默认值，定义视频是否预加载，该属性有 3 个可选值：none、metadata 和 auto。如果不用该属性，则默认为 auto，具体介绍如下。

➥ none：不进行预加载。当页面制作人员认为用户不希望此视频，或者减少 HTTP 请求。

➥ metadata：部分预加载。使用此属性值，代表页面制作者认为用户不期望此视频，但为用户提供一些元数据（包括尺寸、第一帧、曲目列表、持续时间等）。

➥ auto：全部预加载。

【示例6】 preload 属性的用法如下所示。

```
<video src="samplemovie.mp4" preload="auto">
</video>
```

19. readyState 属性

只读属性，无默认值，返回媒体当前播放位置的就绪状态，其有 5 个可能值。

➥ HAVE_NOTHING（数字值为 0）：当前播放位置没有有效的媒体资源。

➥ HAVE_METADATA（数字值为 1）：媒体资源确认存在且加载中，但当前位置没有能够加载到有效的媒体数据以进行播放。

➥ HAVE_CURRENT_DATA（数字值为 2）：已获取到当前播放数据，但没有足够的数据进行播放。

➥ HAVE_FUTURE_DATA（数字值为 3）：在当前位置已获取到后续播放媒体数据，可以进行播放。

➥ HAVE_ENOUGH_DATA（数字值为 4）：媒体数据可以进行播放，且浏览器确认媒体数据正以某一种速率进行加载并有足够的后续数据以继续进行播放，而不会使浏览器的播放进度赶上加载数据的末端。

20. seekable 属性

只读属性，无默认值，返回一个 TimeRanges 对象，表明可以对当前媒体资源进行请求。

21. seeking 属性

只读属性，无默认值，返回一个布尔值，表示浏览器是否正在请求某一播放位置的媒体数据，ture 表示浏览器正在请求数据，false 表示浏览器已经停止请求数据。

22. src 属性

可读写属性，无默认值，指定媒体资源的 URL 地址，与<img>标签类似，可与 poster 属性连用。poster 属性用于指定一张替换图片，如果当前媒体数据无效，则显示该图片。

【示例7】 src 属性的用法如下所示。

```
<video src="http://www.lidongbo.com/samplemovie.mp4" poster=" http://www.lidongbo.
com/samplemovie.png">
</video>
```

23. volume 属性

可读写属性，无默认值，获取或设置媒体资源的播放音量，范围为 0.0~1.0，0.0 为静音，1.0 为最大音量。注意音量大小并非是线性变化的，如果同时使用了 muted 属性，则此属性会被忽略。

5.6.2　音频和视频相关方法

audio 与 video 元素相关方法也基本相同，下面对这些方法作详细介绍，并对某些方法给出示例。

1. canPlayType 方法

返回一个字符串以表明客户端是否能够播放指定的媒体类型，语法如下。

```
var canPlay = media.canPlayType(type)
```

其中 media 指页面中的 audio 或 video 元素，参数 type 为客户端浏览器能够播放的媒体类型。该方法返回以下可能值之一。

- ➥ probably：表示浏览器确定支持此媒体类型。
- ➥ maybe：表示浏览器可能支持此媒体类型。
- ➥ 空字符串：表示浏览器不支持此媒体类型。

2. load 方法

用于重置媒体元素并重新载入媒体，不返回任何值，该方法可终止任何正在进行的任务或事件。元素的 playbackRate 属性值会被强行设为 defaultPlaybackRate 属性的值，而且元素的 error 值会被强行设置为 null。

【示例】　在下面示例中设计通过单击按钮可以重新载入另一个新的视频。

```
<!doctype html>
<html>
<head>
<meta charset="utf-8">
</head>
<body>
<video controls>
    <source src="medias/volcano.ogv" type='video/ogg; codecs="theora, vorbis"'>
    <source src="medias/volcano.mp4" type='video/mp4; codecs="avc1.42E01E, mp4a.40.2"'>
    您的浏览器不支持视频播放。
</video>
<script>
function loadNewVideo() {
    var video = document.getElementsByTagName('video')[0];
    var sources = video.getElementsByTagName('source');
    sources[0].src = 'video2.ogv';
    sources[1].src = 'video2.mp4';
    video.load();          //用 load 方法载入新的视频
}
</script>
<input type="button" value="载入新的视频" onclick="loadNewVideo()">
</body>
</html>
```

3. pause 方法

用于暂停媒体的播放，并将元素的 paused 属性的值强行设置为 true。

4. play 方法

用于播放媒体，并将元素的 paused 属性的值强行设置为 false。

5.6.3 音频和视频事件

audio 或 video 元素支持 HTML5 中的媒体事件属性，使用 JavaScript 脚本可以捕捉这些事件并对其进行处理。处理这些事件一般有下面两种方式。

一种是使用监听的方式，即使用 addEventListener 方法，用法如下：

```
addEventListener("事件名",处理函数,处理方式)
```

另一种是直接赋值法，即常用的获取事件句柄的方法，例如，可以用 video.onplay=begin_playing，begin_playing 为处理函数。

表 5.2　音频与视频相关事件

事　　件	说　　明
abort	浏览器在完全加载媒体数据之前终止获取媒体数据
canplay	浏览器能够开始播放媒体数据，但估计以当前速率播放不能直接将媒体播放完，即可能因播放期间需要缓冲而停止
canplaythrough	浏览器以当前速率可以直接播放完整个媒体资源，在此期间不需要缓冲
durationchange	媒体长度（duration 属性）改变
emptied	媒体资源元素突然为空时，可能是网络错误或加载错误等
ended	媒体播放已抵达结尾
error	在元素加载期间发生错误
loadeddata	已经加载当前播放位置的媒体数据
loadedmetadata	浏览器已经获取媒体元素的持续时间和尺寸
loadstart	浏览器开始加载媒体数据
pause	媒体数据暂停播放
play	媒体数据将要开始播放
playing	媒体数据已经开始播放
progress	浏览器正在获取媒体数据
ratechange	媒体数据的默认播放速率（defaultPlaybackRate 属性）改变或播放速率（playbackRate 属性）改变
readystatechange	就绪状态（ready-state）改变
seeked	浏览器停止请求数据，媒体元素的定位属性不再为真（seeking 属性值为 false）且定位已结束
seeking	浏览器正在请求数据，媒体元素的定位属性为真（seeking 属性值为 true）且定位已开始
stalled	浏览器获取媒体数据过程中出现异常
suspend	浏览器非主动获取媒体数据，但在取回整个媒体文件之前终止
timeupdate	媒体当前播放位置（currentTime 属性）发生改变
volumechange	媒体音量（volume 属性）改变或静音（muted 属性）
waiting	媒体已停止播放但打算继续播放

扫一扫，看视频

5.7 实 战 案 例

本节将通过多个案例演示如何应用 audio 和 video 元素，并灵活使用 JavaScript 脚本控制 HTML5 多媒体播放。

5.7.1 手工控制视频播放

如果需要在用户交互界面上播放一段音频，同时又不想被默认的控制界面影响页面显示效果，则可创建一个隐藏的 audio 元素，即不设置 controls 属性，或将其设置为 false，然后用自定义控制界面控制音频的播放。

【示例】 示例完整代码如下，演示效果如图 5.10 所示。

图 5.10 用脚本控制音乐播放

```
<!DOCTYPE html>
<html>
<head>
<meta charset="utf-8">
<style type="text/css">
body { background:url(images/bg.jpg) no-repeat;}
#toggle { position:absolute; left:311px; top:293px; }
</style>
</head>
<title></title>
<audio id="music">
    <source src="medias/Wah Game Loop.ogg">
    <source src="medias/Wah Game Loop.mp3">
</audio>
<button id="toggle" onclick="toggleSound()">播放</button>
<script type="text/javascript">
function toggleSound() {
    var music = document.getElementById("music");
    var toggle = document.getElementById("toggle");
    if (music.paused) {
        music.play();
```

```
        toggle.innerHTML = "暂停";
    }
    else {
        music.pause();
        toggle.innerHTML ="播放";
    }
}
</script>
</html>
```

在上面示例中，先隐藏了用户控制界面，也没有将其设置为加载后自动播放，而是创建了一个具有切换功能的按钮，以脚本的方式控制音频播放：

```
<button id="toggle" onclick="toggleSound()">播放</button>
```

按钮在初始化时会提示用户单击它以播放音频。每次单击时，都会触发 toggleSound0 函数。在 toggleSound()函数中，首先访问 DOM 中 audio 元素和 button 元素。

```
function toggleSound() {
    var music = document.getElementById("music");
    var toggle = document.getElementById("toggle");
    if (music.paused) {
        music.play();
        toggle.innerHTML = "暂停";
    }
}
```

通过访问 audio 元素的 paused 属性，可以检测到用户是否已经暂停播放。如果音频还没开始播放，那么 paused 属性默认值为 true，这种情况在用户第一次单击按钮的时候遇到。此时，需要调用 play()函数播放音频，同时修改按钮上的文字，提示再次单击就会暂停。

```
else {
    music.pause();
    toggle.innerHTML ="播放";
}
```

相反，如果音频没有暂停，会使用 pause()函数将它暂停，然后更新按钮上的文字为"播放"，让用户知道下次单击的时候将继续播放音频。

扫一扫，看视频

5.7.2　根据视频画面控制进度

本示例将演示如何抓取 video 元素中的帧画面并显示在动态画布上。当视频播放时，定期从视频中抓取图像帧并绘制到旁边的画布上，当用户单击画布上显示的任何一帧时，所播放的视频会跳转到相应的时间点。

【示例】　示例完整代码如下所示，演示效果如图 5.11 所示。

```
<!doctype html>
<html>
<head>
<meta charset="utf-8">
</head>
<body>
<video id="movies" autoplay oncanplay="startVideo()" onended="stopTimeline()"
autobuffer="true"
    width="400px" height="300px">
    <source src="medias/volcano.ogv" type='video/ogg; codecs="theora, vorbis"'>
    <source src="medias/volcano.mp4" type='video/mp4'>
```

```
</video>
<canvas id="timeline" width="400px" height="300px">
<script type="text/javascript">
var updateInterval = 5000;
var frameWidth = 100;
var frameHeight = 75;
var frameRows = 4;
var frameColumns = 4;
var frameGrid = frameRows * frameColumns;
var frameCount = 0;
var intervalId;
var videoStarted = false;
function startVideo() {
   if (videoStarted)
      return;
   videoStarted = true;
   updateFrame();
   intervalId = setInterval(updateFrame, updateInterval);
   var timeline = document.getElementById("timeline");
   timeline.onclick = function(evt) {
      var offX = evt.layerX - timeline.offsetLeft;
      var offY = evt.layerY - timeline.offsetTop;
      var clickedFrame = Math.floor(offY / frameHeight) * frameRows;
      clickedFrame += Math.floor(offX / frameWidth);
      var seekedFrame = (((Math.floor(frameCount / frameGrid)) * frameGrid) +
clickedFrame);
      if (clickedFrame > (frameCount % 16))
         seekedFrame -= frameGrid;
      if (seekedFrame < 0)
         return;
      var video = document.getElementById("movies");
      video.currentTime = seekedFrame * updateInterval / 1000;
      frameCount = seekedFrame;
   }
}
function updateFrame() {
   var video = document.getElementById("movies");
   var timeline = document.getElementById("timeline");
   var ctx = timeline.getContext("2d");
   var framePosition = frameCount % frameGrid;
   var frameX = (framePosition % frameColumns) * frameWidth;
   var frameY = (Math.floor(framePosition / frameRows)) * frameHeight;
   ctx.drawImage(video, 0, 0, 400, 300, frameX, frameY, frameWidth, frameHeight);
   frameCount++;
}
function stopTimeline() {
   clearInterval(intervalId);
}
</script>
</body>
</html>
```

图 5.11　查看视频帧画面

【操作步骤】

第 1 步，添加 video 和 canvas 元素。使用 video 元素播放视频。

```
<video id="movies" autoplay oncanplay="startVideo()" onended="stopTimeline()"
autobuffer ="true"
   width="400px" height="300px">
   <source src="medias/volcano.ogv" type='video/ogg; codecs="theora, vorbis"'>
   <source src="medias/volcano.mp4" type='video/mp4'>
</video>
```

video 元素声明了 autoplay 属性，这样页面加载完成后，视频会被自动播放。此外还增加了两个事件处理函数，当视频加载完毕，准备开始播放的时候，会触发 oncanplay 函数来执行预设的动作。当视频播放完后，会触发 onended 函数以停止帧的创建。

接着创建 id 为 timeline 的 canvas 元素，以固定的时间间隔在上面绘制视频帧画面。

```
<canvas id="timeline" width="400px" height="300px">
```

第 2 步，添加变量。创建必需的元素之后，为示例编写脚本代码，在脚本中声明一些变量，同时增强代码的可读性。

```
//定义时间间隔，以毫秒为单位
var updateInterval = 5000;
//定义抓取画面显示大小
var frameWidth = 100;
var frameHeight = 75;
//定义行列数
var frameRows = 4;
var frameColumns = 4;
var frameGrid = frameRows * frameColumns;
//定义当前帧
var frameCount = 0;
var intervalId;
//定义播放完毕取消定时器
var videoStarted = false;
```

变量 updateInterval 控制抓取帧的频率，其单位是毫秒，5000 表示每 5 秒钟抓取一次。frameWidth 和 frameHeight 两个参数用来指定在 canvas 中展示的视频帧画面的大小。frameRows、frameColumns 和 frameGrid 三个参数决定了在画布中总共显示多少帧。为了跟踪当前播放的帧，定义了 frameCount 变量。frameCount 变量能够被所有函数调用。intervalId 变量用来停止控制抓取帧的计时器。videoStarted 标志变量用来确保每个示例只创建一个计时器。

第 3 步，添加 updateFrame 函数。整个示例的核心功能是抓取视频帧并绘制到 canvas 上，它是视频与 canvas 相结合的部分，具体代码如下：

```
//该函数负责把抓取的帧画面绘制到画布上
function updateFrame() {
    var video = document.getElementById("movies");
    var timeline = document.getElementById("timeline");
    var ctx = timeline.getContext("2d");
    //根据帧数计算当前播放位置，然后以视频为输入参数绘制图像
    var framePosition = frameCount % frameGrid;
    var frameX = (framePosition % frameColumns) * frameWidth;
    var frameY = (Math.floor(framePosition / frameRows)) * frameHeight;
    ctx.drawImage(video, 0, 0, 400, 300, frameX, frameY, frameWidth, frameHeight);
    frameCount++;
}
```

在操作 canvas 前，首先需要获取 canvas 的二维上下文对象：

```
var ctx = timeline.getContext("2d");
```

这里设计按从左到右、从上到下的顺序填充 canvas 网格，所以需要精确计算从视频中截取的每帧应该对应到哪个 canvas 网格中。根据每帧的宽度和高度，可以计算出它们的起始绘制坐标。

```
var framePosition = frameCount % frameGrid;
var frameX = (framePosition % frameColumns) * frameWidth;
var frameY = (Math.floor(framePosition / frameRows)) * frameHeight;
```

最后是将图像绘制到 canvas 上的关键函数调用。这里向 drawImage ()函数中传入的不是图像，而是视频对象。

```
ctx.drawImage(video, 0, 0, 400, 300, frameX, frameY, frameWidth, frameHeight);
```

canvas 的绘图顺序可以将视频源当作图像或者图案进行处理，这样开发人员就可以方便地修改视频并将其重新显示在其他位置。

当 canvas 使用视频作为绘制源时，画出来的只是当前播放的帧。canvas 的显示图像不会随着视频的播放而动态更新，如果希望更新显示内容，需要在视频播放期间重新绘制图像。

第 4 步，定义 startVideo()函数。startVideo()函数负责定时更新画布上的帧画面图像。一旦视频加载并可以播放就会触发 startVideo()函数。因此每次页面加载都仅触发一次 startVideo()，除非视频重新播放。

在该函数中，当视频开始播放后，将抓取第一帧，接着会启用计时器来定期调用 updateFrame()函数。

```
updateFrame();
intervalId = setInterval(updateFrame, updateInterval);
```

第 5 步，处理用户单击。当用户单击某一帧图像时，将计算帧图像对应视频位置，然后定位到该位置进行播放。

```
var timeline = document.getElementById("timeline");
timeline.onclick = function(evt) {
    var offX = evt.layerX - timeline.offsetLeft;
    var offY = evt.layerY - timeline.offsetTop;
    //计算哪个位置的帧被单击
    var clickedFrame = Math.floor(offY / frameHeight) * frameRows;
    clickedFrame += Math.floor(offX / frameWidth);
    //计算视频对应播放到哪一帧
    var seekedFrame = (((Math.floor(frameCount / frameGrid)) * frameGrid) + clicked
Frame);
    //如果用户单击帧位于当前帧之前，则设定是上一轮的帧
    if (clickedFrame > (frameCount % 16))
```

```
      seekedFrame -= frameGrid;
  //不允许跳出当前帧
  if (seekedFrame < 0)
    return;
  var video = document.getElementById("movies");
  video.currentTime = seekedFrame * updateInterval / 1000;
  frameCount = seekedFrame;
}
```

第 6 步，添加 stopTimeline()函数。最后要做的工作是在视频播放完毕时，停止视频抓取。

```
function stopTimeline() {
  clearInterval(intervalId);
}
```

视频播放完毕时会触发 onended()函数，stopTimeline()函数会在此时被调用。

5.8 课后练习

使用多媒体丰富网站的效果，丰富网站的内容，突出网站的重点。

第 6 章　客户端数据存储

在制作网页时，经常需要保存一些信息，例如用户登录状态、计数器或者自定义的网站主题等，但是又不希望用到数据库，这时就可以考虑使用客户端存储技术了。实现客户端数据存储的方法多种多样，最简单的方法是使用 cookie。HTML5 提出了新的网页存储解决方案：Web Storage 和 Web Database。本章将主要介绍 Web Storage 和 Web Database 的基本用法和使用技巧。

【学习重点】
- 使用 HTML5 的 Web Storage。
- 使用 HTML5 的 Web SQL。
- 灵活使用 Web Storage 解决 Web 应用中短数据存储问题。

6.1　认识 Web Storage

Web Storage 可以实现在客户端浏览器中以键/值对的形式保存本地数据。Web Storage 提供了两种在客户端存储数据的方法：localStorage 和 sessionStorage。

1. localStorage

localStorage 是一种没有时间限制的数据存储方式，可以将数据保存在客户端的本地硬盘中，存储时间可以是一天、两天、几周或几年，浏览器的关闭并不意味着数据也随之消失，当再次打开浏览器时，依然可以访问这些数据。localStorage 用于持久化的本地存储，除非主动删除数据，否则数据是永远不会过期的。

2. sessionStorage

sessionStorage 是一种在会话周期内的数据存储方式。存储数据只有在同一个会话周期的页面中才能访问，当会话结束后数据也随之销毁。因此 sessionStorage 不是一种持久化的本地存储，仅仅是会话级别的存储。

◀» 提示：

当用户在浏览某个网站时，从进入网站到关闭浏览器所经过的这段时间，可以称为用户与浏览器进行交互的"会话周期"。session 对象会保存这个时间段内所有要保存的数据，当用户关闭浏览器后，这些数据会被删除。

总之，localStorage 可以永久保存数据，而 sessionStorage 只能暂时保存数据，这是两者之间的重要区别，在具体使用时应该注意。

Web Storage 存储机制比传统的 cookie 更加强大，弥补了 cookie 的缺陷，具体比较如下：
- 存储空间更大：在存储容量方面可根据用户分配的磁盘配额进行存储，能够在每个用户域存储 5~10MB 以上的内容，用户不仅可以存储会话变量，还可以存储用户信息，如设置偏好、本地化的数据和离线数据等。
- 存储内容不会发送到服务器：当设置了 cookie 后，cookie 的内容会随着请求一并发送至服务器，这对于本地存储的数据是一种带宽浪费。而 Web Storage 中的数据则仅仅是存在本地，不会与服务器发生任何交互。
- 更丰富、易用的接口：Web Storage 提供了一套更为丰富的接口，使得数据操作更为简便。

➥ 独立的存储空间：每个域（包括子域）有独立的存储空间，各个存储空间是完全独立的，因此不会造成数据混乱。

➥ Web Storage 的缺陷主要集中在安全性方面，具体说明如下：

    ↪ 浏览器为每个域分配独立的存储空间，即脚本在域 A 中是无法访问到域 B 中的存储空间的，但是浏览器却不会检查脚本所在的域与当前域是否相同，即在域 B 中嵌入域 A 中的脚本依然可以访问域 B 中的数据。

    ↪ 存储在本地的数据未加密而且永远不会过期，极易造成隐私泄漏。

扫一扫，看视频

6.2 浏览器支持

各主流浏览器对 Web Storage 的支持都非常好，具体说明如表 6.1 所示。

表 6.1 浏览器支持概述

浏 览 器	说 明
IE	8.0 及以上的版本支持
Firefox	3.0 及以上的版本支持
Opera	10.5 及以上的版本支持
Chrome	3.0 及以上的版本支持
Safari	4.0 及以上的版本支持

HTML5 的 Web Storage 因其广泛的支持度而成为 Web 应用中最安全的 API 之一。事实证明各浏览器在 API 方面的实现基本一致，存在一定的兼容性问题，但不影响正常的使用。

【示例 1】 用户可以直接通过 window 对象访问 Web Storage。在编写代码时，只要检测 window.localStorage 和 window.sessionStorage 是否存在，即可判断浏览器是否支持 Web Storage。

```
<!doctype html>
<html>
<head>
<meta charset="utf-8">
<script type="text/javascript">
function checkStorageSupport(){
    if(window.sessionStorage) {
        alert('当前浏览器支持 sessionStorage');
    } else {
        alert('当前浏览器不支持 sessionStorage');
    }
    if(window.localStorage) {
        alert('当前浏览器支持 localStorage');
    } else {
        alert('当前浏览器不支持 localStorage');
    }
}
checkStorageSupport();
</script>
</head>
<body>
</body>
</html>
```

📢 注意：

> 部分浏览器不支持从文件系统直接访问文件式的 sessionStorage。所以，在运行时确保是从 Web 服务器上获取页面。例如，可以通过本地虚拟服务器发出页面请求。

```
http://localhost/test.html
```

对于很多 API 来说，特定的浏览器可能只支持其部分功能，但是因为 Web Storage API 非常小，它已经得到了相当广泛的支持。

6.3　使用 Web Storage

Web Storage 使用简单，下面结合示例简单介绍 localStorage 和 sessionStorage 的操作方法。

6.3.1　存取数据

localStorage 和 sessionStorage 用法相同，下面以 sessionStorage 为例，介绍如何存储和获取客户端数据。存储数据的方法如下：

```
window.sessionStorage.setItem('myFirstKey', 'myFirstValue');
```

使用时需要注意：

➥ 实现 Web Storage 的对象是 window 对象的子对象，因此 window.sessionStorage 包含了开发人员需要调用的函数。

➥ setItem 方法需要一个字符串类型的键和一个字符串类型的值，来作为参数。虽然 Web Storage 支持传递非字符数据，但是目前浏览器还不支持其他数据类型。

➥ 调用的结果是将字符串 myFirstKey 设置到 sessionStorage 中，这些数据随后可以通过键 myFirstKey 获取。

获取数据需要调用 get Item 函数。例如，如果把下面的声明语句添加到前面的示例中：

```
alert(window.sessionStorage.get Item('myFirstKey'));
```

浏览器将弹出提示对话框，显示文本 myFirstValue。可以看出，使用 Web Storage 设置和获取数据非常简单。

不过，访问 storage 对象还有更简单的方法。可以使用点语法设置数据，使用这种方法，可完全避免调用 setItem 和 getItem 方法，而只是根据键值的配对关系，直接在 sessionStorage 对象上设置和获取数据。使用这种方法设置数据调用代码可以改写为：

```
window.sessionStorage.myFirstKey = 'myFirstValue';
```

同样，获取数据的代码可以改写为：

```
alert(window.sessionStorage.myFirstKey);
```

📢 提示：

> 有时候，一个应用程序会用到多个标签页或窗口中的数据，或多个视图共享的数据。在这种情况下，比较恰当的做法是使用 localStorage。localStorage 与 sessionStorage 用法相同，唯一的区别是访问它们的名称不同，分别是通过 localStorage 和 sessionStorage 对象来访问。二者在行为上的差异主要是数据的保存时长及它们的共享方式。

localStorage 数据的生命周期要比浏览器和窗口的生命周期长，同时被同源的多个窗口或者标签页共享；而 sessionStorage 数据的生命周期只在构建它们的窗口或者标签页中可见。

6.3.2 Web Storage 属性和方法

sessionStorage 和 localStorage 对象包含如下属性和方法。熟悉它们，能够提升操作 storage 对象的灵活性，具体说明如下。

- length：获取当前 storage 对象中存储的键值对的数量。注意，Storage 对象是同源的，这意味着 storage 对象的长度只反映同源情况下的长度。
- key(index)：该方法允许获取一个指定位置的键。一般而言，最有用的情况是遍历特定 storage 对象的所有键。键的索引从 0 开始，最后一个键的索引是 length-1。获取到键后，就可以用它来获取对应的值。
- getItem(key)：根据给定的键返回相应的值。另一种方式是将 storage 对象当作数组，而将键作为数组的索引。在这种情况下，如果 storag 对象中不存在指定键，则返回 null。
- setItem(key, value)：将数据存入指定键对应的位置。如果值已存在，则替换原值。需要注意的是设置数据可能会出错。如果用户已关闭了网站的存储，或者存储已达到其最大容量，此时设置数据将会抛出错误。因此，在需要设置数据的场合，务必保证应用程序能够处理此类异常。
- removeItem(key)：删除指定键对应的值。如果键没有对应数据，则不执行任何操作。注意，删除值时不会将原有数据作为结果返回，因此在删除操作前应确保已经存储相应数据的副本。
- clear()：删除 storage 对象存储列表中的所有数据。空的 storage 对象调用 clear()方法也是安全的，此时调用不执行任何操作。

6.3.3 Web Storage 事件

Web Storage 内建了一套事件通知机制，它可以将数据更新通知发送给监听者。无论监听窗口本身是否存储过数据，与执行存储操作的窗口同源的每个窗口的 window 对象上都会触发 Web Storage 事件。

添加如下事件监听器，即可接收同源窗口的 storage 事件：

```
window.addEventListener("storage", displayStorageEvent, true);
```

其中事件类型参数是 storage，这样只要有同源的 storage 事件发生（包括 SessionStorage 和 LocaLStorage 触发的事件），已注册的所有事件侦听器作为事件处理程序就会接收到相应的 Storage 事件。

StorageEvent 对象是传入事件处理程序的第一个对象，它包含与存储变化有关的所有必要信息。简单说明如下：

- key：该属性包含存储中被更新或删除的键。
- oldValue：该属性包含更新前键对应的数据，newValue 属性包含更新后的数据。如果是新添加的数据，则 oldValue 属性值为 null，如果是被删除的数据，newValue 属性值为 null。
- url：该属性指向 storage 事件发生的源。
- storageArea：该属性是一个引用。它指向值发生改变的 localStorage 或 sessionStorage 对象，如此一来，处理程序就可以方便地查询到 storage 中的当前值，或基于其他 storage 的改变而执行其他操作。

【示例】下面代码是一个简单的事件处理程序，它以提示框的形式显示在当前页面上触发的 storage 事件的详细信息。

```
function displayStorageEvent(e) {
    var logged = "key:" + e.key + ", newValue:" + e.newValue + ", oldValue:" + e.
oldValue + ", url:" + e.url + ", storageArea:" + e.storageArea;
    alert(logged);
}
window.addEventListener("storage", displayStorageEvent, true);
```

6.3.4　案例：设置网页背景色

在网页设计中，经常需要用户配置网站皮肤。当浏览者选择某种皮肤样式之后，再次访问该网站，将显示相同的样式效果。localStorage 非常适合网站换肤设计，当用户每次访问网站时，先调用 localStorage 存储的样式数据，显示预定的样式，避免每次重置网站样式。

为了方便学习，本例简化为设置网页背景色，当用户在页面中单击特定颜色按钮，设置页面背景色后，再次访问该页面，将会自动显示该背景色，演示效果如图 6.1 所示。

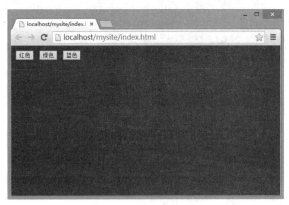

图 6.1　设计网页背景色

示例完整代码如下所示：

```html
<!DOCTYPE html>
<html>
<head>
<meta charset="utf-8">
<script type="text/javascript">
// 检测浏览器是否支持 localStorage
if (typeof localStorage === 'undefined') {
    window.alert("您的浏览器不支持 localStorage。");
}else{
    var storage = localStorage;
    //设置 DIV 背景颜色为红色，并保存 localStorage
    function redSet() {
        var value = "red";
        document.getElementById("bg").style.backgroundColor = value;
        window.localStorage.setItem("DivBackGroundColor", value);
    }
    // 设置 DIV 背景颜色为绿色，并保存 localStorage
    function greenSet() {
        var value = "green";
        document.getElementById("bg").style.backgroundColor = value;
        window.localStorage.setItem("DivBackGroundColor", value);
    }
    // 设置 DIV 背景颜色为蓝色，并保存 localStorage
    function blueSet() {
        var value = "blue";
        document.getElementById("bg").style.backgroundColor = "blue";
        window.localStorage.setItem("DivBackGroundColor", value);
    }
```

```
    function colorload() {
        document.getElementById("bg").style.backgroundColor = window.localStorage.
getItem("DivBackGroundColor");
    }
}
</script>
</head>
<body onload="colorload();"  id="bg">
<button id="redbutton" onclick="redSet()">红色</button>
<button id="greenbutton" onclick="greenSet()">绿色</button>
<button id="bluebutton" onclick="blueSet()">蓝色</button>
</body>
</html>
```

扫一扫，看视频

6.3.5　案例：存取 localStorage 数据

在这个示例中，将调用 localStorage 对象的相关属性和方法，演示如何动态设置本地化数据，演示效果如图 6.2 所示。

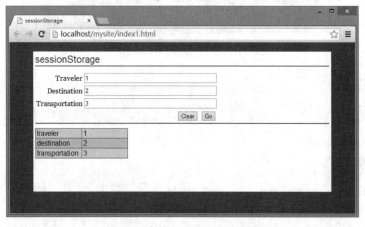

图 6.2　存取 localStorage 数据

新建 HTML5 文档，然后在页面中构建一个表单结构。

```
<div id="content">
   <h1> localStorage </h1>
   <div id="form">
      <form id="travelForm">
         <table class="form">
            <tr>
               <td class="label"> Traveler </td>
               <td><input type="text" name="traveler" /></td>
            </tr>
            <tr>
               <td class="label"> Destination </td>
               <td><input type="text" name="destination" /></td>
            </tr>
            <tr>
               <td class="label"> Transportation </td>
               <td><input type="text" name="transportation" /></td>
            </tr>
            <tr>
```

```
                    <td colspan="2" class="button"><input id="formSubmit" type="button"
value="Clear" onClick="javascript:dbClear()" />
                        <input id="formSubmit" type="button" value="Go" onClick=
"javascript:dbGo()" /></td>
            </tr>
        </table>
        <input id="inputAction" type="hidden" name="action" value="add" />
        <input id="inputKey" type="hidden" name="key" value="0" />
    </form>
  </div>
  <div id="results"> </div>
</div>
```

在 JavaScript 脚本部分，编写代码允许用户采集、存储和读写 localStorage 数据。

```
var t = new bwTable();
var db = getLocalStorage() || dispError('Local Storage not supported.');
function getLocalStorage() {
    try {
        if( !! window.localStorage ) return window.localStorage;
    } catch(e) {
        return undefined;
    }
}
function dispResults() {
    if(errorMessage) {
        element('results').innerHTML = errorMessage;
        return;
    }
    var t = new bwTable();
    t.addRow( ['traveler', db.getItem('traveler')] );
    t.addRow( ['destination', db.getItem('destination')] );
    t.addRow( ['transportation', db.getItem('transportation')] );
    element('results').innerHTML = t.getTableHTML();
}
function dbGo() {
    if(errorMessage) return;
    var f = element('travelForm');
    db.setItem('traveler', f.elements['traveler'].value);
    db.setItem('destination', f.elements['destination'].value);
    db.setItem('transportation', f.elements['transportation'].value);
    dispResults();
}
function dbClear() {
    if(errorMessage) return;
    db.clear();
    dispResults();
}
function initDisp() {
    dispResults();
}
window.onload = function() {
    initDisp();
}
```

6.3.6 案例：设计网页计数器

sessionStorage 可以作为会话计数器，localStorage 可以作为 Web 应用访问计数器。声明一个 localStorage 计数变量，当刷新页面时，会看到计数器在增长，即使关闭浏览器窗口，然后重新访问页面，计数器会继续计数。而 sessionStorage 计数变量只能够在当前会话期间显示页面访问量，即刷新页面会看到计数器在增长，而当关闭浏览器窗口，然后再试一次，计数器已经重置了。本示例演示效果如图 6.3 所示。

图 6.3　Web 应用计数器

示例页面完整代码如下：

```html
<!DOCTYPE HTML>
<html>
<head>
<meta charset="utf-8">
<title>计数器</title>
</head>
<body>
<script type="text/javascript">
if(localStorage.pagecount) {
    localStorage.pagecount = Number(localStorage.pagecount) + 1;
} else {
    localStorage.pagecount = 1;
}
document.write("总访问数：<br />" + localStorage.pagecount );
if(sessionStorage.pagecount) {
    sessionStorage.pagecount = Number(sessionStorage.pagecount) + 1;
} else {
    sessionStorage.pagecount = 1;
}
document.write("<br />当前会话内访问数：<br />" + sessionStorage.pagecount );
</script>
</body>
</html>
```

6.4　使用 Web SQL

Web Storage 主要以键/值对的形式存储数据，HTML5 通过 Web SQL 支持以数据库的形式存储数据，目前 Web SQL 已经在 Safari、Chrome 和 Opera 中得到支持，如表 6.2 所示。

表 6.2　浏览器支持

浏 览 器	说　　明
IE	不支持
Firefox	不支持
Opera	10.5 及以上的版本支持
Chrome	3.0 及以上的版本支持
Safari	3.2 及以上的版本支持

📢 提示：

Web SQL 数据库 API 实际上不是 HTML5 规范的组成部分，只是一个单独的规范。它通过一套 API 来操纵客户端的数据库。虽然 Web SQL 已经在 Safari、Chrome 和 Opera 中实现，但是 IE、Firefox 并没有支持它。现在 Web SQL 逐步被新的规范 Indexed Database 取代。索引数据库更简便，而且不依赖于特定的 SQL 数据库版本。目前浏览器正在逐步实现对索引数据库的支持。

6.4.1　使用 Web SQL

Web SQL 包含三个核心方法：

➥ openDatabase：使用现有数据库或创建新数据库的方式创建数据库对象。

➥ transaction：允许用户根据情况控制事务提交或回滚。

➥ executeSql：用于执行真实的 SQL 查询。

使用 JavaScript 操作 Web SQL 数据库需要两步：

第 1 步，创建访问数据库的对象。

第 2 步，使用事务处理。

1. 创建或打开数据库

使用 openDatabase 方法可以创建一个访问数据库的对象。用法如下：

```
Database openDatabase(in DOMString name, in DOMString version, in DOMString display
Name, in unsigned long estimatedSize, in optional DatabaseCallback creation Callback)
```

openDatabase 方法可以打开已经存在的数据库，如果不存在则创建。openDatabase 中五个参数分别表示：数据库名、版本号、描述、数据库大小、创建回调。创建回调没有时也可以创建数据库。

【示例 1】　创建了一个数据库对象 db，名称是 ToDo，版本编号为 0.1。db 还带有描述信息和大概的大小值。浏览器可使用这个描述与用户进行交流，说明数据库是用来做什么的。利用代码中提供的大小值，浏览器可以为内容留出足够的存储。如果需要，这个大小是可以改变的，所以没有必要预先假设允许用户使用多少空间。

```
db = openDatabase("ToDo", "0.1", "A list of to do items.", 200000);
```

为了检测之前创建的连接是否成功，可以检查数据库对象是否为 null：

```
if(!db)
    alert("Failed to connect to database.");
```

2. 访问和操作数据库

调用 transaction 方法来执行事务处理。使用事务处理，可以防止在对数据库进行访问及执行有关操作的时候受到外界的打扰。因为在 Web 上，同时会有许多人都在对页面进行访问。如果在访问数据库的过程中，正在操作的数据被别的用户给修改掉的话，会引起很多意想不到的后果。因此，可以使用事务来达到在操作完之前，阻止别的用户访问数据库的目的。

transaction 用法如下：

```
db.transaction( function(tx) {})
```

transaction 方法使用一个回调函数作为参数。在这个函数中，执行访问数据库的语句。

在 transaction 的回调函数内，使用了作为参数传递给回调函数的 transaction 对象的 executeSql 方法。executeSql 方法的完整定义如下所示。

```
transaction.executeSql(sqlquery,[],dataHandler, errorHandler):
```

该方法使用四个参数：

第 1 个参数为需要执行的 SQL 语句。

第 2 个参数为 SQL 语句中所有使用到的参数的数组。在 executeSql 方法中，将 SQL 语句中所要使

用到的参数先用 "?" 代替，然后依次将这些参数组成数组放在第 2 个参数中，如下所示。

```
transaction.executeSql("UPDATE people set age-? where name=?;",[age, name]);
```

第 3 个参数为执行 SQL 语句成功时调用的回调函数。该回调函数的传递方法如下所示。

```
function dataRandler(transaction, results){//执行 SQL 语句成功时的处理
}
```

该回调函数使用两个参数，第 1 个参数为 transaction 对象，第 2 个参数为执行查询操作时返回的查询到的结果数据集对象。

第 4 个参数为执行 SQL 语句出错时调用的回调函数。该回调函数的传递方法如下所示。

```
function errorHandler(transaction,errmeg) {//执行 sql 语句出错时的处理
}
```

该回调函数使用两个参数，第 1 个参数为 transaction 对象，第 2 个参数为执行发生错误时的错误信息文字。

【示例 2】　下面将在 mydatabase 数据库中创建表 t1，并执行数据插入操作，完成插入两条记录。

```
var db = openDatabase('mydatabase', '2.0', 'my db', 2 * 1024);
db.transaction(function (tx) {
    tx.executeSql('CREATE TABLE IF NOT EXISTS t1 (id unique, log)');
    tx.executeSql('INSERT INTO t1 (id, log) VALUES (1, "foobar")');
    tx.executeSql('INSERT INTO t1 (id, log) VALUES (2, "logmsg")');
});
```

在插入新记录时，还可以传递动态值：

```
var db = openDatabase(' mydatabase ', '2.0', 'my db', 2 * 1024);
db.transaction(function (tx) {
    tx.executeSql('CREATE TABLE IF NOT EXISTS t1 (id unique, log)');
    tx.executeSql('INSERT INTO t1 (id,log) VALUES (?, ?)'), [e_id, e_log];  //e_id
和 e_log 是外部变量
});
```

当执行查询操作时，从查询到的结果数据集中依次把数据取出到页面上来，最简单的方法是使用 for 语句循环。结果数据集对象有一个 rows 属性，其中保存了查询到的每条记录，记录的条数可以用 rows.length 来获取，可以用 for 循环，用 rows[index]或 rows.Item ([index])的形式来依次取出每条数据。在 JavaScript 脚本中，一般采用 rows[index]的形式。另外在 Chrome 浏览器中，不支持 rows.Item ([index])的形式。

【示例 3】　如果要读取已经存在的记录，我们使用一个回调函数来捕获结果，并通过 for 语句循环显示每条记录。

```
var db = openDatabase(mydatabase, '2.0', 'my db', 2*1024);
db.transaction(function (tx) {
  tx.executeSql('CREATE TABLE IF NOT EXISTS t1 (id unique, log)');
  tx.executeSql('INSERT INTO t1 (id, log) VALUES (1, "foobar")');
  tx.executeSql('INSERT INTO t1 (id, log) VALUES (2, "logmsg")');
});
db.transaction(function (tx) {
  tx.executeSql('SELECT * FROM t1, [], function (tx, results) {
  var len = results.rows.length, i;
  msg = "<p>Found rows: " + len + "</p>";
  document.querySelector('#status').innerHTML += msg;
  for (i = 0; i < len; i++){
    alert(results.rows.item(i).log );
  }
}, null);
});
```

6.4.2　案例：创建本地数据库

本例将完整地演示 Web SQL 的使用，包括建立数据库、建立表格、插入数据、查询数据、将查询结果显示，在 Chrome 浏览器中输出结果如图 6.4 所示。

图 6.4　创建简单的本地数据库

实例完整代码如下：

```html
<!DOCTYPE HTML>
<html>
<head>
<script type="text/javascript">
    var db = openDatabase('mydb', '1.0', 'Test DB', 2 * 1024 * 1024);
    var msg;
    db.transaction(function(tx) {
        tx.executeSql('CREATE TABLE IF NOT EXISTS LOGS (id unique, log)');
        tx.executeSql('INSERT INTO LOGS (id, log) VALUES (1, "foobar")');
        tx.executeSql('INSERT INTO LOGS (id, log) VALUES (2, "logmsg")');
        msg = '<p>完成消息创建和插入行操作。</p>';
        document.querySelector('#status').innerHTML = msg;
    });
    db.transaction(function(tx) {
        tx.executeSql('SELECT * FROM LOGS', [], function(tx, results) {
            var len = results.rows.length, i;
            msg = "<p>查询行数: " + len + "</p>";
            document.querySelector('#status').innerHTML += msg;
            for( i = 0; i < len; i++) {
        msg = "<p><b>" + results.rows.item(i).log + "</b></p>";
        document.querySelector('#status').innerHTML += msg;
            }
        }, null);
    });
</script>
<meta http-equiv="Content-Type" content="text/html; charset=utf-8">
    </head>
<body>
<div id="status" name="status">
</div>
</body>
</html>
```

其中第 5 行的 var db = openDatabase('mydb', '1.0', 'Test DB', 2 * 1024 * 1024);建立一个名称为 mydb 的数据库，它的版本为 1.0，描述信息为 Test DB，大小为 2MB。可以看到此时有数据库建立，但并无表格建立，如图 6.5 所示。

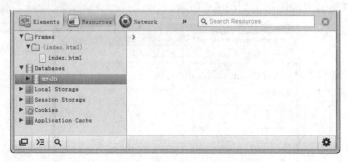

图 6.5　创建数据库 mydb

openDatabase 方法打开一个已经存在的数据库，如果数据库不存在则创建数据库，创建数据库包括数据库名、版本号、描述、数据库大小、创建回调函数。最后一个参数创建回调函数，在创建数据库的时候调用，但即使没有这个参数，一样可以在运行时创建数据库。

第 7~13 行代码：

```
db.transaction(function(tx) {
    tx.executeSql('CREATE TABLE IF NOT EXISTS LOGS (id unique, log)');
    tx.executeSql('INSERT INTO LOGS (id, log) VALUES (1, "foobar")');
    tx.executeSql('INSERT INTO LOGS (id, log) VALUES (2, "logmsg")');
    msg = '<p>完成消息创建和插入行操作。</p>';
    document.querySelector('#status').innerHTML = msg;
});
```

通过第 8 行语句可以在 mydb 数据库中建立一个 LOGS 表格。在这里只执行创建表格语句，而不执行后面两个插入操作时，在 Chrome 中可以看到在数据库 mydb 中有表格 LOGS 建立，但表格 LOGS 为空。

9、10 两行语句执行插入操作，在插入新记录时，还可以传递动态值：

```
var db = openDatabase('mydb', '1.0', 'Test DB', 2 * 1024 * 1024);
db.transaction(function (tx) {
    tx.executeSql('CREATE TABLE IF NOT EXISTS LOGS (id unique, log)');
    tx.executeSql('INSERT INTO LOGS (id,log) VALUES (?, ?)', [e_id, e_log];
});
```

这里的 e_id 和 e_log 为外部变量，executeSql 在数组参数中将每个变量映射到"？"。在插入操作执行后，可以在 Chrome 中看到数据库的状态，可以看到插入的数据，此时并未执行查询语句，页面中并没有出现查询结果，如图 6.6 所示。

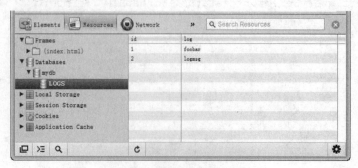

图 6.6　创建数据表并插入数据

如果要读取已经存在的记录，使用一个回调函数捕获结果，如上面的第 15~25 行代码：

```
db.transaction(function(tx) {
    tx.executeSql('SELECT * FROM LOGS', [], function(tx, results) {
        var len = results.rows.length, i;
        msg = "<p>查询行数: " + len + "</p>";
        document.querySelector('#status').innerHTML += msg;
        for( i = 0; i < len; i++) {
    msg = "<p><b>" + results.rows.item(i).log + "</b></p>";
    document.querySelector('#status').innerHTML += msg;
        }
    }, null);
});
```

执行查询之后，将信息输出到页面中，可以看到页面中的查询数据，如图 6.4 所示。

📢 注意：

> 如果不是绝对需要，不要使用 Web SQL Database，因为它会让代码更加复杂（匿名内部类的内部函数、回调
> 函数等）。对大多数情况下，本地存储或会话存储就能够完成相应的任务，尤其是能够保持对象状态持久化的
> 情况。通过这些 HTML5 Web SQL Database API 接口，可以获得更多功能，相信以后会出现一些非常优秀的、
> 建立在这些 API 之上的应用程序。

6.4.3 案例：批量存储本地数据

Web SQL Database 操作数据比较繁琐，为了提高代码执行效率，下面通过一个示例演示如何通过数组实现快速存储数据。案例演示效果如图 6.7 所示。

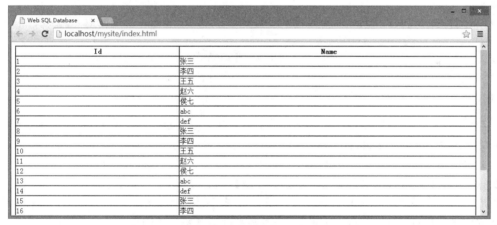

图 6.7 批量存储本地数据

示例完整代码如下：

```
<!DOCTYPE html>
<title>Web SQL Database</title>
<meta http-equiv="Content-Type" content="text/html; charset=utf-8">
<script>
    var db = openDatabase('db', '1.0', 'my first database', 2 * 1024 * 1024);
    function log(id, name) {
        var row = document.createElement("tr");
        var idCell = document.createElement("td");
        var nameCell = document.createElement("td");
        idCell.textContent = id;
```

```
            nameCell.textContent = name;
            row.appendChild(idCell);
            row.appendChild(nameCell);
            document.getElementById("racers").appendChild(row);
        }
        function doQuery() {
            db.transaction(function (tx) {
                tx.executeSql('SELECT * from mytable', [], function(tx, result) {
                    for (var i=0; i<result.rows.length; i++) {
                        var item = result.rows.item(i);
                        log(item.id, item.name);
                    }
                });
            });
        }
        function initDatabase() {
            var names = ["张三", "李四", "王五", "赵六", "侯七", "abc", "def"];
            db.transaction(function (tx) {
                tx.executeSql('CREATE TABLE IF NOT EXISTS mytable(id integer primary
key autoincrement, name)');
                for (var i=0; i<names.length; i++) {
                    tx.executeSql('INSERT INTO mytable (name) VALUES (?)', [names[i]]);
                }
                doQuery();
            });
        }
        initDatabase();
</script>
<table id="racers" border="1" cellspacing="0" style="width:100%">
    <th>Id</th>
    <th>Name</th>
</table>
```

　　首先，创建一个本地数据库 db，把预存储的数据放在数组 names 中，使用 for 语句执行批量操作，这样就省略了编写大量的 executeSql 语句，当数据量比较大时，这种批量操作方式就更加有效。

　　执行 initDatabase()函数，完成数据初始化存储操作。然后，调用 doQuery()函数，再次使用 for 语句把本地数据库中的数据读取出来，并通过 log()显示函数把数据显示在页面表格中。

　　数据库操作可能需要花点时间才能完成。不过，在获得查询结果集之前，查询操作会在后台运行，以避免阻塞脚本的执行。executeSQL()的第三个参数是回调函数，查询得到的事务和结果集将作为参数供此回调函数使用。

6.5 实 战 案 例

　　本节将通过多个案例训练用户在网页中应用 Web Storage 和 Web Database 技术。

6.5.1 设计 Web 留言本

扫一扫，看视频

　　本案例将设计一个简单的 Web 留言本，利用 Web Storage 来存取大容量数据。页面设计一个多行文本框，允许用户输入超长数据，当单击"追加"按钮时，将文本框中的数据保存到 localStorage 中。同时在页面下面设计一个<p>标签，用来实时显示 localStorage 数据。

如果只保存文本框中的内容，并不能知道该内容是什么时候写的，所以在保存该内容的同时，也一同保存了当前日期和时间，并将该日期和时间一并显示在<p>标签中。

如果单击页面中的"初始化"按钮，可以消除全部 localStorage 数据，演示效果如图 6.8 所示。

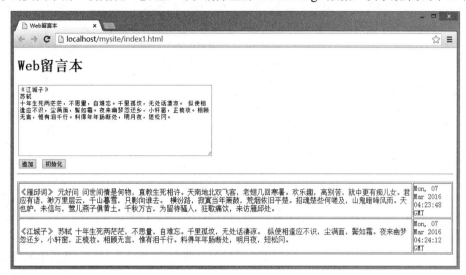

图 6.8　设计的 Web 留言本

本案例的完整代码如下：

```
<!DOCTYPE html>
<head>
<meta charset="UTF-8">
<title>Web 留言本</title>
<script type="text/javascript">
function saveStorage(id){
    var data = document.getElementById(id).value;
    var time = new Date().getTime();
    localStorage.setItem(time,data);
    alert("数据已保存。");
    loadStorage('msg');
}
function loadStorage(id){
    var result = '<table border="1">';
    for(var i = 0;i < localStorage.length;i++) {
        var key = localStorage.key(i);
        var value = localStorage.getItem(key);
        var date = new Date();
        date.setTime(key);
        var datestr = date.toGMTString();
        result += '<tr><td>' + value + '</td><td>' + datestr + '</td></tr>';
    }
    result += '</table>';
    var target = document.getElementById(id);
    target.innerHTML = result;
```

```
}
function clearStorage(){
    localStorage.clear();
    alert("全部数据被清除。");
    loadStorage('msg');
}
</script>
</head>
<body>
<h1>Web 留言本</h1>
<textarea id="memo" cols="60" rows="10"></textarea><br>
<input type="button" value="追加" onclick="saveStorage('memo');">
<input type="button" value="初始化" onclick="clearStorage('msg');"><hr>
<p id="msg"></p>
</body>
</html>
```

利用 Web Storage 保存数据时，数据必须是键/值对形式，所以将文本框的内容作为键值，将保存日期和时间作为键名保存，这样在保存时确保不存在重复的键名。

在 JavaScript 脚本中，含有三个供按钮调用的函数，分别是 saveStorage、loadStorage、clearStorage，简单说明如下。

➤ saveStorage：这个函数比较简单，使用 new Date().getTimeO 语句得到了当前的日期和时间，然后调用 localStorage.setItem 方法，将得到的时间作为键值，并将文本框中的数据作为键名进行保存。保存完毕后，调用脚本中的 loadStorage 函数在页面上重新显示保存后的数据。

➤ loadStorage：取得保存后的所有数据，然后以表格的形式进行显示。取得全部数据的时候，需要用到 localStorage 两个比较重要的属性。

  ↳ loadStorage.length 返回所有保存在 localStorage 中的数据的条数。

  ↳ IocalStorage.key (index)将想要得到数据的索引号作为 index 参数传入，可以得到 localStorage 中与这个索引号对应的数据。如想得到第 6 条数据，传入的 index 为 5（index 是从 0 开始计算的）。

先用 loadStorage.length 属性获取保存数据的条数，然后做一个循环，在循环内用一个变量，从 0 开始将该变量作为 index 参数传入 localStorage.key (index)属性，每次循环时该变量加 1，通过这种方法取得保存在 localStorage 中的所有数据。

➤ clearStorage：将 localStorage 中保存的数据全部清除，在这个函数中只有一句语句 localStorage. clear();，调用 localStorage 的 clear 方法时，所有保存在 localStorage 中的数据会被全部清除。

6.5.2　设计客户联系表

扫一扫，看视频

本例设计一个客户联系表单页面，在这个页面中允许客户输入个人联系信息，客户联系信息包括姓名、Email 地址、电话号码、备注。客户输入完毕，把它们保存在 localStorage 中。保存之后，客户可以在页面中进行检索，以便获取个人所有联系信息，演示效果如图 6.9 所示。

客户联系信息是一个表格式数据，直接使用 Web Storage 是无法实现存取的。那么能不能将 Web Storage 作为简易数据库来应用呢？

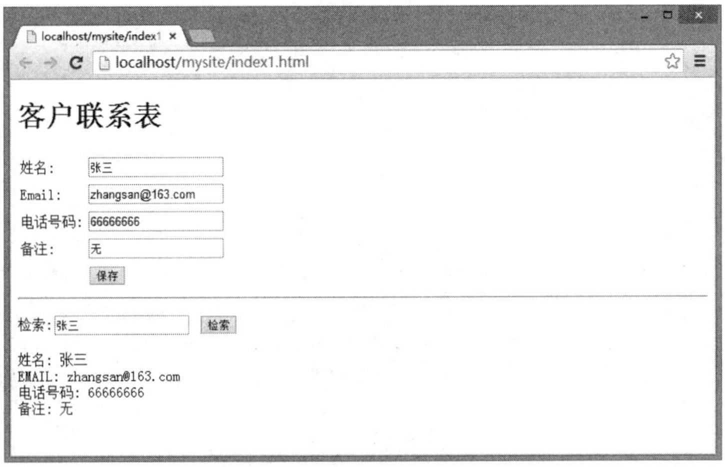

图 6.9　设计的客户联系表单页面

如果想要将 Web Storage 作为数据库来应用，必须要考虑下面两个问题：

第一，在数据库中，大多数表都分为几列，怎样对列进行管理。

第二，怎样对数据进行检索。

如果能够解决上述两个问题，就可以将 Web Storage 作为数据库来利用了。

设计思路：首先，用客户的姓名作为键名来保存数据，这样在获取客户其他信息的时候会比较方便；然后，使用使用 JSON 数据格式把客户联系信息串连在一起，作为一个键值附加在姓名键名上。获取键值时，再通过 JSON 拆分键值字符串，这样就可以在 Web Storage 中保存和读取具有复杂结构的数据了。

本例页面完整代码如下：

```
<!DOCTYPE html>
<head>
<meta charset="UTF-8">
<script type="text/javascript">
function saveStorage(){
    var data = new Object;
    data.name = document.getElementById('name').value;
    data.email = document.getElementById('email').value;
    data.tel = document.getElementById('tel').value;
    data.memo = document.getElementById('memo').value;
    var str = JSON.stringify(data);
    localStorage.setItem(data.name,str);
    alert("数据已保存。");
}
function findStorage(id){
    var find = document.getElementById('find').value;
    var str = localStorage.getItem(find);
    var data =  JSON.parse(str);
    var result = "姓名: " + data.name + '<br>';
    result += "EMAIL: " + data.email + '<br>';
    result += "电话号码: " + data.tel  + '<br>';
    result += "备注: " + data.memo + '<br>';
    var target = document.getElementById(id);
    target.innerHTML = result;
```

```
}
</script>
</head>
<body>
<h1>客户联系表</h1>
<table>
    <tr><td>姓名:</td><td><input type="text" id="name"></td></tr>
    <tr><td>Email:</td><td><input type="text" id="email"></td></tr>
    <tr><td>电话号码:</td><td><input type="text" id="tel"></td></tr>
    <tr><td>备注:</td><td><input type="text" id="memo"></td></tr>
    <tr><td></td><td><input type="button" value="保存" onclick="saveStorage();">
</td></tr>
</table><hr>
<p>检索:<input type="text" id="find"><input type="button" value="检索" onclick=
"findStorage('msg');">
</p><p id="msg"></p>
</body>
```

在 JavaScript 脚本部分定义了两个函数，分别是保存数据用的 saveStorage 函数，以及检索数据用的 findStorage 函数。

➥ saveStorage 函数设计流程如下：

第 1 步，从各输入文本框中获取数据。

第 2 步，创建对象，将获取的数据作为对象的属性保存。

第 3 步，将对象转换成 JSON 格式的文本数据。

第 4 步，将文本数据保存在 localStorage 中。

为了将数据保存在一个对象中，使用 new Object 语句创建了一个对象，将各种数据保存在该对象的各个属性中，然后，为了将对象转换成 JSON 格式的文本数据，使用了 JSON 对象 stringify 方法，该方法的使用方法如下所示。

```
var str = JSON.stringify(data);
```

该方法接收一个参数 data，它表示要转换成 JSON 格式文本数据的对象，这个方法的作用是将对象转换成 JSON 格式的文本数据，并将其返回。

➥ findStorage 函数中的流程如下：

第 1 步，在 localStorage 中将检索用的姓名作为键值，获取对应的数据。

第 2 步，将获取的数据转换成 JSON 对象。

第 3 步，取得 JSON 对象的各个属性值，创建要输出的内容。

第 4 步，将要输出的内容在页面上输出。

该函数的关键是使用 JSON 对象的 parse 方法，将从 localStorage 中获取的数据转换成 JSON 对象。该方法的使用方法如下所示。

```
var data = JSON.parae(str);
```

该方法接收一个参数 str，它表示从 localStorage 中取得的数据，该方法的作用是将传入的数据转换成 JSON 对象，并且将该对象返回。

上面示例的关键是利用了 JSON 对象的 stringify 方法与 parse 方法。

◀》注意：

JSON 对象只是被大部分最新版本的浏览器所支持，而不是所有浏览器、所有版本都支持。现在支持 JSON 对象的浏览器有 IE 8+、Firefox 3.6+、Chrome +、Safari 5+、Opera 10+。

6.5.3　使用 Web SQL 设计留言本

本例计划使用 Web SQL 设计一个简单的 Web 留言本。在页面中包含一个输入姓名用的文本框，一个输入留言用的文本框，以及一个保存数据用的按钮。在按钮下面放置了一个表格，保存数据后从数据库中重新取得所有数据，然后把数据显示在这个表格中。单击按钮时，调用 saveData 函数，保存数据时的处理都被写在这个函数里。当打开页面时，调用 init 函数，将数据库中全部已保存的留言信息显示在表格中，演示效果如图 6.10 所示。

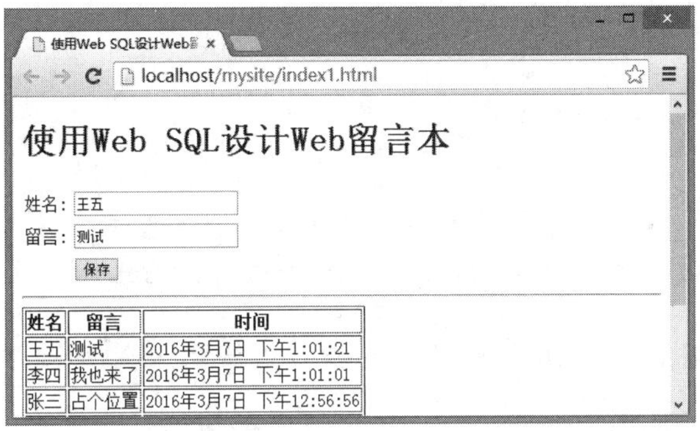

图 6.10　设计 Web 留言本

整个页面的具体代码如下：

```
<!DOCTYPE html>
<head>
<meta charset="UTF-8">
<title>使用 Web SQL 设计 Web 留言本</title>
<script type="text/javascript">
var datatable = null;
var db = openDatabase('MyData', '', 'My Database', 102400);
function init(){
    datatable = document.getElementById("datatable");
    showAllData();
}
function removeAllData(){
    for (var i =datatable.childNodes.length-1; i>=0; i--){
        datatable.removeChild(datatable.childNodes[i]);
    }
    var tr = document.createElement('tr');
    var th1 = document.createElement('th');
    var th2 = document.createElement('th');
    var th3 = document.createElement('th');
    th1.innerHTML = '姓名';
    th2.innerHTML = '留言';
    th3.innerHTML = '时间';
    tr.appendChild(th1);
    tr.appendChild(th2);
    tr.appendChild(th3);
    datatable.appendChild(tr);
}
function showData(row) {
    var tr = document.createElement('tr');
```

```
    var td1 = document.createElement('td');
    td1.innerHTML = row.name;
    var td2 = document.createElement('td');
    td2.innerHTML = row.message;
    var td3 = document.createElement('td');
    var t = new Date();
    t.setTime(row.time);
    td3.innerHTML=t.toLocaleDateString()+" "+t.toLocaleTimeString();
    tr.appendChild(td1);
    tr.appendChild(td2);
    tr.appendChild(td3);
    datatable.appendChild(tr);
}
function showAllData(){
    db.transaction(function(tx) {
        tx.executeSql('CREATE TABLE IF NOT EXISTS MsgData(name TEXT, message TEXT,
time INTEGER)',[]);
        tx.executeSql('SELECT * FROM MsgData ORDER BY time desc', [], function(tx,
rs){
            removeAllData();
            for(var i = 0; i < rs.rows.length; i++){
                showData(rs.rows.item(i));
            }
        });
    });
}
function addData(name, message, time) {
    db.transaction(function(tx) {
        tx.executeSql('INSERT  INTO  MsgData  VALUES(?,  ?,  ?)',[name,  message,
time],function(tx, rs)
        {
            alert("成功保存数据!");
        },
        function(tx, error) {
            alert(error.source + "::" + error.message);
        });
    });
}
function saveData(){
    var name = document.getElementById('name').value;
    var memo = document.getElementById('memo').value;
    var time = new Date().getTime();
    addData(name,memo,time);
    showAllData();
}
</script>
</head>
<body onload="init();">
<h1>使用 Web SQL 设计 Web 留言本</h1>
<table>
    <tr><td>姓名:</td><td><input type="text" id="name"></td></tr>
    <tr><td>留言:</td><td><input type="text" id="memo"></td></tr>
```

```
    <tr>
<td></td>
<td><input type="button" value="保存" onclick="saveData();"></td></tr>
</table><hr>
<table id="datatable" border="1"></table>
<p id="msg"></p>
</body>
</html>
```

下面重点分析 JavaScript 脚本部分代码。

➤　打开数据库

打开数据库的代码如下所示。

```
var datatable = null;
var db = openDatabase('MyData', '', 'My Database', 102400);
```

在 JavaScript 脚本一开始，使用了一个变量 datatable。用这个变量代表页面中的 table 元素。db 变量代表使用 openDatabase 方法创建的数据库访问对象。在示例中创建了 MyData 数据库并对其进行访问。

➤　初始化

编写 init 函数，该函数在页面打开时调用。为了在打开页面时就往页面表格中装入数据，在该函数中首先设定变量 datatable 为页面中的表格，然后调用脚本中另一个函数 showAllData 来显示数据。

➤　清除表格中当前显示的数据

removeAllData 函数是在 showAllData 函数中被调用的一个必不可少的函数，它的作用是将页面中 table 元素下的子元素全部清除，只留下一个空表格框架，然后填入表头。这样在页面表格中当前显示的数据就全部被清除了，以便重新读取数据并装入表格。

➤　显示数据

showData 函数使用一个 row 参数，该参数表示从数据库中读取到的一行数据。该函数在页面表格中使用 tr 元素添加一行，并使用 td 元素添加各列，然后将传入的这行数据分别填入在表格中添加的这一行对应的各列中。

➤　显示全部数据

showAllData 函数使用 transaction 方法，在该方法的回调函数中执行 executeSql 方法获取全部数据。获取到数据之后，首先调用 removeAllData 函数初始化页面表格，将该表格中当前显示的数据全部清除，然后在循环中调用 showData 函数，将获取到的每一条数据作为参数传入，在页面上的表格中逐条显示获取到的每条数据。

➤　追加数据

addData 函数在 saveData 函数中被调用。在 addData 函数中，使用 transaction 方法，在该方法的回调函数中执行 executeSql 方法，将作为参数传入进来的数据保存在数据库中。

➤　保存数据

saveData 函数首先调用 addData 函数追加数据，然后调用 showAllData 函数重新显示表格中的全部数据。

6.6　综合案例：设计购物网站

Web Storage 存储空间足够大，访问都在客户端完成，有些客户端可以先处理或检查数据，就可以使用 Web Storage 进行存储，不仅可以提高访问速度，还可降低服务器的负担。例如，购物网站中常见的购物车，就很适合使用 Web Storage 操作。本节以购物车进行练习。

6.6.1 设计思路

通常顾客到购物网站购物，都要求以会员身份登录，或者结账时再登录，浏览商品，选择商品后放入购物车，最后进行结账。本例将模仿用户登录购物网站，选购商品并放入购物车。

📢 提示：

> 购物车就是用户将选择的商品放到暂存区，选好之后再进行结账，这个暂存区就称为购物车，就好像到商店买东西会先将商品放到手推车，选好之后再到柜台结账是一样的。

使用 Web Storage 暂存用户选购的商品，必须考虑是使用 localStorage 还是 sessionStorage。

➥ 　如果用户关闭网页，购物车要继续保留，则应该使用 localStorage。

➥ 　如果用户关闭网页，购物车不要保留，则应该使用 sessionStorage。

本例希望用户关闭网页时，能够继续保留购物数据，因此使用 localStorage 制作购物车。

购物网站通常会先要求用户创建会员数据，并将会员数据存入数据库，以后当用户登录时，再对比用户输入的账号和密码是否与数据库会员系统吻合，再继续结账流程。

本例默认用户必须先登录网站，再进行商品选购，为了简化程序设计，在此假设用户账号为 test，密码为 111111。

进入购物页面之前，网站会先进行账号和密码的检查。如果账号和密码正确，就先把账号密码暂存在 Web Storage 中，这样用户进入网站中的任何一个网页，账号密码都会存在。

📢 注意：

> 账号可以存储于 localStorage，用户下次进入网页时自动显示账号，当然密码是重要信息，为了保障用户的安全，密码最好随着窗口的关闭而删除。因此，密码存储于 sessionStorage。

6.6.2 设计登录页

下面先来设计会员登录部分。

【操作步骤】

第 1 步，启动 Dreamweaver，新建 HTML5 文档，保存为 login.html。

第 2 步，在<body>标签内设计一个表单结构，代码如下：

```
<form method="get" action="index.html" onsubmit="return sendok();">
    <p>账号: <input type="text" id="userid" value="" autofocus></p>
    <p>密码: <input type="password" id="userpwd" value=""></p>
    <div style="font-size:12px">(测试账号:test    密码:111111)</div>
    <input id="btn_send" type="submit" value="登 录" style="width:200px;padding:
6px;">
</form>
```

在 form 的 action 属性中指定 index.html 网页，这样一来，用户单击"登录"按钮时，数据就会被发送到 index.html 网页进行处理。

"登录"按钮使用 submit 类型，单击该按钮时，会触发 form 的 onsubmit 事件，执行 sendok()函数。

第 3 步，在<head>标签内插入<script type="text/javascript">标签，定义一个脚本块。然后输入下面 JavaScript 代码，定义 sendok()函数。

```
function sendok(){
    if(userid.value!="" && userpwd.value!=""){
        localStorage.userid=userid.value;
        sessionStorage.userpwd=userpwd.value;
        return true;
    }else{
```

```
        alert("请输入账号");
        return false;
    }
}
```

sendok()函数所做的事情就是检查用户是否输入账号密码，如果已输入则将账号保存到 localStorage 的 userid，密码保存到 sessionStorage 的 userpwd，并返回 true（真）；没有输入则返回 false（假）。当 onsubmit 事件接收到返回结果为 true 时，才会将 form 数据提交。

第 4 步，定义 isload()函数，检测用户在当前会话中是否已经登录，如果登录，则把密码传递给表单密码域变量。

```
function isload(){
    if(localStorage.userid)
        userid.value=localStorage.userid;
}
```

第 5 步，在页面初始化后，调用 isload()函数，这里直接把该函数绑定到<body>标签上，代码如下：
```
<body onload="isload()">
```
第 6 步，保存页面，在浏览器中预览，显示效果如图 6.11 所示。

图 6.11　设计登录页面

6.6.3　设计商品选购页面

当登录表单成功提交之后，就会发送数据到 index.html，也就是本购物网站的主页。

【操作步骤】

第 1 步，启动 Dreamweaver，新建 HTML5 文档，保存为 index.html。

第 2 步，在<body>标签内构建网页基本框架，代码如下：

```
<div id="main">
    <header>欢迎光临一号店！
        <input type="button" value="注 销" onclick="logout();" style="width:60px;
padding:3px;">
    </header>
    <span id="showuserid"></span> 你好<br />
    请选购商品!<br />
    <button id="clearButton">清除购物车</button>
    <br>
    <button id="cartButton">放入购物车</button>
```

扫一扫，看视频

157

```
    <textarea id="shopping_list" rows="15" cols="30"></textarea>
    <div id="div_sale"></div>
</div>
<footer>
    <p>Copyright© 1号店网上超市<br />2007-2016，All Rights Reserved</p>
</footer>
```

第3步，在<head>标签内插入<script type="text/javascript">标签，定义一个脚本块。首先，检测用户是否登录，代码如下：

```
//仿真检测账号、密码
if(localStorage.userid!="test" || sessionStorage.userpwd!="111111"){
    alert("账号密码错误，请回首页登录!!");
    sessionStorage.removeItem('userpwd');
    document.location="login.html";
}
```

第4步，完成验证之后，初始化页面，定义初始化函数 isLoad()，代码如下。

```
function isLoad(){
    //显示用户账号
    document.getElementById("showuserid").innerHTML=localStorage.userid;
    var div_list="";
    //将商品信息存在数组中
    var sale_item=new Array("水果蛋糕","葡萄","奇异果","柠檬","苹果派","菠萝","水果组合","苹果","水果茶");
    //显示商品
    for (i in sale_item){
        div_list=div_list+"<div class='fruit'>"
        div_list=div_list+"<img class='img_fruit' src='images/fruit"+i+".png'><br/>"
        div_list=div_list+"<span style='color:#ff0000'>" + sale_item[i] +"</span><br />"
        div_list=div_list+"<input type='checkbox' name='chkitem' value='" + sale_item[i] + "'>"
        div_list=div_list+"选购</div>"
    }
    document.getElementById("div_sale").insertAdjacentHTML("beforeend", div_list);
    //检查 Cartlist 是否仍有数据，有则加载
    if(localStorage.Cartlist)
        shopping_list.value="购物车小票："+localStorage.Cartlist;
    else
        shopping_list.value="购物车为空。";
}
```

一个购物网站的商品相当多，如果逐一将商品图片和商品说明放在网页上，是耗时又费力的。为了方便商品的上架与管理，通常会将商品数据保存在数据库中，并提供商品增修页面，让商家新增和编辑商品信息。本例不介绍数据库的内容，所以本例用数组存放商品数据来模拟商品数据库。

加载网页时先把商品信息加载进来，并将图片和商品名称显示在网页上。上面的程序是循环自动产生<div>标签，<div>中包含商品图、商品名称和"选购"按钮。如果将变量部分拿掉，HTML 就像下面这样：

```
<div class='fruit'>
    <img class='img_fruit' src='images/fruit"+i+".png'>
    <span style='color:#ff0000'></span>
```

```
    <input type='checkbox' name='chkitem' value=''>选购
</div>
```

为了方便控制，把商品图的文件名刻意保存为 fruit0.png、fruit1.png、fruit2.png 等，只要商品图与数组的索引值对应，就可以找出正确的商品图。例如，"水果蛋糕"是数组的第一个值，也就是 sale_ item[0]，只要找出 fruit0.png 就是水果蛋糕的商品图，如图 6.12 所示。

图 6.12　商品名称和图片名称相对应

利用循环生成商品图有个好处，如果以后有新增的商品，只要在数组中增加新的元素，网页就会自动显示新商品，完全不需要去修改 HTML 程序代码。

想要使用 JavaScript 在<div>中动态增加内容，可以使用 innerHTML 属性，或者使用 insertAdjacentHTML()方法。

本例使用 insertAdjacentHTML()方法，该方法可以在指定的地方插入 HTML 字符串，语法如下：

```
insertAdajcentHTML(swhere,stext)
```

参数说明如下：

- ↘ swhere：指定插入 HTML 字符串的位置，取值包括下面 4 个。
  - ↪ beforeBegin：插入到标签开始前。
  - ↪ afterBegin：插入到标签开始标记之后。
  - ↪ beforeEnd：插入到标签结束标记前。
  - ↪ afterEnd：插入到标签结束标记后。
- ↘ stext：要插入的 HTML 字符串。

第 5 步，在页面初始化后，调用 isload()函数，这里直接把该函数绑定到<body>标签上，代码如下：

```
<body onload="isload()">
```

第 6 步，定义三个功能函数，分别用于清除购物车（clearCart()）、加入购物车（addtoCart()）、注销登录（logout()）。具体代码如下：

```
/***********清除购物车***********/
function clearCart(){
    shopping_list.value="购物车已清空。";
    localStorage.removeItem("Cartlist");            /*清空 localStorage*/
}
/***********加入购物车***********/
function addtoCart(){
    var checkselect="";
    var checkBoxList =document.getElementsByName('chkitem');
    for (i in checkBoxList){
        if(checkBoxList[i].checked) {
            checkselect=checkselect+"\n"+checkBoxList[i].value;
        }
```

```
    }
    /*localStorage.Cartlist 是空的，表示首次新增，就把勾选商品存入 localStorage.Cartlist;
    如果 localStorage.Cartlist 有值，表示已经新增过商品，新勾选商品继续存入 localStorage.
Cartlist*/
    if(!localStorage.Cartlist)
        localStorage.Cartlist=checkselect;
    else
        localStorage.Cartlist=localStorage.Cartlist+checkselect;
    shopping_list.value="购物车小票: "+localStorage.Cartlist;
}
//注销
function logout(){
    localStorage.removeItem('userid');
    sessionStorage.clear();
    document.location='login.html';
}
```

当用户勾选商品后，单击"加入购物车"按钮，就会调用 addtoCart()函数，在该函数中，先以 getElementsByName 方法取得 HTML 文件中所有名称（name）为 chkitem 的复选框，再用 for 循环来对比 checkBox 的 checked 属性是否为 true，如果是，就将 checkselect 字符串加上 checkBox 的内容（value），最后把值传递给 localStorage，同时显示出来。

第 7 步，在页面初始化函数 isLoad()中绑定事件函数：清除购物车（clearCart()）、加入购物车（addtoCart()），代码如下：

```
//创建按钮的事件侦听
clearButton.addEventListener("click", clearCart);
cartButton.addEventListener("click", addtoCart);
```

第 8 步，在"注销"按钮上调用 logout()函数，代码如下：

```
<input type="button" value="注 销" onclick="logout();">
```

第 9 步，保存页面，在浏览器中预览，显示效果如图 6.13 所示。

图 6.13　设计主页页面

网页会在左上角先显示用户账号，勾选好商品之后，单击"放入购物车"按钮，选购的商品就会显示在"购物车小票"区域中。本页面包含下面几个技术要点。

> ➴ 商品列表。
> ➴ 勾选商品。
> ➴ 放入购物车并显示在购买列表中。
> ➴ 清空购物车。
> ➴ 注销。

6.7　课后练习

练习使用 HTML5 本地存储方法。

第 7 章　CSS 样式基础

设计一个吸引人的网页，除了需要设计师的创意外，专业知识也是应该注重和掌握的方面。本章将重点介绍 CSS 的基本概念和用法。对于零基础的读者来说，本章应该仔细阅读。

【学习重点】
- 了解 CSS 基本语法和用法。
- 熟练使用 CSS 选择器。
- 理解 CSS 基本特性。

7.1　认识 CSS

CSS 是 Cascading Style Sheet 的首字母缩写，中文名称为层叠样式表，与 HTML 一样都是标识型语言，使用它可以进行网页样式设计。

7.1.1　CSS 发展历史

20 世纪 90 年代初，HTML 语言诞生。早期的 HTML 只含有少量的显示属性，用来设置网页和字体效果。随着互联网的发展，为了满足日益丰富的网页设计需求，HTML 不断添加各种显示标签和样式属性，这就带来一个问题：网页结构和样式混用让网页代码变得混乱不堪，代码冗余增加了带宽负担，代码维护也变得苦不堪言。

1994 年初哈坤·利提出了 CSS 的最初建议。伯特·波斯当时正在设计一款 Argo 浏览器，于是他们一拍即合，决定共同开发 CSS。

1994 年底，哈坤在芝加哥的一次会议上第一次展示了 CSS 的建议，1995 年他与波斯一起再次展示这个建议。当时 W3C（World Wide Web Consortium，万维网联盟）组织刚刚成立，W3C 对 CSS 的前途很感兴趣，为此组织了一次讨论会，哈坤、波斯是这个项目的主要技术负责人。

1996 年底，CSS 语言正式完成，同年 12 月 CSS 的第一版本正式发布（http://www.w3.org/TR/CSS1/）。

1997 年初，W3C 组织专门负责 CSS 的工作组，负责人是克里斯·里雷。该工作组开始讨论第一个版本中没有涉及的问题。

1998 年 5 月，CSS2 版本正式发布（http://www.w3.org/TR/CSS2/）。

尽管 CSS3 的开发工作在 2000 年之前就开始了，但是距离最终的发布还有相当长的路要走，为了提高开发速度，也为了方便各主流浏览器根据需要渐进式支持，CSS3 按模块化进行全新设计，这些模块可以独立发布和实现，这也为日后 CSS 的扩展奠定了基础。

考虑到从 CSS2 到 CSS3 发布之间时间会很长，2002 年工作组启动了 CSS2.1 的开发。这是 CSS2 的修订版，它纠正 CSS2 版本中的一些错误，并且更精确地描述 CSS 的浏览器实现。2004 年 CSS2.1 正式发布，到 2006 年年底得到完善，CSS2.1 也成为目前最流行、获得浏览器支持最完整的版本，它更准确地反映了 CSS 当前的状态。

📢 提示：

CSS 1.0 包含非常基本的属性，如字体、颜色、空白、边框等。CSS2 在此基础上添加了高级概念，如浮动和定位，以及高级的选择器，如子选择器、相邻同胞选择器和通用选择器等。CSS3 包含一些令人兴奋的新特性，如圆角、阴影、渐变、动画、弹性盒模型、多列布局等。

7.1.2　CSS 优势

CSS 可以让页面变得更简洁，更容易维护。学习它能够给设计师带来如下很多好处。

- ↘ 避免使用不必要的标签和属性，让结构更简洁、合理，语义性更明确。
- ↘ 更有效地定义对象样式，控制页面版式，抛弃传统表格布局的陋习。
- ↘ 提高开发和维护效率，结构和样式分离，通过外部样式表控制整个网站的表现层，开发速度更快，后期维护和编辑更经济。

扫一扫，看视频

7.1.3　CSS 样式

在 CSS 源代码中，样式是最基本的语法单元，每个样式包含两部分内容：选择器和声明（或称规则），如图 7.1 所示。

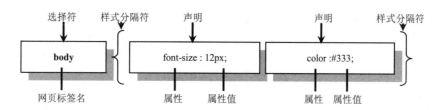

图 7.1　CSS 样式基本格式

- ↘ 选择器（Selector）：选择器告诉浏览器该样式将作用于页面中哪些对象，这些对象可以是一个标签、指定 class 或 id 值的对象等。
- ↘ 声明（Declaration）：声明包括属性和属性值，用分号来标识结束，在一个样式中最后一个声明可以省略分号。所有声明被放置在一对大括号内，然后放在选择器的后面。
    - ↪ 属性（Property）：属性是 CSS 预定的样式项。属性名由一个单词或多个单词组成，多个单词之间通过连字符相连。这样可以直观显示要设置的类型和效果。
    - ↪ 属性值（Value）：属性值设置属性应该显示的效果，包括值和单位，或者关键字。

【示例 1】　定义网页字体大小为 12 像素，字体颜色为深黑色，可以设置如下样式。

```
body{font-size: 12px; color: #333;}
```

【示例 2】　定义段落文本的背景色为紫色，可以在上面样式基础上定义如下样式。

```
body{font-size: 12px; color: #333;}p{background-color: #FF00FF;}
```

【示例 3】　由于 CSS 忽略空格，可以格式化 CSS 源代码。

```
body {
    font-size: 12px;
    color: #333;
}
p { background-color: #FF00FF; }
```

这样在阅读时就一目了然了，代码也容易维护。

7.1.4 应用 CSS 样式

CSS 样式代码必须保存在.css 类型的文本文件中，或者放在网页内<style>标签中，或者插在网页标签的 style 属性值中，否则是无效的。

【示例1】 直接放在标签的 style 属性中，即定义行内样式。

```
<!doctype html>
<html>
<head>
<meta charset="utf-8">
</head>
<body>
<span style="color:red;">红色字体</span>
<div style="border:solid 1px blue; width:200px; height:200px;"></div>
</body>
</html>
```

当浏览器解析上面标签时，能够解析这些样式代码，并把效果呈现出来。

📢 注意：

行内样式与标签属性的用法类似，这种做法没有真正把 HTML 和 CSS 代码分开，不建议使用，除非临时定义单个样式。

【示例2】 把样式代码放在<style>标签内，也称为内部样式。

```
<!doctype html>
<html>
<head>
<meta charset="utf-8">
<style type="text/css">
/*页面属性*/
body {
    font-size: 12px;
    color: #333;
}
/*段落文本属性*/
p { background-color: #FF00FF; }
</style>
</head>
<body>
</body>
</html>
```

使用<style>标签时，应该指定 type 属性，告诉浏览器该标签包含的代码是 CSS 源代码。这样浏览器能够正确解析它们。

📢 提示：

内部样式一般放在网页头部区域，目的是让 CSS 源代码早于页面结构代码下载并被解析，这样避免当网页信息下载之后，由于没有 CSS 样式渲染而让页面信息无法正常显示。

📢 注意：

在网站整体开发时，使用这种方法会产生大量代码冗余，而且一页一页管理样式也是繁琐的任务，不建议这样使用。

把样式代码保存在单独的文件中，然后使用<link>标签或者@import 命令导入。这种方式称为导入外部样式，每个 CSS 文件定义一个外部样式表。一般网站都采用外部样式表来设计网站样式，以便代码统筹和管理。

7.1.5　CSS 样式表

　　一个或多个 CSS 样式可以组成一个样式表。样式表包括内部样式表和外部样式表，它们没有本质区别，具体说明如下。

1. 内部样式表

　　内部样式表包含在<style>标签内，一个<style>标签定义一个内部样式表，一个网页文档中可以包含多个<style>标签，即能够定义多个内部样式表。

2. 外部样式表

　　把 CSS 样式放在独立的文件中，就成为外部样式表。外部样式表文件是一个文本文件，扩展名为.css。
　　在外部样式表文件第一行可以是 CSS 样式的字符编码。例如，下面代码定义样式表文件的字符编码为中文简体。

```
@charset "gb2312";
```

　　可以保留默认设置，浏览器会根据 HTML 文件的字符编码解析 CSS 代码。

7.1.6　导入样式表

　　外部样式表必须导入到网页文档中，才能够被浏览器正确解析，可以导入外部样式表文件的方法有两种，简单说明如下。

1. 使用<link>标签

　　使用<link>标签导入外部样式表文件的用法如下。

```
<link href="style.css" rel="stylesheet" type="text/css" />
```

　　在使用<link>标签时，一般应定义三个基本属性：
- ➘　href：定义样式表文件的路径。
- ➘　type：定义导入文件的文本类型。
- ➘　rel：定义关联样式表。

　　也可以设置 title 属性，定义样式表的标题，部分浏览器（如 Firefox）支持通过 title 选择所要应用的样式表文件。

2. 使用@import 命令

　　使用 CSS 的@import 命令可以在<style>标签内导入外部样式表文件。

```
<style type="text/css">
@import url("style .css");
</style>
```

　　在@import 命令后面，调用 url()函数定义外部样式表文件的地址。

7.1.7　CSS 注释和格式化

　　所有放在"/*"和"*/"分隔符之间的文本信息都被 CSS 视为注释，不被浏览器解析。

```
/* 注释 */
```

或

```
/*
注释
*/
```

在 CSS 中，各种空格是不被解析的，因此可以利用 Tab 键、空格键对样式表和样式代码进行格式化排版。

7.1.8 设计第一个样式示例

下面尝试完成第一个 CSS 样式页面。

【操作步骤】

第 1 步，启动 Dreamweaver，在主界面中新建一个网页，如果没有安装 Dreamweaver，则可以使用记事本。

第 2 步，在<head>标签中添加一个<style type="text/css">标签，定义一个内部样式表，所有 CSS 样式就可以放置在该标签中。

```
<!doctype html>
<html>
<head>
<meta charset="utf-8">
<title>第一个样式页面</title>
<style type="text/css">


</style>
</head>
<body>
</body>
</html>
```

第 3 步，在<style type="text/css">标签中输入下面的样式代码。定义 div 元素显示为长方形，显示蓝色边框，且并列显示在一行，同时增加 4 像素的边界。

```
div {  /*定义div元素方形显示 */
    width:200px;
    height:200px;
    border:solid 2px blue;
    float:left;
    margin:4px;
}
.green { background-color: green; }       /* 设置背景颜色为绿色 */
.red { background-color: red; }           /* 设置背景颜色为红色 */
```

第 4 步，在<body>标签内定义两个 div 元素，并分别设置它们的 class 属性值为 green 和 red。

```
<div class="red"></div>
<div class="green"></div>
```

第 5 步，保存网页文档为 test.html，在浏览器中预览，效果如图 7.2 所示。

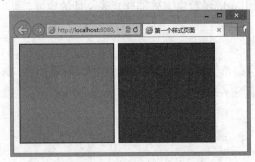

图 7.2 第一次使用 CSS 控制页面元素效果

7.2　CSS 选择器

如果将 CSS 样式应用于特定的网页对象上，需要先找到目标元素。在 CSS 样式中执行这一任务的部分称为选择器，类似于 Photoshop 中的选区。

7.2.1　认识 CSS 选择器

CSS 语言有两个基本功能：匹配和渲染。当浏览器在解析 CSS 样式时，首先应该确定哪些元素需要渲染，即先匹配对象，这个任务由 CSS 样式中的选择器负责完成。在匹配到明确对象后，浏览器根据样式中的声明，执行渲染，并把效果呈现在页面中。

CSS 灵活性首先体现在选择器上，选择器类型的多少决定着应用样式的广度和深度。细腻的网页效果需要有更强大的选择器来精准控制对象的样式。

📢 提示：

> CSS 能够向后兼容，如果浏览器不理解某个选择器，它会忽略整个样式。因此，可以在现代浏览器中应用新型选择器和 CSS 新功能，而不必担心它在老式浏览器中会造成问题。

根据所获取页面中元素的不同，可以把 CSS 选择器分为五大类：

- 基本选择器。
- 复合选择器。
- 伪类选择器。
- 伪元素。
- 属性选择器。

其中，复合选择器包括子选择器、相邻选择器、兄弟选择器、包含选择器和分组选择器。伪类选择器又分为六种：动态伪类选择器、目标伪类选择器、语言伪类、UI 元素状态伪类选择器、结构伪类选择器和否定伪类选择器。

下面分别说明不同类型选择器的具体用法。

7.2.2　标签选择器

扫一扫，看视频

标签选择器也称为元素选择器或类型选择器，它是以文档中对象类型的元素作为选择器，如 p、div、span 等。标签选择器的优势和缺陷如下：

- 优点：为页面中同类型的标签重置样式，实现页面显示效果的统一。

【示例 1】　下面三个样式分别定义页面中所有段落字体颜色为黑色，所有超链接显示为下划线，所有一级标题显示为粗体效果。

```
p {color:black}
a {text-decoration:underline;}
h1 {font-weight:bold;}
```

【示例 2】　在网页样式表中定义如下样式，把所有 div 元素对象都定义为宽 774 像素。

```
div { width:774px; }
```

当用 div 进行布局时，需要重复为页面中每个 div 对象定义宽度，因为在页面中并不是每个 div 元素对象的宽度都显示 774px，否则所有 div 都显示为 774px 将是件非常麻烦的事情。

- 缺点：不能够为标签设计差异化样式，不同页面区域之间会相互干扰。

在什么情况下选用标签选择器？

情景 1：如果希望为标签重置样式时，可以使用标签选择器。

【示例 3】 li 元素默认会自动缩进，并自带列表符号，有时这种样式会给列表布局带来麻烦，此时可以选择 ul 元素作为标签选择器，并清除预定义样式。

```
ul {/*清除预定义样式*/
    margin:0px; /*定义左外边距为 0*/
    list-style:none; /*定义列表样式为无*/
}
```

情景 2：如果希望统一文档中标签的样式时，可以使用标签选择器。

【示例 4】 在下面样式表中，通过 body 标签选择器统一文档字体大小、行高和字体，通过 table 标签选择器统一表格的字体样式，通过 a 标签选择器清除所有超链接的下划线，通过 img 标签选择器清除网页图像的边框，当图像嵌入 a 元素中，即作为超链接对象时会出现边框，通过 input 标签选择器统一输入表单的边框为浅灰色的实线。

```
body {font:12px/1.6em Arial, Helvetica, sans-serif;}
table {
    font-size:12px;                  /*定义字体大小为 12 像素*/
    color:#666;                      /*定义表格字体颜色为中灰*/
    line-height:200%;                /*定义行高为默认值的 2 倍*/
}
a {text-decoration:none;}
img {border:0px;}
input { border:solid 1px #ddd;}
```

📢 注意：

对于 div、span 等通用元素，不建议使用标签选择器，因为它们的应用范围广泛，使用标签选择器会相互干扰。

7.2.3 ID 选择器

ID 选择器是以元素的 id 属性作为选择器。例如，在 <div><p id=" first" ><span ></span></p></div><p></p> 结构中，#first 选择器可以定义第一个 p 元素的样式，但不会影响最后一个 p 元素对象。

ID 选择器使用 # 前缀标识符进行标识，后面紧跟指定元素的 ID 名称，如图 7.3 所示。

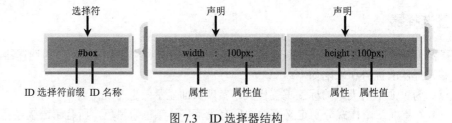

图 7.3　ID 选择器结构

📢 提示：

元素的 ID 名称是唯一的，只能对应于文档中一个具体的对象。在 HTML 文档中，用来构建整体结构的标签应该定义 id 属性，因为这些对象一般在页面中都是比较唯一、固定的，不会重复出现，如标题栏包含框（<div id="header">）、导航条（<div id="nav">）、主体包含框（<div id="main">）、版权区（<div id="footer">）等。

【示例 1】 在下面页面的主结构中，每个元素对象都定义了 id 属性来标识自己的唯一身份，这样就可以使用 ID 选择器定义它们的样式。

```
<!doctype html>
<html>
<head>
<meta charset="utf-8">
```

```
</head>
<body>
<div id="header"><!--头部模块-->
    <div id="logo"></div><!--网站标识-->
    <div id="banner"></div><!--广告条-->
    <div id="nav"></div><!--导航-->
</div>
<div id="main"><!--主体模块-->
    <div id="left"></div><!--左侧通栏-->
    <div id="content"></div><!--内容-->
</div>
<div id="footer"><!--脚部模块-->
    <div id="copyright"></div><!--版权信息-->
</div>
</body>
</html>
```

注意：

> id 属性不能够滥用，有些初学者喜欢为每个结构元素都设置 id 属性，这有悖于 CSS 提倡的代码简化原则。一般建议对于模块包含框元素使用 id 属性，内部元素可以定义 class 属性，因为包含框都是唯一的，而内部元素可能会出现重复。

【示例 2】　在下面页面的模块中，外部包含框定义了 id 属性，而内部的元素都定义了 class 属性。

```
<!doctype html>
<html>
<head>
<meta charset="utf-8">
</head>
<body>
<div id="father"><!--父级元素-->
    <div class="child1"></div><!--子级元素-->
    <div class="child2"></div><!--子级元素-->
    <div class="child2"></div><!--子级元素-->
</div>
</body>
</html>
```

这样就可以通过 ID 选择器精确匹配该包含框中所有的子元素，例如，可以这样定义所有 CSS 样式。

```
#father { }                          /*父级样式*/
#father div {}                       /*所有子div元素样式*/
#father .child1 { }                  /*子级样式1*/
#father .child2 {}                   /*子级样式2*/
```

7.2.4　类选择器

类选择器是以对象的 class 属性作为选择器，例如，在<div><p class="red" ><span class="red" ></span></p></div><p></p>结构中，red 选择器可以定义第一个 p 元素和 span 元素的样式，但不会影响最后一个 p 元素对象。

类选择器使用.（英文点号）进行标识，后面紧跟类名，如图 7.4 所示。

扫一扫，看视频

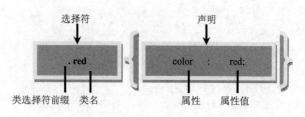

图 7.4　类选择器结构

类样式可以应用于文档中的多个元素，这体现了 CSS 代码的可重用性，帮助用户简化页面控制。

【比较 1】　类选择器与标签选择器都具有一对多的特性，即一个样式可以控制多个对象的显示效果，但在选用时应注意。

➥　与标签选择器相比，类选择器具有更大的适应力和灵活性，因为可以指定类的样式所应用的元素对象的范围，不受元素类型的限制。

➥　与类选择器相比，标签选择器具有操作简单，定义方便的优势，因为不需要为每个元素都定义相同的 class 属性，而使用类选择器之前，需要在 HTML 文档中为要应用类样式的元素定义 class 属性，这样就显得比较麻烦。

➥　标签选择器适合为元素定义基本样式，而类选择器更适合定义类样式；定义了标签选择器的样式之后，肯定会对页面中同一个元素产生影响，而类选择器定义的样式会出现不被应用的情况，具有更大的机动性。

【比较 2】　类选择器与 ID 选择器除了在应用范围上不同外，它们的优先级也不同。在同等条件下，ID 选择器比类选择器具有更大的优先权。

【示例 1】　下面两个 CSS 样式同时应用到 <div id="text" class="red"> 标签上，效果显示为蓝色。

```
<!doctype html>
<html>
<head>
<meta charset="utf-8">
<style type="text/css">
#text { color:Blue; }
.red { color:Red;}
</style>
</head>
<body>
<div id="text" class="red">ID 选择器比类选择器具有更大的优先权。</div>
</body>
</html>
```

在文档中匹配特定对象，最常用的方法是使用 ID 选择器和类选择器，但是很多设计师过度依赖它们。例如，如果希望对主内容区域中的标题应用一种样式，而在第二个内容区域中采用另一种方式，那么很可能创建两个类样式，然后在每个标题上引用不同类。

解决方法：使用复合选择器，避免这种情况。

【示例 2】　下面是一个简单的示例，使用包含选择器就可以成功地找到两个标题元素，并为它们实施不同的样式。如果在文档中添加了很多不必要的类，就会产生代码冗余。

```
<!doctype html>
<html>
<head>
<meta charset="utf-8">
<style type="text/css">
#mainContent h1 {font-size:1.8em;}
```

```
#secondaryContent h1 {font-size:1.2em;}
</style>
</head>
<body>
<div id="mainContent">
    <h1>个人网站</h1>
</div>
<div id="secondaryContent">
    <h1>最新新闻</h1>
</div>
</body>
</html>
```

扫一扫，看视频

7.2.5　指定选择器

指定选择器是为 ID 选择器或类选择器指定目标标签的一种特殊选择器形式。

【示例1】　把标签名附加在类选择器或 ID 选择器前面，定义样式只能在当前标签范围内使用。

```
span.red{/*定义 span 元素中 class 为 red 的元素的颜色为红色*/
    color:Red;
}
div#top{/*定义 div 元素中 id 为 top 的元素的宽度为百分之百*/
    width:100%;
}
```

上面选择器就是指定选择器，分别定义 span 元素中已设置 class 为 red 的对象的样式，以及定义 div 元素中已设置 id 为 top 的对象的样式。

📢 注意：

指定选择器前后选择符之间没有空格，且前后两个选择符匹配对象在结构上不是包含关系，而是同一个对象。

指定选择器主要用于限制类选择器或 ID 选择器的应用范围，缩小样式影响的目标。

【示例2】　在下面这个模块中，包含了 4 个子元素，使用指定选择器可以精确控制新闻正文的样式。

```
<div><!-- 包含框-->
    <h2 class="news"></h2><!- -新闻标题-->
    <p class="news"></p><!-- 新闻正文-->
    <span class="news"></span><!-- 新闻说明-->
    <p></p><!--　其他文本信息 -->
</div>
```

在上面结构中，直接使用 news 类选择器匹配新闻正文是不行的，而直接使用 p 标签选择器或包含选择器也不是很合适，会影响到其他元素对象的样式，此时最好的方法就是使用指定选择器，CSS 代码如下：

```
p.news{/* 通过指定选择器实现对新闻正文的样式控制 */
    font-szie:12px;
}
```

7.2.6　包含选择器

扫一扫，看视频

包含选择器是复合选择器，由前后两个选择符组成，它选择被第一个选择符包含的第二个选择符匹配的所有后代元素对象。例如，在<div><p><span></span></p></div>结构中，div span 包含选择器可以定义 span 元素的样式。

包含选择器中前后两部分之间以空格隔开，前后两部分选择符在结构上属于包含关系，如图 7.5 所示。

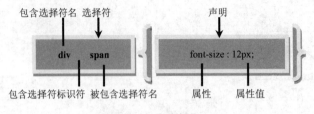

图 7.5　包含选择器

🔊 注意:

> 定义包含选择器时，必须保证在 HTML 结构中第一个选择符匹配对象能够包含第二个选择符匹配的对象。

【示例 1】　包含选择器是最有用的复合选择器，它能够简化代码，实现更大范围的样式控制。在下面代码中通过两个样式控制了 div1 类中所有的 h2 和 p 元素的显示样式。

```
.div1 h2{/*定义类div1中的标题样式*/
    font-size:18px;
}
.div1 p{/*定义类div1中的段落样式*/
    font-szie:12px;
}
```

在上面代码中省略了为两个内嵌元素定义 class 属性，代码看起来更明白了，也不必去设置 h2 和 p 的 class 属性名称。

【示例 2】　包含选择器可以实现多层嵌套。

```
.div1 h2 p span{/*多层包含选择器*/
    font-size:18px;
}
```

【示例 3】　包含选择器也可以实现跨层包含，即父对象可以包含子对象、孙对象或孙的子对象等，例如，搭建如下一个结构。

```
<!doctype html>
<html>
<head>
<meta charset="utf-8">
</head>
<body>
<div class="level1"><!--父对象-->
    一级嵌套
    <h2><!--子对象-->
        二级嵌套
    </h2>
    <span><!--子对象-->
        <p><!--孙对象-->
            三级嵌套
        </p>
    </span>
</div>
</body>
</html>
```

下面使用 CSS 来控制这个模块中的段落样式。

```
.level1 { color:red;}/*定义模块颜色为红色*/
.level1 p{ color:#333;}/*跨层包含,定义模块内段落的颜色为深灰色*/
```

使用多层包含选择器控制段落颜色。

```
.level1 { color:red;}/*定义模块颜色为红色*/
.level1 span p { color:#333;}/*多层包含,定义模块内段落的颜色为深灰色*/
```

7.2.7 子选择器

子选择器是复合选择器,由前后两个选择符组成,它选择被第一个选择符包含的第二个选择符匹配的所有子对象。例如,在<div><p><span></span></p></div>结构中,div>p 子选择器可以定义 p 元素的样式,但不能使用 div>span 子选择器定义 span 元素的样式。

子选择器中前后部分之间用一个大于号隔开,前后两部分选择符在结构上属于父子关系,如图 7.6 所示。

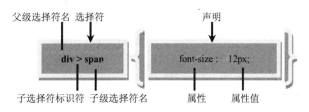

图 7.6 子选择器

【比较 1】 子选择器与指定选择器都是限定性选择器:指定选择器是用 class 和 id 属性作为限制条件,来定义某类标签中符合条件的元素样式;子选择器是用包含的子对象作为限制条件,来定义父对象所包含的部分子元素样式。

【示例 1】 定义主体模块中的表格样式,就可以使用子选择器。

```
#main > table{/*定义id为main的主体模块中子对象table的样式*/
    width:778px;
    font-size:12px;
}
#main > .title {/*定义id为main的主体模块中子对象的class为title的样式*/
    color:red;
    font-style:italic;
}
```

【比较 2】 包含选择器和子选择器作用对象部分重合,但包含选择器可以控制所有包含元素,不受结构层次影响,而子选择器却只能控制子元素。

【示例 2】 在下面这个结构中,可以使用 p>a 选择器来定义 a 元素的样式,但是使用 div>a 就不合法,因为中间隔了一个 p 元素;而使用 div a 包含选择器就可以控制 p 以及 a 元素的样式。

```
<div>
    <p>
        <a></a>
    </p>
</div>
```

7.2.8 相邻选择器

相邻选择器是复合选择器,由前后两个选择符组成,它选择与第一个选择符相邻的第二个选择符匹配的所有同级对象。例如，在<div><p><span></span></p></div><p></p>结构中，div+p 相邻选择器可以定义最后一个 p 元素的样式，但不会影响其内部的 p 元素对象。

相邻选择器中前后部分之间用一个加号（+）隔开，前后两部分选择符在结构上属于同级关系，且拥有共同的父元素，如图 7.7 所示。

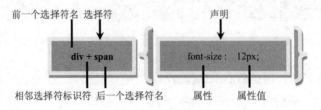

图 7.7　相邻选择器

【示例】　在下面示例结构中，如果要单独控制最下面这个 p 元素，不是一件容易的事情，除非为它单独定义一个 class 或 id 属性。如果使用相邻选择器，一切都变得简单了，可以使用下面的选择器来控制它的样式。

```html
<!doctype html>
<html>
<head>
<meta charset="utf-8">
<style type="text/css">
#sub_wrap + p { font-size:14px;}
</style>
</head>
<body>
<div id="wrap">
    <div id="sub_wrap">
        <h2 class="news"></h2>
        <p class="news"></p>
        <span class="news"></span>
    </div>
    <p></p>
</div>
</body>
</html>
```

扫一扫，看视频

7.2.9　兄弟选择器

兄弟选择器是复合选择器，由前后两个选择符组成，它选择与第一个选择符后面的第二个选择符匹配的所有同级对象。例如，在<div></div><p></p><p><span></span></p>结构中，div~p 兄弟选择器可以定义最后 div 后面两个 p 元素的样式。

兄弟选择器中前后部分之间用一个波浪符号（~）隔开，前后两部分选择符在结构上属于同级关系，且拥有共同的父元素，如图 7.8 所示。

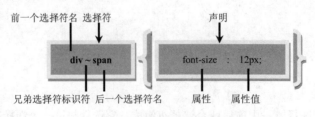

图 7.8　兄弟选择器

从位置上分析，兄弟选择器中第一个选择符为同级前置，第二个选择符为其后同级的所有匹配元素。

【示例】　下面示例使用 p ~ h3 { background-color: #0099FF; }，样式为\<div class="header"\>，包含框中所有 p 后面 h3 元素定义样式。

```
<!doctype html>
<html>
<head>
<meta charset="utf-8">
<style type="text/css">
h2, p, h3 {
    margin: 0;                          /* 清除默认边距 */
    padding: 0;                         /* 清除默认间距 */
    height: 30px;                       /* 初始化设置高度为 30 像素 */
}
p ~ h3 { background-color: #0099FF;     /* 设置背景色 */ }
</style>
</head>
<body>
<div class="header">
    <h2>情况一：</h2>
    <p>子选择器控制 p 标签，能控制我吗</p>
    <h3>子选择器控制 p 标签</h3>
    <h2>情况二：</h2>
    <div>我隔开段落和 h3 直接</div>
    <p>子选择器控制 p 标签，能控制我吗</p>
    <h3>相邻选择器</h3>
    <h2>情况三：</h2>
    <h3>相邻选择器</h3>
    <p>子选择器控制 p 标签，能控制我吗</p>
    <div>
        <h2>情况四：</h2>
        <p>子选择器控制 p 标签，能控制我吗</p>
        <h3>相邻选择器</h3>
    </div>
</div>
</body>
</html>
```

在浏览器中预览，页面效果如图 7.9 所示。可以看到在\<div class="header"\>包含框中，所有位于\<p\>标签后的所有\<h3\>标签都被选中，设置背景色为蓝色。

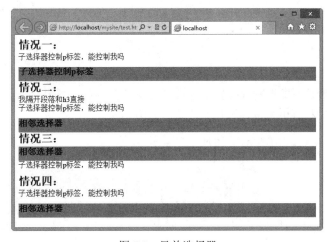

图 7.9　兄弟选择器

扫一扫，看视频

7.2.10 分组选择器

分组选择器也是复合选择器，但它不是一种选择器类型，而是一种选择器的特殊用法。

选择器分组，使用逗号把同组内不同对象分隔。分组选择器与类选择器在性质上有点类似，都可以为不同元素或对象定义相同的样式。

【示例 1】 如果当多个对象定义了相同的样式时，可以把它们分成一组，这样能够简化代码。

```
h1,h2,h3,h4,h5,h6,p{/*定义所有级别的标题和段落行高都为字体大小的 1.6 倍*/
    line-height:1.6em;
}
```

【示例 2】 分组选择器的用法灵活，用好分组选择器会使样式代码更简洁。在下面的样式表中，定义两个样式。

```
.class1{/*类样式 1：13 像素大小，红色，下划线*/
    font-size:13px;
    color:Red;
    text-decoration:underline;
}
.class2{/*类样式 2：13 像素大小，蓝色，下划线*/
    font-size:13px;
    color:Blue;
    text-decoration:underline;
}
```

上面代码可以通过分组进行优化：

```
.class1,class2{/*共同样式：13 像素大小，下划线*/
    font-size:13px;
    text-decoration:underline;
}
.class1{/*类样式 1：红色*/
    color:Red;
}
.class2{/*类样式 2：蓝色*/
    color:Blue;
}
```

分组选择器的使用原则：

➥ 方便的原则。不能为了分组而分组，把每个元素、对象中相同的声明都抽取出来分为一组，这样做有点画蛇添足，只能带来更多麻烦。

➥ 就近的原则。如果几个元素相邻，同处一个模块内，可以考虑把相同声明提取出来进行分组。这样便于分组、容易维护，也更容易明白。

7.2.11 伪选择器

伪选择器包括伪类和伪对象两种选择器，以冒号（:）作为前缀，冒号后紧跟伪类或者伪对象名称，冒号前后没有空格，否则将解析为包含选择器，如图 7.10 所示。

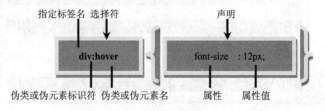

图 7.10 伪类和伪对象选择器

伪选择器主要用来选择特殊区域或特殊状态下的元素或者对象，这些特殊的区域或特殊状态无法通过标签选择器、ID 选择器或者类选择器等进行精确控制。

【示例 1】　　下面示例使用伪类选择器为超链接不同状态定义样式。

```
a {text-decoration: none; }/*相同的样式都放在这里*/
a:link { color: #FF0000;}/*第1位置，定义超链接的默认样式*/
a:visited { color: #0000FF; }/*第2位置，定义访问过的样式*/
a:hover { color: #00FF00;}/*第3位置，定义经过的样式*/
a:active { color: #CC00CC;}/*第4位置，定义鼠标按下的样式*/
```

【示例 2】　　在定义超链接样式时，有时只需要定义下面两个样式就可以了。把去除超链接下划线的声明放在 a 标签选择器的样式中，这样超链接就不会显示下划线，除非单独定义才会显示。

```
a {/*默认样式*/
    text-decoration: none;
    color: #FF0000;
}
a:hover { color: #00FF00;}/*鼠标经过样式*/
```

【示例 3】　　:link 伪类可以定义未访问过的超链接样式，省略 a:link 状态下的样式可以看作是一个技巧，但也存在一个问题：如果文档中存在定位锚记，如<a name="second"><a>，超链接的默认样式就会对它们也起作用，因此读者在实际使用时要灵活选择使用。

```
a { text-decoration: none; color: #FF0000;}/*相同的样式都放在这里*/
a:active { color: #CC00CC;}/*定义鼠标按下的样式*/
a:visited { color: #0000FF;}/*定义访问过的样式*/
a:hover {color: #00FF00;}/*定义经过的样式*/
```

提示：

使用与超链接相关的伪类选择器时，应为 a 元素定义 href 属性，指明超链接的链接地址，否则在 IE 早期版本中就会失效，但在其他浏览器中还会继续支持该样式显示。

有关伪类选择器的具体说明，可以参考本章后面示例。

7.2.12　属性选择器

属性选择器是以对象的属性作为选择器。例如，在<div><p id=" first" ><span ></span></p></div><p></p>结构中，p[id]属性选择器可以定义第一个 p 元素的样式，但不会影响最后一个 p 元素对象。

属性选择器使用中括号进行标识，中括号内包含属性名、属性值或者属性表达式，如 h1[title]、h1[title="Logo"]等，如图 7.11 所示。

扫一扫，看视频

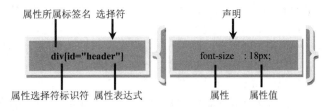

图 7.11　属性选择器

属性选择器也是限定性选择器，它根据指定属性作为限制条件来定义元素的样式。实际上， ID 和类选择器就是特殊的属性选择器。

属性选择器可以细分为 5 种形式，详细说明如下。

1. 匹配属性名

通过匹配存在的属性来控制元素的样式，一般把要匹配的属性包含在中括号内，只列举属性名。例如：

```
[class] { color: red;}
```

上面样式将会作用于任何带 class 属性的元素，不管 class 的值是什么。当然，这个属性不仅仅是 class 或者 id，也可以是元素所有合法的属性，例如：

```
img[alt]{ border:none;}
```

上面样式将会作用于任何带有 alt 属性的 img 元素。

2. 匹配属性值

只有当属性完全匹配指定的属性值时，才会应用样式。id 和 class 实际上就是精确属性值选择器，如 h1#logo 就等价于 h1[id="logo"]。例如：

```
a[href="http:// www.baidu.com/"][title=" css "] { font-size: 12px;}
```

上面样式将会作用于地址指向 http://www.css.cn/，且提示字符为"css"的 a 元素，即如下所示的超链接。

```
<a href="http://www.baidu.com/" title=" css">百度一下</a>
```

也可以综合使用多个条件，例如：

```
div[id][title="ok"] {
    color: blue;
    font-style:italic;
}
```

上面样式将会作用于所有设置了 id 属性，且 title 属性值为"ok"的 div 元素。

3. 前缀匹配

只要属性值的开始字符匹配指定字符串，即可对元素应用样式。前缀匹配选择器使用[^=]的形式来实现，例如：

```
<div class="Mytest">前缀匹配</div>
```

针对上面 HTML 代码，可以使用下面的选择器来控制它的样式。

```
[class^="My"] { color:red;}
```

在上面的样式中，定义了只要 class 属性值开头字符为 My 的元素，都可以为它应用该样式。读者可以定义任意形式的前缀字符串。

4. 后缀匹配

与前缀匹配相反，只要属性值的结尾字符匹配指定字符串，即可对元素应用样式。后缀匹配选择器使用[$=]的形式来实现，例如：

```
<div class="Mytest">前缀匹配</div>
```

针对上面 HTML 代码，可以使用下面的选择器来控制它的样式。

```
[class$="test"] { color:red;}
```

在上面的样式中，定义了只要元素的 class 属性值结尾字符为 test 即可应用该样式。读者可以定义任何形式的后缀字符串。

5. 模糊匹配

只要属性值中存在指定字符串，就应用定义的样式，子字符串匹配选择器使用[*=]的形式来实现，例如：

```
<div class="Mytest">前缀匹配</div>
```

针对上面 HTML 代码，可以使用下面的选择器来控制它的样式：

```
[class*="est"] {    color:red;}
```

在上面的样式中，定义了只要元素的 class 属性值中包含 est 字符串就可以应用该样式。

7.2.13　通用选择器

扫一扫，看视频

通用选择器确定文档中的所有类型元素作为选择器，表示该样式适用于所有网页元素。通用选择器由一个星号表示。

【示例】　可以使用通用选择器定义下面的样式，删除每个元素上默认的空白边界。

```
* {
    padding:0;
    margin:0;
}
```

7.3　CSS 特性

CSS 包括两个特性：层叠性和继承性。灵活利用这两个特性，可以优化 CSS 代码，提升 CSS 样式的设计技巧。

扫一扫，看视频

7.3.1　层叠性

CSS 通过一个称为层叠的过程来处理样式冲突。层叠给每个样式分配一个重要度：作者的样式表被认为是最重要的，其次是用户的样式表，最后是浏览器或用户代理使用的默认样式表。

为了让用户有更多的控制能力，可以通过将任何声明指定为!important 来提高它的重要度，让它优先于任何规则，甚至优先于作者加上!important 标志的规则。

层叠采用以下重要度次序：

- ↘ 标为!important 的用户样式。
- ↘ 标为!important 的作者样式。
- ↘ 作者样式。
- ↘ 用户样式。
- ↘ 浏览器/用户代理应用的样式。

然后，根据选择器的特殊性决定样式的次序。具有更特殊选择器的样式优先于具有比较一般的选择器的规则。如果两个样式的特殊性相同，那么后定义的样式优先。

为了优化排序各种样式的特殊性，CSS 为每一种选择器都分配一个值，然后，将样式中每个选择器的值加在一起，就可以计算出每个样式的特殊性，即优先级别。

根据 CSS 规则，一个简单的类型选择器，如 h2，特殊值为 1，类选择器的特殊值为 10，ID 选择器的特殊值为 100。

【示例】　如果一个选择器是由多个选择符组合而成，则它的特殊性就是这些选择符权重之和，例如，在下面代码中，把每个选择器的特殊性进行加权。

```
div{/*特殊值＝1*/
    color:Green;
}
div h2{/*特殊值：1+1＝2*/
```

```
    color:Red;
}
.blue{/*特殊值：10＝10*/
    color:Blue;
}
div.blue{/*特殊值：1+10＝11*/
    color:Aqua;
}
div.blue .dark{/*特殊值：1+10+10＝21*/
    color:Maroon;
}
#header{/*特殊值：100＝100*/
    color:Gray;
}
#header span{/*特殊值：100+1＝101*/
    color:Black;
}
```

注意：

➤ 被继承的值具有特殊性为 0。不管父级样式的优先权多大，被子级元素继承时，它的特殊性为 0，也就是说一个元素显式声明的样式都可以覆盖继承来的样式。

➤ CSS 定义了一个!important 命令，该命令被赋予最大权利。也就是说不管特殊性如何，以及样式位置的远近，!important 都具有最大优先权。

扫一扫，看视频

7.3.2 继承性

继承性让设计师不必为每个元素定义同样的样式。

【示例】 如果打算设置的属性是一个继承的属性，也可以将它应用于父元素。

```
p,div,h1,h2,h3,ul,ol,dl,li {color:black;}
```

但是下面的写法更简单：

```
body {color:black;}
```

恰当地使用层叠可以简化 CSS，恰当地使用继承，也可以减少代码中选择器的数量和复杂性。

注意：

并不是所有的 CSS 属性都可以继承。如果边框样式也能够继承，那么为 body 定义可显示边框样式，则所有网页对象都显示边框，这显示是错误的。为了避免这种情况，CSS 强制规定部分属性不具有继承特性，例如下面属性就不具有继承性：

➤ 边框属性。
➤ 边界属性。
➤ 补白属性。
➤ 背景属性。
➤ 定位属性。
➤ 布局属性。
➤ 元素宽高属性。

7.4 实 战 案 例

下面通过两个示例练习 CSS 选择器的应用。

7.4.1 设计超链接样式

由于链接文档的类型不同，链接文件的扩展名也会不同，根据扩展名不同，分别为不同链接文件类型的超链接增加不同的图标显示，这样能方便浏览者知道所选择的超链接类型。使用属性选择器匹配 a 元素中 href 属性值最后几个字符，即可设计为不同类型的链接添加不同的显示图标。

【示例】 在下面示例中，将模拟百度文库的"相关文档推荐"模块样式设计效果，演示如何利用属性选择器快速并准确地匹配文档类型，为不同类型的文档超链接定义不同的显示图标，以便浏览者准确识别文档类型。示例演示效果如图 7.12 所示。

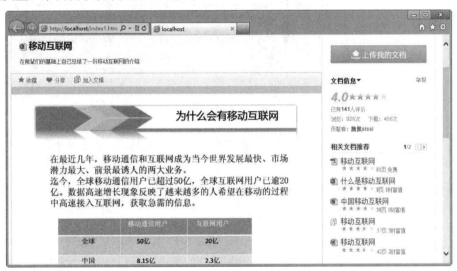

图 7.12 设计超链接文档类型的显示图标

【操作步骤】

第 1 步，构建一个简单的模块结构。在这个模块结构中，为了能够突出重点，忽略了其他细节信息。代码如下：

```
<div id="wrap">
    <p><a href="http://www.baidu.com/name.pdf">移动互联网</a><span><img src=
"images/star1.jpg" /> 81页 免费</span> </p>
    <p><a href="http://www.baidu.com/name.ppt">什么是移动互联网</a><span><img
src="images/star1.jpg" /> 8页 1财富值</span> </p>
    <p><a href="http://www.baidu.com/name.xls">中国移动互联网</a><span><img
src="images/star1.jpg" /> 38页 1财富值 </span> </p>
    <p><a href="http://www.baidu.com/name.txt">移动互联网</a> <span><img src=
"images/star3.jpg" /> 57页 5财富值</span></p>
    <p><a href="http://www.baidu.com/name.doc">移动互联网</a><span><img src=
"images/star3.jpg" /> 42页 2财富值</span> </p>
</div>
```

第 2 步，新建一个内部样式表，在样式表中对案例文档进行样式初始化，涉及百度文库页面简单模拟，快速定位布局，标签样式初始化。代码如下：

```
/*模拟百度文库的页面效果*/
body { background: url(images/bg3.jpg) no-repeat; width: 995px; height: 1401px; }
/*以绝对定位方式快速进行布局*/
#wrap { position: absolute; width: 242px; height: 232px; z-index: 1; left: 737px;
top: 395px; }
/*初始化超链接、span元素和p元素基本样式*/
a { padding-left: 24px; text-decoration: none; }
span { color: #999; font-size: 12px; display: block; padding-left: 24px; padding-
bottom: 6px; }
p { margin: 4px; }
```

第3步，利用属性选择器为不同类型文档超链接定义显示图标。

```
a[href$="pdf"] { /*匹配PDF文件*/
    background: url(images/pdf.jpg) no-repeat left center;}
a[href$="ppt"] { /*匹配演示文稿*/
    background: url(images/ppt.jpg) no-repeat left center;}
a[href$="txt"] { /*匹配记事本文件*/
    background: url(images/txt.jpg) no-repeat left center;}
a[href$="doc"] { /*匹配Word文件*/
    background: url(images/doc.jpg) no-repeat left center;}
a[href$="xls"] { /*匹配Excel文件*/
    background: url(images/xls.jpg) no-repeat left center;}
```

拓展：

超链接的类型和形式是多样的，如锚点链接、下载链接、图片链接、空链接、脚本链接等，都可以利用属性选择器来标识这些超链接的不同样式。代码如下：

```
a[href^="http:"] { /*匹配所有有效超链接*/
    background: url(images/window.gif) no-repeat left center;}
a[href$="xls"] { /*匹配XML样式表文件*/
    background: url(images/icon_xls.gif) no-repeat left center;
    padding-left: 18px;}
a[href$="rar"] { /*匹配压缩文件*/
    background: url(images/icon_rar.gif) no-repeat left center;
    padding-left: 18px;}
a[href$="gif"] { /*匹配GIF图像文件*/
    background: url(images/icon_img.gif) no-repeat left center;
    padding-left: 18px;}
a[href$="jpg"] { /*匹配JPG图像文件*/
    background: url(images/icon_img.gif) no-repeat left center;
    padding-left: 18px;}
a[href$="png"] { /*匹配PNG图像文件*/
    background: url(images/icon_img.gif) no-repeat left center;
    padding-left: 18px;}
```

如果不借助CSS3属性选择器，则要实现相同的设计效果，开发人员必须借助JavaScript脚本来实现，当然会感觉很麻烦，当然如果借助jQuery技术，实现代码会相对简单些，形式与上面的属性选择器用法相同，代码如下：

```
<script type="text/javascript" src="images/jquery.js"></script>
<script type="text/javascript">
$(function(){
    $("a[href$=pdf]").addClass("pdf");
    $("a[href$=xls]").addClass("xls");
```

```
    $("a[href$=ppt]").addClass("ppt");
    $("a[href$=rar]").addClass("rar");
    $("a[href$=gif]").addClass("img");
    $("a[href$=jpg]").addClass("img");
    $("a[href$=png]").addClass("img");
    $("a[href$=txt]").addClass("txt");
    $("a:not([href*=http://www.])").not("[href^=#]")
        .addClass("external")
        .attr({ target: "_blank" });
});
</script>
```

7.4.2　设计表格样式

扫一扫，看视频

制作一个表格容易，但是要设计一个表格，让它爽心悦目，对于设计师来说，将是一个不小的挑战。这里不仅需要考虑表格的外观好看，而且需要考虑用户体验，让用户方便阅读表格，方便从表格中找到自己需要的数据。

本实例将介绍如何使用 CSS3 创建一个美丽而又爽心悦目的表格，演示效果如图 7.13 所示。使用 CSS3 强大功能实现一些很酷而体验又强的表格，应该是每位读者的学习目标。通过本案例的学习，读者能够掌握：

- 设计没有图片的圆角效果。
- 让表格易于更新，没有多余的样式。
- 用户体验性强，容易查找数据。

编号	伪类表达式	说明
简单的结构伪类		
1	:first-child	选择某个元素的第一个子元素。
2	:last-child	选择某个元素的最后一个子元素。
3	:first-of-type	选择一个上级元素下的第一个同类子元素。
4	:last-of-type	选择一个上级元素的最后一个同类子元素。
5	:only-child	选择的元素是它的父元素的唯一一个子元素。
6	:only-of-type	选择一个元素是它的上级元素的唯一一个相同类型的子元素。
7	:empty	选择的元素里面没有任何内容。
结构伪类函数		
8	:nth-child()	选择某个元素的一个或多个特定的子元素。
9	:nth-last-child()	选择某个元素的一个或多个特定的子元素，从这个元素的最后一个子元素开始算。
10	:nth-of-type()	选择指定的元素。
11	:nth-last-of-type()	选择指定的元素，从元素的最后一个开始计算。

图 7.13　设计表格样式

【操作步骤】

第 1 步，启动 Dreamweaver，新建网页文档，保存为 index1.html。

第 2 步，在介绍如何使用 CSS3 来修饰表格之前，需要构建一个表格结构，这是一个简单的表格结构。切换到代码视图，在<body>标签中输入下面的代码。

```
<div id="wrap">
    <table  class="bordered">
```

```
        <thead>
            <tr>
                <th>编号</th>
                <th>伪类表达式</th>
                <th>说明</th>
            </tr>
        </thead>
        <tbody>
            <tr><td colspan="3">简单的结构伪类</td></tr>
            <tr><td>1</td><td>:first-child</td><td>选择某个元素的第一个子元素。</td>
</tr>
            <tr><td>2</td><td>:last-child</td><td>选择某个元素的最后一个子元素。</td>
</tr>
            <tr><td>3</td><td>:first-of-type</td><td>选择一个上级元素下的第一个同类子元
素。</td></tr>
            <tr><td>4</td><td>:last-of-type</td><td>选择一个上级元素的最后一个同类子元
素。</td></tr>
            <tr><td>5</td><td>:only-child</td><td>选择的元素是它的父元素的唯一一个子元
素。</td></tr>
            <tr><td>6</td><td>:only-of-type</td><td>选择一个元素是它的上级元素的唯一一
个相同类型的子元素。</td></tr>
            <tr><td>7</td><td>:empty</td><td>选择的元素里面没有任何内容。</td></tr>
            <tr><td colspan="3">结构伪类函数</td></tr>
            <tr><td>8</td><td>:nth-child()</td><td>选择某个元素的一个或多个特定的子元
素。</td></tr>
            <tr><td>9</td><td>:nth-last-child()</td><td>选择某个元素的一个或多个特定的
子元素，从这个元素的最后一个子元素开始算。</td></tr>
            <tr><td>10</td><td>:nth-of-type()</td><td>选择指定的元素。</td></tr>
            <tr><td>11</td><td>:nth-last-of-type()</td><td>选择指定的元素,从元素的最后
一个开始计算。</td></tr>
        </tbody>
    </table>
</div>
```

第 3 步，在头部区域<head>标签中插入一个<style type="text/css">标签，在该标签中输入下面的样式代码，定义表格默认样式，并定制表格外框主题类样式

```css
table {
    *border-collapse: collapse; /*兼容 IE7 及其以下版本浏览器 */
    border-spacing: 0;
    width: 100%;}
.bordered {
    border: solid #ccc 1px;
    -moz-border-radius: 6px;
    -webkit-border-radius: 6px;
    border-radius: 6px;
    -webkit-box-shadow: 0 1px 1px #ccc;
    -moz-box-shadow: 0 1px 1px #ccc;
    box-shadow: 0 1px 1px #ccc;}
```

第 4 步，继续输入下面的样式，统一单元格样式，定义边框、空隙效果。

```css
.bordered td, .bordered th {
    border-left: 1px solid #ccc;
    border-top: 1px solid #ccc;
```

```
    padding: 10px;
    text-align: left;}
```

第 5 步，输入下面的样式代码，设计表格标题列样式，通过渐变效果设计标题列背景效果，并适当添加阴影，营造立体效果。

```
.bordered th {
    background-color: #dce9f9;
    background-image: -webkit-gradient(linear, left top, left bottom, from(#ebf3fc),
to(#dce9f9));
    background-image: -webkit-linear-gradient(top, #ebf3fc, #dce9f9);
    background-image: -moz-linear-gradient(top, #ebf3fc, #dce9f9);
    background-image: -ms-linear-gradient(top, #ebf3fc, #dce9f9);
    background-image: -o-linear-gradient(top, #ebf3fc, #dce9f9);
    background-image: linear-gradient(top, #ebf3fc, #dce9f9);
filter:progid:DXImageTransform.Microsoft.gradient(GradientType=0,startColorstr=
#ebf3fc, endColorstr=#dce9f9);
    -ms-filter: "progid:DXImageTransform.Microsoft.gradient (GradientType=0, start
Colorstr=#ebf3fc, endColorstr=#dce9f9)";
    -webkit-box-shadow: 0 1px 0 rgba(255,255,255,.8) inset;
    -moz-box-shadow: 0 1px 0 rgba(255,255,255,.8) inset;
    box-shadow: 0 1px 0 rgba(255,255,255,.8) inset;
    border-top: none;
    text-shadow: 0 1px 0 rgba(255,255,255,.5);}
```

第 6 步，输入下面的样式代码，设计圆角效果。在制作表格圆角效果之前，有必要先完成这一步。表格的 border-collapse 默认值是 separate，将其值设置为 0，也就是 border-spacing:0;。

```
table {
    *border-collapse: collapse; /*兼容 IE7 及其以下版本浏览器 */
    border-spacing: 0; }
```

为了能兼容 IE7 以及更低的浏览器，需要加上一个特殊的属性 border-collapse，并且将其值设置为 collapse。

第 7 步，设计圆角效果，具体代码如下：

```
/*==整个表格设置了边框，并设置了圆角==*/
.bordered {
    border: solid #ccc 1px;
    -moz-border-radius: 6px;
    -webkit-border-radius: 6px;
    border-radius: 6px;}
/*==表格头部第一个 th 需要设置一个左上角圆角==*/
.bordered th:first-child {
    -moz-border-radius: 6px 0 0 0;
    -webkit-border-radius: 6px 0 0 0;
    border-radius: 6px 0 0 0;}
/*==表格头部最后一个 th 需要设置一个右上角圆角==*/
.bordered th:last-child {
    -moz-border-radius: 0 6px 0 0;
    -webkit-border-radius: 0 6px 0 0;
    border-radius: 0 6px 0 0;}
/*==表格最后一行的第一个 td 需要设置一个左下角圆角==*/
.bordered tr:last-child td:first-child {
    -moz-border-radius: 0 0 0 6px;
    -webkit-border-radius: 0 0 0 6px;
```

```
   border-radius: 0 0 0 6px;}
/*==表格最后一行的最后一个 td 需要设置一个右下角圆角==*/
.bordered tr:last-child td:last-child {
   -moz-border-radius: 0 0 6px 0;
   -webkit-border-radius: 0 0 6px 0;
   border-radius: 0 0 6px 0;}
```

第 8 步，由于在 table 中设置了一个边框，为了显示圆角效果，需要在表格的四个角的单元格上分别设置圆角效果，并且其圆角效果需要和表格的圆角值大小一样，反之，如果在 table 上没有设置边框，只需要在表格的四个角落的单元格设置圆角，就能实现圆角效果。

```
/*==表格头部第一个 th 需要设置一个左上角圆角==*/
.bordered th:first-child {
   -moz-border-radius: 6px 0 0 0;
   -webkit-border-radius: 6px 0 0 0;
   border-radius: 6px 0 0 0;}
/*==表格头部最后一个 th 需要设置一个右上角圆角==*/
.bordered th:last-child {
   -moz-border-radius: 0 6px 0 0;
   -webkit-border-radius: 0 6px 0 0;
   border-radius: 0 6px 0 0;}
/*==表格最后一行的第一个 td 需要设置一个左下角圆角==*/
.bordered tfoot td:first-child {
   -moz-border-radius: 0 0 0 6px;
   -webkit-border-radius: 0 0 0 6px;
   border-radius: 0 0 0 6px;}
/*==表格最后一行的最后一个 td 需要设置一个右下角圆角==*/
.bordered tfoot td:last-child {
   -moz-border-radius: 0 0 6px 0;
   -webkit-border-radius: 0 0 6px 0;
   border-radius: 0 0 6px 0;}
```

在上面的代码中，使用了许多 CSS3 的伪类选择器。

第 8 步，除了使用了 CSS3 选择器外，本案例还采用了很多 CSS3 的相关属性，这些属性将在后面章节中进行详细介绍。例如：

使用 box-shadow 制作表格的阴影。

```
.bordered {
   -webkit-box-shadow: 0 1px 1px #ccc;
   -moz-box-shadow: 0 1px 1px #ccc;
   box-shadow: 0 1px 1px #ccc;}
```

使用 transition 制作 hover 过渡效果。

```
.bordered tr {
   -o-transition: all 0.1s ease-in-out;
   -webkit-transition: all 0.1s ease-in-out;
   -moz-transition: all 0.1s ease-in-out;
   -ms-transition: all 0.1s ease-in-out;
   transition: all 0.1s ease-in-out;}
```

使用 gradient 制作表头渐变色。

```
.bordered th {
   background-color: #dce9f9;
   background-image: -webkit-gradient(linear, left top, left bottom, from(#ebf3fc),
to(#dce9f9));
```

```
background-image: -webkit-linear-gradient(top, #ebf3fc, #dce9f9);
background-image: -moz-linear-gradient(top, #ebf3fc, #dce9f9);
background-image: -ms-linear-gradient(top, #ebf3fc, #dce9f9);
background-image: -o-linear-gradient(top, #ebf3fc, #dce9f9);
background-image: linear-gradient(top, #ebf3fc, #dce9f9);
filter: progid:DXImageTransform.Microsoft.gradient(GradientType=0, startColorstr=
#ebf3fc, endColorstr=#dce9f9);
-ms-filter: "progid:DXImageTransform.Microsoft.gradient (GradientType=0, start
Colorstr=#ebf3fc, endColorstr=#dce9f9)";}
```

本例使用了 CSS3 的 text-shadow 来制作文字阴影效果，使用 rgba 改变颜色透明度等。

7.5 课 后 练 习

本节为课后练习，感兴趣的同学请扫码进一步强化训练。

第 8 章　CSS 设计文本样式

网页中包含大量的文字信息，所有由文字构成的内容都称为网页文本。在网页中文字是传递信息最直接、最简便的方式，各式各样的文字效果给网页增添了无穷魅力。通过 CSS，可以设置文字的字体样式和文本样式。

【学习重点】

● 　使用 CSS 设置字体样式。

● 　使用 CSS 设置段落文本样式。

● 　使用 CSS 设计网页文本版式。

8.1　定义字体和文本样式

字体样式包括字体类型、字体大小、字体颜色等基本效果，也包括粗体、斜体、大小写、装饰线等特殊效果。文本样式包括文本水平对齐、文本垂直对齐、首行缩进、行高、字符间距、词间距、换行方式等排版效果。本节将分别介绍字体样式和文本样式的属性用法。

📢 提示：

CSS 在命名属性时，特意使用了 font 前缀和 text 前缀来区分大部分字体属性和文本属性。

扫一扫，看视频

8.1.1　字体类型

CSS 使用 font-family 属性定义字体类型，用法如下：

```
font-family : name
font-family :cursive | fantasy | monospace | serif | sans-serif
```

name 表示字体名称，可指定多种字体，多个字体将按优先顺序排列，以逗号隔开。如果字体名称包含空格，则应使用引号括起。

第二种声明方式使用字体序列名称（或称通用字体），如果使用 fantasy 序列，将提供默认字体序列。

📢 提示：

font 也可以设置字体类型，它是一个复合属性，用法如下：

```
font : font-style || font-variant || font-weight || font-size || line-height ||
font-family
font : caption | icon | menu | message-box | small-caption | status-bar
```

属性值之间以空格分隔。font 属性至少应设置字体大小和字体类型，且必须放在后面，否则无效。前面可以自由定义字体样式、字体粗细、大小写和行高，详细讲解将在后面内容中分别介绍。

【示例 1】　下面示例为页面和段落文本分别定义不同的字体类型。

第 1 步，启动 Dreamweaver，新建一个网页，保存为 test.html，在 `<body>` 标签内输入一行段落文本。

```
<p>定义字体类型</p>
```

第 2 步，在 `<head>` 标签内添加 `<style type="text/css">` 标签，定义一个内部样式表，然后输入下面样式，用来定义网页字体的类型。

```
body {
```

```
    font-family:Arial, Helvetica, sans-serif;      /* 字体类型 */
}
p {/* 段落样式 */
    font:14px "黑体";        /* 14 像素大小的黑体字体 */
}
```

📢 注意:

在网页设计中，中文字体多采用默认的宋体类型，对于标题或特殊提示信息，如果需要特殊字体，则多用图像或背景图来替代。

【示例 2】　在 font-family 属性中，可以以列表的形式设置多种字体类型。例如，在上面示例基础上，为段落文本设置三种字体类型，其中第一个字体类型为具体的字体类型，而后面两个字体类型为通用字体类型。

```
p { font-family:"Times New Roman", Times, serif}
```

字体列表以逗号进行分隔，浏览器会按字体名称的顺序优先采用，如果在本地系统中没有匹配到所有列举字体，浏览器就会使用默认字体显示网页文本。

8.1.2　字体大小

扫一扫，看视频

CSS 使用 font-size 属性定义字体大小，用法如下：

```
font-size: length
font-size: xx-small | x-small | small | medium | large | x-large | xx-large
font-size: larger | smaller
```

length 可以是百分数，或者浮点数字和单位标识符组成的长度值，不可为负值。百分比取值是基于父元素的字体尺寸来计算，与 em 单位的计算相同。

xx-small（最小）、x-small（较小）、small（小）、medium（正常）、large（大）、x-large（较大）、xx-large（最大）表示绝对字体尺寸，这些特殊值将根据对象字体进行调整。

larger（增大）和 smaller（减少），这对特殊值将根据父对象中字体尺寸进行相对增大或者缩小。

【示例】　下面示例演示如何为页面中多段文本定义不同的字体大小。

第 1 步，启动 Dreamweaver，新建一个网页，保存为 test.html，在 `<body>` 标签中输入以下多段文本。

```
<div>
    <p class="p1">春晓   0.6in</p>
    <p class="p2">春眠不觉晓， 0.8em</p>
    <p class="p3">处处闻啼鸟。 2cm</p>
    <p class="p4">夜来风雨声， 16pt</p>
    <p class="p5">花落知多少？ 2pc</p>
</div>
```

第 2 步，在 `<head>` 标签内添加 `<style type="text/css">` 标签，定义一个内部样式表，然后输入下面的样式，分别设置各个段落中的字体大小。

```
div{font-size:20px;}                      /* 以像素为单位设置 div 标签中的字体大小*/
.p1{ font-size: 0.6in; }                   /* 以英寸为单位设置字体大小 */
.p2{ font-size: 0.8em; }                   /* 以父辈字体大小为参考设置大小 */
.p3{ font-size: 2cm ; }                    /* 以厘米为单位设置字体大小*/
.p4{ font-size: 16pt; }                    /* 以点为单位设置字体大小 */
.p5{ font-size: 2pc; }                     /* 以皮卡为单位设置字体大小 */
```

第 3 步，在浏览器中预览，显示效果如图 8.1 所示。

图 8.1　设置段落字体大小

📢 提示：

字体大小的单位可以分为两类：绝对单位和相对单位。

　　绝对单位所定义的字体大小是固定的，大小显示效果不会受所处环境的影响。例如，in（英寸）、cm（厘米）、mm（毫米）、pt（点）、pc 等。此外，xx-small、x-small、small、medium、large、x-large、xx-large 这些关键字也是绝对单位。

　　相对单位所定义的字体大小一般是不固定的，会根据所处环境而不断发生变化。例如，px（像素）、em（相对父元素字体的大小）、ex（相对父元素字体中 x 字符高度）、%（相对父元素字体的大小）。此外，larger 和 smaller 这两个关键字也是以父元素的字体大小为参考进行计算。

　　在网页设计中，常用字体大小单位包括像素、em 或百分比。从用户体验角度考虑，选择字体大小单位为 em 或%比较好。

扫一扫，看视频

8.1.3　字体颜色

CSS 使用 color 属性定义字体颜色，用法如下：

```
color : color
```

color 表示颜色值，可以使用颜色名称、HEX、RGB、RGBA、HSL、HSLA、transparent。

【示例】　下面示例分别使用不同的方法定义字体颜色为红色显示。

第 1 步，启动 Dreamweaver，新建一个网页，保存为 test.html，在<body>标签中输入以下内容。

```
<p class="p1">颜色名: color:red;</p>
<p class="p2">HEX: color:#ff0000;</p>
<p class="p3">RGB: color:rgb(255,0,0);</p>
<p class="p4">RGBA: color:rgba(255,0,0,1);</p>
<p class="p5">HSL: color:hsl(360,100%,50%)</p>
<p class="p6">HSLA: color:hsla(360,100%,50%,1.00);</p>
```

第 2 步，在<head>标签内添加<style type="text/css">标签，定义一个内部样式表，然后输入下面的样式，分别定义<p>标签包含的字体颜色。

```
.p1 { color:red;}                    /* 使用颜色名 */
.p2 { color:#ff0000;}                /* 使用十六进制 */
.p3 { color:rgb(255,0,0);}           /* 使用 RGB 函数 */
```

```
.p4 { color:rgba(255,0,0,1);}                          /* 使用 RGBA 函数 */
.p5 { color:hsl(360,100%,50%);}                        /* 使用 HSL 函数 */
.p6 { color:hsla(360,100%,50%,1.00);)}                 /* 使用 HSLA 函数 */
```

第 3 步，在浏览器中预览，显示效果如图 8.2 所示。

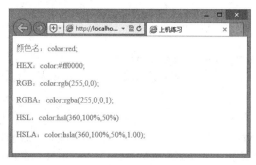

图 8.2　设置字体颜色

8.1.4　字体粗细

扫一扫，看视频

CSS 使用 font-weight 属性定义字体粗细，用法如下：

```
font-weight: normal | bold
font-weight: bolder | lighter
font-weight: 100 | 200 | 300 | 400 | 500 | 600 | 700 | 800 | 900
```

font-weight 属性取值比较特殊，其中 normal 关键字表示默认值，即正常的字体，相当于取值为 400。bold 关键字表示粗体，相当于取值为 700，或者使用<b>标签定义的字体效果。

bolder（较粗）和 lighter（较细）是相对于 normal 字体粗细而言。

取值为 100、200、300、400、500、600、700、800、900，分别表示字体的粗细程度，是对字体粗细的一种量化定义，值越大就表示越粗，相反就表示越细。

【示例】　下面示例演示为不同标签定义不同的字体粗细效果。

第 1 步，启动 Dreamweaver，新建一个网页，保存为 test.html，在<body>标签中输入以下内容。

```
<p>文字粗细是 normal</p>
<h1>文字粗细是 700</h1>
<div>文字粗细是 bolder</div>
<p class="bold">文字粗细是 bold</p>
```

第 2 步，在<head>标签内添加<style type="text/css">标签，定义一个内部样式表，然后输入下面的样式，分别定义段落文本、一级标题、<div>标签包含字体的粗细效果，同时定义一个粗体样式类。

```
p { font-weight: normal }                              /* 等于 400 */
h1 { font-weight: 700 }                                /* 等于 bold */
div{ font-weight: bolder }                             /* 可能为 500 */
.bold { font-weight:bold; }                            /* 加粗显示 */
```

第 3 步，在浏览器中预览，显示效果如图 8.3 所示。

图 8.3　设置字体的粗细

📢 提示：

对于中文字体来说，一般仅支持 bold（加粗）、normal（普通）两种效果。

8.1.5 斜体字体

CSS 使用 font-style 属性定义字体倾斜效果，用法如下：

```
font-style : normal | italic | oblique
```

normal 表示默认值，即正常的字体，italic 表示斜体，oblique 表示倾斜的字体。oblique 取值只能在拉丁字符中有效。

【示例】 下面示例演示如何为网页文本定义斜体效果。

第1步，启动 Dreamweaver，新建一个网页，保存为 test.html。

第2步，在<head>标签内添加<style type="text/css">标签，定义一个内部样式表，然后输入下面的样式，定义一个斜体样式类。

```
.italic {
    font-size:24px;
    font-style:italic;                    /* 斜体 */
}
```

第3步，在<body>标签中输入一行段落文本，并把斜体样式类应用到该段落文本中。

```
<p>设置<span class="italic">文字斜体 </span></p>
```

第4步，在浏览器中预览，显示效果如图 8.4 所示。

图 8.4　设置斜体字

8.1.6 装饰线

CSS 使用 text-decoration 属性定义装饰线，装饰线效果包括下划线、删除线、顶划线、闪烁线，用法如下：

```
text-decoration : none || underline || overline || line-through || blink
```

none 表示默认值，即无装饰字体，underline 表示下划线， overline 表示顶划线，line-through 表示删除线，blink 表示闪烁线。

【示例】 下面示例演示如何为多段文本定义不同的装饰线效果。

第1步，启动 Dreamweaver，新建一个网页，保存为 test.html。

第2步，在<head>标签内添加<style type="text/css">标签，定义一个内部样式表。

第3步，输入下面的样式，定义三个装饰字体样式类。

```
.underline {text-decoration:underline;}              /*下划线样式类 */
.overline {text-decoration:overline;}                /*顶划线样式类 */
.line-through {text-decoration:line-through;}         /* 删除线样式类 */
```

第4步，在<body>标签中输入三行段落文本，并分别应用上面的装饰类样式。

```
<p class="underline">设置下划线</p>
<p class="overline">设置顶划线</p>
<p class="line-through">设置删除线</p>
```

第 5 步，在浏览器中预览，显示效果如图 8.5 所示。

图 8.5 设置字体的下划线、顶划线和删除线

📢 提示：

在 CSS 2 中，text-decoration 属于文本属性，CSS3 把 text-decoration 归为独立的一类：文本装饰，把 text-decoration 作为复合属性使用，同时扩展了多个子属性，简单说明如下：
- ↘ text-decoration-line：定义线型，如 non、underline、overline、line-through 和 blink。
- ↘ text-decoration-color：定义装饰线的颜色。
- ↘ text-decoration-style：定义装饰线的样式，如 solid、double、dotted、dashed 和 wavy。
- ↘ text-decoration-skip：定义装饰线忽略的位置。
- ↘ text-underline-position：定义装饰线的位置，如 auto、under、left 和 right。

大部分浏览器目前还暂时不支持这些属性，读者可以忽略。

扫一扫，看视频

8.1.7 字体大小写

CSS 使用 font-variant 属性定义字体大小效果，用法如下：
```
font-variant : normal | small-caps
```
normal 表示默认值，即正常的字体，small-caps 表示小型的大写字母字体。

【示例 1】 下面示例为页面拉丁字符定义小型大写样式。

第 1 步，启动 Dreamweaver，新建一个网页，保存为 test.html。

第 2 步，在<head>标签内添加<style type="text/css">标签，定义一个内部样式表。

第 3 步，输入下面的样式，定义一个类样式。
```
.small-caps {/* 小型大写字母样式类 */
    font-variant:small-caps;
}
```
第 4 步，在<body>标签中输入一行段落文本，并应用上面定义的类样式。
```
<p class="small-caps">font-variant:small-caps;</p>
```

📢 注意：

font-variant 仅支持拉丁字符，中文字体没有大小写效果区分。如果设置了小型大写字体，但是该字体没有对应的小型大写字体，则浏览器会采用模拟效果。例如，可通过使用一个常规字体，并将其小写字母替换为缩小过的大写字母。

CSS 另定义了 text-transform 文本属性，它能够设计单词文本的大小写样式，用法如下：
```
text-transform : none | capitalize | uppercase | lowercase
```
none 表示默认值，无转换发生；capitalize 表示将每个单词的第一个字母转换成大写，其余无转换发生；uppercase 表示把所有字母都转换成大写；lowercase 表示把所有字母都转换成小写。

【示例 2】 下面示例使用 text-transform 属性将多段文本定义不同的大小写样式。

第 1 步，新建一个网页，保存为 test1.html。

第 2 步，在<head>标签内添加<style type="text/css">标签，定义一个内部样式表。

第 3 步，输入下面的样式，定义三个类样式。

```
.capitalize {/
    text-transform:capitalize;              /* 首字母大写*/
}
.uppercase {
    text-transform:uppercase;               /* 全部大写*/
}
.lowercase {
    text-transform:lowercase;               /* 全部小写*/
}
```

第 4 步，在<body>标签中输入三行段落文本，并分别应用上面定义的类样式。

```
<p class="capitalize">text-transform:capitalize;</p>
<p class="uppercase">text-transform:uppercase;</p>
<p class="lowercase">text-transform:lowercase;</p>
```

第 5 步，分别在 IE 和 Firefox 浏览器中预览，会发现在怪异模式下，只要是单词就把首字母转换为大写，如图 8.6 所示，而标准模式则认为只有单词通过空格间隔之后，才能够成为独立意义上的单词，所以几个单词连在一起时就算作一个词，如图 8.7 所示。

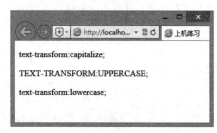

图 8.6　在怪异模式下解析效果　　　　　图 8.7　在标准模式下解析效果

扫一扫，看视频

8.1.8　文本水平对齐

CSS 使用 text-align 属性定义文本的水平对齐方式，用法如下：

```
text-align : left | right | center | justify
```

该属性的取值包括四个：left 为默认值，表示左对齐；right 表示右对齐；center 表示居中对齐；justify 表示两端对齐。

🔊 提示：

CSS3 为 text-align 属性新增 4 个值，说明如下。这些值得到部分浏览器的有限支持，IE 当前不支持。

❥ start：内容对齐开始边界。

❥ end：内容对齐结束边界。

❥ match-parent：继承父元素的对齐方式。如果继承为 start 或 end 关键字，则将根据 direction 属性值进行计算，计算值可以是 left 和 right。

❥ justify-all：效果等同于 justify，同时定义最后一行也两端对齐。

【示例】　下面示例分别为 4 段文本应用左对齐、居中对齐、右对齐和两端对齐显示。

第 1 步，新建一个网页，保存为 test.html。

第 2 步，在<head>标签内添加<style type="text/css">标签，定义一个内部样式表。

第 3 步，输入下面的样式，定义对齐类样式。

```
.left{ text-align:left;}               /* 左对齐*/
.center { text-align:center; }         /* 居中对齐*/
```

```
.right{ text-align:right;}                    /* 右对齐*/
.justify{ text-align:justify;}                /* 两端对齐*/
```

第 4 步，在<body>标签中输入 4 行段落文本，分别使用 HTML 的 align 属性和 CSS 的 text-align 属性定义文本对齐方式。

```
<p align="left">align="left"</p>
<p class="center">text-align:center;</p>
<p class="right">text-align:right;</p>
<p class="justify">text-align:justify;</p>
```

第 5 步，在浏览器中预览，显示效果如图 8.8 所示。

图 8.8　设置文本的水平对齐

8.1.9　文本垂直对齐

CSS 使用 vertical-align 属性定义文本垂直对齐，用法如下：

```
vertical-align: auto || length
vertical-align: baseline | sub | super | top | text-top | middle | bottom | text-bottom
```

auto 表示自动对齐，length 表示由浮点数和单位标识符组成的长度值或者百分数，可为负数，定义由基线算起的偏移量，基线对于数值来说为 0，对于百分数来说就是 0%。

baseline 为默认值，表示基线对齐，sub 表示文本下标，super 表示文本上标，top 表示顶端对齐，text-top 表示文本顶部对齐，middle 表示居中对齐，bottom 表示底端对齐，text-bottom 表示文本底部对齐。

【示例】　下面为文本行中部分文本定义上标显示。

第 1 步，新建一个网页，保存为 test.html。

第 2 步，在<head>标签内添加<style type="text/css">标签，定义一个内部样式表。

第 3 步，输入下面的样式，定义上标类样式。

```
.super {vertical-align:super;}
```

第 4 步，在<body>标签中输入一行段落文本，并应用该上标类样式。

```
<p>vertical-align:super;表示<span class="super">上标</span></p>
```

第 5 步，在浏览器中预览，显示效果如图 8.9 所示。

图 8.9　文本上标样式效果

扫一扫，看视频

8.1.10 字距和词距

CSS 使用 letter-spacing 属性定义字符间距（字距），使用 word-spacing 属性定义单词间距（词距）。这两个属性的取值都是长度值，默认值为 normal，表示默认间隔。

定义词距时，以空格为基准进行调节，如果多个单词被连在一起，则被 word-spacing 视为一个单词；如果汉字被空格分隔，则分隔的多个汉字就被视为不同的单词，word-spacing 属性此时有效。

【示例】 下面示例比较字距和词距的测试效果。

第 1 步，新建一个网页，保存为 test.html。

第 2 步，在<head>标签内添加<style type="text/css">标签，定义一个内部样式表。

第 3 步，输入下面的样式，定义两个类样式。

```
.lspacing { letter-spacing:2em;}
.wspacing {word-spacing:2em;}
```

第 3 步，在<body>标签中输入两行段落文本，并应用上面两个类样式。

```
<p class="lspacing">letter spacing（字间距）</p>
<p class="wspacing"> word spacing（词间距）</p>
```

第 4 步，在浏览器中预览，显示效果如图 8.10 所示。从图中可以直观地看到，所谓字距就是定义字母之间的间距，而词距就是定义西文单词的距离。

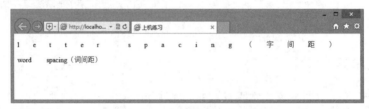

图 8.10 字距和词距演示效果比较

📢 注意：

字距和词距一般很少使用，使用时应慎重考虑用户的阅读体验。对于中文用户来说，letter-spacing 属性有效，而 word-spacing 属性无效。

扫一扫，看视频

8.1.11 行高

CSS 使用 line-height 属性定义行高（或称为行距），用法如下。

```
line-height : normal | length
```

normal 表示默认值，默认值一般为 1.2em，length 表示百分比数字，或者由浮点数字和单位标识符组成的长度值，允许为负值。

【示例】 下面示例比较为两段文本定义不同的行高效果。

第 1 步，新建一个网页，保存为 test.html。

第 2 步，在<head>标签内添加<style type="text/css">标签，定义一个内部样式表。

第 3 步，输入下面的样式，定义两个行高类样式。

```
.p1 {
    font-size:16px;
    line-height:12pt;                /* 行间距为绝对数值*/
}
.p2 {
    font-size:12px;
    line-height:2em;                 /*行间距为相对数值*/
}
```

第 4 步，在<body>标签中输入两行段落文本，并应用上面两个类样式。

```
<p class="p1">明月几时有，把酒问青天。不知天上宫阙，今夕是何年？我欲乘风归去，又恐琼楼玉宇，
```

高处不胜寒。起舞弄清影，何似在人间！转朱阁，低绮户，照无眠。不应有恨，何事长向别时圆？人有悲欢离合，月有阴晴圆缺，此事古难全。但愿人长久，千里共婵娟。</p>
<p class="p2">大江东去，浪淘尽，千古风流人物。故垒西边，人道是，三国周郎赤壁。乱石穿空，惊涛拍岸，卷起千堆雪。江山如画，一时多少豪杰！遥想公瑾当年，小乔初嫁了，雄姿英发。羽扇纶巾，谈笑间，樯橹灰飞烟灭。故国神游，多情应笑我，早生华发。人生如梦，一尊还酹江月。</p>

第 5 步，在浏览器中预览，显示效果如图 8.11 所示。

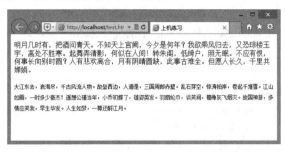

图 8.11　段落文本的行间距演示效果

扫一扫，看视频

8.1.12　首行缩进

CSS 使用 text-indent 属性定义首行缩进，用法如下：

```
text-indent: length
```

length 表示百分比数字，或者由浮点数字和单位标识符组成的长度值，允许为负值。

在设置缩进单位时，建议选用 em，它表示一个字距，这样比较精确地确定首行缩进效果。

【示例】　下面示例定义段落文本首行缩进 2 个字符。

第 1 步，新建一个网页，保存为 test.html。

第 2 步，在<head>标签内添加<style type="text/css">标签，定义一个内部样式表。

第 3 步，输入下面样式，定义段落文本首行缩进 2 个字符。

```
p { text-indent:2em;     /* 首行缩进 2 个字距 */}
```

第 4 步，在<body>标签中输入如下标题和段落文本。

```
<h1>社戏</h1>
<h2>鲁迅 </h2>
<p>我在倒数上去的二十年中，只看过两回中国戏，前十年是绝不看，因为没有看戏的意思和机会，那两回全在后十年，然而都没有看出什么来就走了。</p>
<p>第一回是民国元年我初到北京的时候，当时一个朋友对我说，北京戏最好，你不去见见世面么？我想，看戏是有味的，而况在北京呢。于是都兴致勃勃地跑到什么园，戏文已经开场了，在外面也早听到冬冬地响。我们挨进门，几个红的绿的在我的眼前一闪烁，便又看见戏台下满是许多头，再定神四面看，却见中间也还有几个空座，挤过去要坐时，又有人对我发议论，我因为耳朵已经喤地响着了，用了心，才听到他是说"有人，不行！" </p>
```

第 5 步，在浏览器中预览，可以看到文本缩进效果，如图 8.12 所示。

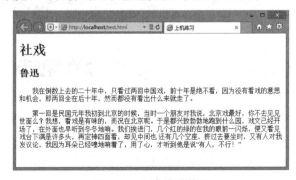

图 8.12　文本缩进效果

8.2 实 战 案 例

扫一扫，看视频

本节将以案例形式介绍 CSS3 新增的几个重要文本样式属性。

8.2.1 定义文本阴影

在 CSS3 中，可以使用 text-shadow 属性给页面上的文字添加阴影效果，到目前为止 Safari、Firefox、Chrome 和 Opera 等主流浏览器都支持该功能。text-shadow 属性是在 CSS2 中定义的，在 CSS 2.1 中被删除了，在 CSS3 的 Text 模块中又恢复。

text-shadow 属性的基本语法如下所示。

```
text-shadow: none | <shadow> [ , <shadow> ]*
<shadow> = <length>{2,3} && <color>?
```

text-shadow 属性的初始值为无，适用于所有元素。取值简单说明如下：

- none: 无阴影。
- <length>①：第 1 个长度值用来设置对象的阴影水平偏移值。可以为负值。
- <length>②：第 2 个长度值用来设置对象的阴影垂直偏移值。可以为负值。
- <length>③：如果提供了第 3 个长度值则用来设置对象的阴影模糊值。不允许为负值。
- <color>: 设置对象的阴影的颜色。

【示例】 下面为段落文本定义一个简单的阴影效果，演示效果如图 8.13 所示。

```html
<!doctype html>
<html>
<head>
<meta charset="utf-8">
<style type="text/css">
p {
    text-align: center;
    font: bold 60px helvetica, arial, sans-serif;
    color: #999;
    text-shadow: 0.1em 0.1em #333;}
</style>
</head>
<body>
<p>文本阴影: text-shadow</p>
</body>
</html>
```

图 8.13 定义文本阴影

text-shadow: 0.1em 0.1em #333；声明了右下角文本的阴影效果。如果把投影设置到左上角，则可以这样声明，效果如图 8.14 所示。

```
<style type="text/css">
p {text-shadow: -0.1em -0.1em #333;}
</style>
```

同理，如果设置阴影在文本的左下角，则可以设置如下样式，演示效果如图 8.15 所示。

```
<style type="text/css">
p {text-shadow: -0.1em 0.1em #333;}
</style>
```

图 8.14　定义左上角阴影

图 8.15　定义左下角阴影

也可以增加模糊效果的阴影，效果如图 8.16 所示。

```
<styletype="text/css">
p{ text-shadow: 0.1em 0.1em 0.3em #333; }
</style>
```

或者定义如下模糊阴影效果，效果如图 8.17 所示。

```
<styletype="text/css">
text-shadow: 0.1em 0.1em 0.2em black;
</style>
```

图 8.16　定义模糊阴影

图 8.17　定义模糊阴影

　　text-shadow 属性的第一个值表示水平位移；第二个值表示垂直位移，正值偏右或偏下，负值偏左或偏上；第三个值表示模糊半径，该值可选；第四个值表示阴影的颜色，该值可选。在阴影偏移之后，可以指定一个模糊半径。模糊半径是一个长度值，指出模糊效果的范围。如何计算模糊效果的具体算法并没有指定。在阴影效果的长度值之前或之后还可以选择指定一个颜色值，颜色值会被用作阴影效果的基础。如果没有指定颜色，将使用 color 属性值来替代。

8.2.2　设计文本阴影特效

　　灵活使用 text-shadow 属性可以解决网页设计中很多实际问题，下面结合几个示例进行介绍。

扫一扫，看视频

➥ 通过阴影增加前景色与背景色的对比度

【示例 1】 下面示例通过阴影把文本颜色与背景色区分开来，让字体看起来更清晰，代码如下，演示效果如图 8.18 所示（test.html）。

```
<!doctype html>
<html>
<head>
<meta charset="utf-8">
<style type="text/css">
p {
    text-align: center;
    font: bold 60px helvetica, arial, sans-serif;
    color: #fff;
    text-shadow: black 0.1em 0.1em 0.2em;}
</style>
</head>
<body>
<p>文本阴影: text-shadow</p>
</body>
</html>
```

图 8.18 使用阴影增加前景色和背景色对比度

➥ 定义多色阴影

text-shadow 属性可以接受一个以逗号分隔的阴影效果列表，并应用到该元素的文本上。阴影效果按照给定的顺序应用，因此有可能出现互相覆盖，但是它们永远不会覆盖文本本身。阴影效果不会改变框的尺寸，但可能延伸到它的边界之外。阴影效果的堆叠层次和元素本身的层次是一样的。

【示例 2】 下面示例演示了如何为红色文本定义三个不同颜色的阴影，演示效果如图 8.19 所示（test1.html）。

```
<!doctype html>
<html>
<head>
<meta charset="utf-8">
<style type="text/css">
p {
    text-align: center;
    font:bold 60px helvetica, arial, sans-serif;
    color: red;
    text-shadow: 0.2em 0.5em 0.1em #600,
        -0.3em 0.1em 0.1em #060,
        0.4em -0.3em 0.1em #006;}
</style>
</head>
```

```
<body>
<p>文本阴影：text-shadow</p>
</body>
</html>
```

图 8.19　定义多色阴影

提示：当使用 text-shadow 属性定义多色阴影时，每个阴影效果必须指定阴影偏移，而模糊半径、阴影颜色是可选参数。

【示例 3】　下面的代码演示了可以把阴影设置到文本线框的外面，演示效果如图 8.20 所示（test2.html）。

```
<!doctype html>
<html>
<head>
<meta charset="utf-8">
<style type="text/css">
p {
    text-align: center;
    font:bold 60px helvetica, arial, sans-serif;
    color: red;
    border:solid 1px red;
    text-shadow: 0.5em 0.5em 0.1em #600,
        -1em 1em 0.1em #060,
        0.8em -0.8em 0.1em #006;}
</style>
</head>
<body>
<p>文本阴影：text-shadow</p>
</body>
</html>
```

图 8.20　定义多色阴影

◢　定义火焰文字

【示例 4】　借助阴影效果列表机制，可以使用阴影叠加出燃烧的文字特效，代码如下，演示效果如图 8.21 所示（test3.html）。

```
<!doctype html>
<html>
<head>
<meta charset="utf-8">
<style type="text/css">
body {background:#000;}
p {
    text-align: center;
    font:bold 60px helvetica, arial, sans-serif;
    color: red;
    text-shadow: 0 0 4px white,
        0 -5px 4px #ff3,
        2px -10px 6px #fd3,
        -2px -15px 11px #f80,
        2px -25px 18px #f20;}
</style>
</head>
<body>
<p>文本阴影：text-shadow</p>
</body>
</html>
```

图 8.21　定义燃烧的文字阴影

读者还可以添加更多的阴影列表项，从而可以叠加各种复杂的特效。

➥　定义立体文字

【示例 5】　text-shadow 属性可以使用在:first-letter 和:first-line 伪元素上，还可以利用该属性设计立体文本。使用阴影叠加出立体文本特效的代码如下，演示效果如图 8.22 所示（test4.html）。

```
<!doctype html>
<html>
<head>
<meta charset="utf-8">
<style type="text/css">
body { background: #000; }
p {
    text-align: center;
    padding: 24px;
    margin: 0;
    font-family: helvetica, arial, sans-serif;
    font-size: 80px;
    font-weight: bold;
    color: #D1D1D1;
    background: #CCC;
```

```
    text-shadow: -1px -1px white,
        1px 1px #333;}
</style>
</head>
<body>
<p>文本阴影: text-shadow</p>
</body>
</html>
```

图 8.22　定义凸起的文字效果

上例通过左上和右下各添加一个 1 像素错位的补色阴影, 营造一种淡淡的立体效果。

【示例 6】　反向思维, 利用上面示例的设计思路, 也可以设计一种凹体效果, 设计方法就是把上面示例中左上和右下阴影颜色颠倒即可, 主要代码如下, 演示效果如图 8.23 所示 (test5.html)。

```
<style type="text/css">
body { background: #000; }
p {
    text-align: center;
    padding: 24px;
    margin: 0;
    font-family: helvetica, arial, sans-serif;
    font-size: 80px;
    font-weight: bold;
    color: #D1D1D1;
    background: #CCC;
    text-shadow: 1px 1px white,
        -1px -1px #333;}
</style>
```

图 8.23　定义凹下的文字效果

❯　定义描边文字

【示例 7】　使用 text-shadow 属性还可以为文本描边，设计方法是分别为文本四个边添加 1 像素的实体阴影，代码如下所示，演示效果如图 8.24 所示（test6.html）。

```html
<!doctype html>
<html>
<head>
<meta charset="utf-8">

<style type="text/css">
body { background: #000; }
p {
    text-align: center;
    padding:24px;
    margin:0;
    font-family: helvetica, arial, sans-serif;
    font-size: 80px;
    font-weight: bold;
    color: #D1D1D1;
    background:#CCC;
    text-shadow: -1px 0 black,
        0 1px black,
        1px 0 black,
        0 -1px black;}
</style>
</head>
<body>
<p>文本阴影: text-shadow</p>
</body>
</html>
```

图 8.24　定义描边文字效果

　　➘　定义外发光文字

【示例 8】　设计阴影不发生位移，同时定义阴影模糊显示，这样就可以模拟出文字外发光效果，代码如下，演示效果如图 8.25 所示（test7.html）。

```html
<!doctype html>
<html>
<head>
<meta charset="utf-8">

<style type="text/css">
body { background: #000; }
```

```
p {
    text-align: center;
    padding:24px;
    margin:0;
    font-family: helvetica, arial, sans-serif;
    font-size: 80px;
    font-weight: bold;
    color: #D1D1D1;
    background:#CCC;
    text-shadow: 0 0 0.2em #F87,
        0 0 0.2em #F87;}
</style>
</head>
<body>
<p>文本阴影: text-shadow</p>
</body>
</html>
```

图 8.25　定义外发光文字效果

8.2.3　定义溢出文本

CSS3 新增了 text-overflow 属性，该属性可以设置超长文本省略显示。在信息列表中常会遇到栏目的宽度与列表项字符长度不一的矛盾，为了避免超长字符的信息项破坏栏目的布局，就可以使用该属性省略掉多出的字符，而在此之前，实现这种想法的一般方法多借助 JavaScript 脚本来实现。

text-overflow 属性的基本语法如下所示。

```
text-overflow:clip|ellipsis|ellipsis-word;
```

text-overflow 属性初始值为无，适用于块状元素或行内元素。该属性的取值简单说明如下：

➥ clip 属性值表示不显示省略标记（...），而是简单地裁切。

➥ ellipsis 属性值表示当对象内文本溢出时显示省略标记（...），省略标记插入的位置是最后一个字符。

➥ ellipsis-word 表示当对象内文本溢出时显示省略标记（...），省略标记插入的位置是最后一个词（word）。

实际上，text-overflow 属性仅是内容注解，当文本溢出时是否显示省略标记，并不具备样式定义的特性。要实现溢出时产生省略号的效果，读者应该再定义两个样式：强制文本在一行内显示（white-space:nowrap）和溢出内容为隐藏（overflow:hidden），只有这样才能实现溢出文本显示省略号的效果。

在早期 W3C 文档（http://www.w3.org/TR/2003/CR-css3-text-20030514/#textoverflow-mode）中，

text-overflow 被纳入规范，但是在最新修订的文档（http://www.w3.org/TR/css3-text/）中没有再包含 text-overflow 属性。

由于 W3C 规范放弃了对 text-overflow 属性的支持，所以，Mozilla 类型浏览器也放弃了对该属性的支持。不过，Mozilla developer center 推荐使用-moz-binding 的 CSS 属性进行兼容。Firefox 支持 XUL（XUL，一种 XML 的用户界面语言），这样就可以使用-moz-binding 属性来绑定 XUL 里的 ellipsis 属性了。

【示例】 设计固定区域的新闻列表。在下面代码中使用 text-overflow 属性来实现：在固定的版块中设计新闻列表有序显示，对于超出指定宽度的新闻项，则通过省略并附加省略号，来避免新闻换行或者撑开版块，演示效果如图 8.26 所示。

图 8.26　设计固定宽度的新闻栏目

示例完整代码如下：

```
<!doctype html>
<html>
<head>
<meta charset="utf-8">
<style type="text/css">
dl {/*定义新闻栏目外框，设置固定宽度*/
    width:240px;
    border:solid 1px #ccc;}
dt {/*设计新闻栏目标题行样式*/
    padding:8px 8px;
    background:#7FECAD url(images/green.gif) repeat-x;
    font-size:13px;
    text-align:left;
    font-weight:bold;
    color:#71790C;
    margin-bottom:12px;
    border-bottom:solid 1px #efefef;}
dd {/*设计新闻列表项样式*/
    font-size:0.78em;
    height:1.5em;
    width:220px;
    /*为添加新闻项目符号腾出空间*/
    padding:2px 2px 2px 18px;
    /*以背景方式添加项目符号*/
    background:url(images/icon.gif) no-repeat left 25%;
    margin:2px 0;
    /*为应用 text-overflow 作准备，禁止换行*/
```

```
    white-space: nowrap;
    /*为应用 text-overflow 作准备，禁止文本溢出显示*/
    overflow: hidden;
    -o-text-overflow: ellipsis;    /* 兼容 Opera */
    text-overflow: ellipsis;    /* 兼容 IE, Safari (WebKit) */
    -moz-binding: url('ellipsis.xml#ellipsis');    /* 兼容 Firefox */}
</style>
</head>
<body>
<dl>
    <dt>互联网科技看点</dt>
    <dd>Intel 内部经验：做酷炫拽的智能硬件，你需要考虑到这几点</dd>
    <dd>听小平老师讲了很多大道理，股权还是分不好？</dd>
    <dd>控股了，真就控制了公司了？——雷士照明斗殴抢公章的思考</dd>
    <dd>融到 A 轮的 90 后创业者应该是什么样的面相？（《伏牛传》之八）</dd>
    <dd>"万能"的 BAT，依然做不好 O2O</dd>
</dl>
</body>
</html>
```

8.2.4 文本换行

在 CSS3 中，使用 word-break 属性定义文本自动换行。这原来是 IE 中独自发展出来的属性，在 CSS3 中被 Text 模块采用，现在也得到了 Chrome 和 Safari 浏览器的支持。实际上，IE 自定义了多个换行处理属性：line-break、word-break、word-wrap，另外 CSS1 定义了 white-space。这几个属性简单比较如下：

- line-break 专门负责控制日文换行。
- word-wrap 属性可以控制换行。当属性取值 break-word 时，将强制换行，中文文本没有任何问题，英文语句也没问题。但是对于长串的英文就不起作用，word-wrap:breakword 控制是否断词，而不是断字符。
- word-break 属性主要针对亚洲语言和非亚洲语言进行控制换行。当属性取值 break-all 时，可以允许非亚洲语言文本行的任意字内断开。而属性值为 keep-all 时，表示对于中文、韩文、日文不允许字断开。
- white-space 属性具有格式化文本的作用，当属性取值为 nowrap 时，表示强制在同一行内显示所有文本。而属性值为 pre 时，表示显示预定义文本格式。

word-wrap 属性的基本语法如下所示。

```
word-wrap:normal|break-word;
```

word-wrap 属性初始值为 normal，适用于所有元素。该属性的取值简单说明如下：

- normal 属性值表示控制连续文本换行。
- break-word 属性值表示内容将在边界内换行。如果需要，词内换行（word-break）也会发生。

在 IE 浏览器下，使用 word-wrap:break-word;声明可以确保所有文本正常显示。在 Firefox 浏览器下，中文不会出任何问题。英文语句也不会出问题。但是，长串英文会出问题。为了解决长串英文，一般使用 word-wrap:break-word;和 word-break:break-all;声明结合使用。但是，这种方法会导致，普通的英文语句中的单词被断开显示（IE 下也是）。现在的问题主要存在于长串英文和英文单词被断开的问题。

为了解决这个问题，可使用 word-wrap:break-word;overflow:hidden;，而不是 wordwrap:break-word;word-break:break-all;。word-wrap:break-word;overflow:auto;在 IE 下没有任何问题，但是在 Firefox 下，长串英文单词就会被遮住部分内容。

word-wrap 属性没有被广泛支持，特别是 Firefox 和 Opera 浏览器对其支持比较消极，这是因为在早期的 W3C 文本模型中（http://www.w3.org/TR/2003/CR-css3-text-20030514/）放弃了对其的支持，而是定义了 wrap-option 属性代替 word-wrap 属性。但是在最新的文本模式中（http://www.w3.org/TR/css3-text/）继续支持该属性，并重定义了属性值。

【示例】　在表格设计中，标题行常被撑开，影响了浏览体验。解决这个问题的方法有很多种，可以固定表格的宽度，或者通过下面的方法进行设计。为了解决这个问题，可以通过下面的方法来解决这个问题，一方面为 th 元素添加 nowrap 属性，同时借助 CSS 换行技术进行处理，演示效果如图 8.27 所示。

```html
<!doctype html>
<html>
<head>
<meta charset="gb2312">
<style type="text/css">
h1 { font-size:16px; }
table {
    width:100%;
    font-size:12px;
    empty-cells:show;
    border-collapse:collapse;
    border-collapse: collapse;
    margin:0 auto;
    border:1px solid #cad9ea;
    color:#666;
    /*定义表格在浏览器端逐步解析逐步呈现*/
    table-layout:fixed;
    /*禁止词断开显示*/
    word-break:keep-all;
    /*允许内容顶开指定的容器边界，如果声明 word-wrap:breakword;，则在 IE 浏览器中会出现换行显
示，破坏了整个标题行的样式*/
    word-wrap:normal;
    /*强迫在一行内显示*/
    white-space:nowrap;}
th {
    background-image: url(images/th_bg1.gif);
    background-repeat:repeat-x;
    height:30px;
    overflow:hidden;}
td { height:20px; }
td, th {
    border:1px solid #cad9ea;
    padding:0 1em 0;}
tr:nth-child(even) { background-color:#f5fafe;}
</style>
</head>
<body>
<table>
    <tr>
        <th nowrap="nowrap">排名</th>
        <th nowrap="nowrap">校名</th>
        <th nowrap="nowrap">总得分</th>
        <th nowrap="nowrap">人才培养总得分</th>
```

```
        <th nowrap="nowrap">研究生培养得分</th>
        <th nowrap="nowrap">本科生培养得分</th>
        <th nowrap="nowrap">科学研究总得分</th>
        <th nowrap="nowrap">自然科学研究得分</th>
        <th nowrap="nowrap">社会科学研究得分</th>
        <th nowrap="nowrap">所属省份</th>
        <th nowrap="nowrap">分省排名</th>
        <th nowrap="nowrap">学校类型</th>
    </tr>
    <tr>
        <td>1</td>
        <td>清华大学 </td>
        <td>296.77</td>
        <td>128.92</td>
        <td>93.83</td>
        <td>35.09</td>
        <td>167.85</td>
        <td>148.47</td>
        <td>8.38</td>
        <td width="16">京 </td>
        <td width="12">1 </td>
        <td>理工 </td>
    </tr>
    ......
</table>
</body>
</html>
```

图 8.27　禁止表格标题文本换行显示

通过手工添加这样一行属性，确保在不同浏览器中都能够很好地单行显示。如果 th 元素定义宽度，该属性将不再起作用。

8.2.5　添加动态内容

content 属性属于内容生成和替换模块（http://www.w3.org/TR/css3-content/），该属性能够为指定元素添加内容。实际上内容生成和替换行为已经超越了 CSS 样式表的核心功能，这部分功能替代了原需 JavaScript 脚本来实现的角色任务。不过 content 属性比较实用，它能够满足样式设计中临时添加非结构性的样式服务标签，或者添加补充说明性内容等。

扫一扫，看视频

content 属性的基本语法如下所示。

```
content: normal | string | attr() | uri() | counter() | none;
```

content 属性初始值为 normal，适用于所有可用元素。取值简单说明如下：

- normal：默认值。
- string：插入文本内容。
- attr()：插入元素的属性值。
- uri()：插入一个外部资源，如图像、音频、视频或浏览器支持的其他任何资源。
- counter()：计数器，用于插入排序标识。
- none：无任何内容。

【示例 1】　下面使用 content 属性为页面对象添加外部图像，演示效果如图 8.28 所示。

```html
<!doctype html>
<html>
<head>
<meta charset="utf-8">
<style type="text/css">
div {
    padding: 50px;
    border: solid 1px red;
    content: url(images/1.jpg); /*在 div 元素内添加图片*/}
</style>
</head>
<body>
<div></div>
</body>
</html>
```

图 8.28　使用 content 属性在当前元素内插入图像演示效果

【示例 2】　下面示例使用 content 属性，配合 CSS 计数器设计多层嵌套有序列表序号设计，效果如图 8.29 所示。

```html
<!doctype html>
<html>
<head>
<meta charset="utf-8">
```

```
<style type="text/css">
ol { list-style:none;}              /*清除默认的序号*/
li:before {color:#f00; font-family:Times New Roman;} /*设计层级目录序号的字体样式*/
li{counter-increment:a 1;}          /*设计递增函数 a，递增起始值为 1 */
li:before{content:counter(a)". ";}      /*把递增值添加到列表项前面*/
li li{counter-increment:b 1;}   /*设计递增函数 b，递增起始值为 1 */
li li:before{content:counter(a)"."counter(b)". ";}   /*把递增值添加到二级列表项前面*/
li li li{counter-increment:c 1;}           /*设计递增函数 c，递增起始值为 1 */
li li li:before{content:counter(a)"."counter(b)"."counter(c)". ";}   /*把递增值添加
到三级列表项前面*/
</style>
</head>
<body>
<ol>
    <li>一级列表项目 1
        <ol>
            <li>二级列表项目 1</li>
            <li>二级列表项目 2
                <ol>
                    <li>三级列表项目 1</li>
                    <li>三级列表项目 2</li>
                </ol>
            </li>
        </ol>
    </li>
    <li>一级列表项目 2</li>
</ol>
</body>
</html>
```

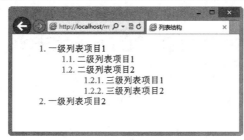

图 8.29　使用 CSS 技巧设计多级层级目录序号

8.2.6　恢复默认样式

CSS3 中新增了一个 initial 属性值，使用这个 initial 属性值可以直接取消对某个元素的样式指定。

【示例】　在下面示例中，页面中有三个 P 元素，然后在内部样式表中定义这些 P 元素的样式。

```
<!doctype html>
<html>
<head>
<meta charset="utf-8">
</head>
<style type="text/css">
p{color:blue; font-family:宋体;}
```

```
</style>
<body>
<p id="text01">有时，爱也是种伤害。残忍的人，选择伤害别人，善良的人，选择伤害自己。</p>
<p id="text02">有些事，我们明知道是错的，也要去坚持，因为不甘心；有些人，我们明知道是爱的，也
要去放弃，因为没结局；有时候，我们明知道没路了，却还在前行，因为习惯了。</p>
<p id="text03">以为蒙上了眼睛，就可以看不见这个世界；以为捂住了耳朵，就可以听不到所有的烦恼；
以为脚步停了下来，心就可以不再远行；以为我需要的爱情，只是一个拥抱。 </p>
</body>
</html>
```

在浏览器中预览，显示效果如图 8.30 所示。

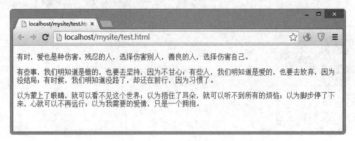

图 8.30 定义段落文本样式

三个 p 元素的文字颜色都是蓝色，字体都是宋体。这时如果禁止<p id="text02">使用已定义的段落样式，只需在样式代码中为这个元素单独添加一个样式，然后把文字颜色的值设为 initial 值就可以了，具体代码如下所示。

```
<style type="text/css">
p#text02 {
    color: initial;
    color: -moz-initial;}
</style>
```

把上面这段代码替换到示例样式代码中，然后运行该示例，运行结果如图 8.31 所示（test1.html）。

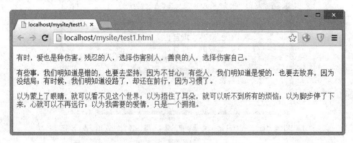

图 8.31 恢复段落文本样式

initial 属性值的作用是让各种属性使用默认值，在浏览器中文字颜色的默认值是黑色，所以我们看到第二段文本的字体颜色显示为黑色。

8.2.7 自定义字体类型

CSS3 允许用户自定义字体类型，通过@font-face 能够加载服务器端的字体文件，让客户端浏览器显示客户端没有安装的字体。@font-face 规则在 CSS3 规范中属于字体模块（http://www.w3org/TR/css3-fonts/#font-face）。

@font-face 规则的语法格式如下：

```
@font-face { <font-description> }
```

扫一扫，看视频

@font-face 规则的选择符是固定的，用来引用服务器端的字体文件。

<font-description>是一个属性名值对，格式类似如下样式：

```
descriptor: value;
descriptor: value;
descriptor: value;
descriptor: value;
[...]
descriptor: value;
```

属性及其取值说明如下。

➲ font-family：设置文本的字体名称。

➲ font-style：设置文本样式。

➲ font-variant：设置文本的大小写。

➲ font-weight：设置文本的粗细。

➲ font-stretch：设置文本是否横向拉伸变形。

➲ font-size：设置文本字体大小。

➲ src：设置自定义字体的相对路径或者绝对路径。注意，该属性只能在@font-face 规则里使用。

事实上，IE 5 已经开始支持该属性，但是只支持微软自有的.eot（Embedded Open Type）字体格式，而其他浏览器直到现在都不支持这一字体格式。不过，从 Safari 3.1 开始，用户可以设置.ttf（TrueType）和.otf（OpenType）两种字体作为自定义字体了。考虑到浏览器的兼容性，在使用时建议同时定义.eot 和.ttf，以便能够兼容所有主流浏览器。

【示例】 下面是一个简单的示例，帮助读者学会使用@font-face 规则。示例代码如下，演示效果如图 8.32 所示。

```
<!doctype html>
<html>
<head>
<meta charset="utf-8">
<style type="text/css">
/* 引入外部字体文件 */
@font-face {
    /* 选择默认的字体类型 */
    font-family: "lexograph";
    /* 兼容 IE */
    src: url(http://randsco.com//fonts/lexograph.eot);
    /* 兼容非 IE */
    src: local("Lexographer"), url(http://randsco.com/fonts/lexograph.ttf) format
("truetype");
}
h1 {
    /* 设置引入字体文件中的 lexograph 字体类型 */
    font-family: lexograph, verdana, sans-serif;
    font-size:4em;}
</style>
</head>
<h1>http://www.baidu.com/</h1>
<body>
</body>
</html>
```

图 8.32　设置为 lexograph 字体类型的文字

📢 提示：

> 嵌入外部字体需要考虑用户带宽问题，因为一个中文字体文件少的有几个 MB，大的有十几个 MB，这么大的字体文件下载过程会出现延迟，同时服务器也不能忍受如此频繁的申请下载。如果只是想让标题使用特殊字体，最好设计成图片。

8.3　课后练习

本节将通过大量的上机示例，帮助初学者练习使用 CSS3 灵活定义移动网页文本样式和版式。

第9章　设计背景和边框样式

　　背景样式主要包括背景颜色和背景图像。CSS 使用 background-color 属性定义元素的背景颜色，使用 background-image 属性定义背景图像。CSS3 对原有的盒模型功能也进行了完善，增强了元素边框和背景样式的控制能力（http://www.w3.org/TR/css3-background/），新增了不少 UI 特性（http://www.w3.org/TR/css3-ui/）。本章将介绍 CSS3 中与背景和边框相关的一些样式，其中包括与背景相关的样式属性，以及如何在一个元素的背景中定义多个图像，如何绘制圆角边框，如何给元素添加图像边框等。

【学习重点】
- 可以设计边框样式。
- 能够设计圆角样式。
- 能够设计阴影样式。
- 能够设计投影样式。
- 能够灵活设计并控制背景图像。

9.1　定义边框样式

扫一扫，看视频

CSS 使用 border 属性定义边框样式，语法如下。
```
border: line-width || line-style || color
```
取值说明如下：
- line-width：设置对象边框宽度。
- line-style：设置对象边框样式。
- color：设置对象边框颜色。

每个边又分别派生出三个子属性，以 border-top 为例，其他边以此类推。
- 样式（border-top-style）。
- 颜色（border-top-color）。
- 宽度（border-top-width）。

这些边框属性中，border-style 是基础，语法如下：
```
border-style: none | hidden | dotted | dashed | solid | double | groove | ridge | inset | outset
```
取值说明如下：
- none：无轮廓。border-color 将被忽略，border-width 计算值为 0，除非边框轮廓为图像，即 border-image。
- hidden：隐藏边框。
- dotted：点状轮廓。
- dashed：虚线轮廓。
- solid：实线轮廓。
- double：双线轮廓。两条单线与其间隔的和等于指定的 border-width 值。
- groove：3D 凹槽轮廓。
- ridge：3D 凸槽轮廓。

➥ inset：3D 凹边轮廓。

➥ outset：3D 凸边轮廓。

与 margin、padding 属性相同，border 及其分类子属性设置值的说明如下：

➥ 如果提供全部四个参数值，将按上、右、下、左的顺序作用于四边。

➥ 如果只提供一个参数，将用于全部的四边。

➥ 如果提供两个参数，第一个用于上、下边框，第二个用于左、右边框。

➥ 如果提供三个参数，第一个用于上边框，第二个用于左、右边框，第三个用于下边框。

➥ 如果 border-width 等于 0，本属性将失去作用。

图 9.1　元素的边框效果

【示例】　可以为元素的边框指定样式、颜色或宽度，其中颜色和宽度可以省略，这时浏览器会根据默认值来解析。注意，当元素各边边框定义为不同的颜色时，边角会以平分来划分颜色的分布。例如，输入下面的 CSS 样式，可以看到如图 9.1 所示的显示效果。

```html
<!doctype html>
<html>
<head>
<meta charset="utf-8">
<style type="text/css">
.box {
    border:solid 100px;                    /* 边框样式和宽度 */
    border-color:red blue green;           /* 定义不同边框显示为不同颜色 */
    line-height:0;  /* 定义行内文本高度为 0，这样就避免元素内出现空隙 */
}
</style>
</head>
<body>
<div class="box"></div>
</body>
</html>
```

📢 提示：

CSS3 为边框新增了 border-radius、box-shadow 和 border-image 属性，其中 border-radius 和 box-shadow 属性已在第 3 章中介绍过，读者可以返回参考，border-image 属性目前获得浏览器的支持度不是很高，本书不再说明，感兴趣的读者可以参考 CSS3 参考手册。

扫一扫，看视频

9.2　定义圆角

CSS3 定义了 border-radius 属性，使用它可以设计元素以圆角样式显示。border-radius 属性的基本语法如下所示。

```
border-radius:none | <length>{1,4} [ / <length>{1,4} ]?;
```

border-radius 属性初始值为 none，适用于所有元素，除了 border-collapse 属性值为 collapse 的 table 元素外。取值简单说明：

➥ none：默认值，表示元素没有圆角。

➥ <length>：由浮点数字和单位标识符组成的长度值，不可为负值。

border-radius 属性可包含两个参数值：第一个值表示圆角的水平半径，第二个值表示圆角的垂直半径，两个参数值通过斜线分隔。如果仅包含一个参数值，则第二个值与第一个值相同，它表示这个角就是一个四分之一的圆角。如果参数值中包含 0，则这个角就是矩形，不会显示为圆角。

【示例 1】　在下面这个示例中，给 border-radius 属性设置一个值，则圆角是一个四分之一的圆角，演示如图 9.2 所示（test.html）。

```
<!doctype html>
<html>
<head>
<meta charset="utf-8">
<style type="text/css">
img {
    height:400px;
    border:1px solid red;
    -moz-border-radius:10px; /*兼容 Gecko 引擎*/
    -webkit-border-radius:10px; /*兼容 Webkit 引擎*/
    border-radius:10px; /*标准用法*/}
</style>
</head>
<body>
<img src="images/1.jpg" />
</body>
</html>
```

图 9.2　定义圆角样式

如果为 border-radius 属性设置两个参数，效果如图 9.3 所示（test1.html）。

```
<style type="text/css">
img {
    height:400px;
    border:1px solid red;
    -moz-border-radius:20px/40px;
    -webkit-border-radius:20px/40px;
    border-radius:20px/40px;
}
</style>
```

图 9.3　定义圆角样式

也可以为元素的四个角定义不同半径的圆角，实现的方法有两种。

一种方法是利用 border-radius 属性，为其赋一组值。为 border-radius 属性赋一组值，将遵循 CSS 赋值规则，可以包含 2 个、3 个或者 4 个值集合。但是此时无法使用斜杠方式定义圆角水平和垂直半径。

如果是四个值，则这四个值将按照 top-left、top-right、bottom-right、bottom-left 的顺序来设置。

如果 bottom-left 值省略，那么它等于 top-right。

如果 bottom-right 值省略，那么它等于 top-left。

如果 top-right 值省略，那么它等于 top-left。

如果为 border-radius 属性设置 4 个值的集合参数，则每个值表示每个角的圆角半径。

【示例 2】　下面代码将定义不同角度的圆角半径，演示效果如图 9.4 所示（test2.html）。

```html
<!doctype html>
<html>
<head>
<meta charset="utf-8">
<style type="text/css">
img {
    height:400px;
    border:1px solid red;
    -moz-border-radius:10px 30px 50px 70px;
    -webkit-border-radius:10px 30px 50px 70px;
    border-radius:10px 30px 50px 70px;
}
</style>
</head>
<body>
<img src="images/1.jpg" />
</body>
</html>
```

图 9.4 分别定义不同角度的圆角样式

如果为 border-radius 属性设置 3 个值的集合参数，则第一个值表示左上角的圆角半径，第二个值表示右上和左下两个角的圆角半径，第三个值表示右下角的圆角半径。

如果为 border-radius 属性设置 2 个值的集合参数，则第一个值表示左上角和右下角的圆角半径，第二个值表示右上和左下两个角的圆角半径。

另一种方法是利用派生子属性进行定义，如 border-top-right-radius、border-bottom-right-radius、border-bottom-left-radius、border-top-left-radius。注意，Gecko 和 Presto 引擎在写法上存在很大差异。

【示例 3】 下面代码定义 div 元素右上角为 50 像素的圆角，演示效果如图 9.5 所示（test3.html）。

```html
<!doctype html>
<html>
<head>
<meta charset="utf-8">
<style type="text/css">
img {
    height:400px;
    border:1px solid red;
    -moz-border-radius-topright:50px;
    -webkit-border-top-right-radius:50px;
    border-top-right-radius:50px;
}
</style>
</head>
<body>
<img src="images/1.jpg" />
</body>
</html>
```

图 9.5　定义某个顶角的圆角样式

在 CSS3 中，如果使用了 border-radius 属性，但是把边框设定为不显示的时候，浏览器将把背景的四个角绘制为圆角。

```
<style type="text/css">
div {
    height:100px;
    border: none;
    -moz-border-radius:10px; /*兼容 Gecko 引擎*/
    -webkit-border-radius:10px; /*兼容 Webkit 引擎*/
    border-radius:10px; /*标准用法*/
}
</style>
```

使用 border-radius 属性后，不管边框是什么种类，都会将边框沿着圆角曲线进行绘制。

9.3　定义阴影

扫一扫，看视频

box-shadow 属性定义元素的阴影，它与 text-shadow 属性的功能是相同的，但是作用对象略有不同。该属性的基本语法如下所示。

```
box-shadow:none | <shadow> [ , <shadow> ]*;
```

box-shadow 属性的初始值是 none，该属性适用于所有元素。取值简单说明如下：

- none：默认值，表示元素没有阴影。
- <shadow>：该属性值可以使用公式表示为 inset? && [<length>{2,4} && <color>?]，其中 inset 表示设置阴影的类型为内阴影，默认为外阴影。<length>是由浮点数字和单位标识符组成的长度值，可取正负值，用来定义阴影水平偏移、垂直偏移，以及阴影大小、阴影扩展（即阴影模糊度）。<color>表示阴影颜色。

box-shadow 属性包含 6 个参数值：阴影类型、X 轴位移、Y 轴位移、阴影大小、阴影扩展、阴影颜色，这 6 个参数值可以有选择性地省略。

如果不设置阴影类型时，默认为投影效果，当设置为 inset 时，则阴影效果为内阴影。X 轴位移和 Y 轴位移定义阴影的偏移距离。阴影大小、阴影扩展和阴影颜色是可选值，默认为黑色实影，box-shadow

属性值必须设置阴影的位移值,否则没有效果。如果定义了阴影大小,此时定义阴影位移为 0,才可以看到阴影效果。下面结合案例进行演示说明。

【示例1】 定义简单的实影投影效果,演示效果如图 9.6 所示(test.html)。

```html
<!doctype html>
<html>
<head>
<meta charset="utf-8">
<style type="text/css">
img{
    height:300px;
    -moz-box-shadow:5px 5px;
    -webkit-box-shadow:5px 5px;
    box-shadow:5px 5px;}
</style>
</head>
<body>
<img src="images/1.jpg" />
</body>
</html>
```

图 9.6　定义简单的阴影效果

【示例2】 定义位移、阴影大小和阴影颜色,演示效果如图 9.7 所示(test1.html)。

```html
<!doctype html>
<html>
<head>
<meta charset="utf-8">
<style type="text/css">
img{
    height:300px;
    -moz-box-shadow:2px 2px 10px #06C;
    -webkit-box-shadow:2px 2px 10px #06C;
    box-shadow:2px 2px 10px #06C;
}
</style>
</head>
<body>
<img src="images/1.jpg" />
```

```
</body>
</html>
```

图 9.7　定义复杂的阴影效果

【示例3】　定义内阴影，位移 5px，阴影大小为 10px，颜色为#06C，演示效果如图 9.8 所示（test2.html）。

```
<!doctype html>
<html>
<head>
<meta charset="utf-8">
<style type="text/css">
body { margin: 24px; }
div {
    width: 540px;
    padding: 16px;
    -moz-box-shadow: inset 2px 2px 10px #06C;
    -webkit-box-shadow: inset 2px 2px 10px #06C;
    box-shadow: inset 2px 2px 10px #06C;}
</style>
</head>
<body>
<div>
    <h1>虞美人</h1>
    <h2>【南唐】李煜</h2>
    <p> 春花秋月何时了，
        往事知多少。
        小楼昨夜又东风，
        故国不堪回首月明中。</p>
    <p> 雕阑玉砌应犹在，
        只是朱颜改。
        问君能有几多愁，
        恰是一江春水向东流。</p>
</div>
</body>
</html>
```

图 9.8　定义内阴影效果

【示例4】　通过设置多组参数值定义多色阴影，演示效果如图9.9所示（test3.html）。

```
<!doctype html>
<html>
<head>
<meta charset="utf-8">
<style type="text/css">
body { margin: 24px; }
img {
    height: 300px;
    -moz-box-shadow: -10px 0 12px red, 10px 0 12px blue, 0 -10px 12px yellow, 0 10px
12px green;
    -webkit-box-shadow: -10px 0 12px red, 10px 0 12px blue, 0 -10px 12px yellow, 0
10px 12px green;
    box-shadow: -10px 0 12px red, 10px 0 12px blue, 0 -10px 12px yellow, 0 10px 12px
green;}
</style>
</head>
<body>
<img src="images/1.jpg" />
</body>
</html>
```

图 9.9　定义多色阴影效果

9.4 设计背景图像

背景样式包括背景颜色和背景图像。任何一个网页，都需要使用背景色或背景图来定制页面基调。

扫一扫，看视频

9.4.1 背景颜色

CSS 使用 background-color 属性定义背景颜色，用法如下。

```
background-color: color | transparent
```

默认值为透明，颜色值的设置方法与文字颜色的设置方法是一样的，可以采用颜色名、十六进制、RGB、RGBA、HSL、HSLA 等。

【示例】 下面示例为页面定义背景色为浅粉色，营造一种初春的色彩效果。

第 1 步，启动 Dreamweaver，新建一个网页，保存为 test.html。

第 2 步，在<body>标签内输入如下代码：

```
<h1>春</h1>
<p><img src="images/picture.jpg" ></p>
<p>你悄悄地走来，默默无声，一眨眼，大地披上了金色衣裳。</p>
<p>你悄悄走来，走进田间，麦子香味四飘，那亩亩庄稼，远看好似翻滚的千层波浪；近看，麦子，笑弯了腰，
高粱涨红了脸、玉米乐开了怀，地里的人忙极了，"唱一曲呀收获的歌，收了麦子，收高粱啊，收了玉米，收
大豆啊，收获完了送国家啊。"悠扬的歌声道出了农家秋收的喜悦。</p>
<p>......</p>
<p>......</p>
```

第 3 步，在<head>标签内添加<style type="text/css">标签，定义一个内部样式表。

第 4 步，输入下面的样式，定义网页字体的类型。

```
Body {  /*页面基本属性*/
    background-color: #EDA9EB;          /* 设置页面背景颜色 */
    margin: 0px;
    padding: 0px;
}
img {  /*图片样式*/
    width: 350px;
    float: right;                       /*右浮动*/
}
p {  /*段落样式*/
    font-size: 15px;                    /* 正文文字大小 */
    padding-left: 10px;
    padding-top: 8px;
    line-height: 1.6em;
}
h1 {                                    /* 首字放大 */
    font-size: 80px;                    /* 定义大字体，实现占据 3 行的下沉效果 */
    font-family: 黑体;                   /* 设置黑体字，首字下沉更醒目 */
    float: left;                        /* 左浮动，脱离文本行限制 */
    padding-right: 5px;                 /* 定义下沉字体周围空隙 */
    padding-left: 10px;
    padding-top: 8px;
    margin: 24px 6px 2px 6px;
}
```

第 5 步，在浏览器中预览，显示效果如果 9.10 所示。背景颜色为#EDA9EB，而字体颜色为黑色，

再加上图片以及文字内容，春天的感觉跃然表现在网页中。

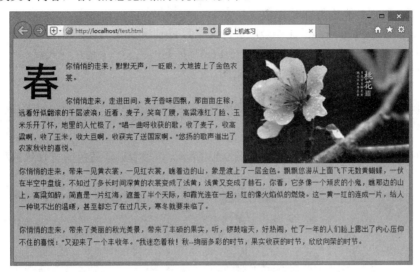

图 9.10　设置背景颜色

📢 提示：

> 背景颜色的取值从#000000 到#FFFFFF 都可以，但是为了避免出现喧宾夺主的效果，背景色不要使用特别鲜艳的颜色，当然这也要取决于网站的个性化需求，不能一概而论。

9.4.2　设置背景图像

CSS 使用 background-image 属性定义背景图像，用法如下：

```
background-image: url | none
```

url 定义图像的路径，可以是绝对路径，也可以是相对路径。none 表示不设置背景图像。

【示例1】　下面示例演示如何为网页设置背景图像。

第 1 步，启动 Dreamweaver，新建一个网页，保存为 test.html，输入以下内容。

第 2 步，在<head>标签内添加<style type="text/css">标签，定义一个内部样式表。

第 3 步，输入下面的样式，为网页定义背景图。

```
body { background-image: url(images/bg.jpg); } /* 页面背景图片 */
```

以上代码中，背景图像默认会在横向和纵向上重复显示，本例图片原型如图 9.11 所示。

第 4 步，在浏览器中预览，其在网页中平铺的效果如图 9.12 所示。

图 9.11　背景图像原型

图 9.12　为网页添加背景图片

225

【示例2】　　如果使用的背景图是 gif 或 png 格式的透明图像，那么再设置背景颜色 background-color，则背景图片和背景颜色将同时生效。

第 1 步，启动 Dreamweaver，新建一个网页，保存为 test1.html。

第 2 步，在<head>标签内添加<style type="text/css">标签，定义一个内部样式表。

第 3 步，输入下面的样式，为网页定义背景图。

```
body {
    background-image: url(images/1.png);
    background-color: #6AC3FF;
}
```

第 4 步，在浏览器中预览，其显示结果如图 9.13 所示。可以看到淡蓝色的背景颜色和背景图片同时显示在网页中。

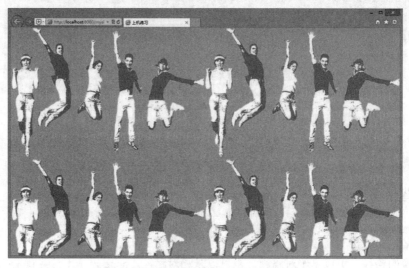

图 9.13　同时设置背景图片和背景颜色

9.4.3　背景平铺

扫一扫，看视频

CSS 使用 background-repeat 属性定义背景图像的平铺方式，用法如下。

```
background-repeat: repeat-x | repeat-y | [repeat | no-repeat | space | round]
```

取值说明如下，其中 space 和 round 值是 CSS3 新增的，早期 IE（6.0~8.0）和 Firefox（2.0~38.0）暂不支持。

- repeat-x：背景图像在横向上平铺。
- repeat-y：背景图像在纵向上平铺。
- repeat：　背景图像在横向和纵向平铺。
- no-repeat：背景图像不平铺。
- round：背景图像自动缩放直到适应且填充满整个容器。
- space：背景图像以相同的间距平铺且填充满整个容器或某个方向。

【示例】　　下面示例使用背景图像设计一个公告栏。

第 1 步，启动 Dreamweaver，新建一个网页，保存为 test1.html。

第 2 步，构建公告栏结构。

```
<div id="call">
    <div id="call_tit">公司公告</div >
    <div id="call_mid">公告内容</div >
```

```
     <div id="call_btm"></div >
</div>
```

第 3 步，在<head>标签内添加<style type="text/css">标签，定义一个内部样式表。

第 4 步，输入下面的样式，为标题行栏、内容框和底部行定义背景图像。

```
#call {width: 218px; font-size: 14px;} /* 包含框样式是，固定宽度和字体大小 */
#call_tit {/* 标题行 */
    background: url(images/call_top.gif);
    background-repeat: no-repeat;          /* 禁止平铺 */
    height: 43px;                          /* 固定高度，与背景图像等高 */
    line-height: 43px;                     /* 标题垂直居中 */
    text-align: center;                    /* 标题水平居中 */
    color: #fff; font-weight: bold;
}
#call_mid {/* 内容框 */
    background-image: url(images/call_mid.gif);
    background-repeat: repeat-y;           /* 垂直平铺 */
    padding:3px 14px;                      /* 调整内容框信息显示位置 */
    height: 140px;                         /* 固定内容框高度 */
}
#call_btm {/* 底部行 */
    background-image: url(images/call_btm.gif);
    background-repeat: no-repeat;          /* 禁止平铺 */
    height: 11px;
}
```

背景的原图如图 9.14 所示。

call_top.gif　　　　　call_mid.gif　　　　　call_btm.gif

图 9.14　背景原图

第 5 步，在浏览器中预览，显示结果如图 9.15 所示。其中标题行和底部行的背景图像禁止平铺，中间内容框的背景图像设置为垂直平铺。

📢 提示：

如果要设置两个方向上的平铺，就不需要设置属性值，CSS 会采用默认的横向和纵向两个方向重复显示。如果手动设置 repeat-x 和 repeat-y 的两个值，系统会自动以后设的一种平铺方式有效，只会向一个方向平铺。

9.4.4　背景定位

图 9.15　背景图像平铺的应用效果

CSS 使用 background-position 属性定位背景图像的显示位置，用法如下。

```
background-position: percentage | length
background-position: left | center | right | top | bottom
```

取值可以是百分数，如 background-position:40% 60%，表示背景图片的中心点在水平方向上处于 40%的位置，在垂直方向上处于 60%的位置，也可以是具体的值，如 background-position:200px 40px，表示距离左侧 200px，距离顶部 40px。

扫一扫，看视频

关键字说明如下：

➤ center：背景图像横向和纵向居中。

➤ left：背景图像在横向上填充从左边开始。

➤ right：背景图像在横向上填充从右边开始。

➤ top：背景图像在纵向上填充从顶部开始。

➤ bottom：背景图像在纵向上填充从底部开始。

📢 提示：

在默认情况下，背景图像位于对象的左上角的位置。

【示例】　下面示例定位网页背景图像显示在页面右下角位置。

第 1 步，启动 Dreamweaver，新建一个网页，保存为 test.html。

第 2 步，在<head>标签内添加<style type="text/css">标签，定义一个内部样式表。

第 3 步，输入下面的样式，定义网页基本属性和段落样式。

```
body {  /*页面基本属性*/
    padding: 0px;
    margin: 0px;
    background-image: url(images/bg.jpg);          /* 背景图片 */
    background-repeat: no-repeat;                  /* 不重复 */
    background-position: bottom right;             /* 背景位置，右下 */
}
p {  /*段落样式*/
    line-height: 1.6em; font-size: 14px;
    margin: 0px;
    padding-top: 10px; padding-left: 6px; padding-right: 300px;
}
```

第 4 步，在<body>标签中输入如下代码：

```
<h1>可爱的企鹅</h1>
<p>去南极，第一个想到的就是企鹅，那毛茸茸的肉嘟嘟的样子非常可爱。我们第一次登陆就是去看它，兴奋
的心情和期待的心情交织在一起，但是，真正踏上南极半岛的一瞬间不是因为看到企鹅而兴奋，而是因为企鹅
在自己的脚边而惊讶。</p>
<p>看惯在围栏里的动物，第一次如此近距离的接触的如此可爱的温柔的动物，心底的柔情会不由的升起来。
这和在美国看到野牛和鹿还不一样，那些大家伙给你一些恐惧感：自己不敢过于亲近。而企鹅却让人想抱抱。
但是，这样的想法是不能实现的，在南极，投放食物都是违法的。</p>
……
```

第 5 步，在浏览器中预览，显示结果如图 9.16 所示。从图中可以看出，图片位于页面右下方。

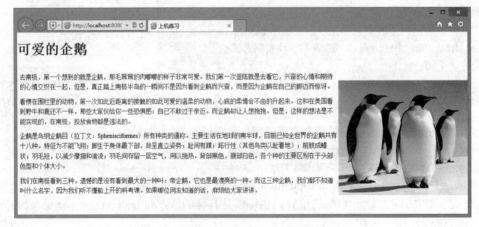

图 9.16　设置图片位置

提示：

left、right、center、top 和 bottom 关键字与百分比取值比较说明如下：

```
/* 普通用法 */
top left、left top                              = 0% 0%
right top、top right                            = 100% 0%
bottom left、left bottom                        = 0% 100%
bottom right、right bottom                      = 100% 100%
/* 居中用法 */
center、center center                           = 50% 50%
/* 特殊用法 */
top、top center、center top                      = 50% 0%
left、left center、center left                    = 0% 50%
right、right center、center right                 = 100% 50%
bottom、bottom center、center bottom              = 50% 100%
```

9.4.5 固定背景

扫一扫，看视频

CSS 使用 background-attachment 属性定义背景图像在浏览器窗口中的固定位置，用法如下：

```
background-attachment: fixed | scroll | local
```

取值说明如下：

➥ fixed：背景图像相对于窗体固定。

➥ scroll：背景图像相对于元素固定，也就是说当元素内容滚动时背景图像不会跟着滚动，因为背景图像总是要跟着元素本身，但会随元素的祖先元素或窗体一起滚动。

➥ local：背景图像相对于元素内容固定，也就是说当元素随元素滚动时背景图像也会跟着滚动，因为背景图像总是要跟着内容。

【示例】　下面示例演示如何把一张背景图像固定显示在窗口顶部居中位置。

第 1 步，启动 Dreamweaver，新建一个网页，保存为 test.html。

第 2 步，在<head>标签内添加<style type="text/css">标签，定义一个内部样式表。

第 3 步，输入下面的样式，为网页定义背景图像，并固定在窗口顶部。

```
body {
    padding: 0;
    margin: 0;
    background-image: url(images/top.png);
    background-repeat: no-repeat;
    background-attachment: fixed;
    background-position: top center;
}
#content {
    height: 2000px;
    border: solid 1px red;
}
```

第 4 步，在<body>标签中输入以下内容，并应用上面定义的样式。

```
<div id="content"></div>
```

第 5 步，在浏览器中预览，效果如图 9.17 所示。从其显示效果可以看出，当拖动浏览器的滚动条时，背景图片是固定的，不会随着滚动条的移动而改变。

拓展：

background 是一个复合属性，可以将各种关于背景的设置集中在一起，这样可以减少代码量。例如，针对上面示例中的背景样式，可以简写为：

```
body {
```

```
padding: 0; margin: 0;
background: url(images/top.png) no-repeat fixed top center;
}
```

两种属性声明的方法在显示效果上完全一样，上面示例中的代码长，但是可读性好，而这段代码简洁，读者可以根据自己的喜好进行选择。

图 9.17　固定背景图像显示

扫一扫，看视频

9.4.6　定位参考

CSS3 使用 background-origin 属性可以改变背景图像定位的参考方式，用法如下。

```
background-origin:border-box | padding-box | content-box;
```

初始值是 padding-box，取值简单说明如下：

➥　border-box：从边框区域开始显示背景。

➥　padding-box：从补白区域开始显示背景。

➥　content-box：仅在内容区域显示背景。

【示例】　background-origin 属性改善了背景图像定位的方式，更灵活地决定背景图像应该显示的位置。下面示例利用 background-origin 属性重设背景图像的定位坐标，以便更好地控制背景图像的显示，演示效果如图 9.18 所示。

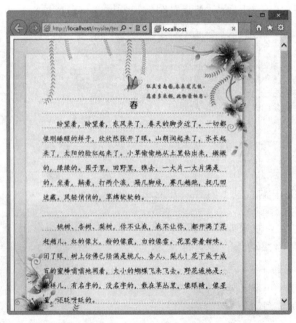

图 9.18　设计书信效果

实现本案例的代码如下所示。

```html
<!doctype html>
<html>
<head>
<meta charset="utf-8">
<style type="text/css">
div {
    height:600px; width:416px;
    border:solid 1px red; padding:120px 4em 0;
    /*为了避免背景图像重复平铺到边框区域,应禁止它平铺*/
    background:url(images/p3.jpg) no-repeat;
    /*设计背景图像的定位坐标点为元素边框的左上角*/
    background-origin:border-box;
    background-size:cover;
    overflow:hidden;
}
div h1 {font-size:18px; font-family:"幼圆"; text-align:center;}
div p {text-indent:2em; line-height:2em; font-family:"楷体"; margin-bottom:2em;}
</style>
</head>
<body>
<div>
    <h1>春</h1>
    <p>盼望着,盼望着,东风来了,春天的脚步近了。一切都像刚睡醒的样子,欣欣然张开了眼。山朗润起来了,水长起来了,太阳的脸红起来了。小草偷偷地从土里钻出来,嫩嫩的,绿绿的。园子里,田野里,瞧去,一大片一大片满是的。坐着,躺着,打两个滚,踢几脚球,赛几趟跑,捉几回迷藏。风轻悄悄的,草绵软软的。</p>
    <p>桃树、杏树、梨树,你不让我,我不让你,都开满了花赶趟儿。红的像火,粉的像霞,白的像雪。花里带着甜味,闭了眼,树上仿佛已经满是桃儿、杏儿、梨儿!花下成千成百的蜜蜂嗡嗡地闹着,大小的蝴蝶飞来飞去。野花遍地是:杂样儿,有名字的,没名字的,散在草丛里,像眼睛,像星星,还眨呀眨的。</p>
</div>
</body>
</html>
```

9.4.7　背景裁剪

CSS3 使用 background-clip 属性定义背景图像的裁剪区域,用法如下。

```css
background-clip:border-box | padding-box | content-box | text;
```

初始值是 border-box,取值简单说明如下:

↳ border-box:从边框区域向外裁剪背景。

↳ padding-box:从补白区域向外裁剪背景。

↳ content-box:从内容区域向外裁剪背景。

↳ text:从前景内容(如文字)区域向外裁剪背景。

【示例】　下面示例简单比较 background-clip 属性不同取值的效果,效果如图 9.19 所示。

扫一扫,看视频

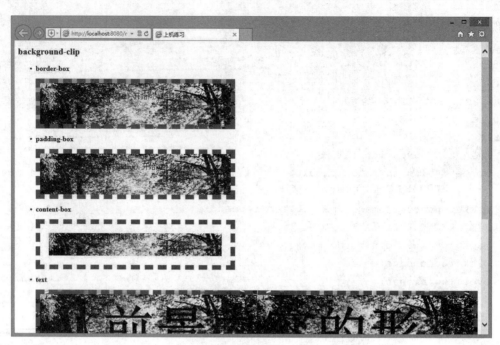

图 9.19　背景图像裁切效果比较

实现本案例的代码如下所示。

```
<!DOCTYPE html>
<html>
<head>
<meta charset="utf-8" />
<style>
h1 { font-size: 20px; }
h2 { font-size: 16px; }
p {
    width: 400px; height: 50px;
    margin: 0; padding: 20px; border: 10px dashed #666;
    background: #aaa url(images/bg.jpg) no-repeat;
}
.border-box p { background-clip: border-box; }
.padding-box p { background-clip: padding-box; }
.content-box p { background-clip: content-box; }
.text p {
    width: auto; height: auto;
    background-repeat: repeat;
    -webkit-background-clip: text;
    -webkit-text-fill-color: transparent;
    font-weight: bold; font-size: 120px;
}
</style>
</head>
<body>
<h1>background-clip</h1>
<ul class="test">
    <li class="border-box">
```

```
            <h2>border-box</h2>
            <p>从 border 区域（不含 border）开始向外裁剪背景</p>
        </li>
        <li class="padding-box">
            <h2>padding-box</h2>
            <p>从 padding 区域（不含 padding）开始向外裁剪背景</p>
        </li>
        <li class="content-box">
            <h2>content-box</h2>
            <p>从 content 区域开始向外裁剪背景</p>
        </li>
        <li class="text">
            <h2>text</h2>
            <p>从前景内容的形状作为裁剪区域向外裁剪背景</p>
        </li>
    </ul>
</body>
</html>
```

9.4.8 背景大小

CSS3 使用 background-size 属性定义背景图像的显示大小，用法如下。

```
background-size: length | percentage | auto
background-size: cover | contain
```

初始值为 auto，取值简单说明如下：

> ⬦ length：由浮点数字和单位标识符组成的长度值，不可为负值。
> ⬦ percentage：取值为 0%到 100%之间的值，不可为负值。
> ⬦ cover：保持背景图像本身的宽高比例，将图片缩放到正好完全覆盖所定义背景的区域。
> ⬦ contain：保持图像本身的宽高比例，将图片缩放到宽度或高度正好适应所定义背景的区域。

📢 提示：

background-size 属性可以设置 1 个或 2 个值，1 个为必填，1 个为可选。其中第 1 个值用于指定背景图像的 width，第 2 个值用于指定背景图像的 height，如果只设置 1 个值，则第 2 个值默认认为 auto。

【示例】 设计自适应模块大小的背景图像。借助 image-size 属性自由定制背景图像大小的功能，让背景图像自适应盒子的大小，从而可以设计与模块大小完全适应的背景图像，本示例效果如图 9.20 所示。

图 9.20 设计背景图像自适应显示

实现本案例的代码如下所示。

```
<!doctype html>
<html>
<head>
<meta charset="utf-8">
<style type="text/css">
div {
    margin:2px; float:left; border:solid 1px red;
    background:url(images/bg.jpg) no-repeat center;
    /*设计背景图像完全覆盖元素区域*/
    background-size:cover;
}
/*设计元素大小*/
.h1 { height:120px; width:192px; }
.h2 { height:240px; width:384px; }
</style>
</head>
<body>
<div class="h1"></div>
<div class="h2"></div>
</body>
</html>
```

扫一扫，看视频

9.4.9 多背景图

CSS3 允许在一个元素里显示多个背景图像，还可以将多个背景图像进行重叠显示，这让设计师更灵活地设计复杂背景效果，如多图圆角效果。

【示例】 在下面示例中使用 CSS3 多背景图特性设计圆角栏目，直接在公告栏包含框中定义标题行、底部行和内容框背景图，在浏览器中预览，显示效果相同，如图 9.21 所示。

实现本案例的代码如下所示。

图 9.21 定义多背景图像

```
<!doctype html>
<html>
<head>
<meta charset="utf-8">
<style type="text/css">
#call {
    width: 218px; height: 200px;
    padding: 1px;
    /* 定义多图背景 */
    background-image: url(images/call_top.gif), url(images/call_btm.gif), url(images/
call_mid.gif);
    /* 按顺序定义每幅背景图像的平铺方式 */
    background-repeat: no-repeat, no-repeat, repeat-y;
    /* 按顺序定义每幅背景图像的定位 */
    background-position: top center, bottom center, top center;
}
h1 {margin-top: 16px; margin-left: 16px; font-size: 14px;}
p { font-size: 12px; padding: 12px;}
</style>
</head>
<body>
```

```
<div id="call">
    <h1>公司公告</h1>
    <p>公告内容</p>
</div>
</body>
</html>
```

在 div 样式代码中，上面示例用到了几个关于背景的属性：background-image、background-repeat 和 background-position 属性。在 CSS3 中，利用逗号作为分隔符来同时指定多个属性的方法，可以指定多个背景图像，并且实现了在一个元素中显示多个背景图像的功能。

📢 注意：

在使用 background-image 属性指定图像文件的时候，是按在浏览器中显示时图像叠放的顺序从上往下指定的，第一个图像文件是放在最上面的，最后指定的文件是放在最下面的。另外，通过多个 background-repeat 属性与 background-position 属性的指定，可以单独指定背景图像中某个图像文件的平铺方式与放置位置。

9.5　实　战　案　例

本节将通过多个案例练习渐变、背景和边框等相关知识和技法。

9.5.1　设计图标按钮

本例通过 CSS3 径向渐变制作圆形图标按钮，用到的知识点主要包括：使用 radial-gradient 属性定义网页背景，以及按钮被激活状态的径向渐变效果；使用 background-image 属性定义多重背景效果，其中一个为浅灰色亮面，另一个是深陷的暗点；使用 background-position 属性把这两个绘制的背景图像叠加在一起；使用 background-size 属性定义多重背景显示大小为 16px×16px，然后按默认状态平铺显示，即可设计如图 9.22 所示的效果。

使用@font-face 命令导入外部字体 font/icomoon.eot，定义字体图形效果。

图 9.22　定义网页麻点背景效果

使用 radial-gradient 属性为按钮标签定义径向渐变，设计立体按钮效果，使用 border-radius: 50%;声明定义按钮圆形显示，使用 box-shadow 属性为按钮添加投影效果。

使用 text-shadow 属性为按钮文本定义阴影效果，当鼠标经过按钮时，使用 text-shadow 属性设计文本发亮显示。

当按钮被激活时，使用 box-shadow 属性定义按钮内阴影，增亮按钮效果，使用 radial-gradient 设计环形径向渐变效果，为按钮添加晕边效果。示例效果如图 9.23 所示。

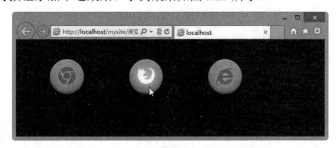

图 9.23　设计径向渐变图标按钮效果

完整示例代码如下所示：

```html
<!DOCTYPE HTML>
<html>
<head>
<meta charset="utf-8">
<style type="text/css">
body {
    background-color: #282828;
    background-image: -webkit-radial-gradient(black 15%, transparent 16%), -webkit-
radial-gradient(black 15%, transparent 16%), -webkit-radial-gradient(rgba (255, 255,
255, 0.1) 15%, transparent 20%), -webkit-radial-gradient(rgba(255, 255, 255, 0.1)
15%, transparent 20%);
    background-image: radial-gradient(black 15%, transparent 16%), radial-gradient
(black 15%, transparent 16%), radial-gradient(rgba(255, 255, 255, 0.1) 15%,
transparent 20%), radial-gradient(rgba(255, 255, 255, 0.1) 15%, transparent 20%);
    background-position: 0 0px, 8px 8px, 0 1px, 8px 9px;
    background-size: 16px 16px;
}
@font-face {
    font-family: 'icomoon';
    src: url('font/icomoon.eot');
    src: url('font/icomoon.eot?#iefix') format('embedded-opentype'), url('font/
icomoon.svg#icomoon') format('svg'), url('font/icomoon.woff') format('woff'),
url('font/icomoon.ttf') format('truetype');
    font-weight: normal;
    font-style: normal;}
.controls_button {width: 500px; margin: 40px auto;}
.button {
    width: 70px; height: 70px; margin-right: 90px;
    font-size: 0; border: none;
    border-radius: 50%;
    box-shadow: 0 1px 5px rgba(255,255,255,.5) inset, 0 -2px 5px rgba(0,0,0,.3) inset,
0 3px 8px rgba(0,0,0,.8);
    background: -webkit-radial-gradient( circle at top center, #f28fb8, #e982ad,
#ec568c);
    background: radial-gradient(circle at top center, #f28fb8, #e982ad, #ec568c);}
.button:nth-child(3) { margin-right: 0; }
.button:after {
    font-family: 'icomoon';
    speak: none;
    font-weight: normal;
    -webkit-font-smoothing: antialiased;
    font-size: 36px;
    content: "\21";
    color: #dd5183;
    text-shadow: 0 3px 10px #f1a2c1, 0 -3px 10px #f1a2c1;}
.button:nth-child(2):after { content: "\22"; }
.button:nth-child(3):after { content: "\23"; }
.button:hover:after { color: #fff; text-shadow: 0 1px 20px #fccdda, 1px 0 14px
#fccdda;}
.button:active {
```

```
    box-shadow: 0 2px 7px rgba(0,0,0,.5) inset, 0 -3px 10px rgba(0,0,0,.1) inset,
0 1px 3px rgba(255,255,255,.5);
    background: -webkit-radial-gradient(circle at top center, #f28fb8, #e982ad,
#ec568c);
    background: radial-gradient(circle at top center, #f28fb8, #e982ad, #ec568c);}
</style>
</head>
<body>
<div class="controls_button">
    <button type="button" class="button">Chrome</button>
    <button type="button" class="button">Firefox</button>
    <button type="button" class="button">IE</button>
</div>
</body>
</html>
```

扫一扫，看视频

9.5.2 设计花边框

本例使用 CSS3 多背景设计花边框，使用 background-origin 定义仅在内容区域显示背景，使用 background-clip 属性定义背景从边框区域向外裁剪，如图 9.24 所示。

图 9.24 设计花边框效果

完整示例代码如下所示：

```
<!DOCTYPE HTML>
<html>
<head>
<meta charset="UTF-8">
<style type="text/css">
.demo {
    width: 400px; padding: 30px 30px; border: 20px solid rgba(104, 104, 142,0.5);
    border-radius: 10px;
    color: #f36; font-size: 80px; font-family:"隶书";line-height: 1.5; text-align:
center;}
.multipleBg {
    background: url("images/bg-tl.png") no-repeat left top, url("images/bg-tr.png")
no-repeat right top, url("images/bg-bl.png") no-repeat left bottom,
url("images/bg-br.png") no-repeat right bottom, url("images/bg-repeat.png") repeat
left top;
    /*改变背景图片的 position 起始点，四朵花都是在 border 边缘处起，而平铺背景是在 padding 内
边缘起*/
```

237

```
    -webkit-background-origin: border-box, border-box, border-box, border-box,
padding-box;
    -moz-background-origin: border-box, border-box, border-box, border-box, padding-
box;
    -o-background-origin: border-box, border-box, border-box, border-box, padding-
box;
    background-origin: border-box, border-box, border-box, border-box, padding-box;
    /*控制背景图片的显示区域，所有背景图片超过 border 外边缘都将被剪切掉*/
    -moz-background-clip: border-box;
    -webkit-background-clip: border-box;
    -o-background-clip: border-box;
    background-clip: border-box;}
</style>
</head>
<body>
<div class="demo multipleBg">恭喜发财</div>
</body>
</html>
```

9.5.3 设计椭圆图形

在定义 border-radius 属性时，如果受影响的角的两个相邻边宽度不同，那么这个圆角将会从宽的一边圆滑过渡到窄的一边，即偏向宽边的圆弧略大，而偏向窄边的圆弧略小；如果两条边宽度相同，那么这个圆角两个相邻边呈对称圆弧显示，即相交 45°的对称线上；如果一条边宽度是相邻另一条边宽度的两倍，那么两边圆弧线交于靠近窄边的 30°角线上。

圆角是不许彼此重叠的，所以当相邻两个圆角的半径之和大于元素的宽或高时，浏览器在解析时会强制缩小一个或多个圆角半径。

【示例】　下面的代码定义 div 元素显示为圆形，演示效果如图 9.25 所示。

```
<!doctype html>
<html>
<head>
<meta charset="utf-8">
<style type="text/css">
div {
    height:500px;
    width:500px;
    background:url(images/1.jpg) no-repeat;
    border:1px solid red;
    -moz-border-radius:250px;
    -webkit-border-radius:250px;
    border-radius:250px;}
</style>
</head>
<body>
<div></div>
</body>
</html>
```

图 9.25 定义圆形显示的元素效果

在上面示例中，即使 border 属性值为 none，也会呈现圆形效果。如果 background-clip 属性值为 padding-box，背景会被曲线的圆角内边裁剪。如果 background-clip 属性值为 border-box，背景会被圆角外边裁剪。border 和 padding 属性定义的区域也一样会被曲线裁剪。另外，所有边框样式（如 solid、dotted、inset 等）都遵循边框圆角的曲线，即使是定义了 border-image 属性，曲线以外的边框背景都会被裁剪掉。

9.6 课 后 练 习

本节将通过大量的上机示例，帮助初学者练习使用 HTML5 设计背景样式。感兴趣的读者可以扫码练习。

第 10 章 使用 DIV+CSS 排版网页

网页组件的排版位置会影响网页整体的美观，传统页面中经常使用 HTML 标记来控制网页组件的位置，最简便的方式是利用表格进行处理，但是也会被表格限制，反而无法任意摆放组件。本章将介绍如何利用 CSS 进行排版，让网页更具多样化。

【学习重点】
- 理解 CSS 盒模型的原理和用法。
- 了解网页布局的基本方法。
- 能够控制页面组件的浮动显示。
- 能够控制页面组件的定位显示。

10.1 控制页面元素显示

CSS 盒模型是网页布局的基础，它定义了页面元素如何显示，以及相邻元素之间如何相互影响。在页面中每个元素都是以一个矩形空间存在的，这个矩形空间由内容区域（content）、补白区域（padding，内边距）、边框区域（border）和边界区域（margin，外边距）组成，如图 10.1 所示。

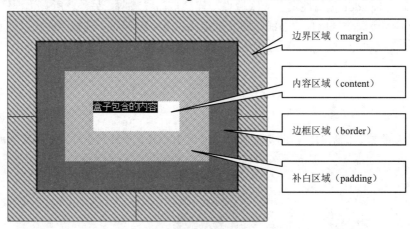

图 10.1 盒模型结构

扫一扫，看视频

10.1.1 定义边界

CSS 使用 margin 属性定义边界大小，语法如下。

```
margin: length | percentage | auto
```

取值说明如下：
- auto：默认值，自动计算。在默认书写模式下，margin-top/margin-bottom 计算值为 0，margin-left/margin-right 取决于可用空间。
- length：用长度值定义外边距，可以为负值。
- percentage：用百分比定义外边距，默认参照其定位包含框的 width 进行计算，其他情况参照 height，可以为负值。

margin 主要作用：分开各种元素，调节元素之间的距离。没有 margin 的网页，所有网页对象会堆放在一起，无法进行布局。

1. margin 属性值设置技巧

- 如果提供全部四个参数值，将按上、右、下、左的顺序作用于元素的四边。
- 如果只提供一个参数值，将用于全部的四边。
- 如果提供两个参数值，第一个用于上、下边界，第二个用于左、右边界。
- 如果提供三个参数值，第一个用于上边界，第二个用于左、右边界，第三个用于下边界。
- 如果是行内元素，可以使用 margin 属性设置左、右两边的外边距；如果要设置上、下两边的外边距，必须先定义该元素为块状或内联块状显示。

【示例 1】　定义盒模型的外边距有多种方法，概括起来有如下 7 种方法，用户可以任意选择其中一种来定义元素的外边距。当混合定义时，要注意取值的先后顺序，一般是从顶部外边距开始，按顺时针分别定义。

```css
<style type="text/css">
margin:10px;                /* 快速定义盒模型的外边距都为 10 像素 */
margin:5px 10px;            /* 定义上下、左右外边距分别为 5 像素和 10 像素 */
margin:5px 10px 15px;      /* 定义上外边距为 5 像素，左右外边距为 10 像素，底外边距为 15 像素*/
/* 定义上外边距为 5 像素，右外边距为 10 像素，下外边距为 15 像素，左外边距为 20 像素*/
margin:5px 10px 15px 20px;
margin-top:5px;            /* 单独定义上外边距为 5 像素 */
margin-right:10px;         /* 单独定义右外边距为 5 像素 */
margin-bottom:15px;        /* 单独定义底外边距为 5 像素 */
margin-left:20px;          /* 单独定义左外边距为 5 像素 */
</style>
```

【示例 2】　下面示例为行内元素设计边界，在不同浏览器中预览，如图 10.2 所示。因此不能使用外边距来调节行内元素与其他对象的位置关系，但是可以调节行内元素之间的水平距离。

图 10.2　行内元素的边界

```html
<!doctype html>
<html>
<head>
<meta charset="utf-8">
<style type="text/css">
.box1 { /* 行内元素样式 */
    margin: 50px;                    /* 外边距为 50 像素 */
    border: solid 20px red;          /* 20 像素宽的红色边框 */
}
.box2 { /* 块状元素样式 */
    width: 400px;                    /* 宽度 */
    height: 20px;                    /* 高度 */
    border: solid 10px blue;         /* 10 像素宽的蓝边框 */
```

```
}
</style>
</head>
<body>
<div class="box2">相邻块状元素</div>
<div>外部文本<span class="box1">行内元素包含的文本</span>外部文本</div>
<div class="box2">相邻块状元素</div>
</body>
</html>
```

2. margin 特性

➷ 外边距始终透明。

➷ 某些相邻的 margin 会发生重叠。

margin 重叠说明如下：

➷ margin 重叠只发生在上下相邻的块元素上。

➷ 浮动元素的 margin 不与任何 margin 发生重叠。

➷ 设置了 overflow 属性，且取值不为 visible 的块级元素，将不与它的子元素发生 margin 重叠。

➷ 绝对定位元素的 margin 不与任何 margin 发生重叠。

➷ 根元素的 margin 不与其他任何 margin 发生重叠。

【示例 3】 定义如下结构和样式，然后在 IE 标准模式和怪异模式下预览，显示效果如图 10.3、图 10.4 所示。

```
<!doctype html>
<html>
<head>
<meta charset="utf-8">
<style type="text/css">
.box1 {
    float: left;                        /* 向左浮动显示 */
    margin: 50px;                       /* 外边距 */
    border: solid 20px red;            /* 红色实线边框 */
}
.box2 {
    width: 400px;                      /* 块状元素宽度 */
    height: 20px;                      /* 块状元素高度 */
    border: solid 10px blue;          /* 块状元素边框 */
}
</style>
</head>
<body>
<div class="box2">相邻块状元素</div>
<div>外部文本<span class="box1">浮动元素</span>外部文本</div>
<div class="box2">相邻块状元素</div>
</body>
</html>
```

图 10.3　IE 怪异模式下解析效果　　　　　　　图 10.4　IE 标准模式下解析效果

因此，对于浮动元素来说，可以自由地使用外边距来调节浮动元素与其他元素之间的距离。

3. margin 子属性

margin 是一个复合属性，CSS 为其定义了 4 个子属性，简单说明如下：

➜ margin-top：设置对象顶边的外边距。
➜ margin-right：设置对象右边的外边距。
➜ margin-bottom：设置对象底边的外边距。
➜ margin-left：设置对象左边的外边距。

10.1.2　定义补白

CSS 使用 padding 属性定义补白大小，语法如下。

扫一扫，看视频

```
padding: length | percentage
```

取值说明如下：

➜ length：用长度值定义内边距，不允许为负值。
➜ percentage：用百分比定义内边距。在默认书写模式下，参照其定位包含框 width 进行计算，其他情况参照 height，不允许为负值。

padding 主要作用：分开内容与边框，调节元素边框与包含内容之间的距离。没有 padding 的网页，所有网页对象会紧紧包裹内容，没有空间感，会让浏览者感觉很压抑。

1. padding 属性值设置技巧

➜ 如果提供全部四个参数值，将按上、右、下、左的顺序作用于四边。
➜ 如果只提供一个参数值，将用于全部的四边。
➜ 如果提供两个参数值，第一个用于上、下补白，第二个用于左、右补白。
➜ 如果提供三个参数值，第一个用于上补白，第二个用于左、右补白，第三个用于下补白。
➜ 行内元素可以使用该属性设置左、右两边的内边距；如果要设置上、下两边的内边距，必须先使该对象表现为块状或内联块状态。

2. padding 使用技巧

padding 与 margin 用法相同，但作用不同，在使用时应了解几个技巧。

第一，当元素没有定义边框时，可以使用内边距代替外边距来使用，用来调节元素与其他元素之间的距离。由于外边距存在重叠现象，使用内边距来调节元素之间的距离会比较容易。

【示例1】 在下面示例中，上下元素之间的距离实为 50 像素，而不是 100 像素，如图 10.5 所示，因为上下相邻元素的 margin 发生了重叠。

```html
<!doctype html>
<html>
<head>
<meta charset="utf-8">
<style type="text/css">
.box1 { margin-bottom:50px; }          /* 底部外边距 */
.box2 { margin-top:50px;}              /* 顶部外边距 */
</style>
</head>
<body>
<div class="box1">第一个元素</div>
<div class="box2">第二个元素</div>
</body>
</html>
```

如果使用 padding 来定义距离则效果截然不同，如图 10.6 所示。可以看到使用内边距调节元素之间的距离时，不会出现重叠问题。

```css
.box1 { padding-bottom:50px; }         /* 底部内边距 */
.box2 { margin-top:50px;}              /* 顶部外边距 */
```

图 10.5 外边距会发生重叠   图 10.6 内边距不会重叠

第二，当为元素定义背景图像时，补白区域内可以显示背景图像。而对于边界区域来说，背景图像是达不到的，它永远表现为透明状态。

【示例 2】 在下面示例中，利用内边距的这个特性，为元素增加各种修饰性背景图像，设计图文并茂的版面，效果如图 10.7 所示。

```html
<!doctype html>
<head>
<meta charset="utf-8">
<style type="text/css">
body, p { margin: 0; padding: 0; }                      /* 清除标签默认边距*/
.box1 {
    background: url(images/bg1.jpg) no-repeat left top;  /* 设置背景图片 */
    width: 360px;                                        /* 盒子宽度与图片宽度一致 */
    height: 340px;                                       /* 盒子高度与图片高度一致 */
    margin: 0 auto;                                      /* 设置居中对齐方式 */
    margin-top: 30px;                                    /* 设置盒子与浏览器上方间距为
30 像素 */
    border: 6px double #533F1C;                          /* 设置边框线为 5 像素的实线*/
}
.box1 p {
    font-size: 42px;                                     /* 设置字体大小，太小则在图片
```

```
上不明显 */
    color: #000;                            /* 设置字体颜色 */
    font-family: "黑体";                     /* 设置字体类型 */
    line-height: 1.2em;                     /* 设置行高，根据字体大小计算
行高大小 */
    padding-left: 60px;                     /* 单独使用左间距 */
    padding-top: 10px;    /* 单独使用上间距，并观察与外层盒子上外间距的不同 */
}
</style>
</head>
<body>
<div class="box1">
    <p>横看成岭侧成峰远近高低各不同</p>
</div>
</body>
</html>
```

图 10.7　使用 padding 调节包含文本显示位置

第三，对于内联元素来说，padding 能够影响元素的大小，而 margin 没有这个功能。

【示例 3】　在下面示例中使用 padding 定义 a 标签包含区域的大小，但是如果使用 width 和 height 属性定义会达不到预期效果，演示效果如图 10.8 所示。

```
<!doctype html>
<html>
<head>
<meta charset="utf-8">
<style type="text/css">
body{/* 居中显示，并让顶部留出 40px 的边距 */
    text-align:center;
    padding-top:40px;
}
a {/* 定义超链接样式，a 是内联元素 */
    border: solid 1px #666;                 /* 加边框以方便观察 */
    text-decoration: none;                  /* 取消下划线 */
    text-indent: -9999px;                   /* 隐藏文本，在块元素中有效，本例无效 */
    font-size: 0;                           /* 隐藏文本，本例有效，IE 不支持 */
    line-height: 0;                         /* 隐藏文本，本例有效，兼容 IE */
```

```
    background: url(images/baidu.png) no-repeat;    /* 使用背景图像代替文本显示 */
}
a.bd1 {/* 使用 width 和 height 定义 a 的大小，本例无效，它们适用块级元素，本例显示为一个小黑点 */
    width: 216px;
    height: 69px
}
a.bd2 {使用 padding 定义 a 的大小，本例有效，注意上下、左右之和等于宽度、高度 */
    padding: 34px 108px 35px;
}
</style>
</head>
<body>
<a href="#" class="bd1">百度一下，你就知道</a> <a href="#" class="bd2">百度一下，你就
知道</a>
</body>
</html>
```

图 10.8 使用 padding 定义内联元素的大小

3. padding 子属性

padding 是一个复合属性，CSS 为其定义了 4 个子属性，简单说明如下：

- padding-top：设置对象顶边的内边距。
- padding-right：设置对象右边的内边距。
- padding-bottom：设置对象底边的内边距。
- padding-left：设置对象左边的内边距。

扫一扫，看视频

10.1.3 定义尺寸

CSS 使用 width 和 height 属性定义内容区域的大小，语法如下。

```
width: length | percentage | auto
height: length | percentage | auto
```

取值说明如下：

- auto：默认值，无特定宽度或高度值，取决于其他属性值。
- length：用长度值定义宽度或高度，不允许负值。
- percentage：用百分比定义宽度或高度，不允许负值。

◁》注意：

在网页布局中，元素所占用的空间不仅仅包括内容区域，还要考虑边界、边框和补白区域。因此，要区分下面
三个概念：

- 元素的总高度和总宽度：包括边界、边框、补白、内容区域。
- 元素的实际高度和实际宽度：包括边框、补白、内容区域。
- 元素的高度和宽度：仅包括内容区域。

【示例】 新建文档，保存为 test.html，输入下面 HTML 代码和 CSS 样式，预览效果如图 10.9 所示。

```html
<!doctype html>
<html>
<head>
<meta charset="utf-8">
<style type="text/css">
body {/* 清除页边距 */
    margin: 0;
    padding: 0;
}
div {
    float: left;                    /* 向左浮动 */
    height: 100px;                  /* 元素高度 */
    width: 160px;                   /* 元素宽度 */
    border: 10px solid red;         /* 边框 */
    margin: 10px;                   /* 外边距 */
    padding: 10px;                  /* 内边距 */
}
</style>
</head>
<body>
<div class="left">左侧栏目</div>
<div class="mid">中间栏目</div>
<div class="right">右侧栏目</div>
</body>
</html>
```

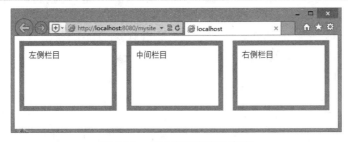

图 10.9　元素实际宽度和高度

在上面示例中，左侧栏目的宽度是多少？你可能不假思索地说是 160 像素。实际它的宽度是 200 像素。计算方法：(边框宽度+内边距宽度)×2+元素的宽度=(10px+10px)×2+160px=200px。在计算元素总宽度时，应该包括它的值，如图 10.10 所示。

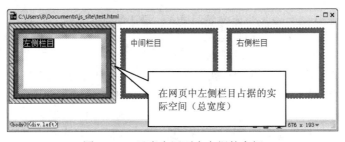

图 10.10　元素在网页中占据的空间

◀》提示：

> CSS 还提供了 4 个与尺寸相关的辅助属性，用于定义内容区域的可限定性显示。这些属性在弹性页面设计中具有重要的应用价值。

它们的用法与 width 和 height 属性相同，但是取值不包括 auto 值，其中 min-width 和 min-height 默认值为 0，max-width 和 max-height 默认值为 none。

- min-width：设置对象的最小宽度。
- min-height：设置对象的最小高度。
- max-width：设置对象的最大宽度。
- max-height：设置对象的最大高度。

10.2 以浮动方式显示

网页布局与 CSS 盒模型密切相关，有关 CSS 盒模型的概念在上一节中已经详细介绍过，本节将重点介绍网页布局中需要掌握的基础知识和方法。

扫一扫，看视频

10.2.1 定义显示类型

CSS 使用 display 属性定义对象的显示类型，语法如下。

```
display: none | inline | block | inline-block
display: list-item | table | inline-table | table-caption | table-cell | table-row
| table-row-group | table-column | table-column-group | table-footer-group | table-
header-group
display: run-in | box | inline-box | flexbox | inline-flexbox | flex | inline-flex
```

其中常用属性值说明如下：

- none：隐藏对象。visibility:hidden;声明也可以隐藏对象，但它会保留对象的物理空间，而 display: none;声明不再保留对象的原有位置。
- inline：指定对象为内联元素。
- block：指定对象为块元素。
- inline-block：指定对象为内联块元素。

上面语法中第 2 行取值定义对象为列表项目或者表格类对象显示，由于在网页设计中不常用，不再细说，感兴趣的读者可以参考 CSS 参考手册。

上面语法中第 3 行取值是 CSS3 新增的显示类型，详细说明请参考后面章节内容。

扫一扫，看视频

10.2.2 定义显示模式

在 CSS 中可以使用 box-sizing 属性定义显示模式，语法如下。

```
box-sizing: content-box | border-box
```

取值说明如下：

- content-box：以标准模式解析盒模型，padding 和 border 不被包含在定义的 width 和 height 之内。对象的实际宽度等于设置的 width 值和 border、padding 之和，即元素的实际宽度等于 width + border + padding。
- border-box：以怪异模式解析盒模型，padding 和 border 被包含在定义的 width 和 height 之内。对象的实际宽度就等于设置的 width 值，即使定义有 border 和 padding 也不会改变对象的实际宽度，即元素的实际宽度等于 width 属性值。

【示例】　新建网页，保存为 test.html，输入下面的网页代码，在 IE 中预览，显示效果如图 10.11 所示。

```html
<!doctype html>
<html>
<head>
<meta charset="utf-8">
<style type="text/css">
div {
    float: left;                           /* 并列显示 */
    height: 100px;                         /* 元素的高度 */
    width: 100px;                          /* 元素的宽度 */
    border: 50px solid red;                /* 边框 */
    margin: 10px;                          /* 外边距 */
    padding: 50px;                         /* 内边距 */
}
.border-box { box-sizing: border-box;} /* 怪异模式解析 */
</style>
</head>
<body>
<div>标准模式</div>
<div class="border-box">怪异模式</div>
</body>
</html>
```

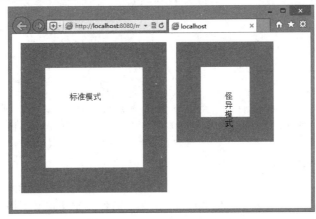

图 10.11　标准模式和怪异模式解析比较

从图 10.11 可以看到，在怪异模式下 width 属性值就是指元素的实际宽度，即 width 属性值中包含 padding 和 border 属性值。

10.2.3　设置浮动显示

CSS 使用 float 属性定义对象浮动显示，语法如下。

```
float: none | left | right
```

取值说明如下：

◥　none：默认值，设置对象不浮动显示，则以流动形式显示。

◥　left：设置对象浮在左边显示。

扫一扫，看视频

> right：设置对象浮在右边显示。

注意，float 在绝对定位和 display 为 none 时不生效。

1. 浮动空间

当对象被定义为浮动显示时，就会自动收缩，以最小化尺寸显示。

> 如果对象被定义了高度或宽度，则以该高度或宽度所设置的大小进行显示。

> 如果对象包含了其他对象，则会紧紧包裹对象或者内容区域。

> 如果没有设置大小或者没有包含对象，就会缩为一个点，为不可见状态。

因此，当定义对象浮动显示时，应该显式定义大小。如果元素包含对象，则可以考虑不定义大小，让浮动元素紧紧包裹对象。

2. 浮动位置

当对象浮动显示时，它会在包含元素内向左或者向右浮动，并停靠在包含元素内壁的左右两侧，或者紧邻前一个浮动对象并列显示。

【示例 1】 新建文档，保存为 test1.html。然后输入下面样式和结构代码。

```html
<!doctype html>
<html>
<head>
<meta charset="utf-8">
<style type="text/css">
p {
    width: 90%;                    /* 宽度 */
    border: solid 2px red;         /* 增加边框 */
}
</style>
</head>
<body>
<p class="p2"><span><acronym title="cascading style sheets">CSS</acronym><span
class="class1">具有强大的功能，可以自由控制 HTML 结构。</span>当然你需要拥有驾驭 CSS 技术的
能力和创意的灵感，同时亲自动手，用具体的实例展示 CSS 的魅力，展示个人的才华。<span
class="class2">截至目前，</span>很多 Web 设计师和程序员已经介绍过许多关于 CSS 应用技巧和兼容
技术的各种技巧和案例。而平面设计师还没有足够重视 CSS 的潜力。你是不是需要从现在开始呢？
</span></p>
</body>
</html>
```

在上面这个文本段中，p 元素以 90%的宽度显示，为了方便观察还定义了粗线边框。当定义 acronym 元素向右浮动时，它会一直浮动到 p 右边框内侧，如图 10.12 所示。

```css
acronym {
    float:right;                   /* 向右浮动 */
    background:#FF33FF;            /* 增加背景色以方便观看 */
}
```

现在，再定义 acronym 元素后面的<span>也向右浮动，此时它就不是停靠在 p 元素的内侧边框上，而是 acronym 元素左侧的外壁上，如图 10.13 所示。

```css
.class1 {
    float:right;                   /* 向右浮动 */
    border:solid 2px blue;        /* 增加边框以方便观看*/
    height:50px;                   /* 高度 */
    width:120px;                   /* 宽度 */
}
```

图 10.12 左右浮动显示效果

图 10.13 相邻浮动显示效果

浮动元素在浮动时会遵循向左右平行浮动，或者向左右下错平行浮动的规则。绝不会在当前位置基础上向上错移到左右边。

例如，针对上面文本段，定义<span class="class2">元素所包含的文本向左浮动：

```
.class2 {
    float:left;                /* 向左浮动 */
    background:#FF33FF;        /* 加背景色以方便观看 */
}
```

如果<span class="class2">元素左侧没有任何文本，则它会直接平移到左侧，如图 10.14 所示。

如果想让浮动元素上移，可以使用 margin 取负值的方法实现。例如，针对上面示例，为<span class="class2">元素定义一个负外边距值：

```
.class2 {
    margin-top:-90px;          /* 通过取负外边距值，来强迫浮动元素向上移动 */
}
```

这时可以看到浮动元素跑到上面去，如图 10.15 所示。

图 10.14 浮动平移

图 10.15 浮动上移

3. 浮动环绕

当元素浮动显示时，它原来的位置会被下面对象上移填充掉。这时上移对象会自动围绕在浮动元素周围，形成一种环绕关系。

【示例 2】 新建文档，保存为 test5.html。然后输入下面样式和结构代码。这时段落文本会自动环绕在浮动元素的右侧，如图 10.16 所示。

```
<!doctype html>
<html>
<head>
<meta charset="utf-8">
<style type="text/css">
#box1 {
    width:100px;                        /* 宽度 */
```

```
   height:100px;                         /* 高度 */
   border:solid 4px blue;                /* 边框 */
   float:left;                           /* 向左浮动 */
}
p { border:solid 2px red;}               /* 段落边框 */
</style>
</head>
<body>
<div id="box1">浮动元素</div>
<p class="p2"><span><acronym title="cascading style sheets">CSS</acronym><span
class="class1">具有强大的功能，可以自由控制 HTML 结构。</span>当然你需要拥有驾驭 CSS 技术的
能力和创意的灵感，同时亲自动手，用具体的实例展示 CSS 的魅力，展示个人的才华。<span class=
"class2">截至目前,</span>很多 Web 设计师和程序员已经介绍过许多关于 CSS 应用技巧和兼容技术的各
种技巧和案例。而平面设计师还没有足够重视 CSS 的潜力。你是不是需要从现在开始呢？</span></p>
</body>
</html>
```

通过调整浮动元素的外边距来调整它与周围环绕对象的间距，如输入下面样式，则可以得到如图
10.17 所示的效果。

```
#box1 {
   margin:16px;                /* 调整浮动元素的外边距 */
}
```

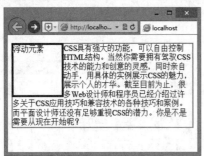

图 10.16　浮动环绕

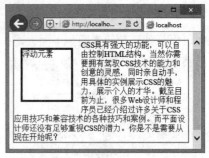

图 10.17　调整浮动环绕间距

📣 注意：

> 如果设置 p 元素（环绕对象）的内边距或者外边距来调整环绕对象与浮动元素之间的间距，则要确保外边距或
> 内边距的宽度大于或等于浮动元素的总宽度。这种设计虽然效果相同，但是如果环绕对象包含有边框或者背景，
> 所产生的效果就截然不同了。

针对上面示例，为浮动对象 p 元素定义一个左内边距和背景图像，则会显示如图 10.18 所示的效果。
但是如果把左内边距改为左外边距，所得效果如图 10.19 所示。一小小改动可能对网页布局产生无法预
测的影响，读者务必小心对待。

```
p {
   padding-left:120px;                   /* 调整环绕对象左内边距 */
   border:solid 2px red;                 /* 环绕对象的边框 */
   background:url(images/bg1.jpg);       /* 背景图像 */
}
```

图 10.18　调整环绕对象左内边距　　　　　　图 10.19　调整环绕对象左外边距

扫一扫，看视频

10.2.4　清除浮动

CSS 使用 clear 属性定义浮动对象向下错行显示，语法如下。

```
clear: none | left | right | both
```

取值说明如下：

- none：允许对象左右两边有浮动对象。
- both：不允许对象左右两边有浮动对象。
- left：不允许对象左边有浮动对象。
- right：不允许对象右边有浮动对象。

【示例】　下面示例设计一个简单的 3 行 3 列版面效果，其中第 2 行 3 栏并列浮动显示，显示效果如图 10.20 所示。

```
<!doctype html>
<html>
<head>
<meta charset="utf-8">
<style type="text/css">
div {
    border: solid 1px red;              /* 增加边框，以方便观察 */
    height: 50px;                       /* 固定高度，以方便比较 */
}
#left, #middle, #right {
    float: left;                        /* 定义中间 3 栏向左浮动 */
    width: 33%;                         /* 定义中间 3 栏等宽 */
}
</style>
</head>
<body>
<div id="header">头部信息</div>
<div id="left">左栏信息</div>
<div id="middle">中栏信息</div>
<div id="right">右栏信息</div>
<div id="footer">脚部信息</div>
</body>
</html>
```

如果设置左栏高度大于中栏和右栏高度，读者会发现脚部信息栏上移并环绕在左栏右侧，如图 10.21 所示。

```
#left {height:100px; }                    /* 定义左栏高出中栏和右栏 */
```

图 10.20　浮动布局效果

图 10.21　浮动环绕问题

这种现象当然不是我们所希望的，浮动布局所带来的影响由此可见一斑。这时可以为 <div id="footer"> 元素定义一个清除样式：

```
#footer {
    clear:left;                    /* 为脚部栏目元素定义清除属性 */
}
```

在浏览器中预览，如图 10.22 所示，又恢复到预期的 3 行 3 列布局效果。

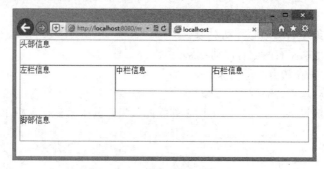

图 10.22　清除浮动环绕效果

📢 注意：

清除不是清除别的浮动元素，而是清除自身。如果左右两侧存在浮动元素，当前元素就把自己清除到下一行显示。而不是把前面的浮动元素清除走，或者清除到上一行显示。根据 HTML 解析规则，当前元素前面的对象不会再受后面元素的影响，但是当前元素能够根据前面对象的 float 属性，来决定自身的显示位置，这就是 clear 属性的作用。同样的道理，不管当前元素设置怎么清除属性，相邻后面的对象不会受到影响。

例如，针对上面的示例如果定义左栏、中栏和右栏包含如下的样式。

```
#left,#middle,#right {
    clear:right;                    /* 清除右侧浮动元素 */
}
```

虽然说左栏栏目右侧有浮动元素，中间栏目右侧也有浮动元素，但是这些浮动都是在当前元素的后面，所以 clear:right; 规则就不会对它们产生影响。

10.3　CSS 定位显示

CSS 提供了三种基本的定位机制：文档流、浮动和绝对定位。除非专门定义，否则所有对象都在文档流中定位，也就是说，流动元素的位置由元素在文档中的位置决定，块状元素从上到下一个接一个地堆叠排列，内联元素在一行中水平并列布置。

10.3.1 设置定位显示

CSS 使用 position 属性定义对象定位显示，语法如下。

```
position: static | relative | absolute | fixed
position: center | page | sticky
```

取值说明如下：

➥ static：默认值，对象遵循常规的文档流，此时 4 个定位偏移属性无效。

➥ relative：对象遵循常规的文档流，并且参照自身在文档流中的位置通过 top、right、bottom、left 这 4 个定位偏移属性进行偏移，偏移时不会影响文档流中的任何元素。

➥ absolute：对象脱离文档流，此时偏移属性参照的是离自身最近的定位祖先元素，如果没有定位的祖先元素，则参照 body 元素。盒子的偏移位置不影响常规流中的任何元素，其 margin 不与其他任何 margin 重叠。

➥ fixed：与 absolute 一致，但偏移定位是以窗口为参考。当出现滚动条时，对象不会随着滚动。

➥ center：与 absolute 一致，但偏移定位是以定位元素的中心点为参考。盒子在其包含容器中垂直水平居中。

➥ page：与 absolute 一致。元素在分页媒体或者区域块内，元素的定位包含框始终是初始定位包含框，否则取决于每个 absolute 模式。

➥ sticky：对象在常态时遵循文档流。它就像是 relative 和 fixed 的合体，当在屏幕中时按常规流排版，当卷动到屏幕外时则表现如 fixed。该属性的表现是网页设计常见的吸附效果。

◆》注意：

center、page 和 sticky 是 CSS3 新增属性，目前浏览器对其支持度不是很高，应该慎重使用。

10.3.2 静态定位

当 position 属性值为 static 时，可以实现静态定位。所谓静态定位就是各个元素在 HTML 文档流中的位置是固定的。每个元素在文档结构中的位置决定了它们被解析和显示的顺序。

图 10.23 静态显示

【示例】 在下面示例代码中，如果没有特殊声明，它们都以静态方式确定自己的显示位置。<div id="left">、<<div id ="middle">和<div id ="right">三个栏目自上而下堆叠显示，如图 10.23 所示。

```
<!doctype html>
<html>
<head>
<meta charset="utf-8">
</head>
<body>
<div id="left">左侧栏目</div>
<div id ="middle">中间栏目</div>
<div id ="right">右侧栏目</div>
</body>
</html>
```

◆》提示：

任何元素在默认状态下都会以静态方式来确定自己的显示位置，使用 float 属性可以改变它们的堆叠样式，实现并列显示效果，但无法改变它们在垂直方向的先后显示顺序，如图 10.24 所示。

float:left

float:right

图 10.24　浮动显示

📢 注意：

使用 margin 负值可以改变静态对象在垂直方向的先后显示顺序。

扫一扫，看视频

10.3.3　绝对定位

当 position 属性值为 absolute 时，可以实现绝对定位。绝对定位是一种特殊的网页排版方式，定位对象脱离文档流，根据定位包含框来确定自己的显示位置。绝对定位对象与文档流之间不会相互、直接干扰，实现对象在网页中精确定位。

【示例】　在下面示例中，使用绝对定位方式让三个栏目在网页中自由分布，如图 10.25 所示。

```html
<!doctype html>
<html>
<head>
<meta charset="utf-8">
<style type="text/css">
div {/* 定义三个栏目都绝对定位显示。固定大小，添加边框以便观察 */
    position: absolute;
    border: solid 2px red;
    height: 100px;
    width: 200px;
}
#left {/* 固定在左上角显示 */
    left: 0px; top: 0px;
}
#middle {/* 固定在 33%的偏中间位置显示 */
    left: 33%; top: 33%;
}
#right {/* 固定在右下角显示 */
    bottom: 0px; right: 0px;
}
</style>
</head>
<body>
<div id="left">左侧栏目</div>
<div id ="middle">中间栏目</div>
<div id ="right">右侧栏目</div>
</body>
</html>
```

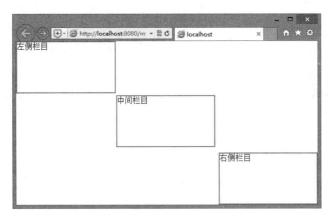

图 10.25 绝对定位显示

从图 10.25 可以看到，<div id="left">不再受文档流的影响，始终显示在窗口左上角的位置，<div id="right">始终显示在窗口右下角的位置。由于<div id ="middle">的定位取值为百分比，它会弹性显示在偏中央的位置显示。

10.3.4 相对定位

扫一扫，看视频

当 position 属性值为 relative 时，可以实现相对定位。相对定位是在静态定位和绝对定位之间取一个平衡点，让定位对象不脱离文档流，但又能偏移原始位置。

【示例】 在下面这个示例中，通过相对定位，让二级标题紧邻一级标题下面中间位置，效果如图 10.26 所示。

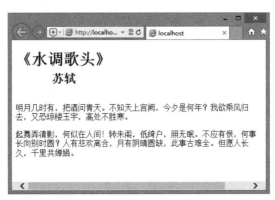

图 10.26 相对定位

```
<!doctype html>
<html>
<head>
<meta charset="utf-8">
<style type="text/css">
h2 {
    position: relative;                    /* 相对定位 */
    left: 74px;                            /* x 轴坐标 */
    top: -15px;                            /* y 轴坐标 */
}
</style>
```

```
</head>
<body>
<h1>《水调歌头》</h1>
<h2>苏轼</h2>
<p>明月几时有，把酒问青天。不知天上宫阙，今夕是何年？我欲乘风归去，又恐琼楼玉宇，高处不胜寒。</p>
<p>起舞弄清影，何似在人间！转朱阁，低绮户，照无眠。不应有恨，何事长向别时圆？人有悲欢离合，月有阴晴圆缺，此事古难全。但愿人长久，千里共婵娟。 </p>
</body>
</html>
```

从图 10.26 可以看到，相对定位元素虽然偏移了原始位置，但是它的原始位置所占据的空间还保留着，并没有被其他元素挤占。

10.3.5 固定定位

当 position 属性值为 fixed 时，可以实现固定定位。固定定位是绝对定位的一种特殊形式，它是以浏览器窗口为参照来定位对象。

📢 提示：

绝对定位不受文档流的影响，受滚动条的影响，而固定定位既不受文档流影响，也不受滚动条的影响。

【示例】　在下面示例中，定义图片 p1 绝对定位，显示在窗口左下角，定义图片 p2 固定定位，显示在窗口右下角。当滚动滚动条时，则会发现 p2 始终显示在窗口右下角，而 p1 会跟随滚动条上下移动，如图 10.27 所示。

```
<!doctype html>
<html>
<head>
<meta charset="utf-8">
<style type="text/css">
.p1 {    /* 绝对定位在左下角 */
    position: absolute;
    left: 0;
    bottom: 0;
}
.p2 {    /* 固定定位在右下角 */
    position: fixed;
    right: 0;
    bottom: 0;
}
.h2000 { height: 2000px;}
</style>
</head>
<body>
<img src="images/1.png" class="p1" />
<img src="images/2.png" class="p2" />
<div class="h2000"></div>
</body>
</html>
```

图 10.27 比较绝对定位和固定定位

扫一扫，看视频

10.3.6 定位包含框

当包含框设置了 position 属性值为 absolute、relative 或 fixed，则该包含框就具有定位参照功能，我们把它简称为定位包含框。当一个定位对象被多层定位包含框包裹，就以最近的（内层）定位包含框作为参照进行定位。没有包裹定位包含框，默认以 body 为定位包含框。

【示例】 在下面示例中，采用双重定位的方法实现让一个定位对象永远位于窗口的中央位置，包括水平居中和垂直居中，显示效果如图 10.28 所示。

```html
<!doctype html>
<html>
<head>
<meta charset="utf-8">
<style type="text/css">
#wrap {/* 定位定位包含框 */
    position: absolute;                    /* 绝对定位 */
    left: 50%;                             /* x 轴坐标 */
    top: 50%;                              /* y 轴坐标 */
    width: 200px;                          /* 宽度 */
    height: 100px;                         /* 高度 */
    border: dashed 1px blue;               /* 虚线框 */
}
#box {/* 定位对象 */
    position: absolute;                    /* 绝对定位 */
    left: -50%;                            /* x 轴坐标 */
    top: -50%;                             /* y 轴坐标 */
    width: 200px;                          /* 宽度 */
    height: 100px;                         /* 高度 */
    background: red;                       /* 背景色 */
    text-align:center;                     /* 文本水平居中 */
    line-height:100px;                     /* 文本垂直居中 */
    color:#fff;                            /* 白色高亮显示 */
}
</style>
</head>
<body>
<div id="wrap">
    <div id="box">定位对象居中显示</div>
</div>
</body>
</html>
```

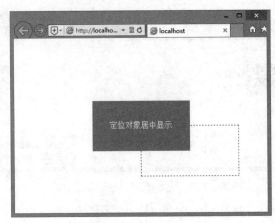

图 10.28　定位对象居中显示

定位对象一般都脱离文档流，要实现直接居中对齐比较困难，本例采用间接方式解决这个技术难题。设计思路如下：

第 1 步，为定位对象包裹一个辅助元素（虚线框）。

第 2 步，设置辅助元素绝对定位，设置 left: 50%，即定义 x 轴偏移坐标为定位包含框宽度的一半；设置 top: 50%，即定义 y 轴偏移坐标为定位包含框高度的一半。这样可以看到虚线框的左上角位于浏览器窗口的中央位置，但是虚线框偏向右下方。

第 3 步，以虚线框为定位包含框，同时设置它的宽度和高度与定位对象的大小相同。

第 4 步，定义定位对象为绝对定位，设置 left: -50%，即定义 x 轴偏移坐标取值为虚线框宽度的一半，并加上负号；设置 top: -50%，即定义 y 轴偏移坐标取值为虚线框高度的一半，并加上负号。最终实现定位对象居中显示效果。

📢 提示：

在实际开发中，常常使用相对定位元素作为定位包含框。使用相对定位元素作为定位包含框能够让定位对象适应文档流的影响，避免完全脱离文档流。

扫一扫，看视频

10.3.7　设置定位偏移

CSS 使用 top、right、bottom 和 left 定义定位对象的位置偏移，简单说明如下。

- ↳ top：设置对象参照定位包含框顶边向下偏移位置。
- ↳ right：设置对象参照定位包含框右边向左偏移位置。
- ↳ bottom：设置对象参照定位包含框底边向上偏移位置。
- ↳ left：设置对象参照定位包含框左边向右偏移位置。

📢 注意1：

这里的定位边是指包含框内壁，即内边距的内沿，同时定位对象是以边框外边的左上角为定位中心。

【示例 1】　在下面示例中，这个相对定位包含框中包含着一个绝对定位的元素，可以很直观地看到坐标参照系，如图 10.29 所示。

```
<!doctype html>
<html>
<head>
<meta charset="utf-8">
<style type="text/css">
#wrap {
```

```
    position: relative;                        /* 相对定位 */
    border: solid 50px red;                    /* 边框 */
    padding: 50px;                             /* 内边距 */
    width: 200px;                              /* 宽度 */
    height: 100px;                             /* 高度 */
}
#box {
    position: absolute;                        /* 绝对定位 */
    border: solid 50px blue;                   /* 边框 */
    margin: 50px;                              /* 外边距 */
    left: 50px;                                /* x 轴坐标 */
    top: 50px;                                 /* y 轴坐标 */
}
</style>
</head>
<body>
<div id="wrap">定位包含框
    <div id="box">定位对象</div>
</div>
</body>
</html>
```

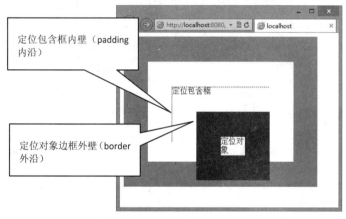

图 10.29　定位边和定位点示意图

对于其他各边和定位点类似，分别对应定位包含框四边内壁，以及定位对象四个顶点。

注意 2：

对于绝对定位或固定定位来说，如果没有明确水平偏移，即没有显式定义 left 或 right 属性值，则定位对象在水平方向继续受文档流的影响；如果没有明确垂直偏移，即没有显式定义 top 或 bottom 属性值，则定位对象在垂直方向继续受文档流的影响。

【示例 2】　在下面示例中，定义图片 p1 绝对定位，只设置 bottom 属性，定义图片 p2 固定定位，只设置 right 属性。这样当在图片前添加文本时，则会发现 p1 在水平方向上随文本左右移动，但始终显示在窗口底部，而 p2 在垂直方向上随文本上下移动，但是始终显示在窗口右侧，如图 10.30 所示。

```
<!doctype html>
<html>
<head>
<meta charset="utf-8">
<style type="text/css">
```

```
.p1 {      /*定义图片p1绝对定位，只设置bottom属性*/
    position: absolute;
    bottom: 0;
}
.p2 {/*定义图片p2固定定位，只设置right属性*/
    position: fixed;
    right: 0;
}
</style>
</head>
<body>
<p>
明月几时有，把酒问青天。不知天上宫阙，今夕是何年？我欲乘风归去，又恐琼楼玉宇，高处不胜寒。起舞弄
清影，何似在人间！转朱阁，低绮户，照无眠。不应有恨，何事长向别时圆？人有悲欢离合，月有阴晴圆缺，
此事古难全。但愿人长久，千里共婵娟。
<img src="images/1.png" class="p1" />
<img src="images/2.png" class="p2" />
</p>
</body>
</html>
```

图 10.30　没有设置偏移值时绝对定位和固定定位受文档流影响

🔊 提示：

如果在没有明确定位对象的宽度或高度时，可以通过 left、top、right 和 bottom 属性配合使用定义对象的大小。例如，在没有定义宽度的情况下，如果同时定义了 left 和 right 属性，则可以在水平方向上定义元素的宽度和位置。在没有定义高度的情况下，如果同时定义了 top 和 bottom 属性，则可以在垂直方向上定义元素的高度和位置。

扫一扫，看视频

10.3.8　设置层叠顺序

CSS 使用 z-index 属性设置定位对象的层叠顺序，语法如下。

```
-index: auto | integer
```

取值说明如下：

❧ auto：默认值，定位对象在当前层叠上下文中的层叠级别是 0。

❧ integer：用整数值来定义堆叠级别，可以为负值。

【示例 1】　设计三个定位的盒子：红盒子、蓝盒子和绿盒子。在默认状态下，它们按先后顺序确定自己的层叠顺序，排在后面，就显示在上面。下面使用 z-index 属性改变它们的层叠顺序，这时可以看到三个盒子的层叠顺序发生了变化，如图 10.31 所示。

```
<!doctype html>
<html>
```

```
<head>
<meta charset="utf-8">
<style type="text/css">
#box1, #box2, #box3 {    /* 定义三个方形盒子，并绝对定位显示 */
    height: 100px;
    width: 200px;
    position: absolute;
    color: #fff;
}
#box1 {
    background: red;
    left: 100px;
    z-index: 3;                     /* 排在最上面 */
}
#box2 {
    background: blue;
    top: 50px;
    left: 50px;
    z-index: 2;                     /* 排在中间 */
}
#box3 {
    background: green;
    top: 100px;
    z-index: 1;                     /* 排在下面 */
}
</style>
</head>
<body>
<div id="box1">红盒子</div>
<div id="box2">蓝盒子</div>
<div id="box3">绿盒子</div>
</body>
</html>
```

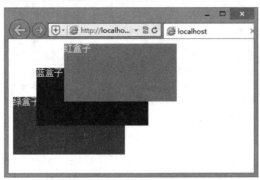

图 10.31　定义层叠顺序

不仅仅针对绝对定位，相对定位和固定定位对象都可以设置层叠顺序。

如果 z-index 属性值为负值，可以使定位对象显示在文档流的下面。

【示例 2】　在下面示例中，为插图定义 z-index 属性为-1，使相对定位的图片显示在文本段的下面，如图 10.32 所示。

```
<!doctype html>
```

```html
<html>
<head>
<meta charset="utf-8">
<style type="text/css">
#box {color: #fff; font-size: 1.5;}
#box img {
    position: relative;              /* 让图片相对定位 */
    z-index: -1;                     /* 显示在文本段下面 */
    left: -20px;                     /* 调整图片 x 轴偏移位置 */
    top: -214px;                     /* 调整图片 y 轴偏移位置 */
}
</style>
</head>
<body>
<div id="box">
    <h1>《水调歌头》</h1>
    <h2>苏轼</h2>
    <p>明月几时有，把酒问青天。不知天上宫阙，今夕是何年？我欲乘风归去，又恐琼楼玉宇，高处不胜寒。
</p>
    <p>起舞弄清影，何似在人间！转朱阁，低绮户，照无眠。不应有恨，何事长向别时圆？人有悲欢离合，
月有阴晴圆缺，此事古难全。但愿人长久，千里共婵娟。  </p>
    <img src="images/1.jpg" /> </div>
</body>
</html>
```

图 10.32　让定位对象显示在文档流下面

10.3.9　层叠上下文

层叠上下文就是能够为所包含的定位对象提供层叠排序参照的定位包含框。创建新的局部层叠上下文，就是以定位对象自己作为层叠上下文，为内部的定位对象提供层叠排序参考。

使用 z-index 时，应该深入理解下面几点：

- ☛ z-index 用于确定元素在当前层叠上下文中的层叠级别，并确定该元素是否创建新的局部层叠上下文。
- ☛ 每个元素层叠顺序由所属的层叠上下文和元素本身的层叠级别决定（每个元素仅属于一个层叠

扫一扫，看视频

上下文）。

❧ 同一个层叠上下文中，层叠级别大的显示在上面，反之显示在下面。

❧ 同一个层叠上下文中，层叠级别相同的两个元素，依据它们在 HTML 文档流中的顺序，写在后面的将会覆盖前面的。

❧ 不同层叠上下文中，元素的显示顺序依据祖先的层叠级别来决定，与自身的层叠级别无关。

❧ 当 z-index 未定义或者值为 auto 时，在 IE 怪异模式下会创建新的局部层叠上下文，而在现代标准浏览器中，按照规范不产生新的局部层叠上下文。

【示例】　在下面示例中，<div id="wrap">包含两个相对定位元素：<div id="header">和<div id="main">，它们又各自包含一个绝对定位对象：<div id="logo">和<div id="banner">。

```html
<!doctype html>
<html>
<head>
<meta charset="utf-8">
<style type="text/css">
body {
    padding: 0; margin: 0;                      /* 清除页边距 */
    background: #000;
}
#header, #main { position: relative; }          /* 定义相对定位元素 */
#main {top: 35px; }                             /* 层叠错位*/
#logo {
    position: absolute;                         /* 绝对定位 */
    z-index: 1000;                              /* 层叠值 */
}
#banner {
    position: absolute;                         /* 绝对定位 */
}
</style>
</head>
<body>
<div id="wrap">
    <div id="header">
        <div id="logo"><img src="images/logo.png" /></div>
    </div>
    <div id="main">
        <div id="banner"><img src="images/banner.png" /></div>
    </div>
</div>
</body>
</html>
```

<div id="logo">>和<div id="banner">虽然属于不同的定位包含框，但是它们的定位包含框都没有设置 z-index，导致它们都位于同一个层叠上下文中，即都以 body 为层叠顺序参照。

这里会看到，在标准浏览器中，层叠级别高的<div id="logo">会覆盖<div id="banner">，如图 10.33 所示。而在 IE 怪异模式下，由于两个定位包含框会自动创建新的局部层叠上下文，<div id="logo">和<div id="banner">就无法直接相互层叠，它们必须根据父级元素的层叠顺序决定覆盖关系，所以会看到后面的<div id="banner">会覆盖<div id="logo">，如图 10.34 所示。

图 10.33　IE 标准模式下效果　　　　　　　　图 10.34　IE 怪异模式下效果

解决 IE 怪异模式的问题：只需要提升<div id="header">的层叠级别，例如，在样式表中增加如下样式。

```
#header {
    z-index:1;                                    /* 增加层叠顺序 */
}
```

10.4　课后练习

本节分多个专题练习 CSS 网页排版的基本方法、特性和应用技巧，感兴趣的读者可以扫码练习。

布局技巧　　　　　　　排版方法　　　　　　CSS3 用户界面

第 11 章　使用 HTML5+CSS3 排版网页

CSS3 新增了一些布局功能，使用它们可以更灵活地设计网页版式。本章将重点介绍多列布局和弹性盒布局，多列布局适合排版很长的文字内容，让其多列显示；弹性盒布局适合设计自动伸缩的多列容器，如网页、栏目或模块，以适应移动页面设计的要求。

【学习重点】

● 设计多列布局。
● 设计弹性盒布局样式。
● 使用 CSS3 布局技术设计适用移动需求的网页。

11.1　多 列 布 局

CSS3 使用 columns 属性定义多列布局，用法如下。

```
columns:column-width || column-count;
```

columns 属性的初始值根据元素个别属性而定，它适用于不可替换的块元素、行内块元素、单元格，但是表格元素除外。取值简单说明如下：

↘ column-width：定义每列的宽度。
↘ column-count：定义列数。

🔊 提示：

Webkit 引擎支持-webkit-columns 私有属性，Mozilla Gecko 引擎支持-moz-columns 私有属性。目前其他大部分最新版本浏览器支持 columns 属性。

扫一扫，看视频

11.1.1　设置列宽

CSS3 使用 column-width 属性可以定义单列显示的宽度，用法如下。

```
column-width: length | auto;
```

取值简单说明如下：

↘ length：长度值，不可为负值。
↘ auto：根据浏览器自动计算来设置。

column-width 可以与其他多列布局属性配合使用，设计指定固定列数、列宽的布局效果，也可以单独使用，限制单列宽度，当超出宽度时，则会自动多列显示。

【示例】　本例设计网页文档的 body 元素的列宽度为 300 像素，如果网页内容能够在单列内显示，则会以单列显示；如果窗口足够宽，且内容很多，则会在多列中显示，演示效果如图 11.1 所示，根据窗口宽度自动调整为三栏显示，列宽度显示为 300 像素。

```
<style type="text/css" media="all">
/*定义网页列宽为 300 像素，则网页中每个栏目的最大宽度为 300 像素*/
body {
    -webkit-column-width:300px;
    -moz-column-width:300px;
    column-width:300px;
}
</style>
```

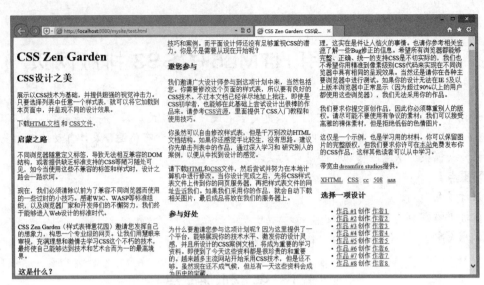

图 11.1　浏览器根据窗口宽度变化调整栏目的数量

📢 提示：

后面几节示例继续以本例禅意花园的结构和内容为基础进行演示说明。

扫一扫，看视频

11.1.2　设置列数

CSS3 使用 column-count 属性定义列数，用法如下。

```
column-count:integer | auto;
```

取值简单说明如下：

- ❥ integer：定义栏目的列数，取值为大于 0 的整数。如果 column-width 和 column-count 属性没有明确值，则该值为最大列数。
- ❥ auto：根据浏览器计算值自动设置。

【示例】　下面示例定义网页内容显示为 3 列，则不管浏览器窗口怎么调整，页面内容总是遵循 3 列布局，演示效果如图 11.2 所示。

图 11.2　根据窗口宽度自动调整列宽，但是整个页面总是显示为 3 列

```
<style type="text/css" media="all">
/*定义网页列数为 3，这样整个页面总是显示为 3 列*/
body {
    -webkit-column-count:3;
    -moz-column-count:3;
    column-count:3;
}
</style>
```

扫一扫，看视频

11.1.3 设置列间距

CSS3 使用 column-gap 属性定义两栏之间的间距，用法如下。

```
column-gap:normal | length;
```

取值简单说明如下：

➥ normal：根据浏览器默认设置进行解析，一般为 1em。

➥ length：长度值，不可为负值。

【示例】   在上面示例基础上，通过 column-gap 和 line-height 属性配合使用，设置列间距为 3em，行高为 1.8em，页面内文字内容看起来更明晰，轻松许多，演示效果如图 11.3 所示。

```
<style type="text/css" media="screen">
body {
    /*定义页面内容显示为 3 列*/
    -webkit-column-count: 3;
    -moz-column-count: 3;
    column-count: 3;
    /*定义列间距为 3em，默认为 1em*/
    -webkit-column-gap: 3em;
    -moz-column-gap: 3em;
    column-gap: 3em;
    line-height: 1.8em; /* 定义页面文本行高 */
}
</style>
```

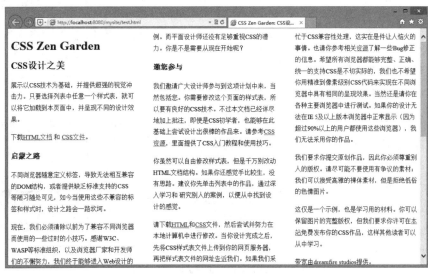

图 11.3   设计疏朗的页面布局

11.1.4 设置列边框样式

CSS3 使用 column-rule 属性定义每列之间边框的宽度、样式和颜色，用法如下。

```
column-rule:length | style | color | transparent;
```

取值简单说明如下：

- ➥ length：长度值，不可为负值。功能与 column-rule-width 属性相同。
- ➥ style：定义列边框样式。功能与 column-rule-style 属性相同。
- ➥ color：定义列边框颜色。功能与 column-rule-color 属性相同。
- ➥ transparent：设置边框透明显示。

CSS3 在 column-rule 属性的基础上派生了三个列边框属性。

- ➥ column-rule-color：定义列边框颜色。
- ➥ column-rule-width：定义列边框宽度。
- ➥ column-rule-style：定义列边框样式。

【示例】 在上面示例基础上，为每列之间的边框定义一个虚线分隔线，线宽为 2 像素，灰色显示，演示效果如图 11.4 所示。

```
<style type="text/css" media="screen">
body {
    /*定义页面内容显示为 3 列*/
    -webkit-column-count: 3;
    -moz-column-count: 3;
    column-count: 3;
    /*定义列间距为 3em，默认为 1em*/
    -webkit-column-gap: 3em;
    -moz-column-gap: 3em;
    column-gap: 3em;
    line-height: 2.5em;
    /*定义列边框为 2 像素宽的灰色虚线*/
    -webkit-column-rule: dashed 2px gray;
    -moz-column-rule: dashed 2px gray;
    column-rule: dashed 2px gray;
}
</style>
```

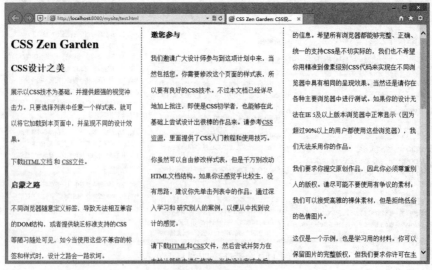

图 11.4　设计列边框效果

11.1.5 设置跨列显示

CSS3 使用 column-span 属性定义跨列显示，也可以设置单列显示，用法如下。

```
column-span:none | all;
```

取值简单说明如下：

- none：只在本栏中显示。
- all：将横跨所有列。

【示例】 在上面示例基础上，使用 column-span 属性定义一级和二级标题跨列显示，演示效果如图 11.5 所示。

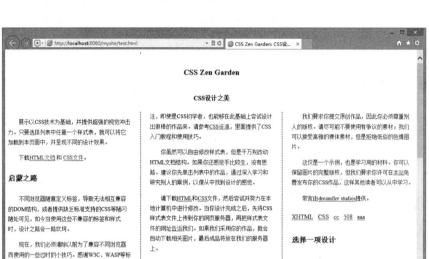

图 11.5 设计标题跨列显示效果

```
<style type="text/css" media="screen">
body {
    /*定义页面内容显示为 3 列*/
    -webkit-column-count: 3;
    -moz-column-count: 3;
    column-count: 3;
    /*定义列间距为 3em，默认为 1em*/
    -webkit-column-gap: 3em;
    -moz-column-gap: 3em;
    column-gap: 3em;
    line-height: 2.5em;
    /*定义列边框为 2 像素宽的灰色虚线*/
    -webkit-column-rule: dashed 2px gray;
    -moz-column-rule: dashed 2px gray;
    column-rule: dashed 2px gray;}
/*设置一级标题跨越所有列显示*/
h1 {
    color: #333333;
    font-size: 20px;
    text-align: center;
    padding: 12px;
    -webkit-column-span: all;
```

```
    -moz-column-span: all;
    column-span: all;}
/*设置二级标题跨越所有列显示*/
h2 {
    font-size: 16px;
    text-align: center;
    -webkit-column-span: all;
    -moz-column-span: all;
    column-span: all;}
p {color: #333333; font-size: 14px; line-height: 180%; text-indent: 2em;}
</style>
```

扫一扫，看视频

11.1.6 设置列高度

CSS3 使用 column-fill 属性定义栏目的高度是否统一，用法如下。

```
column-fill:auto | balance;
```

column-fill 属性的初始值为 balance，适用于多列布局元素。取值简单说明如下：

➥ auto：各列的高度随其内容的变化而自动变化。

➥ balance：各列的高度将会根据内容最多的那一列的高度进行统一。

【示例】 在上面示例基础上，使用 column-fill 属性定义每列高度一致，演示效果如图 11.6 所示。

```
<style type="text/css" media="screen">
body {
    /*定义页面内容显示为 3 列*/
    -webkit-column-count: 3;
    -moz-column-count: 3;
    column-count: 3;
    /*定义列间距为 3em，默认为 1em*/
    -webkit-column-gap: 3em;
    -moz-column-gap: 3em;
    column-gap: 3em;
    line-height: 2.5em;
    /*定义列边框为 2 像素宽的灰色虚线*/
    -webkit-column-rule: dashed 2px gray;
    -moz-column-rule: dashed 2px gray;
    column-rule: dashed 2px gray;
    /*设置各列高度自动调整*/
    -webkit-column-fill: auto;
    -moz-column-fill: auto;
    column-fill: auto;}
/*设置一级标题跨越所有列显示*/
h1 {
    color: #333333;
    font-size: 20px;
    text-align: center;
    padding: 12px;
    -webkit-column-span: all;
    -moz-column-span: all;
    column-span: all;}
/*设置二级标题跨越所有列显示*/
h2 {
```

```
    font-size: 16px;
    text-align: center;
    -webkit-column-span: all;
    -moz-column-span: all;
    column-span: all;}
p {color: #333333; font-size: 14px; line-height: 180%; text-indent: 2em;}
</style>
```

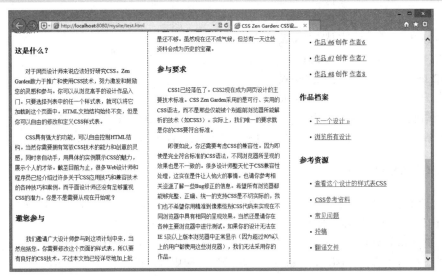

图 11.6　设计每列显示高度一致

11.2　弹性盒布局

CSS3 引入了新的盒模型——Box 模型，该模型定义一个盒子在其他盒子中的分布方式以及如何处理可用的空间。使用该模型可以很轻松地创建自适应浏览器窗口的流动布局或自适应字体大小的弹性布局。传统的盒模型基于 HTML 文档流在垂直方向上排列盒子。使用弹性盒模型可以定义盒子的排列顺序，反之也可以。

启动弹性盒模型，只需为包含子对象的容器对象设置 display 属性即可，用法如下。

```
display: box | inline-box | flexbox | inline-flexbox | flex | inline-flex
```

取值说明如下：

- ➘ box：将对象作为弹性伸缩盒显示。伸缩盒最老版本。
- ➘ inline-box：将对象作为内联块级弹性伸缩盒显示。伸缩盒最老版本。
- ➘ flexbox：将对象作为弹性伸缩盒显示。伸缩盒过渡版本。
- ➘ inline-flexbox：将对象作为内联块级弹性伸缩盒显示。伸缩盒过渡版本。
- ➘ flex：将对象作为弹性伸缩盒显示。伸缩盒最新版本。
- ➘ inline-flex：将对象作为内联块级弹性伸缩盒显示。伸缩盒最新版本。

📢 注意：

CSS3 弹性盒布局在不断发展中并不断升级，大致经历了三个阶段，未来可能还会变。

- ➘ 2009 年版本（老版本）：display:box;。
- ➘ 2011 年版本（过渡版本）：display:flexbox;。

➘ 2012 年版本（最新稳定版本）：display:flex;。

各主流设备支持情况说明如下，其中新版本浏览器都能够延续支持老版本浏览器的功能。

IE 10+	支持最新版
Chrome 21+	支持 2011 版
Chrome 20-	支持 2009 版
Safari 3.1+	支持 2009 版
Firefox 22+	支持最新版
Firefox 2-21	支持 2009 版
Opera 12.1+	支持 2011 版
Android 2.1+	支持 2009 版
iOS 3.2+	支持 2009 版

如果把新语法、旧语法和中间过渡语法混合在一起使用，就可以让浏览器得到完美的展示。下面重点以最新稳定版本为例进行说明，老版本和过渡版本语法请读者参考 CSS3 参考手册。

11.2.1 定义 Flexbox

扫一扫，看视频

Flexbox（伸缩盒）是 CSS3 升级后的新布局模式，为了现代网络中更为复杂的网页需求而设计。Flexbox 布局的目的：允许容器有能力让其子项目能够改变其宽度、高度、顺序等，以最佳方式填充可用空间，适应所有类型的显示设备和屏幕大小。Flex 容器会使子项目（伸缩项目）扩展来填满可用空间，或缩小它们以防止溢出容器。因此，Flexbox 布局最适合应用程序的组件和小规模的布局。

Flexbox 由伸缩容器和伸缩项目组成。通过设置元素的 display 属性为 flex 或 inline-flex 可以得到一个伸缩容器。设置为 flex 的容器被渲染为一个块级元素，而设置为 inline-flex 的容器则渲染为一个行内元素。具体语法如下：

```
display: flex | inline-flex;
```

上面语法定义伸缩容器，属性值决定容器是行内显示还是块显示，它的所有子元素将变成 flex 文档流，称之为伸缩项目。

此时，CSS 的 columns 属性在伸缩容器上没有效果，同时 float、clear 和 vertical-align 属性在伸缩项目上也没有效果。

【示例】 下面示例设计一个伸缩容器，其中包含四个伸缩项目，演示效果如图 11.7 所示。

```
<!doctype html>
<html>
<head>
<meta charset="utf-8">
<style type="text/css">
.flex-container {
    display: -webkit-flex;
    display: flex;
    width: 500px;
    height: 300px;
    border: solid 1px red;}
.flex-item {
    background-color: blue;
    width: 200px;
    height: 200px;
    margin: 10px;}
</style>
```

```
</head>
<body>
<div class="flex-container">
    <div class="flex-item">伸缩项目 1</div>
    <div class="flex-item">伸缩项目 2</div>
    <div class="flex-item">伸缩项目 3</div>
    <div class="flex-item">伸缩项目 4</div>
</div>
</body>
</html>
```

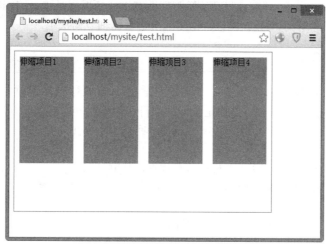

图 11.7　定义伸缩盒布局

📖 **拓展：**

伸缩容器中的每一个子元素都是一个伸缩项目，伸缩项目可以是任意数量的，伸缩容器外和伸缩项目内的一切元素都不受影响。伸缩项目沿着伸缩容器内的一个伸缩行定位，通常每个伸缩容器只有一个伸缩行。在上面示例中，可以看到 4 个项目沿着一个水平伸缩行从左至右显示。在默认情况下，伸缩行和文本方向一致：从左至右，从上到下。

常规布局是基于块和文本流方向，而 Flex 布局是基于 flex-flow 流。如图 11.8 所示是 W3C 规范对 Flex 布局的解释。

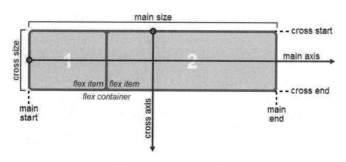

图 11.8　Flex 布局模式

基本上，伸缩项目是沿着主轴（main axis），从主轴起点（main-start）到主轴终点（main-end）或者沿着侧轴（cross axis），从侧轴起点（cross-start）到侧轴终点（cross-end）排列。

↘　主轴（main axis）：伸缩容器的主轴，伸缩项目主要沿着这条轴进行排列布局。注意，它不一定是水平的，这主要取决于 justify-content 属性的设置。

- 主轴起点（main-start）和主轴终点（main-end）：伸缩项目放置在伸缩容器内从主轴起点（main-start）向主轴终点（main-start）方向。
- 主轴尺寸（main size）：伸缩项目在主轴方向的宽度或高度就是主轴的尺寸。伸缩项目主要的大小属性要么是宽度要么是高度属性，由哪一个对着主轴方向决定。
- 侧轴（cross axis）：垂直于主轴称为侧轴。它的方向主要取决于主轴方向。
- 侧轴起点（cross-start）和侧轴终点（cross-end）：伸缩行的配置从容器的侧轴起点边开始，往侧轴终点边结束。
- 侧轴尺寸（cross size）：伸缩项目在侧轴方向的宽度或高度就是项目的侧轴长度，伸缩项目的侧轴长度属性是 width 或 height 属性，由哪一个对着侧轴方向决定。

扫一扫，看视频

11.2.2 定义伸缩方向

使用 flex-direction 属性可以定义伸缩方向，它适用于伸缩容器，也就是伸缩项目的父元素。flex-direction 属性主要用来创建主轴，从而定义伸缩项目在伸缩容器内的放置方向。具体语法如下：

```
flex-direction: row | row-reverse | column | column-reverse
```

取值说明如下：

- row：默认值，在 ltr 排版方式下从左向右排列；在 rtl 排版方式下从右向左排列。
- row-reverse：与 row 排列方向相反，在 ltr 排版方式下从右向左排列；在 rtl 排版方式下从左向右排列。
- column：类似于 row，不过是从上到下排列。
- column-reverse：类似于 row-reverse，不过是从下到上排列。

主轴起点与主轴终点方向分别等同于当前书写模式的开始与结束方向。其中 ltr 所指文本书写方式是 left-to-right，也就是从左向右书写；而 rtl 所指的刚好与 ltr 方式相反，其书写方式是 right-to-left，也就是从右向左书写。

【示例】 下面示例设计一个伸缩容器，其中包含四个伸缩项目，然后定义伸缩项目从上往下排列，演示效果如图 11.9 所示。

```
<!doctype html>
<html>
<head>
<meta charset="utf-8">
<title></title>
<style type="text/css">
.flex-container {
    display: -webkit-flex;
    display: flex;
    -webkit-flex-direction: column;
    flex-direction: column;
    width: 500px;height: 300px;border: solid 1px red;}
.flex-item {
    background-color: blue; width: 200px; height: 200px; margin: 10px;}
</style>
</head>
<body>
<div class="flex-container">
    <div class="flex-item">伸缩项目 1</div>
```

```
    <div class="flex-item">伸缩项目 2</div>
    <div class="flex-item">伸缩项目 3</div>
    <div class="flex-item">伸缩项目 4</div>
</div>
</body>
</html>
```

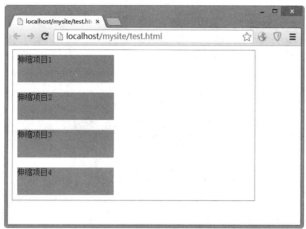

图 11.9　定义伸缩项目从上往下布局

11.2.3　定义行数

flex-wrap 主要用来定义伸缩容器里是单行还是多行显示，侧轴的方向决定了新行堆放的方向。该属性适用于伸缩容器，也就是伸缩项目的父元素。具体语法格式如下：

```
flex-wrap: nowrap | wrap | wrap-reverse
```

取值说明如下：

- ❥ nowrap：默认值，伸缩容器单行显示。在 ltr 排版下，伸缩项目从左到右排列；在 rtl 排版下，伸缩项目从右向左排列。
- ❥ wrap：伸缩容器多行显示。在 ltr 排版下，伸缩项目从左到右排列；在 rtl 排版下，伸缩项目从右向左排列。
- ❥ wrap-reverse：伸缩容器多行显示。与 wrap 相反，在 ltr 排版下，伸缩项目从右向左排列；在 rtl 排版下，伸缩项目从左到右排列。

【示例】　下面示例设计一个伸缩容器，其中包含四个伸缩项目，然后定义伸缩项目多行排列，演示效果如图 11.10 所示。

```
<!doctype html>
<html>
<head>
<meta charset="utf-8">
<title></title>
<style type="text/css">
.flex-container {
    display: -webkit-flex;
    display: flex;
    -webkit-flex-wrap: wrap;
    flex-wrap: wrap;
    width: 500px; height: 300px;border: solid 1px red;}
```

```
.flex-item {
    background-color: blue; width: 200px; height: 200px; margin: 10px;}
</style>
</head>
<body>
<div class="flex-container">
    <div class="flex-item">伸缩项目 1</div>
    <div class="flex-item">伸缩项目 2</div>
    <div class="flex-item">伸缩项目 3</div>
    <div class="flex-item">伸缩项目 4</div>
</div>
</body>
</html>
```

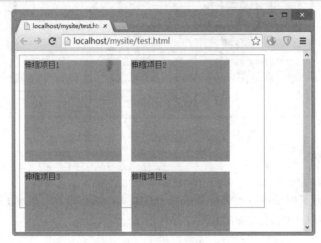

图 11.10　定义伸缩项目多行布局

📢 提示：

flex-flow 属性是 flex-direction 和 flex-wrap 属性的复合属性，适用于伸缩容器。该属性可以同时定义伸缩容器的主轴和侧轴。其默认值为 row nowrap。具体语法如下：

```
flex-flow: <'flex-direction'> || <'flex-wrap'>
```

11.2.4　定义对齐方式

1. 主轴对齐

justify-content 用来定义伸缩项目沿着主轴线的对齐方式，该属性适用于伸缩容器。当一行上的所有伸缩项目都不能伸缩或可伸缩但是已经达到其最大长度时，这一属性才会对多余的空间进行分配。当项目溢出某一行时，这一属性也会在项目的对齐上施加一些控制。具体语法如下：

```
justify-content: flex-start | flex-end | center | space-between | space-around
```

取值说明如下，示意图如图 11.11 所示。

➤ flex-star：默认值，伸缩项目向一行的起始位置靠齐。

➤ flex-end：伸缩项目向一行的结束位置靠齐。

➤ center：伸缩项目向一行的中间位置靠齐。

➤ space-between：伸缩项目会平均地分布在行里。第一个伸缩项目在一行中的最开始位置，最后一个伸缩项目在一行中最终点位置。

➦ space-around：伸缩项目会平均地分布在行里，两端保留一半的空间。

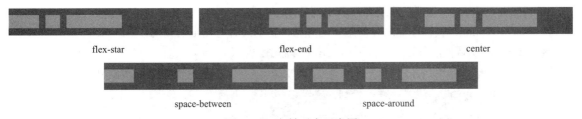

图 11.11　主轴对齐示意图

2. 侧轴对齐

align-items 主要用来定义伸缩项目可以在伸缩容器的当前行的侧轴上的对齐方式，该属性适用于伸缩容器，类似侧轴（垂直于主轴）的 justify-content 属性。具体语法如下：

```
align-items: flex-start | flex-end | center | baseline | stretch
```

取值说明如下，示意图如图 11.12 所示。

➦ flex-start：伸缩项目在侧轴起点边的外边距紧靠住该行在侧轴起始的边。

➦ flex-end：伸缩项目在侧轴终点边的外边距靠住该行在侧轴终点的边。

➦ center：伸缩项目的外边距盒在该行的侧轴上居中放置。

➦ baseline：伸缩项目根据它们的基线对齐。

➦ stretch：默认值，伸缩项目拉直填充整个伸缩容器。此值会使项目的外边距盒的尺寸在遵照 min/max-width/height 属性的限制下尽可能接近所在行的尺寸。

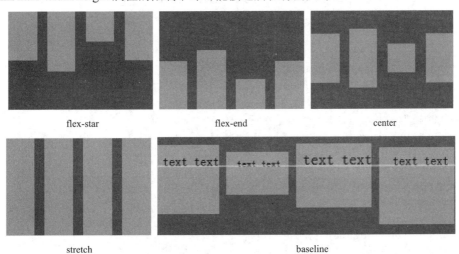

图 11.12　侧轴对齐示意图

3. 伸缩行对齐

align-content 主要用来调准伸缩行在伸缩容器里的对齐方式，该属性适用于伸缩容器。类似于伸缩项目在主轴上使用 justify-content 属性，但本属性在只有一行的伸缩容器上没有效果。具体语法如下：

```
align-content: flex-start | flex-end | center | space-between | space-around |
stretch
```

取值说明如下，示意图如图 11.13 所示。

➦ flex-start：各行向伸缩容器的起点位置堆叠。

➦ flex-end：各行向伸缩容器的结束位置堆叠。

➦ center：各行向伸缩容器的中间位置堆叠。

➦ space-between：各行在伸缩容器中平均分布。

➦ space-around：各行在伸缩容器中平均分布，在两边各有一半的空间。

➦ stretch：默认值，各行将会伸展以占用剩余的空间。

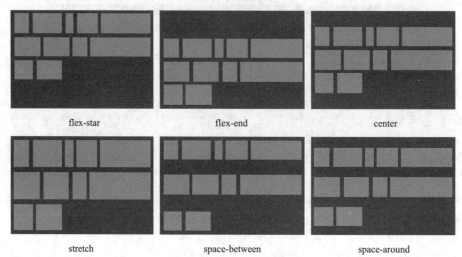

图 11.13　伸缩航对齐示意图

【示例】　下面示例以上面示例为基础，定义伸缩行在伸缩容器中居中显示，演示效果如图 11.14 所示。

```
<!doctype html>
<html>
<head>
<meta charset="utf-8">
<title></title>
<style type="text/css">
.flex-container {
  display: -webkit-flex;
  display: flex;
  -webkit-flex-wrap: wrap;
  flex-wrap: wrap;
  -webkit-align-content: center;
  align-content: center;
  width: 500px; height: 300px;border: solid 1px red;}
.flex-item {
  background-color: blue; width: 200px; height: 200px; margin: 10px;}
</style>
</head>
<body>
<div class="flex-container">
    <div class="flex-item">伸缩项目 1</div>
    <div class="flex-item">伸缩项目 2</div>
    <div class="flex-item">伸缩项目 3</div>
    <div class="flex-item">伸缩项目 4</div>
</div>
```

```
</body>
</html>
```

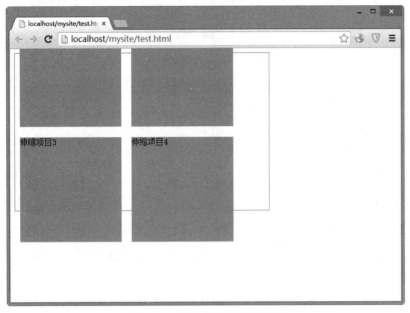

图 11.14 定义伸缩行居中对齐

扫一扫，看视频

11.2.5 定义伸缩项目

一个伸缩项目就是一个伸缩容器的子元素，伸缩容器中的文本也被视为一个伸缩项目。伸缩项目中的内容与普通文本流一样。例如，当一个伸缩项目被设置为浮动，用户依然可以在这个伸缩项目中放置一个浮动元素。

伸缩项目都有一个主轴长度（Main Size）和一个侧轴长度（Cross Size）。主轴长度是伸缩项目在主轴上的尺寸，侧轴长度是伸缩项目在侧轴上的尺寸。一个伸缩项目的宽或高取决于伸缩容器的轴，可能就是它的主轴长度或侧轴长度。

下面的属性可以调整伸缩项目的行为。

1. 显示位置

默认情况下，伸缩项目是按照文档流出现的先后顺序排列。然而，order 属性可以控制伸缩项目在它们的伸缩容器中出现的顺序，该属性适用于伸缩项目。具体语法如下：

```
order: <integer>
```

2. 扩展空间

flex-grow 可以根据需要来定义伸缩项目的扩展能力，该属性适用于伸缩项目。它接收一个不带单位的值作为一个比例，主要决定伸缩容器剩余空间按比例应扩展多少空间。具体语法如下：

```
flex-grow: <number>
```

默认值为 0，负值同样生效。

如果所有伸缩项目的 flex-grow 值设置为 1，那么每个伸缩项目将设置为一个大小相等的剩余空间。如果给其中一个伸缩项目设置 flex-grow 值为 2，那么这个伸缩项目所占的剩余空间是其他伸缩项目所占剩余空间的两倍。

3. 收缩空间

flex-shrink 可以根据需要来定义伸缩项目收缩的能力，该属性适用于伸缩项目，与 flex-grow 功能相反。具体语法如下：

```
flex-shrink: <number>
```

默认值为 1，负值同样生效。

4. 伸缩比率

flex-basis 用来设置伸缩基准值，剩余的空间按比率进行伸缩，该属性适用于伸缩项目。具体语法如下：

```
flex-basis: <length> | auto
```

默认值为 auto，负值不合法。

📖 **拓展：**

flex 是 flex-grow、flex-shrink 和 flex-basis 三个属性的复合属性，该属性适用于伸缩项目。其中第二个和第三个参数（flex-shrink、flex-basis）是可选参数。默认值为 "0 1 auto"。具体语法如下：

```
flex: none | [ <'flex-grow'> <'flex-shrink'>? || <'flex-basis'> ]
```

5. 对齐方式

align-self 用来在单独的伸缩项目上覆写默认的对齐方式。具体语法如下：

```
align-self: auto | flex-start | flex-end | center | baseline | stretch
```

其属性值与 align-items 的属性值相同。

【示例 1】 下面示例以上面示例为基础，定义伸缩项目在当前位置向右错移一个位置，其中第一个项目位于第二项目的位置，第二个项目位于第三个项目的位置上，最后一个项目移到第一个项目的位置上，演示效果如图 11.15 所示。

```html
<!doctype html>
<html>
<head>
<meta charset="utf-8">
<title></title>
<style type="text/css">
.flex-container {
    display: -webkit-flex;
    display: flex;
    width: 500px; height: 300px;border: solid 1px red;}
.flex-item {
    background-color: blue; width: 200px; height: 200px; margin: 10px;}
.flex-item:nth-child(0){
    -webkit-order: 4;
    order: 4; }
.flex-item:nth-child(1){
    -webkit-order: 1;
    order: 1; }
.flex-item:nth-child(2){
    -webkit-order: 2;
    order: 2; }
.flex-item:nth-child(3){
    -webkit-order: 3;
    order: 3; }
```

```
</style>
</head>
<body>
<div class="flex-container">
    <div class="flex-item">伸缩项目 1</div>
    <div class="flex-item">伸缩项目 2</div>
    <div class="flex-item">伸缩项目 3</div>
    <div class="flex-item">伸缩项目 4</div>
</div>
</body>
</html>
```

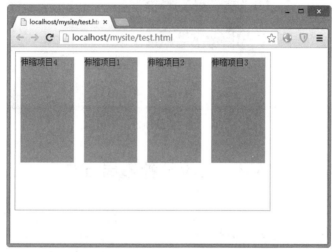

图 11.15　定义伸缩项目错位显示

📖 拓展：

margin: auto;在伸缩盒中具有强大的功能，一个"auto"的 margin 会合并剩余的空间。它可以用来把伸缩项目挤到其他位置。

【示例 2】　下面示例利用 margin-right: auto;，定义包含的项目居中显示，效果如图 11.16 所示。

```
<!doctype html>
<html>
<head>
<meta charset="utf-8">
<title></title>
<style type="text/css">
.flex-container {
    display: -webkit-flex;
    display: flex;
    width: 500px; height: 300px; border: solid 1px red;}
.flex-item {
    background-color: blue; width: 200px; height: 200px;
    margin: auto;}
</style>
</head>
<body>
<div class="flex-container">
    <div class="flex-item">伸缩项目</div>
```

```
</div>
</body>
</html>
```

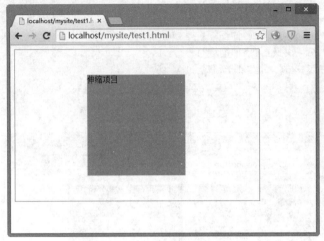

图 11.16　定义伸缩项目居中显示

11.3　比较三种布局方式

盒布局与多列布局的区别在于：使用多列布局时，各列宽度必须是相等的，在指定每列宽度时，只能为所有列指定一个统一的宽度。列与列之间的宽度不可能是不一样的。另外，使用多列布局时，也不可能具体指定什么列中显示什么内容，因此比较适合用在显示文章内容的时候，不适用于安排整个网页中由各元素组成的网页结构。

下面以示例的形式比较传统的 float 布局、多列布局和盒布局的用法和效果。

【示例 1】　下面示例使用 float 属性进行布局，该示例中有三个 div 元素，简单展示了网页中的左侧边栏、中间内容和右侧边栏，预览效果如图 11.17 所示。

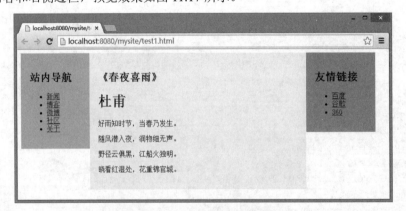

图 11.17　使用 float 属性进行布局

```
<!doctype html>
<html>
<head>
<meta charset="utf-8">
<title></title>
```

```
<style type="text/css">
#left-sidebar {
    float: left;
    width: 160px;
    padding: 20px;
    background-color: orange;
}
#contents {
    float: left;
    width: 500px;
    padding: 20px;
    background-color: yellow;
}
#right-sidebar {
    float: left;
    width: 160px;
    padding: 20px;
    background-color: limegreen;
}
#left-sidebar, #contents, #right-sidebar {
    box-sizing: border-box;
    -moz-box-sizing: border-box;
    -webkit-box-sizing: border-box;
}
</style>
</head>
<body>
<div id="container">
    <div id="left-sidebar">
        <h2>站内导航</h2>
        <ul>
            <li><a href="">新闻</a></li>
            <li><a href="">博客</a></li>
            <li><a href="">微博</a></li>
            <li><a href="">社区</a></li>
            <li><a href="">关于</a></li>
        </ul>
    </div>
    <div id="contents">
        <h2>《春夜喜雨》</h2>
        <h1>杜甫</h1>
        <p>好雨知时节，当春乃发生。</p>
        <p>随风潜入夜，润物细无声。</p>
        <p>野径云俱黑，江船火独明。</p>
        <p>晓看红湿处，花重锦官城。</p>
    </div>
    <div id="right-sidebar">
        <h2>友情链接</h2>
        <ul>
            <li><a href="">百度</a></li>
            <li><a href="">谷歌</a></li>
            <li><a href="">360</a></li>
```

```
        </ul>
    </div>
</div>
</body>
</html>
```

通过图 11.7 可以看出，使用 float 属性或 position 属性时，左右两栏或多栏中 div 元素的底部并没有对齐。如果使用盒布局，这个问题将很容易得到解决。

【示例 2】 以上面示例为基础，为最外层的<div id="container">标签定义 box 属性，并去除代表左侧边栏<div id="left-sidebar">、中间内容<div id="contents">、右侧边栏<div id="right-sidebar">中 div 元素样式中的 float 属性，修改内部样式表代码如下所示，然后在浏览器中预览，显示效果如图 11.18 所示。

```
/*定义包含框为盒子布局*/
#container {
    display: box;
    display: -moz-box;
    display: -webkit-box;
}
#left-sidebar {
    width: 160px;
    padding: 20px;
    background-color: orange;
}
#contents {
    width: 500px;
    padding: 20px;
    background-color: yellow;
}
#right-sidebar {
    width: 160px;
    padding: 20px;
    background-color: limegreen;
}
/*绑定三列栏目为一个盒子整体布局效果*/
#left-sidebar, #contents, #right-sidebar {
    box-sizing: border-box;
    -moz-box-sizing: border-box;
    -webkit-box-sizing: border-box;
}
```

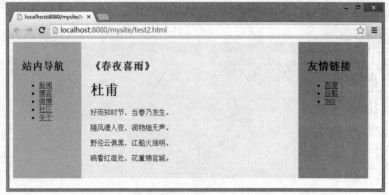

图 11.18 使用 box 属性进行布局

【示例 3】 为了方便与多列布局进行比较，在本示例中将上面示例修改为多列布局格式。将代码清单最外层的<div id="container">标签样式改为通过 column-count 属性来控制，以便应用多栏布局，并去除代表左侧边栏<div id="left-sidebar">、中间内容<div id="contents">和右侧边栏<div id="right-sidebar">的 div 元素的 float 属性与 width 属性，修改代码如下所示，修改后重新运行该示例，运行结果如图 11.19 所示。

```
#container {
    column-count: 3;
    -moz-column-count: 3;
    -webkit-column-count: 3;
}
#left-sidebar {
    padding: 20px;
    background-color: orange;
}
#contents {
    padding: 20px;
    background-color: yellow;
}
#right-sidebar {
    padding: 20px;
    background-color: limegreen;
}
```

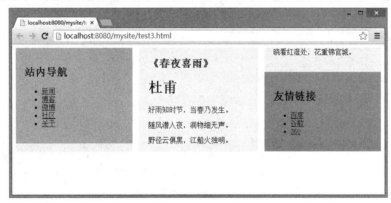

图 11.19 使用多列布局

通过图 11.19 可以看到，在多列布局中，三列栏目融合在一起，因此使用多列布局不适合应用到网页结构控制方面，它仅适合于文章多列排版。

11.4 实 战 案 例

本节将通过多个案例演示 CSS3 布局的多样性和灵活性，通过实战提升用户使用新技术的能力。

11.4.1 设计可伸缩模板

下面示例演示如何灵活使用新老版本的弹性盒布局，设计一个兼容不同设备和浏览器的可伸缩页面，演示效果如图 11.20 所示。

扫一扫，看视频

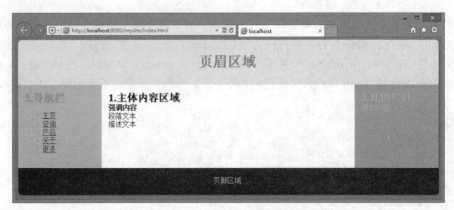

图 11.20　定义混合伸缩盒布局

【操作步骤】

第 1 步，新建 HTML5 文档，保存为 index.html。

第 2 步，在<body>标签内输入如下代码，设计文档模板结构。

```
<div id="container">
    <div id="header">
        <h1>页眉区域</h1>
    </div>
    <div id="main-wrap">
        <section id="main-content">
            <h1>1.主体内容区域</h1>
            <p><strong>强调内容</strong></p>
            <p>段落文本</p>
            <p>描述文本</p>
        </section>
        <nav id="main-nav">
            <h2>2.导航栏</h2>
            <ul>
                <li><a href="#">主页</a></li>
                <li><a href="#">咨询</a></li>
                <li><a href="#">产品</a></li>
                <li><a href="#">关于</a></li>
                <li><a href="#">更多</a></li>
            </ul>
        </nav>
        <aside id="main-sidebar">
            <h2>3.其他栏目</h2>
            <p>侧栏内容</p>
        </aside>
    </div>
    <div id="footer">
        <p>页脚区域</p>
    </div>
</div>
```

上面结构三层嵌套，网页包含框为<div id="container">，内部包含标题栏（<div id="header">）、主体框（<div id="main-wrap">）和页脚栏（<div id="footer">）三部分。主体框内包含三列，分别是主栏（<section id="main-content">）、导航栏（<nav id="main-nav">）和侧栏（<aside id="main-sidebar">）。整体构成了一

288

个标准的 Web 应用模板结构。

第 3 步，在<head>标签内添加<style type="text/css">标签，定义一个内部样式表。

第 4 步，在内部样式表中输入如下 CSS 代码，先设计页面基本属性，以及各个标签基本样式。

```css
body {
    padding: 6px; margin:0;
    background: #79a693;
}
h1, h2 {
    margin: 0;
    text-shadow: 1px 1px 1px #A4A4A4;
}
p { margin: 0;}
```

第 5 步，设计各栏目修饰性样式，这些样式不是本节示例的核心，主要目的是为了美化页面效果。

```css
#container { /*网页包含框样式：圆角、阴影、禁止溢出*/
    border-radius:8px;
    overflow:hidden;
    box-shadow:1px 1px 1px #666;
}
#header {/*可选的标题样式：美化模板，不作为实际应用样式*/
    background: #EEE;
    color: #79B30B;
    height:100px;
    text-align:center;
}
#header  h1{
    line-height:100px;
}
#footer {/*可选的页脚样式：美化模板，不作为实际应用样式*/
    background: #444;
    color: #ddd;
    height:60px;
    line-height:60px;
    text-align:center;
}
/*中间三列基本样式，美化模板，不作为实际应用样式*/
#main-content, #main-sidebar, #main-nav {
    padding: 1em;
}
#main-content {
    background: white;
}
#main-nav {
    background: #B9CAFF;
    color: #FF8539;
}
#main-sidebar {
    background: #FF8539;
    color: #B9CAFF;
}
```

第 6 步，为页面中所有元素启动弹性布局特性。

```
* {
    -webkit-box-sizing: border-box;
    -moz-box-sizing: border-box;
    box-sizing: border-box;
}
```

第 7 步，设计中间三列弹性盒布局。

```
.page-wrap {
    display: -webkit-box;          /* 2009 版 - iOS 6-, Safari 3.1-6 */
    display: -moz-box;             /* 2009 版 - Firefox 19- (存在缺陷) */
    display: -ms-flexbox;          /* 2011 版 - IE 10 */
    display: -webkit-flex;         /* 最新版 - Chrome */
    display: flex;                 /* 最新版 - Opera 12.1, Firefox 20+ */
}

.main-content {
    -webkit-box-ordinal-group: 2;  /* 2009 版 - iOS 6-, Safari 3.1-6 */
    -moz-box-ordinal-group: 2;     /* 2009 版 - Firefox 19- */
    -ms-flex-order: 2;             /* 2011 版 - IE 10 */
    -webkit-order: 2;              /* 最新版 - Chrome */
    order: 2;                      /* 最新版 - Opera 12.1, Firefox 20+ */
    width: 60%;                    /* 不会自动伸缩，其他列将占据空间 */
    -moz-box-flex: 1;              /* 如果没有该声明，主内容（60%）会伸展到最宽的段落,
就像是段落设置了 white-space:nowrap * /
}

.main-nav {
    -webkit-box-ordinal-group: 1;  /* 2009 版 - iOS 6-, Safari 3.1-6 */
    -moz-box-ordinal-group: 1;     /* 2009 版 - Firefox 19- */
    -ms-flex-order: 1;             /* 2011 版 - IE 10 */
    -webkit-order: 1;              /* 最新版 - Chrome */
    order: 1;                      /* 最新版 - Opera 12.1, Firefox 20+ */
    -webkit-box-flex: 1;           /* 2009 版 - iOS 6-, Safari 3.1-6 */
    -moz-box-flex: 1;              /* 2009 版 - Firefox 19- */
    width: 20%;                    /* 2009 版语法，否则将崩溃 */
    -webkit-flex: 1;               /* Chrome */
    -ms-flex: 1;                   /* IE 10 */
    flex: 1;                       /* 最新版 - Opera 12.1, Firefox 20+ */
}

.main-sidebar {
    -webkit-box-ordinal-group: 3;  /* 2009 版 - iOS 6-, Safari 3.1-6 */
    -moz-box-ordinal-group: 3;     /* 2009 版 - Firefox 19- */
    -ms-flex-order: 3;             /* 2011 版 - IE 10 */
    -webkit-order: 3;              /* 最新版 - Chrome */
    order: 3;                      /* 最新版- Opera 12.1, Firefox 20+ */
    -webkit-box-flex: 1;           /* 2009 版 - iOS 6-, Safari 3.1-6 */
    -moz-box-flex: 1;              /* Firefox 19- */
    width: 20%;                    /* 2009 版，否则将崩溃. */
    -ms-flex: 1;                   /* 2011 版 - IE 10 */
    -webkit-flex: 1;               /* 最新版 - Chrome */
```

```
  flex: 1;                               /* 最新版 - Opera 12.1, Firefox 20+ */
}
```

page-wrap 容器包含三个子模块，现在将容器定义为伸缩容器，此时每个子模块自动变成伸缩项目。本示例设计各列在一个伸缩容器中显示上下文，只有这样这些元素才能直接成为伸缩项目，它们之前是什么没有关系，只要现在是伸缩项目即可。

上面把 Flexbox 旧的语法、中间过渡语法和最新的语法混在一起使用，它们的顺序很重要。display 属性本身并不添加任何浏览器前缀，用户需要确保老语法不覆盖新语法，让浏览器同时支持。

```
.page-wrap {
  display: -webkit-box;                  /* 2009版 - iOS 6-, Safari 3.1-6 */
  display: -moz-box;                     /* 2009版 - Firefox 19- (存在缺陷) */
  display: -ms-flexbox;                  /* 2011版 - IE 10 */
  display: -webkit-flex;                 /* 最新版 - Chrome */
  display: flex;                         /* 最新版 - Opera 12.1, Firefox 20+ */
}
```

容器包含三列，设计一个 20%、60%、20%网格布局。第 1 步，设置主内容区域宽度为 60%；第 2 步，设置侧边栏来填补剩余的空间，同样把新旧语法混在一起使用。

```
.main-content {
  -webkit-box-ordinal-group: 2;          /* 2009版 - iOS 6-, Safari 3.1-6 */
  -moz-box-ordinal-group: 2;             /* 2009版 - Firefox 19- */
  -ms-flex-order: 2;                     /* 2011版 - IE 10 */
  -webkit-order: 2;                      /* 最新版 - Chrome */
  order: 2;                              /* 最新版 - Opera 12.1, Firefox 20+ */
  width: 60%;                            /* 不会自动伸缩，其他列将占据空间 */
  -moz-box-flex: 1;                      /* 如果没有该声明，Firefox 19-将溢出，覆盖宽度 */
  background: white;
}
```

在新语法中，没有必要给边栏设置宽度，因为它们同样会使用 20%比例填充剩余的 40%空间。但是，如果不显式设置宽度，在老的语法下会直接崩溃。

完成初步布局之后，需要重新设置排列的顺序。这里设计主内容排列在中间，但在源代码之中，它是排列在第一的位置。使用 Flexbox 非常容易实现，但是用户需要把 Flexbox 几种不同的语法混在一起使用。

本示例将 Flexbox 多版本混合在一起使用，可以得到以下浏览器的支持：

> ❯ Chrome
> ❯ Firefox
> ❯ Safari
> ❯ Opera 12.1+
> ❯ IE 10+
> ❯ iOS any
> ❯ Android

11.4.2　设计多列网页

本节利用本章 11.1 节的文档结构，对多列布局进行更一步美化，使用 CSS3 多列布局特性设计网页内容显示为多列效果，预览效果如图 11.21 所示。

扫一扫，看视频

图 11.21　设计多列网页显示效果

【操作步骤】

第 1 步，新建 HTML5 文档，保存为 index.html。

第 2 步，在<body>标签内输入禅意花园网站的结构代码，读者可以参考资源包示例，或者复制前面示例中所用的禅意花园结构。

第 3 步，在内部样式表中输入如下 CSS 代码，设计布局样式。

```css
/*网页基本属性，并定义多列流动显示*/
body {
    /*设计多重网页背景，并设置其显示大小*/
    background:url(images/page1.gif) no-repeat right 20px,
    url(images/bg.jpg) no-repeat right bottom,
    url(images/page3.jpg) no-repeat left top;
    background-size:auto, 74% 79.5%, auto;
    color:#000;
    font-size:12px;
    font-family:"新宋体", Arial, Helvetica, sans-serif;
    /*定义页面内容显示为 3 列*/
    -webkit-column-count:3;
    -moz-column-count:3;
    column-count:3;
    /*定义列间距为 3em，默认为 1em*/
    -webkit-column-gap:3em;
    -moz-column-gap:3em;
    column-gap:3em;
    line-height:2em;
    /*定义列边框为 3 像素，宽的灰色虚线*/
    -webkit-column-rule:double 3px gray;
    -moz-column-rule:double 3px gray;
```

```
        column-rule:double 3px gray;}
/*设计跨列显示类*/
.allcols {
    -webkit-column-span:all;
    -moz-column-span:all;
    column-span:all;}
h1, h2, h3 {text-align:center; margin-bottom:1em;}
h2 { color:#666; text-decoration:underline;}
h3 {letter-spacing:0.4em;font-size:1.4em;}
p {margin:0;line-height:1.8em;}
#quickSummary .p2 { text-align:right; }
#quickSummary .p1 { color:#444; }
.p1, .p2, .p3 { text-indent:2em; }
#quickSummary { margin:4em; }
a { color:#222; }
a:hover {color:#000; text-decoration:underline;}
/*设计报刊杂志的首字下沉显示类*/
.first:first-letter {
    font-size:50px;
    float:left;
    margin-right:6px;
    padding:2px;
    font-weight:bold;
    line-height:1em;
    background:#000;
    color:#fff;
    text-indent:0;}
#preamble img {
    height:260px;
    /*设计插图跨列显示，但实际浏览无效果*/
    -webkit-column-span:all;
    -moz-column-span:all;
    column-span:all;}
/*设计栏目框半透明显示，从而设计网页背景半透明显示效果*/
#container {background:rgba(255, 255, 255, 0.8);padding:0 1em;}
```

◀))) 提示：

由于 CSS3 的多列布局特性并未得到各大主流浏览器的支持，同时支持浏览器的解析效果也存在差异，所以在不同浏览器中预览时，看到的效果会存在一定的差异。

11.4.3　设计 HTML5 模板

　　本例使用 HTML5 标签设计一个规范的 Web 应用页面结构，然后借助 Flexbox 定义伸缩盒布局，让页面呈现 3 行 3 列布局样式，同时能够根据窗口自适应调整各自空间，以满屏显示，效果如图 11.22 所示。

扫一扫，看视频

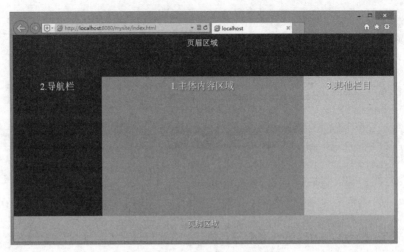

图 11.22　HTML5 应用文档

【操作步骤】

第 1 步，新建 HTML5 文档，保存为 index.html。

第 2 步，在<body>标签内输入如下代码，设计 Web 应用的模块结构。

```
<header>页眉区域</header>
<section>
    <article>1.主体内容区域</article>
    <nav>2.导航栏</nav>
    <aside>3.其他栏目</aside>
</section>
<footer>页脚区域</footer>
```

上面结构使用 HTML5 标签进行定义，都拥有不同的语义，这样就不用为它们定义 id，也方便 CSS 选择。上面几个结构标签的说明如下：

- ➥　<header>：定义 section 或 page 的页眉。
- ➥　<section>：用于对网站或应用程序中页面上的内容进行分区。一个 section 通常由内容及其标题组成。div 元素也可以用来对页面进行分区，但 section 并非一个普通的容器，当一个容器需要被直接定义样式或通过脚本定义行为时，推荐使用 div，而非 section。
- ➥　<article>：定义文章。
- ➥　<nav>：定义导航条。
- ➥　<aside>：定义页面内容之外的内容，如侧边栏、服务栏等。
- ➥　<footer>：定义 section 或 page 的页脚。

第 3 步，在<head>标签内添加<style type="text/css">标签，定义一个内部样式表。

第 4 步，在内部样式表中输入如下 CSS 代码，设计布局样式。

```
/*基本样式*/
* {/*重置所有标签默认样式，清除缩进，启动标准模式解析 */
    margin: 0;
    padding: 0;
    -moz-box-sizing: border-box;
    -webkit-box-sizing: border-box;
    box-sizing: border-box;
}
html, body {/*强制页面撑开，满屏显示*/
    height: 100%;
    color: #fff;
}
```

```css
body {/*强制页面撑开，满屏显示*/
    min-width: 100%;
}
header, section, article, nav, aside, footer {/*HTML5 标签默认没有显示类型，统一其基本
样式*/
    display: block;
    text-align: center;
    text-shadow: 1px 1px 1px #444;
    font-size:1.2em;
}
header {/*页眉框样式：限高、限宽*/
    background-color: hsla(200,10%,20%,.9);
    min-height: 100px;
    padding: 10px 20px;
    min-width: 100%;
}
section {/*主体区域框样式：满宽显示*/
    min-width: 100%;
}
nav {/*导航框样式：固定宽度*/
    background-color: hsla(300,60%,20%,.9);
    padding: 1%;
    width: 220px;
}
article {/*文档栏样式*/
    background-color: hsla(120,50%,50%,.9);
    padding: 1%;
}
aside {/*侧边栏样式：弹性宽度*/
    background-color: hsla(20,80%,80%,.9);
    padding: 1%;
    width: 220px;
}
footer {/*页脚样式：限高、限宽*/
    background-color: hsla(250,50%,80%,.9);
    min-height: 60px;
    padding: 1%;
    min-width: 100%;
}
/*flexbox 样式*/
body {
    /*设置 body 为伸缩容器*/
    display: -webkit-box;/*老版本：iOS 6-, Safari 3.1-6*/
    display: -moz-box;/*老版本：Firefox 19- */
    display: -ms-flexbox;/*混合版本：IE10*/
    display: -webkit-flex;/*新版本：Chrome*/
    display: flex;/*标准规范：Opera 12.1, Firefox 20+*/
    /*伸缩项目换行*/
    -moz-box-orient: vertical;
    -webkit-box-orient: vertical;
    -moz-box-direction: normal;
    -moz-box-direction: normal;
    -moz-box-lines: multiple;
    -webkit-box-lines: multiple;
    -webkit-flex-flow: column wrap;
    -ms-flex-flow: column wrap;
    flex-flow: column wrap;
}
```

295

```
/*实现 stick footer 效果*/
section {
    display: -moz-box;
    display: -webkit-box;
    display: -ms-flexbox;
    display: -webkit-flex;
    display: flex;
    -webkit-box-flex: 1;
    -moz-box-flex: 1;
    -ms-flex: 1;
    -webkit-flex: 1;
    flex: 1;
    -moz-box-orient: horizontal;
    -webkit-box-orient: horizontal;
    -moz-box-direction: normal;
    -webkit-box-direction: normal;
    -moz-box-lines: multiple;
    -webkit-box-lines: multiple;
    -ms-flex-flow: row wrap;
    -webkit-flex-flow: row wrap;
    flex-flow: row wrap;
    -moz-box-align: stretch;
    -webkit-box-align: stretch;
    -ms-flex-align: stretch;
    -webkit-align-items: stretch;
    align-items: stretch;
}
/*文章区域伸缩样式*/
article {
    -moz-box-flex: 1;
    -webkit-box-flex: 1;
    -ms-flex: 1;
    -webkit-flex: 1;
    flex: 1;
    -moz-box-ordinal-group: 2;
    -webkit-box-ordinal-group: 2;
    -ms-flex-order: 2;
    -webkit-order: 2;
    order: 2;
}
/*侧边栏伸缩样式*/
aside {
    -moz-box-ordinal-group: 3;
    -webkit-box-ordinal-group: 3;
    -ms-flex-order: 3;
    -webkit-order: 3;
    order: 3;
}
```

11.5 课 后 练 习

本节将通过上机示例，帮助初学者练习使用 HTML5+CSS3 新布局方法。

第 12 章　jQuery Mobile 入门

jQuery Mobile 是一套基于 jQuery 的移动应用界面开发框架，以网页的形式呈现类似于移动应用的界面。当用户使用智能手机或平板电脑，通过浏览器访问基于 jQuery Mobile 开发的移动应用网站时，将获得与本机应用接近的用户体验。用户不需要在本机安装额外的应用程序，直接通过浏览器就可以打开这样的移动应用。本章先简单介绍 JavaScript、jQuery 和 jQuery Mobile，然后通过一个实例介绍如何使用 jQuery Mobile，为初学者深入学习移动开发奠定基础。

【学习重点】
- 使用 JavaScript 和 jQuery。
- 了解 jQuery Mobile。
- 使用 jQuery Mobile。

12.1　认识 JavaScript 和 jQuery

JavaScript 是客户端的一种脚本编程语言，用于 HTML 网页制作，主要是为网页增加动态效果。例如，希望隐藏网页上的某个按钮，或者让网页图片能够动态变换，利用 JavaScript 就可以实现。

然而，有些 JavaScript 命令会因浏览器不同而有不同的写法，所以网页程序员为了让网页能够在各种浏览器中顺利运行，往往同一功能必须写好几段程序，这为代码编写带来很大的麻烦。

jQuery 是 JavaScript 函数库，简化了 HTML 与 JavaScript 之间复杂的处理过程，重点是不再烦恼关于跨浏览器的问题，因为 jQuery 已经写好了。

扫一扫，看视频

12.1.1　使用 JavaScript

在介绍 jQuery 之前，希望读者先了解 JavaScript 的基础语法，这样学习 jQuery 时才能事半功倍。下面先看看 JavaScript 的架构。

在 HTML 中使用 JavaScript 的语法很简单，只要用<script>标签嵌入 JavaScript 的程序代码就可以了，基本结构如下：

```
<script type="text/javascript">
    //JavaScript 代码
</script>
```

在<script>标签中，type 属性用来指定 MIME（Multipurpose Internet Mail Extensions）类型，主要是告诉浏览器当前使用的是哪种 Script 语言。常用的 Script 语言有 JavaScript 和 VBScript 两种。由于大部分浏览器默认的 Script 语言都是 JavaScript，所以也可以省略这个属性，直接写成<script></script>。

JavaScript 程序代码的位置可以放在 HTML 的<head></head>标记中，也可以放在<body></body>标记中。

【示例 1】　如果希望在网页准备显示时就运行 JavaScript 程序，一般应把 JavaScript 代码放在<head>和</head>标记中。例如，下面示例设计在打开网页时，先弹出"欢迎光临"字样的对话框，关闭对话框后，才显示网页内容"欢迎进入页面"。

```
<!doctype html>
<html>
```

```
<head>
<meta charset="utf-8">
<title></title>
<script>
alert("欢迎光临");
</script>
</head>
<body>
<h1>欢迎进入页面</h1>
</body>
</html>
```

【示例 2】 当用户希望按照网页加载顺序显示时，就可以将程序写在<body>和</body>标记中。例如，在下面示例代码中将 JavaScript 代码放在<body>标记的尾部，</body>标记之前，这样当网页内容显示完毕，才弹出提示对话框，如图 12.1 所示。

```
<!doctype html>
<html>
<head>
<meta charset="utf-8">
<title></title>
</head>
<body>
<h1>欢迎进入页面</h1>
<p>网页正文内容</p>
<script>
alert("欢迎光临");
</script>
</body>
</html>
```

图 12.1　显示 JavaScript 结果

可以发现浏览器先执行 "<h1>欢迎进入页面</h1><p>网页正文内容</p>" 这两行语法，接着运行<script>标签中的 JavaScript 代码，所以网页上先显示了 "欢迎进入页面" 和 "网页正文内容" 文本，然后才弹出 "欢迎光临" 对话框。

12.1.2　JavaScript 对象和函数

JavaScript 和 HTML 的整合是通过事件处理函数实现的，也就是先对对象设置事件的函数，当事件发生时，指定的函数就会被驱动运行。每个对象都拥有属于自己的事件、方法以及属性。下面先介绍对象、对象属性与函数的使用方式。

1. JavaScript 对象

JavaScript 是基于对象的语言，其对于对象的处理属于阶梯式的架构，这个阶梯以 window 为顶层，window 内还包含许多其他的对象，如框架（frame）、文档（document）等，文档中可能还有图片（image）、表单（form）、按钮（button）等对象，如图 12.2 所示。

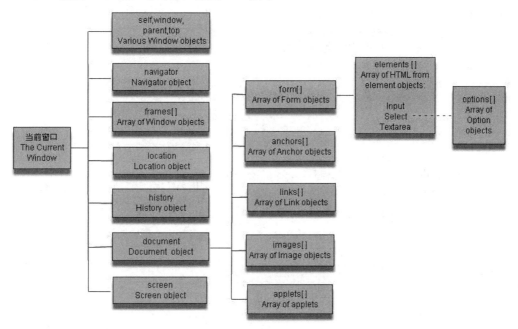

图 12.2　JavaScript 对象阶梯架构

只要通过 id、name 属性或 forms[]、images[] 等对象集合就能获取对象，并使用各自的属性。

【示例 1】　下面代码利用 JavaScript 在网页文件中显示"欢迎光临"字样，网页文件本身的对象是 document，它是 window 的下层，所以可以表示为：

```
window.document.write("欢迎光临");
```

因为 JavaScript 程序代码与对象在同一页，所以 window 可以省略不写，我们经常看到的表示法如下：

```
document.write("欢迎光临");
```

2. 属性

属性的表示方法如下所示：

```
对象名称.属性
```

它用来设置或获得对象的属性内容。

【示例 2】　bgColor 是 document 的属性，用来定义 document 的背景颜色。设置背景颜色可以用等号来指定，如下所示：

```
document.bgColor="red";
```

3. 函数

简单地说，函数就是一段程序代码，可以被不同的对象、事件重复调用。使用函数最重要的是必须知道定义函数的方法、输入何种参数，以及返回何种结果。

函数的操作有两个步骤：

第 1 步，定义函数。

第 2 步，调用函数。

定义函数的方法：

```
function 函数名(参数列表){                    //参数变量可选，需要为函数传递值时才用
    函数代码段
    return 返回值                           //可选，当需要返回值时才用
}
```

调用函数的方法：

```
函数名(参数值列表)                           //需要参数值时，才传递参数值
```

【示例 3】　下面示例在页面中插入 3 个文本框，让用户输入两个值，然后求它们的和，并把和显示在第 3 个文本框中，演示效果如图 12.3 所示。

```
<!doctype html>
<html>
<head>
<meta charset="utf-8">
<title></title>
<script>
function sum(a,b){ //定义求和函数
    return a*1+b*1;                        //利用参数乘以 1，把参数转换为数字，然后求和
}
function ok(){//定义计算函数
    var a = document.forms[0].a.value;    //获取 a 文本框中的值
    var b = document.forms[0].b.value;    //获取 b 文本框中的值
    document.forms[0].c.value =sum(a,b);   <!--调用求和函数 sum()，把两个文本框的值相
加，并显示在 c 文本框中-->
}
</script>
</head>
<body>
<form>
    <input name="a" type="text" id="a">+
    <input name="b" type="text" id="b">
    <input type="button" value="   =   " onClick="ok()">  <!--在 onclick 事件中调
用计算函数-->
    <input name="c" type="text" id="c">
</form>
</body>
</html>
```

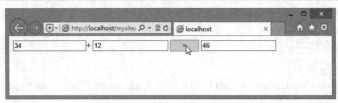

图 12.3　在页面中定义和调用函数

12.1.3　JavaScript 事件

扫一扫，看视频

　　网页上的一举一动，JavaScript 都可以检测到，这些举动在 JavaScript 中称为"事件"。那么什么是事件呢？

　　事件是由用户操作或系统发出的信号。例如，当用户单击鼠标按键、提交表单，或者当浏览器加载网页时，这些操作就会产生特定的事件，可以用特定的程序来处理此事件。这种工作模式叫做事件处理，而负责处理事件的过程就称为事件处理过程。

事件处理过程通常与对象相关，不同的对象会支持不同的事件处理过程。JavaScript 常用的事件处理过程说明如下：

- ⇘ onClick：鼠标单击对象时。
- ⇘ onMouseOver：鼠标经过对象时。
- ⇘ onMouseOut：鼠标离开对象时。
- ⇘ onLoad：网页载入时。
- ⇘ onUnload：离开网页时。
- ⇘ onError：加载发生错误时。
- ⇘ onAbort ：停止加载图像时。
- ⇘ onFocus：窗口或表单对象取得焦点时。
- ⇘ onBlur：窗口或表单对象失去焦点时。
- ⇘ onSelect：选择表单对象内容时。
- ⇘ onChange：改变字段的数据时。
- ⇘ onReset：重置表单时。
- ⇘ onSubmit：提交表单时。

【示例】 下面示例在上节示例基础上，在<script>标签底部添加页面初始化事件处理函数，在该函数中为 a 和 b 两个文本框绑定获取焦点和失去焦点两个事件，设计当文本框获取焦点时，高亮显示背景色；当文本框失去焦点后，恢复默认的白色背景色，演示效果如图 12.4 所示。

图 12.4　在页面中绑定事件

```
window.onload = function(){//页面初始化事件处理函数
   var a = document.forms[0].a;      //获取 a 文本框
   var b = document.forms[0].b;      //获取 b 文本框
   var over = function(o){ //定义事件处理函数 1
      return function(){//返回闭包函数
         o.style.backgroundColor = '#ffff99';        //定义背景高亮显示
      }
   };
   var out = function(o){//定义事件处理函数 2
      return function(){//返回闭包函数
         o.style.backgroundColor = '#fff';           //恢复背景默认颜色
      }
   };
   if(document.attachEvent){ //兼容 IE 事件模型
      a.attachEvent("onfocus", over(a));             //注册事件 focus
      a.attachEvent("onblur", out(a));               //注册事件 blur
      b.attachEvent("onfocus", over(b));             //注册事件 focus
      b.attachEvent("onblur", out(b));               //注册事件 blur
   }
   else{//兼容标准事件模型
      a.addEventListener("focus", over(a));          //注册事件 focus
      a.addEventListener("blur", out(a));            //注册事件 blur
      b.addEventListener("focus", over(b));          //注册事件 focus
```

```
        b.addEventListener("blur", out(b));              //注册事件 blur
    }
}
```

当网页程序代码比较多时，要想处理表单对象，不仅要为每个对象加入事件控制，又要回到 JavaScript 中编写事件函数，文件的上下滚动就很麻烦，这时可以使用 addEventListener() 函数注册事件的处理函数，例如，在上面代码中为 a 文本框调用 over 函数，可以这样表示：

```
a.addEventListener("focus", over(a));
```

由于 over() 函数需要知道当前调用对象，因此在调用 over() 函数时，需要把当前对象传递给它，但是在 addEventListener() 函数中，作为第二参数的事件处理函数不能够直接调用，所以本例设计事件处理函数为返回闭包函数，这样能够兼顾传递当前对象和函数引用的矛盾。

考虑到 IE 浏览器与其他浏览器的事件处理模型不同，代码中同时使用 attachEvent() 函数兼容 IE 浏览器，代码如下：

```
a.attachEvent("onfocus", over(a));
```

12.1.4 使用 jQuery

扫一扫，看视频

jQuery 是一套开放的 JavaScript 函数库，也是目前最受欢迎的 JavaScript 框架，它简化了 DOM 文件的操作，让用户轻松选择对象，并以简洁的代码完成想做的事情。除此之外，还可以通过 jQuery 指定 CSS 属性值，达到想要的特效与动画效果。另外，jQuery 还强化异步传输以及事件功能，可以轻松访问远程数据。

在使用 jQuery 之前，应先在页面头部位置引入 jQuery 函数库。引用 jQuery 的方式有两种，一种是直接下载 js 文件引用，另一种是使用 CDN 加载链接库。

1. 下载 jQuery

下载 jQuery 的网址为 http://jquery.com/，jQuery 的版本为 V2.2.2，如图 12.5 所示。不过，jQuery V2.x 之后的版本不再支持 IE6、IE7 和 IE8，目前 IE8 以下的浏览器仍然比较普遍，建议下载 V 1.12.2 版本。

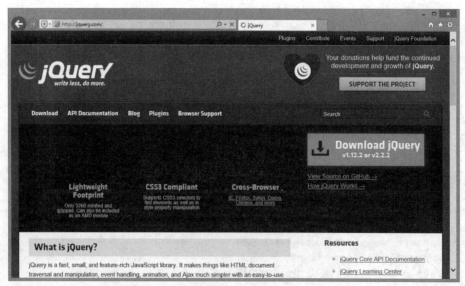

图 12.5　下载 jQuery

网页上有两种格式可以下载。一种是 Download the compressed, production jQuery 1.12.2，即程序代码已经压缩过的版本，文件比较小，下载后的文件名为 jquery-1.12.2.min.js；另一种是 Download the uncompressed, development jQuery 1.12.2，即程序代码未压缩的开发版本，文件比较大，适合程序开发人员使用，下载后的文件名为 jquery-1.12.2.js。

在要下载的版本链接上单击鼠标右键，在弹出的快捷菜单中单击"目标另存为"命令，将 js 文件保存到本地站点，如图 12.6 所示。

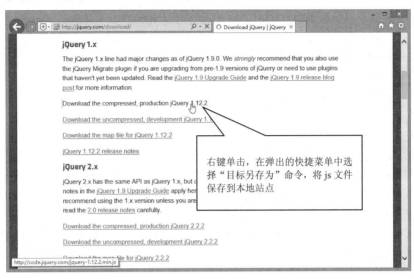

图 12.6　下载 jQuery 库文件

接着，将 JS 文件加入网页 HTML 的<head>标记之间，代码如下：

```
<script type="text/javascript" src="jquery/jquery-1.12.2.js"></script>
```

2. 使用 CDN 加载 jQuery

CDN（Content Delivery Network）是内容分发服务网络，也就是将要加载的内容通过这个网络系统进行分发。网友浏览到网页之前可能已经在同一个 CDN 下载过 jQuery，浏览器已经缓存过这个文件，此时就不再重新下载，浏览速度会快很多。Google、微软等都提供 CDN 服务，可以在 jQuery 官网找到相关信息。

jQuery CDN 的 URL 可以在 http://code.jquery.com/代码下载网页找到，如图 12.7 所示。

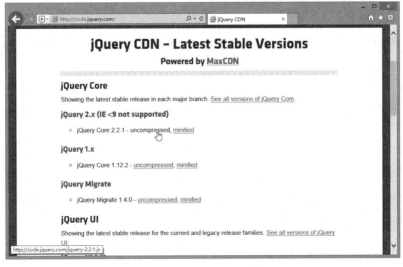

图 12.7　下载 jQuery 库 CDN 链接地址

只要将网址加入网页 HTML 的<head>标记之间即可，代码如下：

```
<script type="text/javascript" src="http://code.jquery.com/jquery-1.12.1.js"></script>
```

12.1.5　jQuery 框架

jQuery 必须等到浏览器加载 HTML 的 DOM 对象之后才能执行，可以通过 ready()方法来确认 DOM 是否已经全部加载，如下所示：

```
jQuery(document).ready(function(e) {
    //程序代码
});
```

上述 jQuery 程序代码由 jQuery 开始，也可以用$代替，如下所示：

```
$(document).ready(function(e) {
    //程序代码
});
```

$()函数括号内的参数是指定想要选用哪一个对象，接着是想要 jQuery 执行什么方法或者处理什么事件，如 ready()方法。ready()方法的括号内是事件处理函数的程序代码，多数情况下，我们会把事件处理函数定义为匿名函数，也就是上述程序代码中的 function(e) {} 。

由于 document ready 是很常用的方法，jQuery 提供了更简洁的写法便于用户使用，如下所示：

```
$(function(e) {
    //程序代码
});
```

jQuery 的用法非常简单，只要指定作用的 DOM 元素及执行什么样的操作即可，代码如下：

```
$(选择器).操作函数()
```

例如：

```
$("p").hide();
```

上述代码用于找出 HTML 中所有的<p>标签，并且隐藏起来。

12.1.6　jQuery 选择器

jQuery 选择器用来选择 HTML 元素，可以通过 HTML 标记名称、id 属性及 class 属性等来取得 DOM 对象。

1. 标记名称选择器

标记名称选择器顾名思义是直接使用 HTML 标记。例如，想要选择所有的<p>标签，可以写成：

```
$("p")
```

2. id 选择器

id 选择器通过元素的 id 属性来取得元素，只要在 id 属性前加上"#"号即可。例如，想要选择 id 属性为 test 的元素，可以写成：

```
$("#test")
```

3. class 选择器

class 选择器通过元素的 class 属性来取得元素，只要在 class 属性前加上"."号即可。例如，想要选择 class 属性为 test 的元素，可以写成：

```
$(".test")
```

用户还可以组合使用上述 3 种选择器。例如，想要找出所有<p>标记 class 属性为 test 的组件，可以写成：

```
$("p.test")
```

jQuery 提供了大量的选择器，以及选择方法和过滤函数，如果读者熟悉 CSS3 选择器，会更容易理解和使用 jQuery 选择器。详细说明可以参阅 jQuery 参考手册。

【示例】 学会选择器的用法之后，除了可以操控 HTML 元素之外，还可以使用 css()方法来改变 CSS 样式，使用 val()方法改变表单对象的值，使用 click()、focus()、blur()等方法来定义事件。例如，针对 12.1.3 节的示例，下面把其中的 JavaScript 代码转换为 jQuery 表示，以实现相同的计算效果。示例完整代码如下：

```
<!doctype html>
<html>
<head>
<meta charset="utf-8">
<title></title>
<script type="text/javascript" src="jquery/jquery-1.12.2.js"></script>
<script>
$(function(e){
    $("#a").focus(function(){          //绑定 focus 事件
        $(this).css("background-color","#ffff99");//改变背景色
    }).blur(function(){               //绑定 blur 事件
        $(this).css("background-color","#fff");//恢复背景色
    });
    $("#b").focus(function(){          //绑定 focus 事件
        $(this).css("background-color","#ffff99");//改变背景色
    }).blur(function(){               //绑定 blur 事件
        $(this).css("background-color","#fff");//恢复背景色
    });
    $("input[type='button']").click(function(){//绑定 click 事件
        $("#c").val($("#a").val()*1 + $("#b").val()*1); //把 a 和 b 文本框的值相加，并传
递给 c 文本框
    })
});
</script>
</head>
<body>
<form>
    <input name="a" type="text" id="a">+
    <input name="b" type="text" id="b">
    <input type="button" value="   =   " >
    <input name="c" type="text" id="c">
</form>
</body>
</html>
```

12.2   认识 jQuery Mobile

jQuery 一直以来都是非常流行的 JavaScript 类库，然而一直以来它都是为桌面浏览器设计的，没有特别为移动应用程序设计。jQuery Mobile 是一个新的项目，是专门针对移动终端设备的浏览器开发的 Web 脚本框架，它基于强悍的 jQuery 和 jQuery UI 基础之上，统一用户系统接口，能够无缝隙运行于所有流行的移动平台之上，并且易于主题化地设计与建造，是一个轻量级的 Web 脚本框架。它的出现

打破了传统 JavaScript 对移动终端设备的脆弱支持的局面，使开发一个跨移动平台的 Web 应用真正成为可能。

12.2.1 jQuery Mobile 的兼容性

jQuery Mobile 以"Write Less, Do More"作为目标，为所有的主流移动操作系统平台提供了高度统一的 UI 框架，jQuery 的移动框架可以为所有流行的移动平台设计一个高度定制和品牌化的 Web 应用程序，而不必为每个移动设备编写独特的应用程序或操作系统。

jQuery Mobile 目前支持的移动平台包括：苹果公司的 iOS（iPhone、iPad、iPod Touch）、Android、Black Berry OS 6.0、惠普 WebOS、Mozilla 的 Fennec 和 Opera Mobile，此外还包括 Windows Mobile、Symbian 和 MeeGo 在内的更多移动平台。

12.2.2 jQuery Mobile 的优势

jQuery Mobile 为开发移动应用程序提供十分简单的应用接口，而这些接口的配置是由标记驱动的，开发者在 HTML 页中无须使用任何 JavaScript 代码，就可以建立大量的程序接口。使用页面元素标记驱动是 jQuery Mobile 众多特点之一。概括而言，jQuery Mobile 主要优势如下：

❥ 强大的 Ajax 驱动导航

无论页面数据的调用还是页面间的切换，都是采用 Ajax 进行驱动的，从而保持了动画转换页面的干净与优雅。

❥ 以 jQuery 和 jQuery UI 为框架核心

jQuery Mobile 的核心框架是建立在 jQuery 基础之上的，并且利用了 jQuery UI 的代码与运用模式，使熟悉 jQuery 语法的开发者能通过最小的学习曲线迅速掌握。

❥ 强大的浏览器兼容性

jQuery Mobile 继承了 jQuery 的兼容性优势，目前所开发的应用兼容于所有主要的移动终端浏览器，使开发者集中精力做功能开发，而不需要考虑复杂的浏览兼容性问题。

目前 jQuery Mobile 1.0.1 版本支持绝大多数的台式机、智能手机、平板电脑和电子阅读器的平台，此外，对有些不支持的智能手机与旧版本的浏览器，通过渐进增强的方法，将逐步实现能够完全支持。jQuery Mobile 兼容所有主流的移动平台，如 iOS、Android、BlackBerry、Palm WebOS、Symbian、Windows Mobile、BaDa、MeeGo，以及所有支持 HTML 的移动平台。

❥ 框架轻量级

jQuery Mobile 最新的稳定版本压缩后的体积大小为 24KB，与之相配套的 CSS 文件压缩后的体积大小为 6KB，框架的轻量级将大大加快程序执行时的速度。基于速度考虑，对图片的依赖也降到最小。

❥ HTML5 标记驱动

jQuery Mobile 采用完全的标记驱动而不需要 JavaScript 的配置，满足快速开发页面，最小化的脚本能力需求。

❥ 渐进增强

jQuery Mobile 采用完全的渐进增强原则，通过一个全功能的 HTML 网页，以及一个额外的 JavaScript 功能层，提供顶级的在线体验。即使移动浏览器不支持 JavaScript，基于 jQuery Mobile 的移动应用程序仍能正常地使用。核心内容和功能支持所有的手机、平板电脑和桌面平台，而较新的移动平台能获得更优秀的用户体验。

❥ 自动初始化

通过在一个页面的 HTML 标签中使用 data-role 属性，jQuery Mobile 可以自动初始化相应的插件，这些都基于 HTML5。同时，通过使用 mobilize() 函数自动初始化页面上的所有 jQuery 部件。

➥ 易用性

为了使这种广泛的手机支持成为可能，所有 jQuery Mobile 中的页面都是基于简洁、语义化的 HTML 构建，这样可以确保能兼容大部分支持 Web 浏览的设备。在这些设备解析 CSS 和 JavaScript 的过程中，jQuery Mobile 使用了先进的技术并借助 jQuery 和 CSS 本身的能力，以一种不明显的方式将语义化的页面转化成富客户端页面。一些简单易操作的特性（如 WAI-ARIA）通过框架已经紧密集成进来，以给屏幕阅读器或者其他辅助设备（主要指手持设备）提供支持。

通过这些技术的使用，jQuery Mobile 官网尽最大努力来保证残障人士也能够正常使用基于 jQuery Mobile 构建的页面。

➥ 支持触摸与其他鼠标事件

jQuery Mobile 提供了一些自定义的事件，用来侦测用户的移动触摸动作，如 tap（单击）、tap-and-hold（单击并按住）、swipe（滑动）等事件，极大提高了代码开发的效率。为用户提供鼠标、触摸和光标焦点简单的输入法支持，增强了触摸体验和可主题化的本地控件。

➥ 强大的主题

jQuery Mobile 提供强大的主题化框架和 UI 接口。借助于主题化的框架和 ThemeRoller 应用程序，jQuery Mobile 可以快速地改变应用程序的外观或自定义一套属于产品自身的主题，有助于树立应用产品的品牌形象。

12.2.3　移动设备模拟器

由于制作完成的网页要在移动设备上浏览，所以需要能够产生移动设备屏幕大小的模拟器预览运行的结果。下面推荐一款模拟器供读者参考。

Opera Mobile Emulator，网站网址为 http://www.opera.com/zh-cn/developer/mobile-emulator，如图 12.8 所示。

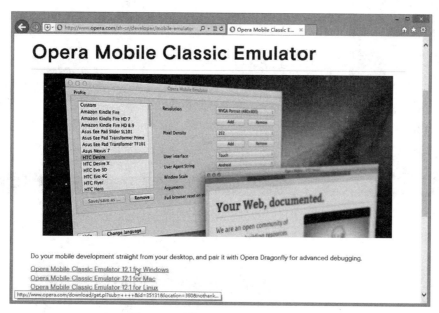

图 12.8　下载 Opera Mobile Emulator

下载并安装完成之后会出现如图 12.9 所示的对话框，可以从中选择移动设备的界面。

例如，在"资料"列表框中选择 Custom（自定义），单击"启动"按钮，就会出现手机模拟界面，如图 12.10 所示。

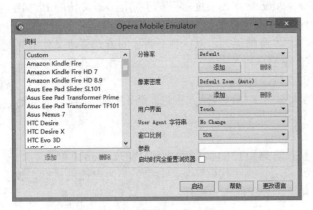

图 12.9　选择移动设备界面　　　　　　　　　　　图 12.10　移动设备模拟界面

　　虽然 Opera Mobile Emulator 模拟器没有呈现真实手机的外观，不过窗口尺寸与手机屏幕是一样的，它的好处是可以任意调整窗口大小。如果要浏览不同屏幕尺寸的效果，这款模拟器就十分方便。

　　如果使用的环境无法安装模拟器也没有关系，可以直接打开现有浏览器来代替模拟器，只要调整浏览器的长宽，同样能够预览网页运行效果。

　　用户也可以通过 https://app.mobile1st.com/ 网站在线测试移动页面的设计效果，如图 12.11 所示。

图 12.11　在线测试页面

　　也可以使用 iBBDemo 模拟 iPhone 浏览器进行测试。

12.3　使用 jQuery Mobile

　　使用 jQuery Mobile 的操作流程与编写 HTML 文件相似，大致包括下面几个步骤：

第 1 步，新建 HTML 文件。

第 2 步，声明 HTML5 文档类型。

第 3 步，载入 jQuery Mobile CSS、jQuery 与 jQuery Mobile 链接库。

第 4 步，使用 jQuery Mobile 定义的 HTML 标准编写网页架构及其内容。

开发工具也与 HTML5 一样，只要通过记事本这类文字编辑器将编辑好的文件保存为.htm 或.html，就可以使用浏览器或模拟器浏览了。

12.3.1　下载文件

运行 jQuery Mobile 移动应用页面需要包含 3 个相关框架文件，分别为：

● 　jQuery.js：jQuery 主框架插件，目前稳定版本为 1.12。

● 　jQuery.Mobile.js：jQuery Mobile 框架插件，目前最新版本为 1.4。

● 　jQuery.Mobile.css：与 jQuery Mobile 框架相配套的 CSS 样式文件，最新版本为 1.4。

有两种方法可以获取相关文件。

方法一：登录 jQuery Mobile 官方网站（http://jquerymobile.com），单击右上角的 Download jQuery Mobile 区域的 Latest stable 按钮下载最新稳定版本，当前最新稳定版本为 1.4.5，如图 12.12 所示。

图 12.12　下载 jQuery Mobile 压缩包

如果单击 Custom download 按钮，可以自定义下载，在 jQuery Mobile 下载页中，可以选择需要下载的版本、框架文件，如图 12.13 所示。

图 12.13　自定义下载 jQuery Mobile 压缩包

📢 提示：

> 也可以访问 http://code.jquery.com/mobile/页面，获取 jQuery Mobile 全部文件，包含压缩前后的 JavaScript 与 CSS 样式和实例文件。

方法二：jQuery Mobile 提供了 jQuery CDN 在线服务。在页面头部区域<head>标签内加入下列代码，同样可以执行 jQuery Mobile 移动应用页面。

```
<link rel="stylesheet" href="http://code.jquery.com/mobile/1.4.5/jquery.mobile-1.4.5.min.css" />
<script src="http://code.jquery.com/jquery-1.12.2.min.js"></script>
<script src="http://code.jquery.com/mobile/1.4.5/jquery.mobile-1.4.5.min.js"></script>
```

通过 URL 加载 jQuery Mobile 插件的方式使版本的更新更加及时，但由于是通过 jQuery CDN 服务器请求的方式进行加载，在执行页面时必须时时保证网络的畅通，否则，不能实现 jQuery Mobile 移动页面的效果。

12.3.2 初始化页面

移动设备浏览器对 HTML5 标准的支持程度要远远优于 PC 设备，因此使用简洁的 HTML5 标准可以更加高效地进行开发，免去了兼容问题。

【示例】 新建 HTML5 文档，在头部区域的<head>标签中按顺序引入框架文件，注意加载顺序。

```
<!DOCTYPE HTML>
<html>
<head>
<title>标题</title>
<meta charset="utf-8" />
<link rel="stylesheet" type="text/css" href="jquery.mobile/jquery.mobile-1.4.5.min.css">
<script src="jquery-1.12.2.min.js"></script>
<script src="jquery.mobile/jquery.mobile-1.4.5.min.js"></script>
</head>
<body>
</body>
<html>
```

📢 提示：

> 为了避免编码的乱码，建议定义文档编码为 utf-8：

```
<meta charset="utf-8" />
```

jQuery Mobile 工作原理：jQuery Mobile 通过<div>元素组织页面结构，根据元素的 data-role 属性设置角色。每一个拥有 data-role 属性的<div>标签就是一个容器，它可以放置其他的页面元素。

jQuery Mobile 提供可触摸的 UI 小部件和 Ajax 导航系统，使页面支持动画式切换效果。以页面中的元素标记为事件驱动对象，当触摸或单击时进行触发，最后在移动终端的浏览器中实现一个个应用程序的动画展示效果。

12.4 案例：设计第一个移动页面

与开发桌面浏览中的 Web 页面相似，构建一个 jQuery Mobile 页面非常容易。下面通过一个简单实例介绍如何开发第一个 jQuery Mobile 页面。

【操作步骤】

第 1 步，启动 Dreamweaver，新建 HTML5 文档，在<head>标签中导入 3 个 jQuery Mobile 框架文件。

```
<link href="jquery.mobile/jquery.mobile-1.4.5.css" rel="stylesheet" type="text/css">
<script type="text/javascript" src="jquery.mobile/jquery-1.12.2.min.js"></script>
<script type="text/javascript" src="jquery.mobile/jquery.mobile-1.4.5.js"></script>
```

第 2 步，在网页文档的<body>标签中，通过多个<div>标签定义移动页面的结构。在主体区域输入 HTML 代码结构，设计一个单页视图，如图 12.14 所示。

```
<div id="page1" data-role="page">
    <div data-role="header">
        <h1>jQuery Mobile</h1>
    </div>
    <div data-role="content" class="content">
        <p>Hello World!</p>
    </div>
    <div data-role="footer">
        <h1><a href="http://jquerymobile.com/">http://jquerymobile.com/</a></h1>
    </div>
</div>
```

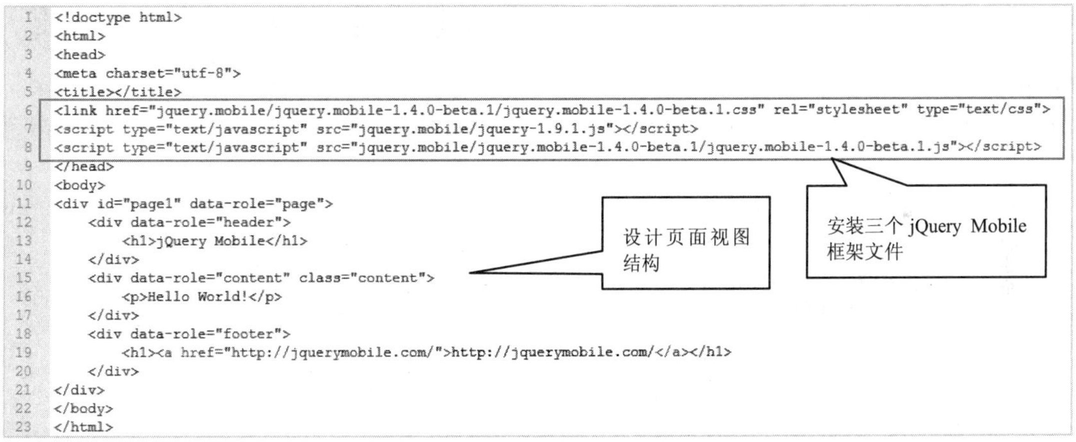

```
1   <!doctype html>
2   <html>
3   <head>
4   <meta charset="utf-8">
5   <title></title>
6   <link href="jquery.mobile/jquery.mobile-1.4.0-beta.1/jquery.mobile-1.4.0-beta.1.css" rel="stylesheet" type="text/css">
7   <script type="text/javascript" src="jquery.mobile/jquery-1.9.1.js"></script>
8   <script type="text/javascript" src="jquery.mobile/jquery.mobile-1.4.0-beta.1/jquery.mobile-1.4.0-beta.1.js"></script>
9   </head>
10  <body>
11  <div id="page1" data-role="page">
12      <div data-role="header">
13          <h1>jQuery Mobile</h1>
14      </div>
15      <div data-role="content" class="content">
16          <p>Hello World!</p>
17      </div>
18      <div data-role="footer">
19          <h1><a href="http://jquerymobile.com/">http://jquerymobile.com/</a></h1>
20      </div>
21  </div>
22  </body>
23  </html>
```

设计页面视图结构

安装三个 jQuery Mobile 框架文件

图 12.14　设计 jQuery Mobile 页面

在 jQuery Mobile 中，每个<div>标签都可以作为一个容器，并根据 data-role 属性值，确定容器的角色。data 属性是 HTML5 的一个新增特征，通过自定义 data 属性，可以扩展 HTML 功能，如果 data-role 的属性值为 header，则该<div>标签就被定义为页眉区域，jQuery Mobile 据此执行特定样式的渲染，把这个<div>标签显示为视图页眉区块的效果。

第 3 步，在头部区域添加<meta>标签，定义视图尺寸，以保证页面可以在浏览器中完全填充，代码如下所示。

```
<meta name="viewport" content="width=device-width,initial-scale=1" />
```

content 属性可包含的设置项说明如下：

➤ width：控制宽度，可以指定一个宽度值，或输入 device-width，表示宽度随着设备宽度自动调整。

➤ height：控制高度，或输入 device-height，或保持默认。

➤ initial-scale：初始缩放比例，最小为 0.25，最大为 5。

➥ minimum-scale：允许用户缩放的最小比例，最小为 0.25，最大为 5。

➥ maximum-scale：允许用户缩放的最大比例，最小为 0.25，最大为 5。

➥ user-scalable：是否允许用户手动缩放，可以输入 0 或 1，也可以输入 yes 或 no。

第 4 步，保存文档，在移动设备的浏览器中预览，显示效果如图 12.15 所示。本例使用 HTML5 结构编写一个 jQuery Mobile 页面，将在页面中输出"Hello World！"字样。

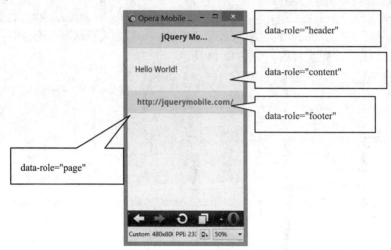

图 12.15　jQuery Mobile 页面预览效果

📢 注意：

> 由于 jQuery Mobile 已经全面支持 HTML5 结构，因此，<body>主体元素的代码也可以修改为以下代码：

```
<section id="page1" data-role="page">
    <header data-role="header">
        <h1>jQuery Mobile</h1>
    </header>
    <div data-role="content" class="content">
        <p>Hello World!</p>
    </div>
    <footer data-role="footer">
        <h1><a href="http://jquerymobile.com/">http://jquerymobile.com/</a></h1>
    </footer>
</section>
```

上述代码执行后的效果与修改前完全相同。

在 jQuery Mobile 中，如果将页面元素的 data-role 属性值设置为 page，则该元素成为一个容器，即页面的某块区域。在一个页面中，可以设置多个元素成为容器，虽然元素的 data-role 属性值都为 page，但它们对应的 ID 值是不允许相同的。

在 jQuery Mobile 中，将一个页面中的多个容器当作多个不同的页面，它们之间的界面切换是通过增加一个<a>元素，并将该元素的 href 属性值设为"#"加对应 ID 值的方式进行。详细讲解请参阅后面章节内容。

第 13 章　设计 jQuery Mobile 页面和弹出框

jQuery Mobile 页面好像一个容器，移动应用的各种组件都要放在这个容器中。jQuery Mobile 支持单页和多页页面。弹出框是一种特殊页面视图，基于弹出框可以定制浮动的对话框、菜单、提示框、表单、相册和视频，甚至可以集成第三方的地图组件。本章将重点介绍 jQuery Mobile 页面设计，以及弹出框的应用。

【学习重点】
- 定义单页和多页页面。
- 定义模态对话框。
- 定义弹出页面。
- 熟悉不同形式的弹出效果。

13.1　创 建 页 面

在 jQuery Mobile 中，页面与网页是两个不同的概念，网页表示一个 HTML 文档，而页面表示在移动设备中的一个视图（可视区域）。一个网页文件中可以仅包含一个视图，也可以包含多个视图。如果一个网页只包含一个页面视图，就称为单页结构；如果一个网页中包含多个页面视图，就称为多页结构。

扫一扫，看视频

13.1.1　定义单页

jQuery Mobile 提供了标准的页面结构模型：在<body>标签中插入一个<div>标签，为该标签定义 data-role 属性，设置为"page"，利用这种方式可以设计一个视图。

视图一般包含三个基本的结构，分别是 data-role 属性为 header、content、footer 的三个子容器，它们用来定义标题、内容、页脚三个页面组成部分，用以包裹移动页面包含的不同内容。

【示例】　下面示例将创建一个 jQuery Mobile 单页页面，并在页面组成部分中分别显示其对应的容器名称。

第 1 步，启动 Dreamweaver，新建 HTML5 文档，保存文档为 index.html。

第 2 步，在网页头部区域导入 jQuery Mobile 库文件。

```
<link href="jquery.mobile/jquery.mobile-1.4.5.css" rel="stylesheet" type="text/css">
<script type="text/javascript" src="jquery.mobile/jquery-1.12.2.min.js"></script>
<script type="text/javascript" src="jquery.mobile/jquery.mobile-1.4.5.js"></script>
```

第 3 步，在<body>标签中输入下面代码，定义页面基本结构。

```
<div data-role="page">
    <div data-role="header">页标题</div>
    <div data-role="content">页面内容</div>
    <div data-role="footer">页脚</div>
</div>
```

data-role="page"表示当前 div 是一个 Page，在一个屏幕中只会显示一个 Page，header 定义标题，content 表示内容块，footer 表示页脚。data-role 属性还可以包含其他值，详细说明如表 13.1 所示。

表 13.1　data-role 参数表

参　数	说　明
page	页面容器，其内部的 mobile 元素将会继承这个容器上所设置的属性
header	页面标题容器，这个容器内部可以包含文字、返回按钮、功能按钮等元素
footer	页面页脚容器，这个容器内部也可以包含文字、返回按钮、功能按钮等元素
content	页面内容容器，这是一个很宽容的容器，内部可以包含标准的 html 元素和 jQueryMobile 元素
controlgroup	将几个元素设置成一组，一般是几个相同的元素类型
fieldcontain	区域包裹容器，用增加边距和分隔线的方式将容器内的元素和容器外的元素明显分隔
navbar	功能导航容器，通俗地讲就是工具条
listview	列表展示容器，类似手机中联系人列表的展示方式
list-divider	列表展示容器的表头，用来展示一组列表的标题，内部不可包含链接
button	按钮，将链接和普通按钮的样式设置成为 jQuery Mobile 的风格
none	阻止框架对元素进行渲染，使元素以 html 原生的状态显示，主要用于 form 元素

第 4 步，在<head>中添加一个名称为 viewport 的<meta>标签，设置 content 属性值为"width=device-width,initial-scale=1"，使页面的宽度与移动设备的屏幕宽度相同，更适合用户浏览。代码如下所示：

```
<meta name="viewport" content="width=device-width,initial-scale=1" />
```

第 5 步，在移动设备模拟器中预览，显示效果如图 13.1 所示。

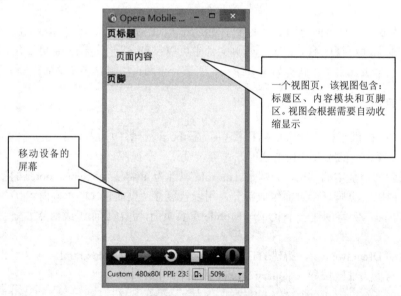

图 13.1　设计单页效果

13.1.2　定义多页

扫一扫，看视频

多页面页面就是一个文档可以包含多个 data-role 为 page 的容器。视图之间各自独立，并拥有唯一的 ID 值。当页面加载时，会同时加载；容器间访问时，以锚点链接实现，单击锚点链接时，jQuery Mobile 将在文档中寻找对应 ID 的 page 容器，以动画效果进行切换。

【示例】　下面示例设计在 HTML 文档中添加两个 page 视图，第一个 page 中显示新闻列表，单击新闻标题后，切换至第二个 page，显示新闻详细内容。

第 1 步，启动 Dreamweaver，新建 HTML5 文档，保存为 index.html。

第 2 步，在文档头部完成 jQuery Mobile 框架的导入工作。

第 3 步，使用<div data-role="page">标签定义首页视图，代码如下：

```
<div data-role="page" id="home">
    <div data-role="header">
       <h1>移动资讯</h1>
    </div>
    <div data-role="content">
       <p><a href="#new1">jQuery Mobile 1.4.5</a></p>
    </div>
    <div data-role="footer">
       <h4>©2016 jm.cn studio</h4>
    </div>
</div>
```

第 4 步，使用<div data-role="page">标签设计详细页视图，代码如下：

```
<div data-role="page" id="new1">
    <div data-role="header">
       <h1>Seriously cross-platform with HTML5</h1>
    </div>
    <div data-role="content">
       <p><img src="images/devices.png" style="width:100%" alt=""/></p>
       <p>jQuery Mobile framework takes the "write less, do more" mantra to the next
level: Instead of writing unique applications for each mobile device or OS, the jQuery
mobile framework allows you to design a single highly-branded responsive web site
or application that will work on all popular smartphone, tablet, and desktop
platforms.</p>
    </div>
    <div data-role="footer">
       <h4>©2016 jm.cn studio</h4>
    </div>
</div>
```

这样在 index.html 文档中包含两个 page 视图页：主页（ID 为 home）和详细页（ID 为 new1）。从首页链接跳转到详细页面采用的链接地址为#new1。jQuery Mobile 会自动切换链接的目标视图显示到移动浏览器中。

第 5 步，在移动设备模拟器中预览，在屏幕中首先看到如图 13.2（a）所示的视图效果，单击超链接文本，会跳转到第二个视图页面，效果如图 13.2（b）所示。

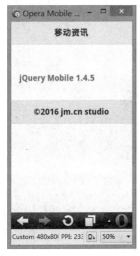

（a）首页视图效果　　　　　　　　　　　　（b）详细页视图效果

图 13.2　设计多页视图效果

315

📢》提示：

从第一个容器切换至第二个容器后，如果想要从第二个容器返回第一个容器，有下列两种方法：

↘ 　在第二个容器中，增加一个<a>标签，通过内部链接 "#" 加对应 ID 的方式返回第一个容器。

↘ 　在第二个容器的<div data-role="page" id="new1">中，添加一个 data-add-back-btn 属性，设置值为 true，定义在该视图中显示一个返回按钮，单击该按钮，回退上一个页面显示。

13.1.3　定义外部链接

在 jQuery Mobile 中，可以采用创建多个文档页面，并通过外部链接的方式，实现页面相互切换。

【示例】　下面示例设计一个首页 index.html，在页面中定义一个列表视图，包含两个列表项目，通过外部链接，链接到 page1.html 和 page2.html。

第 1 步，启动 Dreamweaver，新建 HTML5 文档，保存为 index.html。

第 2 步，在 index.html 中定义一个单页视图，在视图内容框中包含一个列表视图，列表框中包含两个列表项目，分别定义两个超链接，代码如下：

```html
<div data-role="page" id="page">
   <div data-role="header">
      <h1>美图</h1>
   </div>
   <div data-role="content">
      <ul data-role="listview">
         <li><a href="page1.html">早春朝露</a></li>
         <li><a href="page2.html">蒲公英叶子</a></li>
      </ul>
   </div>
   <div data-role="footer">
      <h4>Copyright © 美图网</h4>
   </div>
</div>
```

第 3 步，新建 HTML5 文档，保存为 page1.html。在该文档中定义单页视图，代码如下：

```html
<div data-role="page" id="page">
   <div data-role="header">
      <h1>早春朝露</h1>
   </div>
   <div data-role="content">
      <p><img src="images/1.jpg"  alt=""/></p>
   </div>
   <div data-role="footer">
      <h4>Copyright © 美图网</h4>
   </div>
</div>
```

第 4 步，把 page1.html 另存为 page2.html，并修改该页面标题和正文内容，具体代码如下：

```html
<div data-role="page" id="page">
   <div data-role="header">
      <h1>蒲公英叶子</h1>
   </div>
   <div data-role="content">
```

```
        <p><img src="images/2.jpg"  alt=""/></p>
    </div>
    <div data-role="footer">
        <h4>Copyright © 美图网</h4>
    </div>
</div>
```

第 5 步，在移动设备模拟器中预览该首页，可以看到 13.3（a）所示的效果，点按"早春朝露"列表项，即可滑到 page1.html 文档，显示效果如图 13.3（b）所示。

（a）列表视图页面效果

（b）外部第 1 页显示效果

图 13.3　在多个网页之间跳转

扫一扫，看视频

13.1.4　定义模态页

jQuery Mobile 模态页面也称为模态对话框，它是一个带有圆角标题栏和关闭按钮的浮动层，以独占方式打开，背景被遮罩层覆盖，只有关闭对话框后，才可以执行其他界面操作。

在 jQuery Mobile 中，创建模态页面的方式很简单，只需要在指向页面的链接标签中添加 data-rel 属性，设置值为 dialog 即可。当单击该链接时，打开的页面将以一个模态对话框的形式呈现。单击对话框中的任意链接时，打开的对话框将自动关闭，单击"回退"按钮可以切换至上一页。

【示例】　以上节示例为基础，在 index.html 文档中，为两个<a>标签定义 data-rel="dialog"属性，具体代码如下：

```
<div data-role="content">
    <ul data-role="listview">
        <li><a href="page1.html" data-rel="dialog">早春朝露</a></li>
        <li><a href="page2.html" data-rel="dialog">蒲公英叶子</a></li>
    </ul>
</div>
```

page1.html 和 page2.html 文档代码和内容保持不变。

然后，在移动设备模拟器中预览该首页，可以看到 13.4（a）所示的效果，点按"蒲公英叶子"链接，即可显示模态对话框，显示效果如图 13.4（b）所示。该对话框以模式的方式浮在当前页的上面，四周显示圆角效果，左上角自带一个"×"关闭按钮，单击该按钮，将关闭对话框。

（a）链接模态对话框

（b）打开简单的模态对话框效果

图 13.4　范例效果

扫一扫，看视频

📢 提示：

> 模态对话框会默认生成关闭按钮，用于回到前一页面。在脚本能力较弱的设备上也可以添加一个带有 data-rel="back"的链接来实现关闭按钮。针对支持脚本的设备可以直接使用 href="#"或者 data-rel="back"来实现关闭功能。还可以使用内置的 close 方法来关闭模态对话框，如$('.ui-dialog').dialog('close')。

13.1.5　定义关闭模态对话框

在打开的模态对话框中，可以使用自带的关闭按钮关闭打开的对话框，此外，在对话框内添加其他链接按钮，将该链接的 data-rel 属性值设置为 back，单击该链接也可以实现关闭对话框的功能。

【示例】　下面示例演示了如何在模态对话框中添加关闭按钮，以方便浏览器快速关闭对话框。

第 1 步，启动 Dreamweaver，新建两个 HTML5 文档，分别另存为 index.html 和 dialog.html。

第 2 步，打开 index.html 文档，定义一个单页结构，代码如下所示。

```
<div data-role="page" id="page" data-dom-cache="true">
    <div data-role="header">
        <h1>模态对话框</h1>
    </div>
    <div data-role="content">
        <p><a href="dialog.html" data-rel="dialog">打开对话框</a></p>
    </div>
    <div data-role="footer">
        <h4>Copyright © 移动 Web 开发网 </h4>
    </div>
</div>
```

第 3 步，打开 dialog.html 文档，定义单页结构。在<div data-role="content">容器内插入段落标签<p>，在新段落行中嵌入一个超链接，定义 data-rel="back"属性。代码如下：

```
<div data-role="page" id="page">
    <div data-role="header">
        <h1>主题</h1>
    </div>
    <div data-role="content">
        <p>简单对话框! </p>
        <p><a href="#" data-role="button" data-rel="back" data-theme="a">关闭
</a></p>
    </div>
```

```
    <div data-role="footer">
        <h4>Copyright © 移动 Web 开发网 </h4>
    </div>
</div>
```

第 4 步，在移动设备模拟器中预览该首页，可以看到 13.5（a）所示的效果，点按"打开对话框"链接，即可显示模态对话框，显示效果如图 13.5（b）所示。该对话框以模式的方式浮在当前页的上面，单击对话框中的"关闭"按钮，可以直接关闭模态对话框，返回到 index.html。

（a）链接模态对话框　　　　　　　　　　　　（b）打开关闭对话框效果

图 13.5　范例效果

📢 提示：

本实例在对话框中将链接元素的"data-rel"属性设置为"back"，单击该链接将关闭当前打开的对话框。这种方法在不支持 JavaScript 代码的浏览器中，同样可以实现对应的功能。另外，编写 JavaScript 代码也可以实现关闭对话框的功能，代码如下所示：

```
$('.ui-dialog').dialog('close') ;
```

13.2　设　计　视　图

本节将通过两个示例介绍视图设计的高级应用，包括定义视图背景样式和设置视图切换动画。

13.2.1　设计视图背景

在页面中使用 data-role="page"属性可以定义页面视图容器，也可以使用 data-theme 属性设置主题，让页面拥有不同的颜色，但很多时候，还需要更加绚丽的方式。

直接使用 CSS 设置背景图片是一个非常好的方法，可是会造成页面加载缓慢。这时就可以使用 CSS 的渐变效果。本例设计一个单页页面视图，然后通过 CSS3 渐变定义页面背景显示为过渡效果，如图 13.6 所示。示例完整代码如下：

```
<!doctype html>
<html>
<head>
<meta charset="utf-8">
```

扫一扫，看视频

```
<meta name="viewport" content="width=device-width,initial-scale=1" />
<link href="jquery.mobile/jquery.mobile-1.4.5.css" rel="stylesheet" type="text/
css">
<script type="text/javascript" src="jquery.mobile/jquery-1.12.2.min.js"></script>
<script type="text/javascript" src="jquery.mobile/jquery.mobile-1.4.5.js"></script>
<style type="text/css">
.bg-gradient{
    background-image:-webkit-gradient(              /*兼容 WebKit 内核浏览器*/
        linear,left bottom,left top,                /*设置渐变方向为纵向*/
        color-stop(0.22,rgb(12,12,12)),             /*上方颜色*/
        color-stop(0.57,rgb(153,168,192)),          /*中间颜色*/
        color-stop(0.84,rgb(23,45,67))              /*底部颜色*/
    );
    background-image:-moz-linear-gradient(          /*兼容 Firefox*/
        90deg,                                      /*角度为 90°，即方向为上下*/
        rgb(12,12,12),                              /*上方颜色*/
        rgb(153,168,192),                           /*中间颜色*/
        rgb(23,45,67)                               /*底部颜色*/
    );
}
</style>
</head>
<body>
<div data-role="page" id="page"  class="bg-gradient">
    <div data-role="header">
        <h1>静夜思</h1>
    </div>
    <div data-role="content">
        <h3>李白</h3>
        <p>床前明月光，<br>疑是地上霜。<br>举头望明月，<br>低头思故乡。 </p>
    </div>
</div>
</body>
</html>
```

从图 13.6 可以看出，页面中确实实现了背景的渐变，在 jQuery Mobile 中只要是可以使用背景的地方就可以使用渐变，如按钮、列表等。渐变的方式主要分为线性渐变和放射性渐变，本例中使用的渐变就是线性渐变。

📢 提示：

由于各浏览器对渐变效果的支持程度不同，因此必须对不同的浏览器做出一些区分。

扫一扫，看视频

13.2.2　设计页面切换动画

不管是页面还是对话框，在呈现的时候都可以设定其切换方式，以改善用户体验，这可以通过在链接中声明 data-transition 属性为期望的切换方式来实现。实现页面切换的代码如下：

```
<a href="#new1" data-transition="pop">jQuery Mobile </a>
```

上面内部链接将按从中心渐显展开的方式弹出视图页面。data-transition 属性支持的属性值说明如表 13.2 所示。

图 13.6　设计页面渐变背景样式

表 13.2　data-transition 参数表

参　数	说　明
slide	从右到左切换（默认）
slideup	从下到上切换
slidedown	从上到下切换
pop	以弹出的形式打开一个页面
fade	渐变褪色的方式切换
flip	旧页面翻转飞出，新页面飞入
turn	横向翻转
flow	缩小并以幻灯方式切换
slidefade	淡出方式显示，横向幻灯方式退出
none	无动画效果

📢》注意：

　　旋转弹出等一些效果在 Android 早期版本中支持得不是很好。旋转弹出特效需要移动设备浏览器能够支持 3D CSS，但是早期 Android 操作系统并不支持这些。

　　【示例】　作为一款真正具有使用价值的应用，首先应该至少有两个页面，通过页面的切换来实现更多的交互。例如，手机人人网，打开以后先进入登录页面，登录后会有新鲜事，然后拉开左边的面板，能看到相册、悄悄话、应用之类的其他内容。页面的切换是通过链接来实现的，这跟 HTML 完全一样。有所不同的是，下面示例演示了 jQuery Mobile 不同页面切换的效果比较，示例代码如下所示，演示效果 13.7 所示。

（a）动画列表　　　　　　　　　　（b）弹出显示

图 13.7　设计页面切换效果

↘　index.html

```
<!doctype html>
<html>
<head>
<meta charset="utf-8">
<meta name="viewport" content="width=device-width,initial-scale=1" />
```

```
<link href="jquery.mobile/jquery.mobile-1.4.5.css" rel="stylesheet" type="text/
css">
<script type="text/javascript" src="jquery.mobile/jquery-1.12.2.min.js"></script>
<script type="text/javascript" src="jquery.mobile/jquery.mobile-1.4.5.js"></script>
</head>
<body>
<div data-role="page">
    <div data-role="header">
        <h1>页面过渡效果</h1>
    </div>
    <div data-role="content">
        <a href="index1.html" data-role="button">默认切换（渐显）</a>
                            <!--使用默认切换方式，效果为渐显-->
        <a data-role="button" href="index1.html" data-transition="fade" data-direction=
"reverse">fade（渐显）</a>   <!-- data-transition="fade" 定义切换方式渐显-->
        <a data-role="button" href="index1.html" data-transition="pop" data-direction=
"reverse">pop（扩散）</a>    <!-- data-transition="pop" 定义切换方式扩散-->
        <a data-role="button" href="index1.html" data-transition="flip" data-direction=
"reverse">flip（展开）</a>    <!-- data-transition="flip" 定义切换方式展开-->
         <a data-role="button" href="index1.html" data-transition="turn" data-direction=
"reverse">turn（翻转覆盖）</a>
                            <!-- data-transition="turn" 定义切换方式翻转覆盖-->
        <a data-role="button" href="index1.html" data-transition="flow" data-direction=
"reverse">flow（扩散覆盖）</a>
                            <!-- data-transition="flow" 定义切换方式扩散覆盖-->
        <a data-role="button" href="index1.html" data-transition="slidefade">slidefade
（滑动渐显）</a>            <!-- data-transition="slidefade" 定义切换方式滑动渐显-->
         <a data-role="button" href="index1.html" data-transition="slide" data-direction=
"reverse">slide（滑动）</a>  <!-- data-transition="slide" 定义切换方式滑动-->
        <a data-role="button" href="index1.html" data-transition="slidedown"> slidedown
（向下滑动）</a>            <!-- data-transition="slidedown" 定义切换方式向下滑动-->
        <a data-role="button" href="index1.html" data-transition="slideup" >slideup
（向上滑动）</a>            <!-- data-transition="slideup" 定义切换方式向上滑动-->
        <a data-role="button" href="index1.html" data-transition="none" data-direction=
"reverse">none（无动画）</a> <!-- data-transition="none" 定义切换方式"无"-->
    </div>
</div>
</body>
</html>
```

❯ index1.html

```
<!doctype html>
<html>
<head>
<meta charset="utf-8">
<meta name="viewport" content="width=device-width,initial-scale=1" />
<link href="jquery.mobile/jquery.mobile-1.4.5.css" rel="stylesheet" type="text/
css">
<script type="text/javascript" src="jquery.mobile/jquery-1.12.2.min.js"></script>
<script type="text/javascript" src="jquery.mobile/jquery.mobile-1.4.5.js"></script>
</head>
<body>
```

```
<div data-role="page" id="page" data-add-back-btn="true" data-back-btn-text="返回">
    <div data-role="header">
        <h1>页面过渡效果</h1>
    </div>
    <div data-role="content"><img src="images/bg.jpg" width="100%"/></div>
</div>
</body>
</html>
```

📢 提示：

如果在目标页面中显示后退按钮，也可以在链接中加入 data-direction="reverse" 属性，这个属性和 data-back="true"作用相同。

13.3　定义弹出页

扫一扫，看视频

在 jQuery Mobile 1.1.1 版本及其早期版本中，仅支持丰富的页面切换，没有提供在一个页面中弹出一个浮动页面或者对话框的功能，在 jQuery Mobile 1.2.0 及其之后的版本中实现对弹出对象的支持。与模态对话框不同，当用户打开一个弹出框时，一个提示框将在当前页面呈现出来，而不需要跳转到其他页面。

弹出页面包括：弹出对话框、弹出菜单、弹出表单、图片、视频、弹出面板、地图等不同的形式。几乎所有能够用来"弹出"的页面元素，都可以通过一定方式应用到弹出页面上。

弹出页面包括两个部分：弹出按钮和弹出框，具体实现步骤如下：

第 1 步，定义弹出按钮。弹出按钮通常基于一个超级链接实现，在超级链接中，设置属性 data-rel 为"popup"，表示以弹出页面方式打开所指向的内容。

```
<a href="#popupTooltip" data-rel="popup" data-role="button" data-inline="true">
提示框</a>
```

第 2 步，定义弹出框。弹出框部分通常是一个 div 的 DOM 容器，为这个容器标签（一般为<div>）声明 data-role 属性，设置值为 popup，表示以弹出方式呈现其中的内容。

```
<dlv data-role="popup" id="popupTooltip"></div>
```

与在多页视图中打开对话框或者页面的方式一样，超级链接中 href 属性值所指向的地址是页面 DOM 容器的 id 值。当点击超级链接时，则打开弹出页面。因为超级链接的 data-rel 设置为 popup，以及页面的 data-role 也设置为 popup，则这样的页面将以弹出页面的形式打开。

【示例】　下面示例代码定义一个最简单的弹出页，弹出页仅包含简单的文本，没有进行任何设置，效果如图 13.8 所示。

```
<div data-role="page">
    <div data-role="header">
        <h1>定义弹出页</h1>
    </div>
    <div data-role="content">
        <a class="ui-btn ui-corner-all ui-shadow ui-btn-inline" href="#popupBasic"
data-transition="pop" data-rel="popup">打开弹出页</a>
        <div id="popupBasic" data-role="popup">
            <p>这是一个最简单的弹出框，没有任何设置</p>
        </div>
    </div>
</div>
```

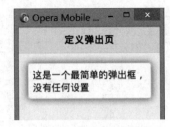

| （a）点击触发超级链接 | （b）弹出框（简单的弹出页效果） |

图 13.8　定义简单的弹出页

最简单的弹出页就是一个弹出框，包含一段文字，相当于一个简单的提示框。要关闭提示框，只需要在屏幕空白位置单击，或者按 ESC 键退出弹出框。

13.4　应用弹出页

很多用户界面都适合使用弹出页，如提示框、菜单、嵌套菜单、表单、对话框等。本节将介绍常用弹出页应用场景。

13.4.1　弹出菜单

扫一扫，看视频

弹出菜单有助于用户在操作过程中选择功能或切换页面。在 jQuery Mobile 中，设计弹出菜单，可以使用弹出页面来实现，若要实现弹出菜单的功能，只要将包含有菜单的列表视图加入到弹出页面的 div 容器中即可。

【示例】　下面示例演示了如何快速定义一个简单的弹出菜单。该弹出菜单通过超级链接触发，示例主要代码如下，演示效果如图 13.9 所示。

```html
<div data-role="page">
    <div data-role="header">
        <h1>定义弹出菜单</h1>
    </div>
    <div data-role="content">
        <a class="ui-btn ui-corner-all ui-shadow ui-btn-inline ui-icon-gear ui-btn-
icon-left ui-btn-a" href="#popupMenu" data-transition="slideup" data-rel= "popup">
弹出菜单</a>
        <div id="popupMenu" data-role="popup" data-theme="b">
            <ul style="min-width: 210px;" data-role="listview" data-inset="true">
                <li data-role="list-divider">选择命令</li>
                <li><a href="#">查看代码</a></li>
                <li><a href="#">编辑</a></li>
                <li><a href="#">禁用</a></li>
                <li><a href="#">删除</a></li>
            </ul>
        </div>
    </div>
</div>
```

（a）点击触发超级链接　　　　　　（b）弹出菜单效果

图 13.9　定义弹出菜单

如果需要分类显示菜单，则可以为分类条目设置 data-role 属性为 divider 来实现。菜单分类显示的样式可以参照上面的示例代码。如果菜单高度比较小，那么分类之后便于大家识别和定位。如果菜单条目很多，这个设计就不方便了。如果菜单高度超过移动设备浏览器的高度，操作菜单时还需要滚动屏幕，这样很容易误碰到菜单之外的区域而关闭菜单。

13.4.2　弹出表单

扫一扫，看视频

在 jQuery Mobile 1.2.0 之前的表单中，只能在页面中嵌入表单。如果将表单嵌入在一个弹出页面中，表单的内容将更加突出。和所有的 HTML 表单操作一样，在提交弹出表单的内容时，表单内容都可以提交到 web 服务器进行进一步处理。

【示例】　要实现弹出表单，只需在弹出页面的 div 容器中加入表单即可。下面示例演示如何在一个弹出页面中嵌入一个登录表单，代码如下所示，效果如图 13.10 所示。

```html
<div data-role="content">
    <a class="ui-btn ui-corner-all ui-shadow ui-btn-inline ui-icon-check ui-btn-
icon-left ui-btn-a" href="#popupLogin" data-transition="pop" data-rel= "popup"
data-position-to="window">请登录</a>
    <div class="ui-corner-all" id="popupLogin" data-role="popup" data-theme="a">
        <form>
            <div style="padding: 10px 20px;">
                <h3>登录</h3>
                <label class="ui-hidden-accessible" for="un">用户名:</label>
                <input name="user" id="un" type="text" placeholder="用户名" value=""
data-theme="a">
                <label class="ui-hidden-accessible" for="pw">密码:</label>
                <input name="pass" id="pw" type="password" placeholder="密码" value=
"" data-theme="a">
                <button class="ui-btn ui-corner-all ui-shadow ui-btn-b ui-btn-icon-
left ui-icon-check" type="submit">确定</button>
            </div>
        </form>
    </div>
</div>
```

图 13.10 定义弹出表单

在上面示例中将表单的 theme 色板设置为 a，这是一种底色为深黑色的配色。用户可以尝试不同的主题色板，不同色板将呈现不同的配色效果。jQuery Mobile 默认支持 5 种色板，分别对应 data-theme 属性的 a、b、c、d、e，用户可以选择不同的色板以美化弹出效果，代码如下所示。

```
<div class="ui-corner-all" id="popupLogin" data-role="popup" data-theme="b">
```

在弹出页面表单中，需要对表单元素距离弹出页面的边界进行定义，具体代码如下：

```
<div style="padding: 10px 20px;">
```

在弹出页面的设计中，这个表单的边距设置是必须要注意的。否则，表单元素和弹出页面会拥挤在一起而显得局促。如果不是弹出表单，通常不需要特别增加这样的边距设计。

13.4.3 弹出对话框

扫一扫，看视频

定义弹出对话框的方法：声明一个 div 容器，并设置 data-role 属性为 popup，然后将弹出对话框的代码装入这个弹出页面的 div 容器中即可。当用户单击超级链接按钮时，打开的内容就是这个弹出对话框了。

【示例】 下面示例在页面中设计一个超级链接，单击该超级链接可以打开一个对话框，设置对话框最小宽度为 400px，主题色板设置为 b，覆盖层主题色板为 a，禁用单击背景层关闭对话框，演示效果如图 13.11 所示。

```
<a class="ui-btn ui-corner-all ui-shadow ui-btn-inline ui-icon-delete ui-btn-
icon-left ui-btn-b" href="#popupDialog" data-transition="pop" data-rel="popup"
data-position-to="window">弹出对话框</a>
<div id="popupDialog" style="width: 200px;" data-role="popup" data-theme="b"
data-overlay-theme="a" data-dismissible="false">
  <div data-role="header" data-theme="a">
  <h1>对话框标题</h1>
  </div>
  <div class="ui-content" role="main">
    <h3 class="ui-title">提示信息</h3>
    <p>说明文字</p>
    <a class="ui-btn ui-corner-all ui-shadow ui-btn-inline ui-btn-b" href="#"
data-rel="back">取消</a>
```

```
    <a class="ui-btn ui-corner-all ui-shadow ui-btn-inline ui-btn-b" href="#"
data-transition="flow" data-rel="back">返回</a>
    </div>
</div>
```

图 13.11　定义弹出对话框

一般情况下，弹出对话框中只包含页眉标题栏和正文内容部分。在某些场景下，弹出对话框也可能包含页脚工具栏，但这并不常见。在上面示例中，设置 data-role 属性为 header 的 div 容器所包含的内容为页眉标题栏，页眉标题栏中 h1 到 h6 标题所包含的文字将会作为标题栏的文字突出显示。

```
<div data-role="header"> </div>
```

对话框的正文被放置在 data-role 属性为 content 的 div 容器中：

```
<div data-role="content"></div>
```

如果需要设置页脚工具栏，则可以将相应内容放置于 data-role 属性为 footer 的 div 容器中：

```
<div data-role="footer"></div>
```

13.4.4　弹出图片

在弹出图片中，图片几乎占据整个弹出页面，突出呈现在浏览器中。实现弹出图片的方法：将图片添加在弹出页面的 div 容器中。此时图片会按比例最大程度地填充整个弹出页面。

【示例】　下面是完整示例代码，演示效果如图 13.12 所示。

```
<a href="#pic" data-transition="fade" data-rel="popup" data-position-to="window">
    <img style="width: 30%;" src="images/1.jpg">
</a>
<div id="pic" data-role="popup" data-theme="b" data-corners="false" data-overlay-
theme="b">
    <a href="#" data-rel="back" data-role="button" data-icon="delete" data-iconpos=
"notext" class="ui-btn-right">Close</a>
    <img style="max-height: 512px;" src="images/1.jpg">
</div>
```

扫一扫，看视频

在实际使用过程中，移动设备屏幕会在水平方向和垂直方向之间切换。随着屏幕方向的变化，图片可能会超出屏幕显示范围，此时为了不遮挡图片，需要在页面加载的时候计算屏幕尺寸，并根据屏幕尺寸减去一定的边框值，重新设置弹出图片的尺寸。

📢 提示：

> 如果图片的尺寸和浏览器的尺寸正好一致，可能因为没有可以触发关闭弹出页面的地方，导致用户不方便跳转回之前的页面。因此，在弹出页面中，必须包含一个关闭按钮，具体代码如下。

```
<a href="#" data-rel="back" data-role="button" data-icon=
"delete" data-iconpos= "notext" class="ui-btn-right">Close
</a>
```

在 Close 超级链接按钮中，将属性 data-iconpos 设置为 notext，而将 data-rel 属性设置为 back。单击 Close 按钮后，页面会返回到上一个页面，也就是退出弹出页面而回到之前的页面。

图 13.12 定义弹出图片

13.5 设置弹出页

为了改善弹出页的用户体验，在使用过程中，用户可能需要对其进行定制，如显示位置、关闭按钮、弹出动画、主题样式等。下面分别对其进行介绍。

13.5.1 设置显示位置

定义弹出页面的显示位置比较重要。例如，设置弹出提示框的位置后，提示框会在某个特定的 DOM 上被打开，以实现与这个 DOM 相关的帮助或提示功能。

定义弹出页面位置的方法有两种：

↘ 在激活弹出页面的超级链接按钮中设置 data-position-to 属性。

↘ 通过 JavaScript 方法对弹出页面执行 open()操作，并在 open()方法中设置打开弹出页面的坐标位置。

下面重点介绍第一种方法，第二种方法将在下一节中介绍。

data-position-to 属性包括 3 个取值，具体说明如下：

↘ window：弹出页面在浏览器窗口中间弹出。

↘ original：弹出页面在当前触发位置弹出。

↘ #id：弹出页面在 DOM 对象所在位置被弹出。此处需要将 DOM 对象的 id 赋值给 data-position-to 属性，如 data-position-to=""#box"。

【示例】 下面示例设计 3 个弹出框，使用 data-position-to 属性定位弹出框的显示位置，让其分别显示在屏幕中央、当前按钮上和指定对象上，示例主要代码如下，演示效果如图 13.13 所示。

图 13.13 设置显示位置

```
<div data-role="page">
    <div data-role="header">
        <h1>定制弹出页面</h1>
    </div>
    <div data-role="content">
```

```
        <a href="#window" data-rel="popup" data-position-to="window" data-role=
"button">定位到屏幕中央</a>
        <a href="#origin" data-rel="popup" data-position-to="origin" data-role=
"button">定位到当前按钮上</a>
        <a href="#selector" data-rel="popup" data-position-to="#pic" data-role=
"button">定位到指定对象上</a>
        <div class="ui-content" id="window" data-role="popup" data-theme="a">
            <p>显示在屏幕中央</p>
        </div>
        <div class="ui-content" id="origin" data-role="popup" data-theme="a">
            <p>显示在当前按钮上面</p>
        </div>
        <div class="ui-content" id="selector" data-role="popup" data-theme="a">
            <p>显示在指定图片上面</p>
        </div>
        <img src="images/1.jpg" width="50%" id="pic" />
    </div>
</div>
```

13.5.2　设置切换动画

在弹出页面的显示过程中，有 10 种动画切换效果供用户选择。当需要以动画效果呈现弹出页面时，可以在打开页面的超级链接按钮中设置 data-transition 属性为相应动画效果。

data-transition 属性取值以及主要动画方式说明如下：

- slide：横向幻灯方式。
- slideup：自上向下幻灯方式。
- slidedown：自下向上幻灯方式。
- pop：中央弹出。
- fade：淡入淡出。
- flip：旋转弹出。
- turn：横向翻转。
- flow：缩小并以幻灯方式切换。
- slidefade：淡出方式显示，横向幻灯方式退出。
- none：无动画效果。

图 13.14　以中央弹出动画效果

【示例】　下面示例定义某个弹出页面以中央弹出动画方式呈现，代码如下所示，显示效果如图 13.14 所示。

```
<div data-role="page">
    <div data-role="header">
        <h1>定制弹出页面</h1>
    </div>
    <div data-role="content">
        <a href="#window" data-rel="popup" data-role="button" data-transition=
"pop">以中央弹出动画</a>
        <div class="ui-content" id="window" data-role="popup" data-theme="d">
            <img src="images/1.jpg" id="pic" style="max-height:300px;" />
        </div>
    </div>
</div>
```

扫一扫，看视频

扫一扫，看视频

13.5.3 设置主题样式

使用 data-theme 和 data-overlay-theme 两个属性可以定义弹出页面主题，其中前者用于设置弹出页面自身的主题和色板配色，后者主要用于设置弹出页面周边的背景颜色。

【示例】 下面示例设置弹出页面周边背景颜色为深色（data-overlay-theme="b"），弹出框背景颜色为白色（data-theme="a"），演示效果如图 13.15 所示。

```
<div data-role="page">
    <div data-role="header">
        <h1>定制弹出页面</h1>
    </div>
    <div data-role="content">
        <a href="#window" data-rel="popup" data-role="button" data-position-to=
"window">
        定义弹出页面主题</a>
        <div class="ui-content" id="window" data-role="popup" data-overlay-theme=
"a" data-theme="e" >
            <p>使用 data-theme 属性设置弹出页面自身的主题和色板。</p>
            <p>使用 data-overlay-theme 设置弹出页面周边的背景颜色。</p>
        </div>
    </div>
</div>
```

如果不设置 data-theme 属性，弹出页面将继承上一级 DOM 容器的主题和色板设定。例如，页面的 data-theme 设置为 a，如果不特别进行 theme 主题设定，则其下的各个弹出页面都将继承 theme 为 a 的设置。

图 13.15 定义弹出页面主题样式

扫一扫，看视频

13.5.4 设置关闭按钮

为了方便关闭弹出页面，一般可在弹出框中添加一个关闭按钮。要实现关闭按钮，可以在 div 容器开始的位置添加一个超级链接按钮。在这个超级链接按钮中，设置 data-rel 属性为 back，即单击这个按钮相当于返回上一页。如果希望图标位于右上角，则设置这个超级链接按钮的 class 属性为 ui-btn-right，如果希望按钮出现在左上角，则设置该属性为 ui-btn-left。

也可以设置按钮的文字和图标。如果希望只显示一个图标按钮而不包含任何文字，则设置 data-iconpos 属性为 notext。

【示例】 下面示例为弹出页面定义一个关闭按钮（data-role="button"），定义图标类型为叉（data-icon="delete"），作用是返回前一页面（data-rel="back"），使用 data-iconpos="notext"定义按钮仅显示关闭图标，使用 class="ui-btn-right"定义按钮位于弹出框右上角位置，演示效果如图 13.16 所示。

```
<div data-role="page">
```

```
    <div data-role="header">
        <h1>定制弹出页面</h1>
    </div>
    <div data-role="content">
        <a href="#window" data-rel="popup" data-role="button" data-position-to=
"window">
        添加关闭按钮</a>
        <div id="window" data-role="popup">
            <a class="ui-btn-right" href="#" data-rel="back" data-role="button"
data-icon="delete" data-iconpos="notext">Close</a>
            <p><img src="images/1.jpg" style="max-height:200px;"/></p>
        </div>
    </div>
</div>
```

图 13.16　定义弹出框按钮及其位置

提示：

为弹出页面添加 data-dismissible="false"属性，可以禁止单击弹出页外区域关闭弹出页，此时只能够通过关闭按钮关闭弹出页。

13.6　实　战　案　例

本节将通过多个案例实战演练 jQuery Mobile 视图页和弹出页的应用和设计技巧。

13.6.1　设计弹出框

本示例设计 6 个按钮，为这 6 个按钮绑定链接，设置链接类型为 data-rel="popup"，然后在 href 属性中分别绑定 6 个不同的弹出层包含框。然后，在页面底部定义 6 个弹出框，前面 3 个不包含标题框，后面 3 个包含标题框。

在标题框中添加一个关闭按钮：定义链接类型为"back"，即返回页面，关闭浮动层；定义<a>标签角色为按钮（data-role="button"）；定义主题为 a，显示图标为"delete"，使用 data-iconpos="notext"定义不显示链接文本；使用 class="ui-btn-left"类定义按钮显示位置，代码如下：

```
<a href="#" data-rel="back" data-role="button" data-theme="a" data-icon="delete"
data-iconpos="notext" class="ui-btn-left">Close</a>
```

在弹出框中，可以使用 data-role="header"定义标题栏，此时可以把弹出层视为一个独立的"视图页面"；最后，可以使用 data-dismissible="false"属性定义背景层不响应单击事件。案例演示效果如图 13.17 所示。

（a）设置不同形式弹出框

（b）简单的弹出框

（c）包含标题的弹出框

图 13.17　设计弹出框

示例完整代码如下所示：

```
<!doctype html>
<html>
<head>
<meta charset="utf-8">
<meta name="viewport" content="width=device-width,initial-scale=1" />
<link href="jquery.mobile/jquery.mobile-1.4.5.css" rel="stylesheet" type="text/ css">
<script type="text/javascript" src="jquery.mobile/jquery-1.12.2.min.js"></script>
<script type="text/javascript" src="jquery.mobile/jquery.mobile-1.4.5.js"></script>
</head>
<body>
<div data-role="page">
   <div data-role="header">
       <h1>弹出框</h1>
   </div>
   <div data-role="content">
      <a href="#popup1" data-rel="popup" data-role="button">右边关闭</a>
      <a href="#popup2" data-rel="popup" data-role="button">左边关闭</a>
      <a href="#popup3" data-rel="popup" data-role="button" >禁用关闭</a>
      <a href="#popup4" data-rel="popup" data-role="button">右边关闭（带标题）</a>
      <a href="#popup5" data-rel="popup" data-role="button">左边关闭（带标题）</a>
      <a href="#popup6" data-rel="popup" data-role="button" >禁用关闭（带标题）</a>
      <div data-role="popup" id="popup1" class="ui-content" style="max-width:
280px">
          <a href="#" data-rel="back" data-role="button" data-theme="a" data-icon=
"delete" data-iconpos="notext" class="ui-btn-right">Close</a>
          <p><img src="images/p6.jpg" width="100%" /></p>
      </div>
```

```
        <div data-role="popup" id="popup2" class="ui-content" style="max-width:
280px">
            <a href="#" data-rel="back" data-role="button" data-theme="a" data-icon=
"delete" data-iconpos="notext" class="ui-btn-left">Close</a>
            <p><img src="images/p5.jpg" width="100%" /></p>
        </div>
        <div data-role="popup" id="popup3" class="ui-content" style="max-width:
280px" data-dismissible="false">
            <a href="#" data-rel="back" data-role="button" data-theme="a" data-icon=
"delete" data-iconpos="notext" class="ui-btn-left">Close</a>
            <p><img src="images/p4.jpg" width="100%" /></p>
        </div>
        <div data-role="popup" id="popup4" class="ui-content" style="max-width:
280px">
            <div data-role="header" data-theme="a" class="ui-corner-top">
                <h1>弹出框</h1>
            </div>
            <a href="#" data-rel="back" data-role="button" data-theme="a" data-icon=
"delete" data-iconpos="notext" class="ui-btn-right">Close</a>
            <p>点击右侧按钮可以关闭对话框</p>
        </div>
        <div data-role="popup" id="popup5" class="ui-content" style="max-width: 280px">
            <div data-role="header" data-theme="a" class="ui-corner-top">
                <h1>弹出框</h1>
            </div>
            <a href="#" data-rel="back" data-role="button" data-theme="a" data-icon=
"delete" data-iconpos="notext" class="ui-btn-left">Close</a>
            <p>点击左侧按钮可以关闭对话框</p>
        </div>
        <div data-role="popup" id="popup6" class="ui-content" style="max-width:
280px" data-dismissible="false">
            <div data-role="header" data-theme="a" class="ui-corner-top">
                <h1>弹出框</h1>
            </div>
            <a href="#" data-rel="back" data-role="button" data-theme="a" data-icon=
"delete" data-iconpos="notext" class="ui-btn-left">Close</a>
            <p>点击屏幕空白区域无法关闭</p>
        </div>
    </div>
</div>
</body>
</html>
```

13.6.2　设计侧滑面板

侧滑面板可以作为导航工具栏的扩展，当打开它时，以半透明的遮罩效果呈现出来，在触碰面板之外的区域时，将关闭侧滑面板，在侧滑面板中，可以包含按钮、列表或其他表单元素。

要实现侧滑面板，需要下面 3 个步骤。

第 1 步，将各种工具按钮放置在弹出页面的 div 容器内部。下面这段代码将按钮以 mini 样式放置在侧滑面板中，并设置按钮的图标样式。

```
<div data-role="popup" id="popupOverlayPanel" data-corners="false">
    <button data-theme="b" data-icon="back" data-mini="true">返回</button>
```

扫一扫，看视频

333

```
    <button data-theme="b" data-icon="grid" data-mini="true">菜单</button>
    <button data-theme="b" data-icon="plus" data-mini="true">添加</button>
</div>
```

这段代码设置了按钮的主题属性 data-theme 为 b。如果不设置，侧滑面板将继承上一级容器的主题设置。

第 2 步，为了方便触控操作，可以设置触控面板中各个按钮的边距、背景颜色和宽度等。

第 3 步，由于设置控制面板高度时，不能在 CSS 中使用 height:100%的方法来表示，所以需要通过 JavaScript 将控制面板的高度设置为与浏览器屏幕的高度一致。下面的代码将高度设置绑定在侧滑面板的 popupbeforeposition 事件上，在每次打开侧滑面板之前将侧滑面板的高度设置为与当前浏览器窗口的高度一样。

```
<script>
$('#popupOverlayPanel').live('popupbeforeposition', function(){
    var h = $(window).height();
    $("#popupOverlayPanel").css("height", h);
});
</script>
```

此时就可以实现一个侧滑面板了，演示效果如图 13.18 所示。侧滑面板的完整代码如下所示：

```
<!doctype html>
<html>
<head>
<meta charset="utf-8">
<title></title>
<meta name="viewport" content="width=device-width,initial-scale=1" />
<link href="jquery.mobile/jquery.mobile-1.4.5.css" rel="stylesheet" type="text/ css">
<script type="text/javascript" src="jquery.mobile/jquery-1.12.2.min.js"></script>
<script type="text/javascript" src="jquery.mobile/jquery.mobile-1.4.5.js"></script>
<script>
$('#popupOverlayPanel').live('popupbeforeposition', function(){//在弹出页面定位之前
执行
    var h = $(window).height();                //获取设备窗口高度
    $("#popupOverlayPanel").css("height", h);   //重设侧滑面板高度与窗口高度相同
});
</script>
<style type="text/css">
#popupOverlayPanel-popup {          /*定义侧滑面板靠右显示*/
    right: 0!important;
    left: auto!important;
}
#popupOverlayPanel {
    width: 200px;                   /*定义侧滑面板宽度为200像素*/
    border: 1px solid;      .       /*添加1像素的边框*/
    border-right: none;             /*清除右侧边框*/
    background: rgba(0,0,0,.4);     /*定义背景为半透明效果显示*/
    margin: -1px 0;                 /*通过负边界，让侧滑面板向右移位一个像素*/
}
#popupOverlayPanel .ui-btn { margin: 2em 15px; }    /*定义按钮上下边界为2em,左右为15
像素*/
</style>
</head>
<body>
<div data-role="page">
    <div data-role="header">
```

```
        <h1>使用弹出页面</h1>
    </div>
    <div data-role="content">
        <a href="#popupOverlayPanel" data-rel="popup" data-transition="slide" data-
position-to="window" data-role="button" data-inline="true"> 弹出侧滑面板 </a>
        <div data-role="popup" id="popupOverlayPanel" data-corners="false" data-
theme="none" data-shadow="false" data-tolerance="0,0">
            <button data-theme="b" data-icon="back" data-mini="true">返回</button>
            <button data-theme="b" data-icon="grid" data-mini="true">菜单</button>
            <button data-theme="b" data-icon="plus" data-mini="true">添加</button>
        </div>
    </div>
</div>
</body>
</html>
```

图 13.18　定义弹出侧滑面板

13.6.3　设计相册

本例设计一个基于 jQuery Mobile 弹出页面实现的相册。单击页面中的某张图片，该图片将会以对话框的形式被放大显示，演示效果如图 13.19 所示。

（a）相册列表　　　　　　　　　　（b）弹出显示

图 13.19　设计相册效果

扫一扫，看视频

【操作步骤】

第 1 步，设计在页面中插入 6 张图片，固定宽度为 49%，在屏幕中以双列三行自然流动显示。

第 2 步，为它们定义超级链接，使用 jQuery Mobile 的 data-rel 属性定义超级链接的行为，本例设计以弹出窗口的形式打开链接，即 data-rel="popup"。

第 3 步，使用属性 data-position-to="window"定义弹出窗口在当前窗口中央打开。

第 4 步，使用 data-role="popup"属性定义弹出框，分别定义 id 值为"popup_1"、"popup_2"、"popup_3"……，依此类推。同时在该包含框中插入要打开的图片，并使用行内样式定义最大高度为 512px。

第 5 步，弹出框中包含一个关闭按钮，设计其功能为关闭，并位于弹出框右上角。代码如下所示：

```
<a href="#" data-rel="back" data-role="button" data-icon="delete" data-iconpos=
"notext" class="ui-btn-right">Close</a>
```

第 6 步，在<a>标签中定义 href 属性值，设置其值分别为"#popup_1"、"#popup_2"、"#popup_3"……，依此类推。

示例完整代码如下所示：

```
<!doctype html>
<html>
<head>
<meta charset="utf-8">
<meta name="viewport" content="width=device-width,initial-scale=1" />
<link  href="jquery.mobile/jquery.mobile-1.4.5.css"  rel="stylesheet"  type="text/
css">
<script type="text/javascript" src="jquery.mobile/jquery-1.12.2.min.js"></script>
<script type="text/javascript" src="jquery.mobile/jquery.mobile-1.4.5.js"></script>
</head>
<body>
<div data-role="page">
    <a href="#popup_1" data-rel="popup" data-position-to="window">
       <img src="images/p1.jpg" style="width:49%">
    </a>
    <a href="#popup_2" data-rel="popup" data-position-to="window">
       <img src="images/p2.jpg" style="width:49%">
    </a>
    <a href="#popup_3" data-rel="popup" data-position-to="window">
       <img src="images/p3.jpg" style="width:49%">
    </a>
    <a href="#popup_4" data-rel="popup" data-position-to="window">
       <img src="images/p4.jpg" style="width:49%">
    </a>
    <a href="#popup_5" data-rel="popup" data-position-to="window">
       <img src="images/p5.jpg" style="width:49%">
    </a>
    <a href="#popup_6" data-rel="popup" data-position-to="window">
       <img src="images/p6.jpg" style="width:49%">
    </a>
    <div data-role="popup" id="popup_1">
       <a href="#" data-rel="back" data-role="button" data-icon="delete" data-
iconpos="notext" class="ui-btn-right">Close</a>
       <img src="images/p1.jpg" style="max-height:512px;" alt="pic1">
    </div>
    <div data-role="popup" id="popup_2">
```

```
        <a href="#" data-rel="back" data-role="button" data-icon="delete" data-
iconpos="notext" class="ui-btn-right">Close</a>
        <img src="images/p2.jpg" style="max-height:512px;" alt="pic2">
    </div>
    <div data-role="popup" id="popup_3">
        <a href="#" data-rel="back" data-role="button" data-icon="delete" data-
iconpos="notext" class="ui-btn-right">Close</a>
        <img src="images/p3.jpg" style="max-height:512px;" alt="pic3">
    </div>
    <div data-role="popup" id="popup_4">
        <a href="#" data-rel="back" data-role="button" data-icon="delete" data-
iconpos="notext" class="ui-btn-right">Close</a>
        <img src="images/p4.jpg" style="max-height:512px;" alt="pic4">
    </div>
    <div data-role="popup" id="popup_5">
        <a href="#" data-rel="back" data-role="button" data-icon="delete" data-
iconpos="notext" class="ui-btn-right">Close</a>
        <img src="images/p5.jpg" style="max-height:512px;" alt="pic5">
    </div>
    <div data-role="popup" id="popup_6">
        <a href="#" data-rel="back" data-role="button" data-icon="delete" data-
iconpos="notext" class="ui-btn-right">Close</a>
        <img src="images/p6.jpg" style="max-height:512px;" alt="pic6">
    </div>
</div>
</body>
</html>
```

第 14 章　移动页面布局

jQuery Mobile 为视图页面提供了强大的版式支持，主要包括网格、折叠块、列表和表格。网格和折叠块可以帮助用户快速实现页面正文的内容格式化，列表视图常用于移动应用的列表内容管理，它以列表的方式将内容有序地排列和管理起来。此外，列表视图也可以作为页面导航使用。

【学习重点】
- 网格化布局。
- 折叠块和折叠组。
- 列表视图、嵌套列表、分类列表。
- 拆分按钮列表、缩微图与图标列表。
- 气泡提示、只读列表、列表过滤。
- 插页列表、折叠列表。
- 自动分类列表视图。
- 可变表格布局。

14.1　使用网格布局

对于传统桌面浏览器，通常有两种方法来实现布局设计。
- 通过 CSS+div 集成的方式实现版式布局。
- 通过定制没有框线的<table>表格实现布局设计。

不论使用哪种方式来实现布局，都可以设计富有表现力的布局。然而，这些并不完全适合移动应用的使用场景。jQuery Mobile 通过支持分栏布局，提供了简单而有效的界面排版方式。

14.1.1　定义分栏

扫一扫，看视频

jQucry Mobile 分栏布局是通过 CSS 定义实现的，主要包含两个部分：栏目数量和内容所在栏目的次序，具体说明如下。
- 定义栏目数量

基本语法：

```
ui-guid-a、ui-guid-b、ui-guid-c、ui-guid-d
```

上面 class 分别表示对应的<div>或者<section>中的栏目数量，分别为二栏、三栏、四栏、五栏。例如，下面结构代码定义二栏布局。

```
<div class="ui-grid-a">
    ......
</div>
```

- 定义内容块在栏目中的位置

基本语法：

```
ui-block-a、ui-block-b、ui-block-c、ui-block-d、ui-block-e
```

上面 class 分别表示相应内容块位于第一栏、第二栏、第三栏、第四栏或者第五栏。例如，下面代码表示内容被填充于第二栏。

```
<div class="ui-grid-a">
   <div class="ui-block-b"></div>
</div>
```

📢 提示：

这里的栏目数量是从两栏开始的，栏目数量的最大值是五栏，所以表示布局分为五栏的序号为 d，CSS 定义为 ui-grid-d。标记内容所在栏目的位置是从第一栏开始的，所以，第五栏所对应的为 e，CSS 会表示为 ui-block-e。这是用户很容易疏忽的地方。

【示例 1】 下面示例演示如何使用 CSS 定义实现两栏布局。

```
<div data-role="page">
   <div data-role="header">
      <h1>两栏布局</h1>
   </div>
   <div data-role="content">
      <div class="ui-grid-a">
         <div class="ui-block-a"><p>第一栏</p></div>
         <div class="ui-block-b"><p>第二栏</p></div>
      </div>
   </div>
</div>
```

运行上面代码，预览效果如图 14.1 所示。

📢 提示：

在分栏布局中，各个内容的宽度通常是平均分配的。对于不同的栏数，各个分栏的宽度比例说明如下：

➥ 二栏布局：每栏内容所占的宽度为 50%。
➥ 三栏布局：每栏内容所占的宽度大约为 33%。
➥ 四栏布局：每栏内容所占的宽度为 25%。
➥ 五栏布局：每栏内容所占的宽度为 20%。

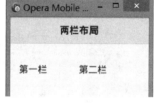

图 14.1　设计两栏布局

【示例 2】 如果需要移动应用支持更多的分栏，可以通过增加分栏来实现。在下面的五栏布局中，依次加入标记为 ui-block-c 到 ui-block-e 的 CSS 定义，实现了第三栏到第五栏的定义，演示效果如图 14.2 所示。

```
<div data-role="page">
   <div data-role="header">
      <h1>五栏布局</h1>
   </div>
   <div data-role="content">
      <div class="ui-grid-d">
         <div class="ui-block-a"><p>第一栏</p></div>
         <div class="ui-block-b"><p>第二栏</p></div>
         <div class="ui-block-c"><p>第三栏</p></div>
         <div class="ui-block-d"><p>第四栏</p></div>
         <div class="ui-block-e"><p>第五栏</p></div>
      </div>
   </div>
</div>
```

jQuery Mobile 中使用这样的方式定义分栏数量，最多可以定义 5 个分栏。如果用户需要更多的分栏布局，则需要自己开发 CSS 布局来实现。

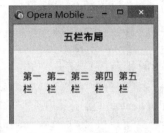

图 14.2　设计五栏布局

📢 注意：

> 分栏越多，每栏在屏幕中的尺寸就越小，这在移动应用开发中需要格外小心。如果在屏幕尺寸较小的手机浏览器上显示四栏或者五栏的布局，并且每个分栏中都是相对字数较多的文字或图片内容，则可能会因为界面呈现局促而降低用户体验。如果在多栏布局中，每个分栏包含的是一个含义清晰美观的图标按钮，则可能会赢得更好的用户体验。

【示例 3】　如果希望设计多行多列布局，通常并不需要重复设置多个<div class="ui-grid-b">标签，而只需顺序排列包含有 ui-block-a/b/c/d/e 定义的 div 即可。下面示例设计一个三行三列的表格布局页面，效果如图 14.3 所示。

```
<div data-role="page">
   <div data-role="header">
      <h1>三行三列表格布局</h1>
   </div>
   <div data-role="content">
      <div class="ui-grid-b">
         <div class="ui-block-a"><p>1 行 1 栏</p></div>
         <div class="ui-block-b"><p>1 行 2 栏</p></div>
         <div class="ui-block-c"><p>1 行 3 栏</p></div>
         <div class="ui-block-a"><p>2 行 1 栏</p></div>
         <div class="ui-block-b"><p>2 行 2 栏</p></div>
         <div class="ui-block-c"><p>2 行 3 栏</p></div>
         <div class="ui-block-a"><p>3 行 1 栏</p></div>
         <div class="ui-block-b"><p>3 行 2 栏</p></div>
         <div class="ui-block-c"><p>3 行 3 栏</p></div>
      </div>
   </div>
</div>
```

扫一扫，看视频

14.1.2　案例：设计两栏页面

本节案例将要创建一个两列页面，定义两列宽度为（50/50%），设计两列显示时尚女装栏目。具体设计过程如下。

【操作步骤】

第 1 步，启动 Dreamweaver，新建 HTML5 文档，保存文档为 index.html。

第 2 步，设计一个单页视图，在页面容器的标题栏中输入标题文本"<h1>时尚女装</h1>"。

```
<div data-role="page">
   <div data-role="header">
      <h1>时尚女装</h1>
   </div>
</div>
```

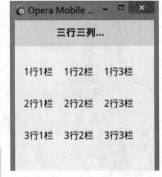

图 14.3　设计三行三列表格布局

第 3 步，使用<div class="ui-grid-a">定义两列分栏容器，使用<div class="ui-block-a">和<div class="ui-block-b">分别定义两列栏目，代码如下所示。

```
<div data-role="page">
   <div data-role="header">
```

```
    <h1>时尚女装</h1>
    </div>
    <div class="ui-grid-a">
        <div class="ui-block-a"> <img src="images/1.png" alt=""/> </div>
        <div class="ui-block-b"> <img src="images/2.png" alt=""/> </div>
    </div>
</div>
```

第 4 步，在文档头部添加一个内部样式表，设计网格包含框内的所有图像宽度均为 100%，代码如下所示。

```
<style type="text/css">
.ui-grid-a img { width: 100%; }
</style>
```

第 5 步，以同样的方式在下面再添加一行分栏，设计配图说明文字，代码如下所示。

```
<div class="ui-grid-a">
    <div class="ui-block-a">
        <div><span class="title">奥丽嘉朵 OBBLIGATO 女装</span> <span class="red">1
折起</span> </div><button data-theme="j">立即抢购</button>
    </div>
    <div class="ui-block-b">
        <div><span class="title">美之藤 M.TENG 女装专场</span> <span class="red">0.6
折起</span> </div> <button data-theme="j">立即抢购</button>
    </div>
</div>
```

第 6 步，在内部样式表中定义类样式.red 和.title，对说明文字适当进行修饰，样式代码如下所示。

```
.red {color:red; font-size:12px;}
.title{ color:#444; font-size:12px; padding:0 4px;}
```

第 7 步，在头部位置添加如下元信息，定义视图宽度与设备屏幕宽度保持一致。

```
<meta name="viewport" content="width=device-width,initial-scale=1" />
```

第 8 步，根据需要，可以继续添加多行图文分栏，具体操作不再演示。完成设计之后，在移动设备模拟器中预览该 index.html 页面，可以看到如图 14.4 所示的两列版式效果。

图 14.4　设计两列版式效果

14.2　使用折叠块

由于移动设备的屏幕相对较小，将内容全部展开，篇幅可能会很长，这将影响阅读速度。使用可折叠内容块，可以帮助用户快速定位相关主题，改善用户体验。

14.2.1　定义折叠块

使用 jQuery Mobile 建立的可折叠内容块通常由如下 3 部分组成。

❧　定义 data-role 属性为 collapsible 的 DOM 对象，用以标记折叠内容块的范围。

❧　以标题标签定义可折叠内容块的标题。在可折叠内容块中，这个标题将呈现为一个用以控制展开或折叠的按钮。

❧　可折叠内容块的内容。

结构代码如下所示：

```
<div data-role="collapsible">
    <h1>折叠按钮</h1>
    <p>折叠内容</p>
</div>
```

这里使用了 h1 标题。事实上，任何 h1 到 h6 级别的标题在第一行都将呈现为折叠内容块的头部按钮。通常，jQuery Mobile 界面呈现不会因为采用了低级别的标题（如 h6）而导致可折叠内容块中头部按钮的字体或字号发生改变。

例如，下面代码与上面代码的解析效果是一样的。

```
<div data-role="collapsible">
    <h6>折叠按钮</h6>
    <p>折叠内容</p>
</div>
```

【示例】　在可折叠内容块中，折叠按钮的左侧会有一个"+"号，表示该标题可以点开。在标题的下面放置需要折叠显示的内容，通常使用段落标签。当单击标题中的"+"号时，显示元素中的内容，标题左侧中"+"号变成"-"号；再次单击时，隐藏元素中的内容，标题左侧中"-"号变成"+"号，演示效果如图 14.5 所示。

（a）折叠容器收缩　　　　　　　　　（b）折叠容器展开

图 14.5　设计可折叠内容块

【操作步骤】

第 1 步，启动 Dreamweaver，新建 HTML5 文档，保存文档为 index.html。

第 2 步，设计单页视图，在页面容器的标题栏中输入标题文本"<h1>时尚女装</h1>"。

第 3 步，定义折叠面板容器。使用 data-role="collapsible" 声明当前标签为折叠容器，在折叠容器中，标题标签作为折叠标题栏显示，不管标题级别，可以是任意级别的标题。然后使用段落标签定义折叠容器的内容区域。

```
<div data-role="page" id="page">
   <div data-role="header">
       <h1>时尚女装</h1>
   </div>
   <div data-role="collapsible">
       <h1>奥丽嘉朵 OBBLIGATO 女装</h1>
       <p><img src="images/1.png" alt=""/></p>
   </div>
</div>
```

提示：

在折叠容器中通过设置 data-collapsed 属性值，可以调整容器折叠的状态。该属性默认值为 true，表示标题下的内容是隐藏的，为收缩状态；如果将该属性值设置为 false，标题下的内容是显示的，为下拉状态。

第 4 步，在文档头部添加一个内部样式表，设计折叠容器内的所有图像宽度均为 100%，代码如下所示。

```
<style type="text/css">
#page img { width: 100%; }
</style>
```

第 5 步，在头部位置添加如下元信息，定义视图宽度与设备屏幕宽度保持一致。

```
<meta name="viewport" content="width=device-width,initial-scale=1" />
```

第 6 步，完成设计之后，在移动设备中预览该 index.html 页面，可以看到图 14.5 所示的折叠版式效果。

14.2.2 定义嵌套折叠块

虽然每个可折叠内容块只能作用于一个内容块区域，但是它也可以通过级联方式包含其他可折叠内容块，这是一种树状信息组织。不过，由于通过树状方式组织内容要求移动设备浏览器足够宽，否则无法正常展现一级级的树状结构，所有树状结构在移动设备的界面呈现中并不方便。相比之下，使用嵌套的可折叠内容块既可以有效地以类似的方式组织内容的结构，也能在有限的显示空间中获得不错的用户体验。

注意：

建议这种嵌套最多不超过 3 层，否则，用户体验和页面性能就变得比较差。

【示例】 新建一个 HTML5 页面，在内容区域中添加 3 个 data-role 属性值为 collapsible 的折叠块，分别以嵌套的方式进行组合。单击第一层标题时，显示第二层折叠块内容；单击第二层标题时，显示第三层折叠块内容。详细代码如下所示，预览效果如图 14.6 所示。

```
<!doctype html>
<html>
<head>
<meta charset="utf-8">
<meta name="viewport" content="width=device-width,initial-scale=1" />
```

扫一扫，看视频

```
<link href="jquery.mobile/jquery.mobile-1.4.5.css" rel="stylesheet" type="text/
css">
<script type="text/javascript" src="jquery.mobile/jquery-1.12.2.min.js"></script>
<script type="text/javascript" src="jquery.mobile/jquery.mobile-1.4.5.js"></script>
</head>
<body>
<div data-role="page" id="page">
    <div data-role="header">
        <h1>行政区划</h1>
    </div>
    <div data-role="collapsible">
        <h1>中国</h1>
        <div data-role="collapsible">
            <h2>北京市</h2>
            <div data-role="collapsible">
                <h3>海淀区</h3>
                <p>清华大学</p>
            </div>
        </div>
    </div>
</div>
</body>
</html>
```

（a）折叠容器收缩　　　　　　　　　　　　　　　　（b）折叠容器展开

图 14.6　嵌套折叠容器演示效果

🔊 提示：

在实现具有嵌套关系的可折叠内容块时，需要注意几个问题：

↘　外层嵌套可折叠内容块和内部可折叠内容块最好使用不同的主题风格，以便使用者分辨不同的可折叠内容块级别。

↘　各层可折叠内容块通过声明 data-content-theme 属性定义内容区域的显示风格，这样的设置能在可折叠内容块的内容边界处出现一个边框线。这个边框线相对明显地分隔了各级嵌套内容，方便用户阅读内容块区域的内容。

14.2.3 定义折叠组

折叠块可以编组，只需要在一个 data-role 属性为 collapsible-set 的容器中添加多个折叠块，从而形成一个组。在折叠组中只有一个折叠块是打开的，类似于单选按钮组，当打开别的折叠块时，其他折叠块自动收缩，效果如图 14.7 所示。

（a）默认状态

（b）折叠其他选项

图 14.7 设计折叠组

【操作步骤】

第 1 步，启动 Dreamweaver，新建 HTML5 文档，保存文档为 index.html。

第 2 步，新建单页视图，在页面容器的标题栏中输入标题文本"<h1>时尚女装</h1>"。

```
<div data-role="page" id="page">
   <div data-role="header">
       <h1>时尚女装</h1>
   </div>
</div>
```

第 3 步，插入<div>标签，使用 data-role="collapsible-set"声明当前标签为折叠组容器。

```
<div data-role="collapsible-set"></div>
```

第 4 步，在折叠组容器中插入四个折叠容器，代码如下所示。其中在第一个折叠容器中定义 data-collapsed="false"属性，设置第一个折叠容器默认为展开状态。

```
<div data-role="collapsible-set">
   <div data-role="collapsible" data-collapsed="false">
       <h1>奥丽嘉朵 OBBLIGATO 女装</h1>
       <p><img src="images/1.png" alt=""/></p>
   </div>
   <div data-role="collapsible">
       <h1>美之藤 M.TENG 女装专场</h1>
       <p><img src="images/2.png" alt=""/></p>
   </div>
   <div data-role="collapsible">
       <h1>INXX 潮牌集合专场</h1>
       <p><img src="images/3.png" alt=""/></p>
   </div>
   <div data-role="collapsible">
```

```
        <h1>卡汶 KAVON 女装专场</h1>
        <p><img src="images/4.png" alt=""/></p>
    </div>
</div>
```

📢 提示：

折叠组中所有的折叠块在默认状态下都是收缩的，如果想在默认状态下使某个折叠区块为下拉状态，只要将该折叠区块的 **data-collapsed** 属性值设置为 **false** 即可。

第 5 步，在头部位置添加如下元信息，定义视图宽度与设备屏幕宽度保持一致。

```
<meta name="viewport" content="width=device-width,initial-scale=1" />
```

第 6 步，完成设计之后，在移动设备中预览该 index.html 页面，可以看到如图 14.7 所示的折叠组版式效果。

14.3 使用列表

为列表框添加 data-role="listview"属性，jQuery Mobile 会自动创建列表视图，列表视图是 jQuery Mobile 中功能强大的一个特性，它会使标准的列表结构应用得更广泛。

扫一扫，看视频

14.3.1 定义列表视图

定义列表视图的方法：在<ul>或<ol>标签中添加 data-role="listview" 属性就可以让列表框以视图的方式进行渲染。

【示例 1】 下面示例在单页视图中定义一个简单的列表视图，演示效果如图 14.8 所示。

图 14.8 定义简单的列表视图

```
<!doctype html>
<html>
<head>
<meta charset="utf-8">
<meta name="viewport" content="width=device-width,initial-scale=1" />
<link href="jquery.mobile/jquery.mobile-1.4.5.css" rel="stylesheet" type="text/css">
<script type="text/javascript" src="jquery.mobile/jquery-1.12.2.min.js"></script>
<script type="text/javascript" src="jquery.mobile/jquery.mobile-1.4.5.js"></script>
</head>
<body>
<div data-role="page" id="page">
    <div data-role="header">
        <h1>列表视图</h1>
    </div>
    <ul data-role="listview">
        <li>列表项目 1</li>
        <li>列表项目 2</li>
        <li>列表项目 3</li>
    </ul>
</div>
</body>
</html>
```

📢 提示：

上面列表也称为只读列表，只读列表的内容不包含任何超级链接，而只是单纯的列表功能。

【**示例 2**】 在很多实际应用场景中，列表视图也可以作为导航来使用。如果需要列表视图具有导航功能，直接在列表项中加入相应超级链接即可，演示效果如图 14.9 所示。

```
<ul data-role="listview">
    <li><a href="#">列表项目 1</a></li>
    <li><a href="#">列表项目 2</a></li>
    <li><a href="#">列表项目 3</a></li>
</ul>
```

在包含有超级链接的列表视图中，在超级链接的右侧默认会出现一个向右的箭头图标，以表示这个列表项是一个超级链接。

扫一扫，看视频

14.3.2 定义嵌套列表

嵌套列表就是多于一个层次的列表，即一级列表之下包含着二级或更多级的列表。嵌套可以是一层，也可以是多层。通常，嵌套深度不会很大，否则会影响逐层进入和逐层返回的用户体验。

如果定义嵌套列表，只需在简单列表视图的基础上嵌套新的一层列表即可，而下一级的嵌套列表将会继承上一级的属性设置。例如，上一级的列表视图设置了某个主题样式，那么下一级所嵌套的列表将会继承这些主题样式的设置。

图 14.9　定义带有导航功能的列表视图

【**示例**】 下面示例在市级列表基础上实现嵌套列表的功能，显示下一级区级列表，效果如图 14.10 所示。

```
<ul data-role="listview">
    <li>北京市
        <ul>
            <li>海淀区</li>
            <li>东城区</li>
            <li>西城区</li>
        </ul>
    </li>
    <li>上海市
        <ul>
            <li>黄浦区</li>
            <li>静安区</li>
            <li>徐汇区</11>
        </ul>
    </li>
</ul>
```

在这个 jQuery Mobile 嵌套列表视图中，每个城市嵌套有下一级的区县列表，区县列表缩进显示。

14.3.3 分类列表

分类列表就是通过分类标记将不同类别的内容集中放在一个列表中。分类列表视图是基于基本的列表视图增加分类标签而实现的，分类标签也是列表的一部分。

定义方法：将包含有分类提示的文字放置于 <li data-role="list-divider"> 标签中，然后将分类标签（<li data-role="list-divider">）插入到列表项目之间，分隔不同类别的列表项目。在分类列表中，其他部分的内容和之前所介绍的列表视图是一样的。

扫一扫，看视频

图 14.10　定义嵌套列表

【示例】　下面示例设计一个分类信息列表，在列表中包含不同类别的信息，为了方便用户浏览，使用分类标签对列表信息进行了分类。

第 1 步，启动 Dreamweaver，新建 HTML5 文档，保存为 index.html。

第 2 步，设计单页视图，在<div data-role="content">内容容器中插入一个列表视图，代码如下所示。

```
<div data-role="page" id="page">
    <div data-role="header">
        <h1>分类信息</h1>
    </div>
    <div data-role="content">
        <ul data-role="listview">
            <li><a href="#">苹果/三星/小米</a></li>
            <li><a href="#">台式机/配件</a></li>
            <li><a href="#">数码相机/游戏机</a></li>
            <li><a href="#">计算机</a></li>
            <li><a href="#">会计</a></li>
            <li><a href="#">房屋出租</a></li>
            <li><a href="#">房屋求租</a></li>
        </ul>
    </div>
</div>
```

第 3 步，在列表项目中，根据分类需要插入类似下面的列表项目。

```
<li data-role="list-divider">跳蚤市场</li>
```

第 4 步，完成设计之后，在移动设备模拟器中预览 index.html 页面，可以看到如图 14.11 所示的分类列表效果。

普通列表项的主题色为白色，分类列表项的主题色为浅灰色，通过主题颜色的区别，形成层次上的包含效果，该列表项的主题颜色也可以通过修改<ul>标签中的 data-divider-theme 属性值进行修改。

📢注意：

> 分类列表的作用：只是将列表内容进行视觉归纳，对于结构本身没有任何影响，但是添加的分隔符<li data-role="list-divider">属于无语义标签，因此不要滥用，且在一个列表中不宜过多使用分隔列表项，每一个分隔列表项下的列表项数量不要太少。

图 14.11　设计分类列表效果

扫一扫，看视频

14.3.4　定义拆分按钮

拆分按钮是 jQuery Mobile 列表的一种排版样式。在拆分按钮列表中，每个列表视图被分为两部分：前面部分是普通的列表内容，后面部分位于列表内容右侧，作为独立的一列，包含图标按钮等。

定义方法：在列表视图中，为每个<li>标签包含 2 个<a>标签。

【示例】　下面示例是一个简单的导航列表结构，在每个导航信息后面添加一个"更多"超级链接，代码如下所示，演示效果如图 14.12 所示。

```
<div data-role="page" id="page">
    <div data-role="header" data-theme="b">
        <h1>列表视图</h1>
    </div>
    <ul data-role="listview">
        <li><a href="#">今日聚焦</a><a href="#" data-icon="plus">更多</a></li>
```

```
        <li><a href="#">本地新闻</a><a href="#" data-icon="plus">更多</a></li>
        <li><a href="#">新闻观察</a><a href="#" data-icon="plus">更多</a></11>
    </ul>
</div>
```

如图 14.12 所示，两个超链接按钮之间通常有一条竖直的分隔线，分隔线左侧为缩短长度后的选项链接按钮，右侧为增加的<a>标签按钮。<a>标签的显示效果为一个带图标的按钮，可以通过为<ul>标签添加 data-split-icon 属性，然后设置一个图标名称，来改变所有按钮的图标类型，也可以在每个超链接中添加 data-split-icon 属性，定义单独的按钮图标类型。

📢 注意：

在拆分按钮列表视图中，分隔线左侧的宽度可以随着移动设备分辨率的不同进行等比缩放，而右侧仅包含一个图标的链接按钮，它的宽度是固定不变的。jQuery Mobile 允许列表项目中可以分成两部分，即在<li>标签中只允许有两个<a>标签，如果添加更多的<a>标签，只会把最后一个<a>标签作为分隔线右侧部分。

图 14.12　定义拆分按钮列表

扫一扫，看视频

14.3.5　定义缩微图和图标

缩微图列表是指在列表项的前面包含有一个缩微图，实现时，只需在列表项文字之前加入一个缩微图即可，即在列表项目前面添加<img>标签，作为<li>标签的第一个子元素，则 jQuery Mobile 会将该图片自动缩放成边长为 80 像素的正方形，显示为缩微图。

如果<img>标签导入的图片是一个图标，则需要给该标签添加一个 ui-li-icon 的类样式，才能在列表的最左侧正常显示该图标。

【示例】　下面示例在普通列表视图的每个列表项中插入一个<img>标签，同时在第二个<img>标签中定义 class="ui-li-icon"类，分别定义第一个列表项为缩微图，第二个列表项为图标，演示效果如图 14.13 所示。

```
<div data-role="page" id="page">
    <div data-role="header" data-theme="b">
        <h1>列表视图</h1>
    </div>
    <ul data-role="listview">
        <li><a href="#"><img src="images/1.jpg" />缩微图列表</a></li>
        <li><a href="#"><img src="images/1.jpg" class="ui-li-icon" />图标列表</a>
</li>
    </ul>
</div>
```

📢 提示：

从用户体验设计的角度而言，在列表视图中使用图标和缩微图存在一些细微的差别，具体如下。

↳　图标列表中的图标向右和向下缩进更多。

↳　在图标列表中，图标尺寸通常更小，不会撑高列表。在缩微图列表中，如果缩微图高度较大，则会撑高列表。

因此，<img>标签导入的图标尺寸大小应该控制在 16 像素以内。如果图标尺寸过大，虽然会被自动缩放，但将会与图标右侧的标题文本不协调，从而影响到用户的体验。

图 14.13　定义缩微图和图标列表

14.3.6　定义气泡提示

在列表视图中，可以加入提示数据或者一段短小的提示消息，用以指导用户操作，它们将被 jQuery Mobile 以气泡形式进行显示。

实现气泡提示时，需要在列表的基础上完成两个步骤。

第 1 步，将列表内容文字置于超级链接标签<a>之中，如<a href="index.html">列表项文字</a>。

第 2 步，在超级链接标签<a>内部，列表文字之后添加气泡提示标签：<span class="ui-li-count">气泡提示内容</span>。

【示例】　下面示例在嵌套列表视图添加了两个气泡提示，分别用于显示提示文字和数字，演示效果如图 14.14 所示。

图 14.14　定义气泡提示信息

```
<div data-role="page" id="page">
    <div data-role="header" data-theme="b">
        <h1>列表视图</h1>
    </div>
    <ul data-role="listview">
        <li><a href="#">新品上架<span class="ui-li-count">new</span></a>
        <ul>
            <li>电器</li>
            <li>数码</li>
            <li>图书</li>
            <li>家居</li>
        </ul>
        </11>
        <li><a href="#">特价大卖<span class="ui-li-count">78</span></a> </li>
    </ul>
</div>
```

📢 提示：

气泡提示的内容既可以是数字，也可以是文字。如果是一段文字提示，通常只是短语，不建议放置大段文字。如果文字过长，因为移动设备的屏幕尺寸较小，界面会很难看。

14.3.7　列表过滤

实现列表视图过滤功能的方法：在列表视图容器中声明 data-filter 属性为 true。声明之后，jQuery Mobile 将自动在列表开始的位置添加一个输入框，使用者可以基于这个输入框过滤列表中的内容。

【示例 1】　下面示例设计一个简单的列表视图，为<ul>标签添加 data-filter="true"属性，开启列表过滤功能，如图 14.15（a）所示，在搜索框中输入关键字"江"后，则列表视图显示过滤后的列表信息，每条列表信息都包含"江"字，如图 14.15（b）所示。

```
<div data-role="page" id="page">
    <div data-role="header" data-theme="b">
        <h1>列表视图</h1>
    </div>
    <ul data-role="listview" data-filter="true">
        <li>上海市</li>
        <li>江苏省</li>
        <li>浙江省</li>
        <li>安徽省</li>
        <li>福建省</li>
```

```
    <li>江西省</li>
    <li>山东省</li>
  </ul>
</div>
```

（a）过滤前　　　　　　　　　　　　（b）过滤后

图 14.15　列表信息过滤

如果列表中的内容比较多，即便使用过滤条件，依然需要从大量列表中进行人工筛选。如果在过滤列表的基础上增加分类功能，检索内容的效率将会更快。

实现支持分类功能的过滤视图，需要两步：

第 1 步，按照分类原则将列表条目排列在一起。

第 2 步，在各类列表条目之前添加分类类目。

【示例 2】　　下面示例设计一个分类列表视图，列表信息包括华北、华东和东北三个地区的省市列表信息，在分类类目标签中添加 data-role="list-divider"属性，具体代码如下所示，演示效果如图 14.16 所示。

```
<ul data-role="listview" data-filter="true">
    <li data-role="list-divider">【华北】</li>
    <li>北京市</li>
    <li>天津市</li>
    <li>河北省</li>
    <li>山西省</li>
    <li>内蒙古自治区</li>
    <li data-role="list-divider">【东北】</li>
    <li>辽宁省</li>
    <li>吉林省</li>
    <li>黑龙江省</li>
    <li data-role="list-divider">【华东】</li>
    <li>上海市</li>
    <li>江苏省</li>
    <li>浙江省</li>
    <li>安徽省</li>
    <li>福建省</li>
    <li>江西省</li>
    <li>山东省</li>
</ul>
```

（a）过滤前 （b）过滤后

图 14.16 分类列表信息过滤

从图 14.16 可以看到，在支持分类的过滤列表中，用户可以对不同类别的列表条目进行分类。在列表内容呈现的时候，将会显示分类类目。在输入过滤条件的时候，分类类目中的文字不会被过滤筛选。如果列表条目中的内容符合过滤条件，在呈现列表条目的时候，所属分类类目也将被一同呈现。

在很多情况下，列表中的条目有多种不同的表达方式，例如，山西简称晋，但在列表视图中只显示"山西"。jQucry Mobile 提供了一种隐藏数据过滤的方式，能够将所有这些信息作为索引条件进行数据过滤筛选。基于这样的方式所开发的移动应用，用户只需要输入相应的关键字。此时当查找"晋"的时候，就会得到"山西"这个列表条目。

实现隐含数据过滤，需要列表条目上添加 data-filtertext 属性，并将相关的关键词数值列在这个属性值中，多个关键字之间通过空格进行分隔。

【示例 3】 下面示例是在上面示例基础上，使用 data-filtertext 属性为部分省份添加简称索引，详细代码如下所示，演示效果如图 14.17 所示。

```
<ul data-role="listview" data-filter="true">
    <li data-role="list-divider">【华北】</li>
    <li>北京市</li>
    <li>天津市</li>
    <li data-filtertext="冀">河北省</li>
    <li data-filtertext="晋">山西省</li>
    <li>内蒙古自治区</li>
    <li data-role="list-divider">【东北】</li>
    <li>辽宁省</li>
    <li>吉林省</li>
    <li>黑龙江省</li>
    <li data-role="list-divider">【华东】</li>
    <li data-filtertext="沪">上海市</li>
    <li>江苏省</li>
    <li>浙江省</li>
    <li data-filtertext="皖">安徽省</li>
    <li data-filtertext="闽">福建省</li>
    <li data-filtertext="赣">江西省</li>
    <li data-filtertext="鲁">山东省</li>
</ul>
```

（a）过滤前 （b）过滤后

图 14.17 分类列表信息过滤

14.3.8 定义插页列表

插页列表是在 jQuery Mobile 1.2 中增加的新特性，在列表视图的外边呈现一个圆角矩形框，用户可以很清楚地知道列表视图的范围，这样的界面呈现很适合内容相对较多的页面。

实现插页列表效果的方法：在列表容器中声明 data-inset 属性值为 true。

【示例】 下面示例为一个普通的列表视图容器添加 data-inset="true"属性，预览效果如图 14.18 所示。

```
<div data-role="page" id="page">
    <div data-role="header" data-theme="b">
        <h1>列表视图</h1>
    </div>
    <div data-role="content">
        <ul data-role="listview" data-inset="true">
            <li>上海市</11>
            <li>北京市</11>
            <li>天津市</11>
            <li>重庆市</11>
        </ul>
    </div>
</div>
```

插页列表是以内联方式呈现的，所以插页列表的内容显得比较宽松，而普通的列表视图因为不是内联方式呈现的，所以列表信息会挤占一行，显得很局促。

因为能够通过内联方式很好地与页面内容集成在一起，并能帮助呈现出标准化的用户界面，所以插页列表是使用最为广泛的列表视图之一。

插页列表可以与几乎所有其他列表视图集成，以呈现出不同的插页列表样式，包括：

➥ 普通插页列表。

➥ 数字插页列表。

➥ 气泡提示插页列表。

图 14.18 设计插页列表视图

- 缩微图插页列表。
- 拆分按钮插页列表。
- 图标插页列表。
- 支持检索内容的插页列表。
- 分组插页列表（jQuery Mobile 1.2.0 开始提供）。

这些列表视图在没有超级链接的时候，也都将呈现为只读插页列表的样式。

扫一扫，看视频

📢 **注意：**

在 jQuery Mobile 1.2.0 和之前版本中，所呈现的只读插页列表只是略微有点差异。在 jQuery Mobile 1.2.0 的只读插页列表中，列表字体、间距、列表背景颜色等发生了一些调整。经过调整之后，jQuery Mobile 1.2.0 的插页列表更方便用户阅读其中的内容。

14.3.9 定义折叠列表

折叠列表视图是列表视图的一种，它能够将列表折叠起来，仅显示列表的名称，如果需要可以单击列表的名称而将折叠的列表展开。

实现折叠列表的方法：在列表视图之外增加一个 data-role 为 collapsible 的 div 容器。在容器中，通过标题标签声明折叠视图的名称。

📢 **提示：**

在 jQuery Mobile 1.2.0 之前的版本中不支持折叠列表。

【示例 1】 下面示例定义一个简单的折叠列表，列表标题为"直辖市"，列表内容包含 4 条列表项，效果如图 14.19 所示。

（a）折叠

（b）展开

图 14.19 设计简单的折叠列表效果

```
<div data-role="page" id="page">
    <div data-role="header" data-theme="b">
        <h1>列表视图</h1>
    </div>
    <div data-role="collapsible">
        <h1>直辖市</h1>
```

```
        <ul data-role="listview">
            <li>上海市</11>
            <li>北京市</11>
            <li>天津市</11>
            <li>重庆市</11>
        </ul>
    </div>
</div>
```

📢 提示：

折叠列表中包含的列表视图可以是之前介绍的各种列表视图。例如，分类列表、数字列表、拆分按钮列表、缩微图和图标列表、气泡提示列表、只读列表等。

如果需要将多个折叠列表视图以集合的形式排列在一起，可以使用折叠列表集合，这个折叠列表集合的呈现效果就好像多个列表标题又组成一个列表。打开每个折叠列表的标题之后，又会呈现其中的视图内容。

实现折叠列表集合的方法：首先建立 data-role 属性值为 collapsible-set 的 div 容器。在这个 div 容器中，顺序排列了各个折叠列表视图。

【示例 2】 下面示例演示了如何使用<div data-role="collapsible-set">容器定义一个折叠列表集合，演示效果 14.20 所示。

（a）折叠

（b）展开

图 14.20 设计折叠列表容器效果

```
<div data-role="page" id="page">
    <div data-role="header" data-theme="b">
        <h1>列表视图</h1>
    </div>
    <div data-role="collapsible-set">
        <div data-role="collapsible">
            <h2>【华北】</h2>
            <ul data-role="listview">
                <li>北京市</li>
                <li>天津市</li>
                <li>河北省</li>
```

```
            <li>山西省</li>
            <li>内蒙古自治区</li>
        </ul>
    </div>
    <div data-role="collapsible">
        <h2>【东北】</h2>
        <ul data-role="listview">
            <li>辽宁省</li>
            <li>吉林省</li>
            <li>黑龙江省</li>
        </ul>
    </div>
    </div>
</div>
```

在折叠列表集合中，各个折叠列表视图默认是折叠起来的。每次只能展开一个折叠列表视图，当展开第二个时，前一个会自动折叠起来。

14.3.10　自动分类列表

从 1.2.0 版本开始，jQuery Mobile 提供了能够自动分类的列表视图。基于自动分类列表视图，对于列表条目相邻的内容，如果第一个字符或第一个汉字相同，那么将会被自动分类在一起，而分类标签就是第一个字符或者第一个汉字。这样的功能设计有助于用户快速识别与定位所要查找的内容，如果与检索列表内容的功能配合使用，或者将折叠列表与自动分类列表视图混合使用，将可能明显改善列表内容查找的用户体验。

实现自动分类列表视图，需要两个步骤：

第 1 步，在列表内容输出的时候，需要排序之后再输出到列表视图中，否则，即便存在两个列表条目，它们的首字母或第一个汉字相同，但是不相邻在一起，也是无法实现自动分类之后在一起呈现的效果的。

第 2 步，在列表视图容器中，声明 data-autodividers 属性值为 true。

图 14.21　设计自动分类列表

```
<ul data-role="listview" data-autodividers="true">
```

【示例 1】　下面示例是一个简单的列表视图，使用 data-autodividers="true"属性开启自动分类功能，演示效果如图 14.21 所示。

```
<div data-role="page" id="page">
    <div data-role="header" data-theme="b">
        <h1>CSS 属性列表</h1>
    </div>
    <ul data-role="listview" data-autodividers="true">
        <li>border-width</li>
        <li>border-style</li>
        <li>border-color</li>
        <li>flex-shrink</li>
        <li>flex-basis</li>
        <li>flex-flow</li>
    </ul>
</div>
```

自动分类列表视图和上面介绍的列表视图有两个不同之处：

❧　在列表视图容器中，自动分类列表视图增加了 data-autodividers="true"属性，这在列表视图中是没有的。

❧　在列表视图中，可以在列表项目中通过设定 data-role 属性值为 list-divider 来标记这个条目是分类标签，这在自动分类列表视图中是不需要的。

【示例 2】　　自动分类列表可以与折叠列表混合使用，以方便用户快速定位内容。在下面示例中，折叠列表的 div 容器被定义在外层，自动分类列表的 ul 容器被定义在内层，代码如下所示，演示效果如图 14.22 所示。

```html
<div data-role="page" id="page">
    <div data-role="header" data-theme="b">
        <h1>CSS 属性列表</h1>
    </div>
    <div data-role="collapsible">
        <h2>盒模型属性</h2>
        <ul data-role="listview" data-autodividers="true">
            <li>border-width</li>
            <li>border-style</li>
            <li>border-color</li>
            <li>flex-shrink</li>
            <li>flex-basis</li>
            <li>flex-flow</li>
        </ul>
    </div>
</div>
```

图 14.22　混合使用自动分类列表和折叠列表

在生成自动分类列表视图的列表内容时，最好根据首字母或者第一个汉字进行排序。如果列表内容不按照首字母或者第一个汉字排序，可能会出现两个首字母或第一个汉字名称相同的分组，且位于自动分类列表的不同位置。

14.4 使 用 表 格

扫一扫，看视频

jQuery Mobile 支持表格结构，并提供了表格优化功能，具体介绍如下。

14.4.1 表格回流

jQuery Mobile 使用回流技术让表格适应响应式设计。基于回流所绘制的表格，当视口尺寸比较宽的时候，表格所有的字段从左到右依次排列；而当视口尺寸比较小的时候，各个字段则变为从上到下依次排列，这种变化也是一种表格的响应式设计。

实现回流表格的方法很简单：在表格声明中设置 data-role 为 table，data-mode 属性为 reflow，并设置 class 为 ui-responsive 即可。

【示例】 下面示例设计一个简单表格为回流表格，演示效果如图 14.23 所示。

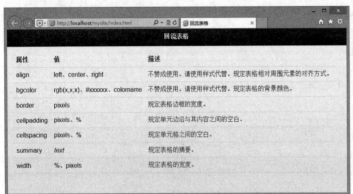
（a）默认显示样式

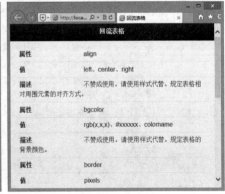
（b）回流显示表格

图 14.23 定义响应式回流表格

上面图 14.23（a）是视口尺寸较宽时的界面呈现效果，图 14.23（b）是视口较窄时的呈现效果。本示例的主体代码如下所示：

```
<section id="MainPage" data-role="page">
   <header data-role="header">
      <h1>回流表格</h1>
   </header>
   <div class="content" data-role="content">
      <table data-role="table" id="movie-table" data-mode="reflow" class="ui-
responsive table-stroke">
         <thead>
            <tr>
               <th>属性</th>
               <th>值</th>
               <th>描述</th>
            </tr>
         </thead>
         <tbody>
            <tr>
               <td>align</td>
               <td>left、center、right</td>
               <td>不赞成使用。请使用样式代替。规定表格相对周围元素的对齐方式。</td>
            </tr>
```

```
        <tr>
            <td>bgcolor</td>
            <td>rgb(x,x,x)、#xxxxxx、colorname</td>
            <td>不赞成使用。请使用样式代替。规定表格的背景颜色。</td>
        </tr>
        <tr>
            <td>border</td>
            <td>pixels</td>
            <td>规定表格边框的宽度。</td>
        </tr>
        <tr>
            <td>cellpadding</td>
            <td>pixels、%</td>
            <td>规定单元边沿与其内容之间的空白。</td>
        </tr>
        <tr>
            <td>cellspacing</td>
            <td>pixels、%</td>
            <td>规定单元格之间的空白。</td>
        </tr>
        <tr>
            <td>summary</td>
            <td><em>text</em></td>
            <td>规定表格的摘要。</td>
        </tr>
        <tr>
            <td>width</td>
            <td>%、pixels</td>
            <td>规定表格的宽度。</td>
        </tr>
        </tbody>
    </table>
  </div>
</section>
```

14.4.2 表格字段切换

当在移动设备浏览器中呈现字段切换表格时，jQuery Mobile 会检查视口的尺寸。如果尺寸较大，则可以呈现表格的所有字段。如果尺寸较小，则会呈现高优先级的字段，而自动隐藏低优先级的字段。能够自动根据视口尺寸而选择显示或隐藏表格字段，是字段切换表格的主要特点。

实现字段切换表格的方法很简单，只需要在表格的容器中声明 data-role 为 table，data-mode 为 columntoggle，并设置 class 为 ui-responsive，然后在表格标题部分使用 data-priority 为<th>标签定义显示排列顺序。

【示例】 下面是一个完整的表格示例代码。

```
<section id="MainPage" data-role="page">
   <header data-role="header">
      <h1>字段切换表格</h1>
   </header>
   <div class="content" data-role="content">
      <table data-role="table" id="movie-table" data-mode="columntoggle" class=
"ui-responsive table-stroke">
```

```
        <thead>
            <tr>
                <th data-priority="1">属性</th>
                <th data-priority="2">值</th>
                <th data-priority="3">描述</th>
            </tr>
        </thead>
        <tbody>
            <!--表格数据省略-->
        </tbody>
    </table>
    </div>
</section>
```

示例在不同视口尺寸下字段切换表格的呈现效果，如图 14.24 所示，其中图 14.24（a）的视口宽度较宽，而图 14.24（b）图较窄。

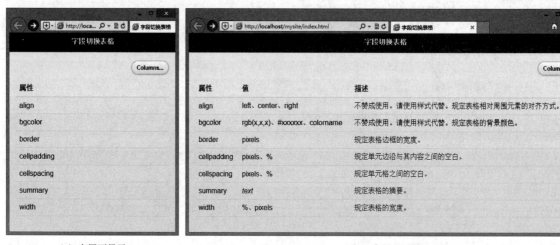

（a）窄屏下显示　　　　　　　　　　　　　　　　　（b）宽屏下显示

图 14.24　定义字段切换表格

在使用字段切换表格时，表格右上角有一个用于选择字段的 Columns 菜单，如果有字段被隐藏起来，单击这个按钮即可在菜单中选择再次显示的字段，如图 14.25 所示。

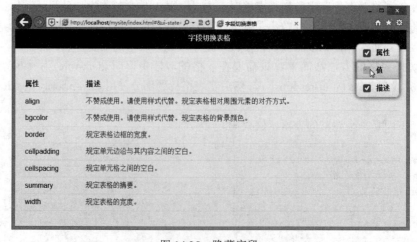

图 14.25　隐藏字段

注意：

当视口尺寸从大到小变化时，表格中的字段会被自动隐藏掉。而当视口从小到大变化的过程中，被隐藏的字段可能不会自动显示出来，此时需要手工通过 Columns 菜单将字段呈现出来，或者重新刷新浏览器将其呈现出来。

14.5 使用滑动面板

jQuery Mobile 的滑动面板是在移动设备浏览器的左侧或者右侧展开的浮动面板。滑动面板的用法非常类似于对话框，用户可以将表单、列表、菜单或者介绍文字集成在滑动面板中。

实现滑动面板时，需要在页面中加入滑动面板的容器，如下所示：

```
<div data-role="panel" id="sliding-panel">
    <!-- 此处为滑动面板的内容-->
</div>
```

滑动面板是一个独立在页面、页脚和正文之外的独立容器。值得注意的是，滑动面板的容器可以写在页面开始或者结束的位置，但不要写在页眉、正文或者页脚之中。

如果要打开一个滑动面板，可以通过超级链接或者超级链接按钮来实现，例如：

```
<a href="#sliding-panel">打开左侧面板，发送消息</a>
```

如果要在程序中关闭滑动面板，则可以在超级链接中声明 data-rel 为 close 或者通过 JavaScript 的 close 方法来关闭。例如，在滑动面板内部关闭滑动面板的代码如下：

```
<a href="#" data-rel="close" data-role="button" data-theme="c" data-mini="true">
取消</a>
```

【示例】 本示例完整演示代码如下所示，演示效果如图 14.26 所示。

```
<!doctype html>
<html>
<head>
<meta charset="utf-8">
<meta name="viewport" content="width=device-width,initial-scale=1" />
<link href="jquery.mobile/jquery.mobile-1.4.5.css" rel="stylesheet" type="text/css">
<script type="text/javascript" src="jquery.mobile/jquery-1.12.2.min.js"></script>
<script type="text/javascript" src="jquery.mobile/jquery.mobile-1.4.5.js"></script>
</head>
<body>
<section id="MainPage" data-role="page">
   <header data-role="header">
       <h1>设计滑动面板</h1>
   </header>
   <div class="content" data-role="content">
      <a href="#sliding-panel">打开左侧面板</a>
   </div>
   <div data-role="panel" id="sliding-panel">
      <a href="#" data-rel="close" data-role="button" data-theme="c" data-mini=
"true">取消</a>
   </div>
</section>
</body>
</html>
```

（a）打开滑动面板　　　　　　　　　（b）显示滑动面板

图 14.26　设计滑动面板

图 14.26 是滑动面板展开和关闭时的呈现效果。点击图 14.26（a）中的超级链接，滑动面板从屏幕左侧弹出。单击"取消"按钮后，滑动面板再次关闭起来。

📢 提示：

通常移动设备浏览器的尺寸有限，而有的内容却很长，这时如果需要在页面中找到打开或者关闭滑动面板的按钮，用户将可能需要翻屏好几次才能定位到。如果可以使用横向的轻扫屏幕将滑动面板调出来，将会方便使用者操作。

14.6　实战案例

本节将通过多个案例介绍如何使用 jQuery Mobile 进行移动页面布局，以案例实战的方式帮助用户体验移动 Web 布局的设计技巧。

14.6.1　设计课程表

扫一扫，看视频

分栏布局在仅需要限定宽度而对高度没有特殊要求的情况下是很有优势的。本节设计一个课程表，体验这种分栏布局的优势，示例演示效果如图 14.27 所示。

图 14.27　设计课程表

本示例完整代码如下所示：

```
<!doctype html>
```

```
<html>
<head>
<meta charset="utf-8">
<meta name="viewport" content="width=device-width,initial-scale=1" />
<link href="jquery.mobile/jquery.mobile-1.4.5.css" rel="stylesheet" type="text/css">
<script type="text/javascript" src="jquery.mobile/jquery-1.12.2.min.js"></script>
<script type="text/javascript" src="jquery.mobile/jquery.mobile-1.4.5.js"></script>
</head>
<body>
<div data-role="page">
    <div data-role="header">
        <h1>课程表</h1>
    </div>
    <div data-role="content">
        <div class="ui-grid-d">
            <div class="ui-block-a"><div class="ui-bar ui-bar-a" style="height:
30px">
                <h1>周一</h1>
            </div></div>
            <div class="ui-block-b"><div class="ui-bar ui-bar-a" style="height:
30px">
                <h1>周二</h1>
            </div></div>
            <div class="ui-block-c"><div class="ui-bar ui-bar-a" style="height:
30px">
                <h1>周三</h1>
            </div></div>
            <div class="ui-block-d"><div class="ui-bar ui-bar-a" style="height:
30px">
                <h1>周四</h1>
            </div></div>
            <div class="ui-block-e"><div class="ui-bar ui-bar-a" style="height:
30px">
                <h1>周五</h1>
            </div></div>
            <div class="ui-block-a"><div class="ui-bar ui-bar-c">
                <h1>数学</h1></div></div>
            <div class="ui-block-b"><div class="ui-bar ui-bar-c">
                <h1>语文</h1></div></div>
            <div class="ui-block-c"><div class="ui-bar ui-bar-c">
                <h1>英语</h1></div></div>
            <div class="ui-block-d"><div class="ui-bar ui-bar-c">
                <h1>数学</h1></div></div>
            <div class="ui-block-e"><div class="ui-bar ui-bar-c">
                <h1>英语</h1></div></div>
            <div class="ui-block-a"><div class="ui-bar ui-bar-c">
                <h1>数学</h1></div></div>
            <div class="ui-block-b"><div class="ui-bar ui-bar-c">
                <h1>化学</h1></div></div>
            <div class="ui-block-c"><div class="ui-bar ui-bar-c">
                <h1>语文</h1></div></div>
            <div class="ui-block-d"><div class="ui-bar ui-bar-c">
```

```
            <h1>英语</h1></div></div>
        <div class="ui-block-e"><div class="ui-bar ui-bar-c">
            <h1>英语</h1></div></div>
        <div class="ui-block-a"><div class="ui-bar ui-bar-c">
            <h1>物理</h1></div></div>
        <div class="ui-block-b"><div class="ui-bar ui-bar-c">
            <h1>体育</h1></div></div>
        <div class="ui-block-c"><div class="ui-bar ui-bar-c">
            <h1>生物</h1></div></div>
        <div class="ui-block-d"><div class="ui-bar ui-bar-c">
            <h1>政治</h1></div></div>
        <div class="ui-block-e"><div class="ui-bar ui-bar-c">
            <h1>数学</h1></div></div>
        <div class="ui-block-a"><div class="ui-bar ui-bar-c">
            <h1>化学</h1></div></div>
        <div class="ui-block-b"><div class="ui-bar ui-bar-c">
            <h1>语文</h1></div></div>
        <div class="ui-block-c"><div class="ui-bar ui-bar-c">
            <h1>语文</h1></div></div>
        <div class="ui-block-d"><div class="ui-bar ui-bar-c">
            <h1>数学</h1></div></div>
        <div class="ui-block-e"><div class="ui-bar ui-bar-c">
            <h1>英语</h1></div></div>
        </div>
    </div>
</div>
</body>
</html>
```

本示例没有加入对于第几节课进行描述的栏目，因为一周正常情况有 5 天上课时间，但是在 jQuery Mobile 中默认最多只能分成 5 栏，这也是 jQuery Mobile 分栏的缺陷所在。

扫一扫，看视频

14.6.2　设计九宫格

九宫格是移动设备中常用的界面布局形式，利用 jQuery Mobile 网格技术打造一款具有九宫格布局的界面比较简单。本节示例展示了如何快速定制一个九宫格界面，演示效果如图 14.28 所示。

图 14.28　设计九宫格界面

本示例完整代码如下所示：

```
<!doctype html>
<html>
<head>
<meta charset="utf-8">
<meta name="viewport" content="width=device-width,initial-scale=1" />
<link href="jquery.mobile/jquery.mobile-1.4.5.css" rel="stylesheet" type="text/css">
<script type="text/javascript" src="jquery.mobile/jquery-1.12.2.min.js"></script>
<script type="text/javascript" src="jquery.mobile/jquery.mobile-1.4.5.js"></script>
</head>
<body>
<div data-role="page">
    <div data-role="header" data-position="fixed">
        <a href="#">返回</a>
        <h1>九宫格界面</h1>
        <a href="#">设置</a>
    </div>
    <div data-role="content">
        <fieldset class="ui-grid-b">
            <div class="ui-block-a">
                <img src="images/1.png" width="100%" height="100%"/>
            </div>
            <div class="ui-block-b">
                <img src="images/2.png" width="100%" height="100%"/>
            </div>
            <div class="ui-block-c">
                <img src="images/3.png" width="100%" height="100%"/>
            </div>
            <div class="ui-block-a">
                <img src="images/4.png" width="100%" height="100%"/>
            </div>
            <div class="ui-block-b">
                <img src="images/5.png" width="100%" height="100%"/>
            </div>
            <div class="ui-block-c">
                <img src="images/6.png" width="100%" height="100%"/>
            </div>
            <div class="ui-block-a">
                <img src="images/7.png" width="100%" height="100%"/>
            </div>
            <div class="ui-block-b">
                <img src="images/8.png" width="100%" height="100%"/>
            </div>
            <div class="ui-block-c">
                <img src="images/9.png" width="100%" height="100%"/>
            </div>
        </fieldset>
    </div>
</div>
</body>
</html>
```

上面代码比较简单，没有什么复杂的内容，只是一个分栏布局。本例中由于每一个栏目仅仅包含一张图片，而每张图片的尺寸又都是一样的，因此没有必要通过设置栏目的高度来保证布局的完整。如果重置各个栏目之间的间距，可以通过在页面中重写 ui-block-a、ui-block-b 和 ui-block-c 样式的方法来改变它们之间的间距，也可以通过修改图片的空白区域来使图标变小。

扫一扫，看视频

图 14.29　设计登录表单

14.6.3　设计登录页

列表视图可以用来美化表单样式，经过美化之后，表单元素的布局更加规整，表单操作起来更加方便。在众多列表视图样式中，使用最多的是插页列表或只读列表视图。对于表单元素的排列方法，一般情况下设计每行显示一个表单元素。

【示例】　下面示例设计一个简单的登录表单，代码如下所示，演示效果如图 14.29 所示。

```
<div data-role="page" id="page">
    <div data-role="header">
        <h1>登录表单</h1>
    </div>
    <div data-role="content">
        <form>
            <ul data-role="listview" data-inset="true" id="listViewForm">
                <li data-role="fieldcontain">
                    <label for="name">登录名:</label>
                    <input type="text" name="name" id="name" value=""/>
                </li>
                <li data-role="fieldcontain">
                    <label for="name">密码:</label>
                    <input type="password" name="password" id="password" value="" />
                </li>
                <li data-role="fieldcontain">
                    <fieldset class="ui-grid-a">
                        <div class="ui-block-a">
                            <button type="submit" data-theme="d">取消</button>
                        </div>
                        <div class="ui-block-b">
                            <button type="submit" data-theme="a">提交</button>
                        </div>
                    </fieldset>
                </li>
            </ul>
        </form>
    </div>
</div>
```

在上面代码中，在列表容器中添加 data-inset="true"属性，使用内联样式进行布局，然后通过声明布局的样式进行布局管理。首先，在 fieldset 中通过 ui-grid-a 声明每行包含两栏，然后在各个按钮中声明 ui-block-a 为第一栏内容，ui-block-b 为第二栏内容。

🔊 提示：

使用列表格式化表单布局时，在将表单元素依次排列在列表视图中时，要注意两个问题：

➡ 作为表单元素的<li>容器需要设置 data-role="fieldcontain"属性。

➡ 如果将按钮作为列表的一部分，则需要将其放入 fieldset 容器，然后再将 fieldset 放入<li>容器中。

14.6.4 设计新闻列表

本节示例将制作一款比较精美的新闻列表，演示效果如图 14.30 所示。

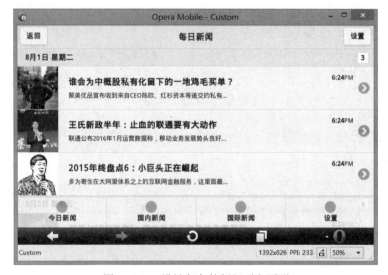

图 14.30 设计复杂的新闻列表页面

新闻列表一般要包括新闻的标题以及发生时间，同时还要显示出新闻的一部分内容，比较标准的新闻列表页面结构如图 14.31 所示。

图 14.31 新闻列表标准结构

每一个新闻列表项由左、中、右 3 部分组成，左侧显示新闻图片，中间为新闻标题和新闻内容的开头或概述，右侧显示新闻发生的时间。除此之外，还应当根据新闻发生的时间对新闻进行分组。

本例完整结构代码如下所示：

```
<div data-role="page">
   <div data-role="header" data-position="fixed" data-fullscreen="true">
      <a href="#">返回</a>
      <h1>每日新闻</h1>
      <a href="#">设置</a>
   </div>
      <ul data-role="listview" style="margin-top:45px;">
         <li data-role="list-divider">8 月 1 日 星期二<span class="ui-li-count">3
</span></li>
         <li><a href="#">
            <img src="images/1.jpg" />
            <h2>谁会为中概股私有化留下的一地鸡毛买单？</h2>
            <p>聚美优品宣布收到来自 CEO 陈欧、红杉资本等递交的私有... </p>
```

```
                <p class="ui-li-aside"><strong>6:24</strong>PM</p>
            </a></li>
        <li><a href="#">
            <img src="images/2.jpg" />
            <h2>王氏新政半年：止血的联通要有大动作 </h2>
            <p>联通公布 2016 年 1 月运营数据称，移动业务发展势头良好... </p>
            <p class="ui-li-aside"><strong>6:24</strong>PM</p>
        </a></li>
        <li><a href="#">
            <img src="images/3.jpg" />
            <h2>2015 年终盘点 6：小巨头正在崛起 </h2>
            <p>多为寄生在大阿里体系之上的互联网金融服务，这里面最... </p>
            <p class="ui-li-aside"><strong>6:24</strong>PM</p>
        </a></li>
        <li data-role="list-divider">8 月 2 日 星期三<span class="ui-li-count">3
</span></li>
        <li><a href="#">
            <img src="images/4.jpg" />
            <h2>苹果与 FBI "互撕"：国内手机厂商集体失声背后 </h2>
            <p>那么问题来了，这背后究竟反映出了什么。</p>
            <p class="ui-li-aside"><strong>6:24</strong>PM</p>
        </a></li>
        <li><a href="#">
            <img src="images/5.jpg" />
            <h2>微信即将上线付费阅读，哪些内容可以卖钱？ </h2>
            <p>微信内容体系已经与 WEB 内容和 App 内容三分天下，其尝试...</p>
            <p class="ui-li-aside"><strong>6:24</strong>PM</p>
        </a></li>
        <li><a href="#">
            <img src="images/6.jpg" />
            <h2>豆瓣：精神角落的低吟浅唱 </h2>
            <p>创建十年之后，豆瓣终于推出了它的第一支品牌广告。</p>
            <p class="ui-li-aside"><strong>6:24</strong>PM</p>
        </a></li>
    </ul>
    <div data-role="footer" data-position="fixed" data-fullscreen="true">
        <div data-role="navbar">
            <ul>
                <li><a id="chat" href="#" data-icon="custom">今日新闻</a></li>
                <li><a id="email" href="#" data-icon="custom">国内新闻</a></li>
                <li><a id="skull" href="#" data-icon="custom">国际新闻</a></li>
                <li><a id="beer" href="#" data-icon="custom">设置</a></li>
            </ul>
        </div>
    </div>
</div>
```

🔊 注意：

为了防止手机屏幕宽度不够而导致部分内容无法正常显示，建议设置 initial-scale 的值为 0.5，甚至更小。代码如下所示：

```
<meta name="viewport" content="width=device-width,initial-scale=0.5" />
```

可以在列表的分栏中加入消息气泡，显示该栏目中栏目的数量。另外，在使用时要充分考虑到列表内是否有足够的空间来显示全部的内容，必要时可对部分内容进行舍弃。

14.6.5 设计播放列表

在实际开发中往往需要更加复杂的播放列表。例如，当前显示的是网络音乐列表，在列表的右侧有一个按钮，通过这个按钮可以将资源添加到本地播放列表进行保存。

本节示例将制作一个播放列表，这种列表结构除了可以用于音乐播放列表，在一些新闻列表中也常常会用到。另外，在帖子列表中可以使用这种技术来实现。

【操作步骤】

第 1 步，新建 HTML5 文档，保存为 index.html。

第 2 步，在页面视图中添加一个对话框容器：

```
<div data-role="popup" id="purchase" data-theme="d" data-overlay-theme="b"
class="ui-content" style="max-width:340px;">
    <h3>是否加入播放列表？</h3>
    <a href="#" data-role="button" data-rel="back" data-theme="b" data-icon=
"check" data-inline="true" data-mini="true">是</a>
    <a href="#" data-role="button" data-rel="back" data-inline="true" data-
mini="true">否</a>
</div>
```

第 3 步，在每个列表项目中添加一个超链接，绑定到对话框，实现单击该按钮时会弹出对话框，询问是否执行进一步的播放操作。

```
<li><a href="#">
    <img src="images/1.jpg">
    <h2>小猪歌</h2>
    <p>SNH48</p></a>
    <a href="#purchase" data-rel="popup" data-position-to="window" data-
transition="pop"></a>
</li>
```

第 4 步，本例完整代码就不再显示，用户可以参考本书附赠的示例源代码。示例演示效果如图 14.32 所示。

（a）默认播放列表

（b）询问进一步操作

图 14.32　优化音乐播放列表

实际上本例就是在列表中再加入一个链接，但是不要妄想再加入第 3 个链接，因为这与左侧的图标一样，都是 jQuery Mobile 为开发者早就设计好的，而且最后一个链接一定会自动显示在列表的右侧。

还可以利用本节示例获取网络资源，然后利用列表右侧的按钮将选中的资源加载到本地播放列表，而由于本地播放列表不再需要额外的按钮，因此可以使用上一示例中给出的代码，这样所创作出的应用看上去就比较完整了。

14.6.6 设计通讯录

有序列表能够有效地对列表中的内容进行排列和查找，除了通过编号之外，还可以通过对列表进行分组来实现信息的分类以提高查找效率，其中一个非常经典的例子就是手机的通讯录。

一般用户手机里都存有很多号码，管理起来非常麻烦，因此对手机里的号码进行分组是非常有必要的。对号码分组的方式有很多，如安卓号码本身自带用姓名首字母对号码进行分组的功能，另外，按照用户的习惯，更多的是采用按照关系来分组的方式，如按照家人、同学、朋友、陌生人的方式对号码进行分组，本节示例演示效果如图 14.33 所示。

图 14.33　设计通讯录

示例完整代码如下所示：

```html
<!doctype html>
<html>
<head>
<meta charset="utf-8">
<meta name="viewport" content="width=device-width,initial-scale=1" />
<link href="jquery.mobile/jquery.mobile-1.4.5.css" rel="stylesheet" type="text/css">
<script type="text/javascript" src="jquery.mobile/jquery-1.12.2.min.js"></script>
<script type="text/javascript" src="jquery.mobile/jquery.mobile-1.4.5.js"></script>
</head>
<body>
<div data-role="page">
    <div data-role="header">
        <h1>通讯录</h1>
    </div>
    <div data-role="content">
        <ul data-role="listview" data-inset="true">
            <li data-role="list-divider">家人</li>
            <li><a href="#">
                <h2>老爸</h2>
                <p>13512345678</p>
                </a> </li>
            <li><a href="#">
                <h2>老妈</h2>
                <p>13512345679</p>
                </a> </li>
            ……
        </ul>
    </div>
</div>
</body>
</html>
```

打开页面后，可以看到号码按照家人、同事、朋友、陌生人被分成了4组，并将组名与号码用不同的颜色显示。

对列表进行分组的方式也非常简单，只要在列表的某一项中加入属性 data-role="list-divider"，该项就会成为列表中组与组之间的分隔符，以不同的样式显示出来。这种对列表分组的方式还可以用在导航类应用上。

第 15 章　使用 UI 组件

jQuery Mobile 针对用户界面提供了各种可视化的组件，它们与 HTML5 标记一起使用，就能轻轻松松开发出移动设备网页。下面将介绍这些组件的用法。

【学习重点】
- 定义按钮和内联按钮。
- 设置按钮图标。
- 定义迷你按钮、按钮组和自定义按钮。
- 定义工具栏。
- 设计页眉和页脚样式。
- 设计导航栏。
- 使用输入框、单选按钮和复选框。
- 使用滑块、开关按钮和列表框。
- 设计表单组件。

15.1　使　用　按　钮

在 jQuery Mobile 中，按钮除了具有传统网页中的单击功能外，一般超级链接也可以以按钮组件的样式呈现，因为按钮组件提供了更大的目标，当单击链接的时候比较适合手指触摸。

在移动 Web 应用中，按钮组件有两种形式：
- 表单按钮，如提交、重置、普通按钮。
- 超级链接：将超级链接美化成按钮的样式，单击后页面会跳转到指定页面或位置。

图 15.1　不同标签的按钮样式

15.1.1　定义按钮

在 jQuery Mobile 中，定义按钮的原则如下：
- 默认的按钮标签，jQuery Mobile 会自动把它转换为 jQuery Mobile 按钮样式。例如，<button>标签，以及<input>标签中 type 属性值为 submit、reset、button 的表单对象。但是图像按钮不被转换为按钮组件。
- 对于超级链接，设置 data-role="button"属性可以将超级链接美化为按钮样式。

【示例】　下面代码分别使用不同标签定义按钮，jQuery Mobile 会自动把它们转换为按钮组件，其中图像按钮依然保持默认样式，没有转换为按钮组件，演示效果如图 15.1 所示。

```
<div data-role="page">
    <div data-role="header">
        <h1>使用按钮</h1>
    </div>
```

扫一扫，看视频

```
<div data-role="content">
    <a href="#about" data-role="button">超级链接</a>
    <button>表单按钮</button>
    <input type="submit" value="提交按钮" />
    <input type="reset" value="重置按钮" />
    <input type="button" value="普通按钮" />
    <input type="image" src="images/btn.jpg" height="30" value="图像按钮" />
</div>
</div>
```

15.1.2　定义内联按钮

在默认情况下，jQuery Mobile 按钮组件占满一行，这在屏幕较小的移动设备下便于触控操作，而在特定应用场景中，这种按钮尺寸就显得过大了。内联按钮的宽度受按钮显示字数的影响，多个内联按钮可以并列排在一起，而不是自上而下依次排列。

定义方法：在按钮标签中，将 data-inline 属性设置为 true。

【示例】　下面示例代码定义 5 个内联按钮，呈现效果如图 15.2 所示。

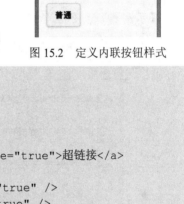

图 15.2　定义内联按钮样式

```
<div data-role="page">
    <div data-role="header">
        <h1>使用按钮</h1>
    </div>
    <div data-role="content">
        <a href="#about" data-role="button" data-inline="true">超链接</a>
        <button data-inline="true">表单</button>
        <input type="submit" value="提交" data-inline="true" />
        <input type="reset" value="重置" data-inline="true" />
        <input type="button" value="普通" data-inline="true" />
    </div>
</div>
```

扫一扫，看视频

15.1.3　定义按钮图标样式

通过 data-icon 属性可以为按钮设置图标，不同的属性值所呈现的图标也不同，具体说明如表 15.1 所示。

表 15.1　data-icon 属性值列表

属 性 值	说 明	样 式
data-icon="plus"	加号	+
data-icon="minus"	减号	−
data-icon="delete"	删除	✕
data-icon="arrow-l"	左箭头	‹
data-icon="arrow-r"	右箭头	›
data-icon="arrow-u"	上箭头	⌃
data-icon="arrow-d"	下箭头	⌄

（续）

属 性 值	说 明	样 式
data-icon="check"	检查	✔
data-icon="gear"	齿轮	✿
data-icon="forward"	前进	↻
data-icon="back"	后退	↺
data-icon="grid"	网格	⊞
data-icon="star"	星形	★
data-icon="alert"	警告	⚠
data-icon="info"	信息	ⓘ
data-icon="home"	首页	⌂
data-icon="search"	搜索	⚲

【示例】 定义 17 个按钮，分别应用不同的按钮图标，则效果如图 15.3 所示。

图 15.3 定义按钮图标样式

```
<button data-icon="plus" data-inline="true">加号: data-icon="plus"</button>
<button data-icon="minus" data-inline="true">减号: data-icon="minus"</button>
<button data-icon="delete" data-inline="true">删除: data-icon="delete"</button>
<button data-icon="arrow-l" data-inline="true">左箭头: data-icon="arrow-l" </button>
<button data-icon="arrow-r" data-inline="true">右箭头: data-icon="arrow-r" </button>
<button data-icon="arrow-u" data-inline="true">上箭头: data-icon="arrow-u" </button>
<button data-icon="arrow-d" data-inline="true">下箭头: data-icon="arrow-d" </button>
<button data-icon="check" data-inline="true">检查: data-icon="check"</button>
<button data-icon="gear" data-inline="true">齿轮: data-icon="gear"</button>
<button data-icon="forward" data-inline="true">前进: data-icon="forward"</button>
<button data-icon="back" data-inline="true">后退: data-icon="back"</button>
<button data-icon="grid" data-inline="true">网格: data-icon="grid"</button>
<button data-icon="star" data-inline="true">星形: data-icon="star"</button>
<button data-icon="alert" data-inline="true">警告: data-icon="alert"</button>
```

```
<button data-icon="info" data-inline="true">信息: data-icon="info"</button>
<button data-icon="home" data-inline="true">首页: data-icon="home"</button>
<button data-icon="search" data-inline="true">搜索: data-icon="search"</button>
```

15.1.4 设置按钮图标位置

使用 data-iconpos 属性可以设置图标在按钮中的位置，取值说明如下：

- ⮊ left：图标位于按钮左侧（默认值）。通常不用设置，因为默认位置就是屏幕左侧。
- ⮊ right：图标位于按钮右侧。
- ⮊ top：图标位于按钮上方正中。
- ⮊ bottom：图标位于按钮下方正中。
- ⮊ notext：只显示图标，而不显示按钮文字。

【示例】 下面示例定义 5 个按钮，添加加号按钮图标，然后分别设置在按钮的不同位置显示，效果如图 15.4 所示。

图 15.4　定义按钮图标位置

```
<div data-role="page">
    <div data-role="header">
        <h1>使用按钮</h1>
    </div>
    <div data-role="content">
        <button data-icon="plus" data-iconpos="bottom">按钮图标位置:data-iconpos=
"bottom"</button>
        <button data-icon="plus" data-iconpos="top">按钮图标位置:data-iconpos=
"top"</button>
        <button data-icon="plus" data-iconpos="left">按钮图标位置:data-iconpos=
"left"</button>
        <button data-icon="plus" data-iconpos="right">按钮图标位置:data-iconpos=
"right"</button>
        <button data-icon="plus" data-iconpos="notext">按钮图标位置:data-iconpos=
"notext"</button>
    </div>
</div>
```

15.1.5 定义迷你按钮

在特定场景中，小型按钮会更适合，如按钮和其他表单组件被放置在折叠内容块中，由于移动设备自身的屏幕尺寸限制，加之折叠内容块的显示区域比移动设备浏览器的显示区域小，如果使用标准尺寸的按钮和表单组件，那么内容布局和呈现将拥挤而不便操作。

【示例】 设置 data-mini 属性值为 true，可以定义迷你按钮。下面示例代码比较普通按钮与迷你按钮大小不同，效果如图 15.5 所示。

图 15.5　比较迷你按钮和普通按钮大小

```
<div data-role="page">
    <div data-role="header">
```

```
    <h1>使用按钮</h1>
  </div>
  <div data-role="content">
    <button data-icon="plus" data-iconpos="left">data-iconpos="left"</button>
    <button data-icon="plus" data-iconpos="left" data-mini="true">data-mini=
"true"</button>
  </div>
</div>
```

📢 提示：

其他表单元素也可以设置为 mini 尺寸，如文本框和复选框。

扫一扫，看视频

15.1.6　定义按钮组

图 15.6　定义按钮组

把一组相关的按钮组织在一起就形成按钮组，按钮组中的按钮可以横向排列或纵向排列。

定义方法：在按钮容器中，将 data-role 属性设置为 controlgroup，即可将一组按钮以纵向方式排列在一起。

【示例 1】　下面是一个简单的按钮组，示例代码如下，效果如图 15.6 所示。

```
<div data-role="page">
   <div data-role="header">
      <h1>定义按钮组</h1>
   </div>
   <div data-role="content">
      <div data-role="controlgroup">
         <a href="#about" data-role="button">超级链接</a>
         <button>表单按钮</button>
         <input type="submit" value="提交按钮" />
         <input type="reset" value="重置按钮" />
      </div>
   </div>
</div>
```

【示例 2】　如果希望以横向方式排列，只需设置 data-type 属性为 horizontal 即可。示例代码如下，效果如图 15.7 所示。

```
<div data-role="controlgroup" data-type="horizontal">
   <a href="#about" data-role="button">超级链接</a>
   <button>表单按钮</button>
   <input type="submit" value="提交按钮" />
   <input type="reset" value="重置按钮" />
</div>
```

图 15.7　定义按钮组横向排列

15.2 使用工具栏

jQuery Mobile 工具栏包括页眉栏、导航栏、页脚栏，它们分别位于视图窗口的顶部位置、任意位置和底部位置。用户可以通过添加不同样式和属性，设计不同显示样式，以满足各种应用场景的需求。

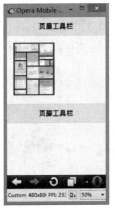

扫一扫，看视频

15.2.1 定义工具栏

定义页眉工具栏和页脚工具栏的方法如下：

❧ 定义页眉工具栏，只需在 div 容器中设置 data-role="header"即可。

❧ 定义页脚工具栏，只需在 div 容器中设置 data-role="footer"即可。

【示例】 在下面示例代码中，分别定义页眉区域和页脚区域，然后在内容框中插入一幅图片，演示效果如图 15.8 所示。

图 15.8 工具栏内联模式

```html
<!DOCTYPE html>
<html>
<head>
<meta charset="utf-8">
<meta name="viewport" content="width=device-width,initial-scale=1" />
<link href="jquery.mobile/jquery.mobile-1.4.5.css" rel="stylesheet" type="text/css">
<script type="text/javascript" src="jquery.mobile/jquery-1.12.2.min.js"></script>
<script type="text/javascript" src="jquery.mobile/jquery.mobile-1.4.5.js"></script>
</head>
<body>
<div data-role="page" id="page">
   <div data-role="header">
       <h1>页眉工具栏</h1>
   </div>
   <div data-role="content">
       <img src="images/1.jpg" width="100" />
   </div>
   <div data-role="footer">
      <h4>页脚工具栏</h4>
   </div>
</div>
</body>
</htm
```

15.2.2 定义显示模式

扫一扫，看视频

jQuery Mobile 页眉和页脚工具栏包括两种显示模式：固定模式和内联模式。具体说明如下：

❧ 在固定模式下，当用户轻击移动设备浏览器时，会显示或者隐藏工具栏，固定工具栏在浏览器屏幕中的位置也是固定的，页眉工具栏总是位于浏览器屏幕最上方，而页脚工具栏总是处于浏览器屏幕最下方。

❧ 在内联模式下，页眉工具栏将出现在页面正文内容的上方，紧跟在正文之后的是页脚工具栏并且随着正文内容变化，工具栏的位置也会发生变化。

在默认情况下，工具栏不会被设为固定模式，如果需要以固定模式呈现工具栏，则需要设置 data-position="fixed"。

【示例】　在下面示例代码中，页眉工具栏和页脚工具栏都设置 data- position="fixed"，让它们固定在视图顶部和底部，演示效果如图 15.9 所示。

```
<div data-role="page" id="page">
    <div data-role="header" data-position="fixed">
        <h1>页眉工具栏</h1>
    </div>
    <div data-role="content">
        <img src="images/1.jpg" width="100" />
    </div>
    <div data-role="footer" data-position="fixed">
        <h4>页脚工具栏</h4>
    </div>
</div>
```

图 15.9　工具栏固定模式

15.3　设 计 页 眉

页眉位于视图顶部，一般由标题和按钮组成，按钮主要负责前进、后退、保存或关闭等基本视图操作功能。

15.3.1　定义页眉栏

扫一扫，看视频

页眉栏一般包含标题文字和左右两侧的按钮，标题文字通常使用<h>标签定义，字数范围在 1~6 之间，常用<h1>标签，无论字数是多少，在同一个移动应用项目中都要保持一致。标题文字的左右两边可以分别放置一个或两个按钮，用于视图导航操作。

【示例 1】　由于移动设备的尺寸比较小，而页眉栏的标题又很长时，jQuery Mobile 会自动调整需要显示的标题内容，隐藏文字以 "…" 的形式显示在页眉栏中，如图 15.10 所示。

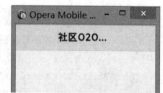

图 15.10　定义页眉标题

```
<div data-role="page" id="page">
    <div data-role="header">
        <h1>社区 O2O 在没有社区文化的中国还有机会吗？</h1>
    </div>
</div>
```

【示例 2】下面示例在页眉工具栏的左侧和右侧分别放置一个按钮，显示效果如图 15.11 所示。

```
<div data-role="page" id="page">
    <div data-role="header" data-position="inline" data-backbtn="false" >
        <a href="del.html" data-icon="delete">取消</a>
        <h1>标题</h1>
        <a href="save.html" data-icon="check">保存</a>
    </div>
</div>
```

15.3.2　定义页眉按钮

在页眉栏中可以添加按钮，按钮标签可以为任意元素。由于页眉栏空间的局限性，所添加的按钮都是以内联类型显示。

图 15.11　定义页眉按钮

【示例】　下面示例在页面中添加两个 Page 视图容器，ID 值分别为"a"、"b"。在两个容器的页眉栏中分别添加两个按钮，左侧为"上一张"，右侧为"下一张"，单击第一个容器的"下一张"按钮时，切换到第二个容器；单击第二个容器的"上一张"按钮时，又返回到第一个容器。视图代码如下，演示效果如图 15.12 所示。

```html
<div data-role="page" id="a">
    <div data-role="header" data-position="inline">
        <a href="#" data-icon="arrow-r" data-iconpos="notext">上一张</a>
        <h1>美图 1</h1>
        <a href="#b" data-icon="arrow-r" data-iconpos="notext">下一张</a>
    </div>
    <div data-role="content">
        <img src="images/1.jpg" width="100%" />
    </div>
</div>
<div data-role="page" id="b">
    <div data-role="header" data-position="inline">
        <a href="#a" data-icon="arrow-l" data-iconpos="notext">上一张</a>
        <h1>美图 2</h1>
        <a href="#" data-icon="arrow-r" data-iconpos="notext">下一张</a>
    </div>
    <div data-role="content">
        <img src="images/2.jpg" width="100%" />
    </div>
</div>
```

（a）初始预览效果　　　　　　　　　　　　　　（b）下一张显示效果

图 15.12　导航按钮演示效果

页眉栏中的<a>是首个标签，默认位置是在标题的左侧，默认按钮个数只有一个。当在标题左侧添加两个链接按钮时，左侧链接按钮会按排列顺序保留第一个，第二个按钮会自动放置在标题的右侧。

因此，在页眉栏中放置链接按钮时，鉴于内容长度的限制，尽量在页眉栏的左右两侧分别放置一个链接按钮。

15.3.3 定义按钮位置

在页眉栏中，如果只放置一个链接按钮，不论放置在标题的左侧还是右侧，其最终显示在标题的左侧。如果想改变位置，需要为<a>标签添加 ui-btn-left 或 ui-btn-right 类样式，前者表示按钮居标题左侧（默认值），后者表示居右侧。

【示例】 针对上节示例，对页眉栏中"上一张""下一张"两个按钮位置进行设定。在第一个 Page 容器中，仅显示"下一张"按钮，设置显示在页眉栏右侧；切换到第二个 Page 容器中时，只显示"上一张"按钮，并显示在左侧。视图代码如下，演示效果如图 15.13 所示。

```
<div data-role="page" id="a">
   <div data-role="header" data-position="inline">
      <h1>美图 1</h1>
      <a href="#b" data-icon="arrow-r" data-iconpos="notext"   class="ui-btn-
right">下一张</a>
   </div>
   <div data-role="content">
      <img src="images/1.jpg" width="100%" />
   </div>
</div>
<div data-role="page" id="b">
   <div data-role="header" data-position="inline">
      <a href="#a" data-icon="arrow-l" data-iconpos="notext"   class="ui-btn-
left">上一张</a>
      <h1>美图 2</h1>
   </div>
   <div data-role="content">
      <img src="images/2.jpg" width="100%" />
   </div>
</div>
```

（a）页眉栏按钮居右显示　　　　　　　　　（b）页眉栏按钮居左显示

图 15.13　定义页眉栏按钮的显示位置

ui-btn-left 和 ui-btn-right 两个类常用来设置页眉栏中标题两侧的按钮位置，该类别在只有一个按钮并且想放置在标题右侧时非常有用。

15.4 设 计 导 航

导航栏可以放置在视图页面内任意位置，如页眉、页脚和内容区，主要用于导航。

15.4.1 定义导航栏

为<div>标签设置 data-role="navbar" 属性，可以定义导航栏。在导航容器内，可以包含列表结构，用以定义导航项目，还可以使用 ui-btn-active 类样式激活导航项目。

【示例】 下面示例在页眉中添加一个导航栏，在其中创建 3 个导航按钮，分别在按钮上显示"采集""编辑""推荐"文本，并将第一个按钮设置为选中状态，演示效果如图 15.14 所示。

```
<div data-role="page" id="a">
   <div data-role="header">
      <h1>美图</h1>
      <div data-role="navbar">
         <ul>
            <li><a href="page2.html" class="ui-btn-active">采集</a></li>
            <li><a href="page3.html">编辑</a></li>
            <li><a href="page4.html">推荐</a></li>
         </ul>
      </div>
   </div>
   <div data-role="content"><img src="images/1.jpg" width="100%" /> </div>
</div>
```

在导航容器中，每个导航按钮的宽度都是一致的，每增加一个按钮，都会将原先按钮的宽度按照等比例的方式进行均分。即如果原来有两个按钮，它们的宽度为浏览器宽度的二分之一，再增加一个按钮时，原先的两个按钮宽度变成三分之一，依此类推。当导航栏中按钮的数量超过 5 个时，将自动换行显示。

图 15.14 定义导航栏

15.4.2 定义导航图标

在导航栏中，可以为导航按钮添加图标，只需要在对应的项目中增加 data-icon 属性即可。

【示例】 针对上节示例，分别为导航栏每个按钮绑定一个图标，其中第一个按钮图标为信息图标，第二个按钮图标为警告图标，第三个按钮图标为车轮图标，代码如下所示，按钮图标预览效果如图 15.15 所示。

```
<div data-role="page" id="a">
   <div data-role="header">
      <h1>美图</h1>
      <div data-role="navbar">
         <ul>
            <li><a href="page2.html" data-icon="info" class="ui-btn-active">采
```

```
集</a></li>
                <li><a href="page3.html" data-icon="alert">编辑</a></li>
                <li><a href="page4.html" data-icon="gear">推荐</a></li>
            </ul>
        </div>
    </div>
    <div data-role="content"> <img src="images/1.jpg" width="100%" /> </div>
</div>
```

扫一扫，看视频

15.4.3 定义图标位置

在导航栏中，图标默认显示在按钮文字的上面，如果需要调整图标的位置，只需添加 data-iconpos 属性。data-iconpos 属性的默认值为 top，表示图标在按钮文字的上面，还可以设置 left、right、bottom，分别表示图标在导航按钮文字的左边、右边和下面。

【示例】　下面示例设计一个单页视图，在页眉栏中添加一个导航结构。使用 data-role="navbar"属性定义导航栏容器，使用 data-iconpos="left"属性设置导航栏按钮图标位于按钮文字的左侧。

然后，在导航栏中添加三个导航列表项目，定义三个按钮，第一个按钮图标为 data-icon="home"，即显示为首页效果，并使用 ui-btn-active 类激活该按钮样式；第二个按钮图标为 data-icon="alert"，即显示为警告效果；第三个按钮图标为 data-icon="info"，即显示为信息效果。

图 15.15　为导航栏按钮添加图标效果

在内容框中，使用 data-iconpos="right"属性设置导航栏按钮图标位于按钮文字的右侧，然后在导航栏中添加三个导航列表项目，定义三个按钮，代码如下所示。

```
<div data-role="page" id="a">
    <div data-role="header">
        <div data-role="navbar" data-iconpos="left">
            <ul>
                <li><a href="#page2" data-icon="home" class="ui-btn-active">首页</a>
</li>
                <li><a href="#page3" data-icon="alert">警告</a></li>
                <li><a href="#page4" data-icon="info">信息</a></li>
            </ul>
        </div>
    </div>
    <div data-role="content">
        <div data-role="navbar" data-iconpos="right">
            <ul>
                <li><a href="#page2" data-icon="home" class="ui-btn-active">首页</a>
</li>
                <li><a href="#page3" data-icon="alert">警告</a></li>
                <li><a href="#page4" data-icon="info">信息</a></li>
            </ul>
        </div>
        <img src="images/1.jpg" width="100%" />
    </div>
</div>
```

完成设计之后，在移动设备模拟器中预览，效果如图 15.16 所示。

图 15.16　定义导航图标位置

data-iconpos 是一个全局属性，可以针对整个导航栏内全部的链接按钮，改变导航栏按钮图标的位置。

15.5　设 计 页 脚

页脚工具栏和页眉工具栏的结构基本相同，只要把 data-role 属性值设置为"footer"即可。与页眉工具栏相比，页脚工具栏的使用更自由，可以包含任意对象。

15.5.1　定义页脚栏

与页眉一样，在页脚中也可以嵌套导航按钮。jQuery Mobile 允许使用控件组容器包含多个按钮，以减少按钮间距，使用 data-role="controlgroup" 可以定义控件组容器。同时为控件组容器定义 data-type 属性，设置按钮组的排列方式，如设置 data-type="horizontal"时，表示容器中的按钮按水平方式进行排列。

【示例 1】　下面示例演示如何设计页脚栏，以及定义了一组按钮，并水平显示，效果如图 15.17 所示。

扫一扫，看视频

图 15.17　设计页脚栏按钮

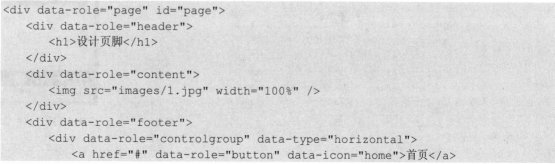

```
<div data-role="page" id="page">
    <div data-role="header">
        <h1>设计页脚</h1>
    </div>
    <div data-role="content">
        <img src="images/1.jpg" width="100%" />
    </div>
    <div data-role="footer">
        <div data-role="controlgroup" data-type="horizontal">
            <a href="#" data-role="button" data-icon="home">首页</a>
```

```
        <a href="#" data-role="button">业务合作</a>
        <a href="#" data-role="button">媒体报道</a>
    </div>
  </div>
</div>
```

【示例 2】　在上面示例中，由于使用\<div data-role="controlgroup"\>容器，所以按钮间没有任何空隙。如果想要给页脚栏中的按钮添加空隙，则不需要使用容器包裹。另外，给页脚栏容器添加一个 **ui-bar** 类样式把三个按钮定义为一个工具条，代码如下，预览效果如图 15.18 所示。

```
<div data-role="page" id="page">
    <div data-role="header">
        <h1>设计页脚</h1>
    </div>
    <div data-role="content">
        <img src="images/1.jpg" width="100%" />
    </div>
    <div data-role="footer" class="ui-bar">
        <a href="#" data-role="button" data-icon="home">首页
</a>
        <a href="#" data-role="button">业务合作</a>
        <a href="#" data-role="button">媒体报道</a>
    </div>
</div>
```

图 15.18　设计不嵌套按钮组的容器效果

15.5.2　包含表单

在页脚中添加按钮组外，常会在页脚栏中添加表单对象，如下拉列表、文本框、复选框、单选按钮等，为了确保表单对象在页脚栏的正常显示，应该为页脚栏容器定义 **ui-bar** 类样式，为表单对象之间设计一定的间距，同时设置 data-position 属性值为 inline，以统一表单对象的显示位置。

【示例】　下面示例演示在页脚栏中插入一个下拉菜单，为用户提供服务导航功能，代码如下，演示效果如图 15.19 所示。

```
<div data-role="page" id="page">
    <div data-role="header">
        <h1>设计页脚</h1>
    </div>
    <div data-role="content">
        <img src="images/1.jpg" width="100%" />
    </div>
    <div data-role="footer" class="ui-bar">
        <select name="daohang" id="daohang">
            <option value="0">首页</option>
            <option value="2">美妆</option>
            <option value="3">社区</option>
            <option value="4">团购</option>
            <option value="4">海购</option>
        </select>
    </div>
</div>
```

图 15.19　设计表单

扫一扫，看视频

15.6　使用表单组件

jQuery Mobile 对 HTML 表单进行全新的打造，提供了一套基于 HTML 的表单对象，但适合触摸操作的替代框架。在 jQuery Mobile 中，所有的表单对象由原始代码升级为 jQuery Mobile 组件，然后调用组件内置方法与属性，实现在 jQuery Mobile 下表单的各项操作。

扫一扫，看视频

15.6.1　文本框

按照功能，文本框可细分为 14 种类型，具体说明如下：

- text：文本输入框。
- password：密码输入框。
- number：数字输入框。
- email：电子邮件输入框。
- url：URL 地址输入框。
- tel：电话号码输入框。
- time：时间输入框。
- date：日期输入框。
- week：周输入框。
- month：月份输入框。
- datetime：时间日期输入框。
- datetime-local：本地时间日期输入框。
- color：颜色输入框。
- search：搜索输入框。

每种输入框均可以通过如下形式在 jQuery Mobile 中使用：

```
<input type="text" name="name" id="name" value="" />
```

每种输入框的 type 属性可能不同，但是借助 jQuery Mobile 的渲染效果，它们的呈现样式都是一致的：高度增加、补白增大、圆角、润边、带阴影。这样的输入框更易于触摸使用。

【示例】　下面示例在内容框中插入一个电子邮件输入框、搜索输入框和数字输入框。

```
<div data-role="page" id="page">
   <div data-role="header">
       <h1>使用表单组件</h1>
   </div>
   <div data-role="content">
       <div data-role="fieldcontain">
           <label for="email">电子邮件:</label>
           <input type="email" name="email" id="email" value=""  />
       </div>
       <div data-role="fieldcontain">
           <label for="search">搜索:</label>
           <input type="search" name="search" id="search" value="" />
       </div>
       <div data-role="fieldcontain">
           <label for="number">数字:</label>
           <input type="number" name="number" id="number" value=""  />
       </div>
```

扫一扫，看视频

```
        </div>
</div>
```

完成设计之后，在移动设备模拟器中预览页面，可以看到如图 15.20 所示的文本输入框。

从预览效果可以看到：搜索输入框最左侧有一个圆形的搜索图标，当输入框中有内容字符时，它的最右侧会出现一个圆形的叉号按钮，单击该按钮时，可以清空输入框中的内容。在数字输入框中，单击最右端的上下两个调整按钮，可以动态改变文本框的值。

15.6.2 单选按钮

jQuery Mobile 重新打造了单选按钮样式，以适应触摸屏界面的操作习惯，设计更大的单选按钮，以便更容易点击和触摸。

在没有选中状态下，jQuery Mobile 单选按钮呈现为灰色；而选中的单选按钮会高亮显示，不管选中与否，按钮的文字都不会发生变化。

【示例1】 下面示例使用<fieldset>容器包含一个单选按钮组，该按钮组有 3 个单选按钮，分别对应"初级""中级""高级"三个选项。效果如图 15.21 所示。

图 15.20 设计表单页面

```
<div data-role="page" id="page">
  <div data-role="header">
      <h1>使用表单组件</h1>
  </div>
  <div data-role="content">
      <div data-role="fieldcontain">
        <fieldset data-role="controlgroup">
            <legend>级别</legend>
            <input type="radio" name="radio1" id="radio1_0" value="1" />
            <label for="radio1_0">初级</label>
            <input type="radio" name="radio1" id="radio1_1" value="2" />
            <label for="radio1_1">中级</label>
            <input type="radio" name="radio1" id="radio1_2" value="3" />
            <label for="radio1_2">高级</label>
        </fieldset>
      </div>
  </div>
</div>
```

在移动应用中，为方便用户作出选择，单选按钮通常以按钮组的形式呈现。要实现按钮组，需要将各个单选按钮置于<fieldset>容器中，并设置 data-role="controlgroup"。

通常，一个 fieldset 只作为一个按钮组使用。如果有多组不同的单选按钮，则可以在不同的 fieldset 容器中分别放置各组单选按钮。

当多个单选按钮被<fieldset data-role="controlgroup">标签包裹后，无论是垂直分布还是水平分布，单选按钮组四周都呈现圆角样式，以一个整体组的形式显示在页面中。

图 15.21 单选按钮效果

【示例 2】 单选按钮组有两种布局方式：垂直布局和水平布局。在默认情况下，单选按钮是自上而下依次排列的。如果想水平排列单选按钮，则需要在<filedset>容器中声明 data-type 属性为 horizontal。下面示例为容器定义 data-type="horizontal"属性，设计单选按钮组水平分布，效果如图 15.22 所示。

```
<div data-role="page" id="page">
    <div data-role="header">
        <h1>使用表单组件</h1>
    </div>
    <div data-role="content">
        <div data-role="fieldcontain">
            <fieldset data-role="controlgroup" data-type="horizontal">
                <legend>级别</legend>
                <input type="radio" name="radio1" id="radio1_0" value="1" />
                <label for="radio1_0">初级</label>
                <input type="radio" name="radio1" id="radio1_1" value="2" />
                <label for="radio1_1">中级</label>
                <input type="radio" name="radio1" id="radio1_2" value="3" />
                <label for="radio1_2">高级</label>
            </fieldset>
        </div>
    </div>
</div>
```

15.6.3 复选框

与单选按钮不同，复选框支持同时选择多个不同的选项。被选中的复选框呈高亮显示，包含有对钩的矩形框，没有选中的复选框则会呈现为灰色的矩形框。

在移动应用中，为方便用户作出选择，复选框通常以按钮组的形式呈现。要实现按钮组，需要将多个复选框置于<fieldset>容器中，并设置 data-role="controlgroup"。设计方法与单选按钮组的设计方法相似。

图 15.22 设计单选按钮组垂直分布

【示例 1】 下面示例使用<fieldset>容器包含一个复选框按钮组，该按钮组有 3 个复选框，分别对应"Javascript""CSS3""HTML5"三个选项，如图 15.23 所示。

```
<div data-role="page" id="page">
    <div data-role="header">
        <h1>使用表单组件</h1>
    </div>
    <div data-role="content">
        <fieldset data-role="controlgroup">
            <legend>技术特长</legend>
            <input type="checkbox" name="checkbox1" id="checkbox1_0" value="js" />
            <label for="checkbox1_0">JS</label>
            <input type="checkbox" name="checkbox1" id="checkbox1_1" value="css" />
            <label for="checkbox1_1">CSS3</label>
            <input type="checkbox" name="checkbox1" id="checkbox1_2" value="html" />
            <label for="checkbox1_2">HTML5</label>
        </fieldset>
    </div>
</div>
```

图 15.23　设计复选框按钮组

【示例 2】　复选框组有两种布局方式：垂直布局和水平布局。复选框组默认是垂直显示，可以为组容器添加 data-type="horizontal"属性，定义水平显示，代码如下所示，效果如图 15.24 所示。

```
<div data-role="page" id="page">
   <div data-role="header">
      <h1>使用表单组件</h1>
   </div>
   <div data-role="content">
      <fieldset data-role="controlgroup" data-type="horizontal">
         <legend>技术特长</legend>
         <input type="checkbox" name="checkbox1" id="checkbox1_0" value="js" />
         <label for="checkbox1_0">JS</label>
         <input type="checkbox" name="checkbox1" id="checkbox1_1" value="css" />
         <label for="checkbox1_1">CSS3</label>
         <input type="checkbox" name="checkbox1" id="checkbox1_2" value="html" />
         <label for="checkbox1_2">HTML5</label>
      </fieldset>
   </div>
</div>
```

15.6.4　滑块

扫一扫，看视频

使用<input type="range">标签可以定义滑块组件，在 jQuery Mobile 中滑块组件由两部分组成，一个部分是可调整大小的数字输入框，另一部分是可拖动修改输入框数字的滑块。滑块元素可以通过 min 和 max 属性来设置滑块的取值范围。

【示例】　下面示例在内容框中设计一个滑块，代码如下，演示效果如图 15.25 所示。

图 15.24　水平显示的复选框组效果

```
<div data-role="page" id="page">
   <div data-role="header">
      <h1>使用表单组件</h1>
   </div>
   <div data-role="content">
      <label for="slider">值:</label>
      <input type="range" name="slider" id="slider" value="0" min="0" max="100"
/>
   </div>
</div>
```

滑块可以设置最小值和最大值，以约束滑块的数据范围。在滑块对象中，min 属性用于设定最小值，max 属性用于设定最大值，value 属性用于设定默认值。

拖动滑块，或者单击数字输入框中的加号或减号可以修改滑块值。此外，在键盘上单击方向键或 PageUp、PageDown、Home、End 键，也可以调节滑块值的大小。当然，通过 JavaScript 代码也可以设置滑块的值，但必须完成设置后对滑块的样式进行刷新。

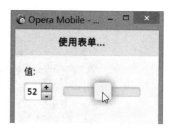

图 15.25　设计滑块效果

扫一扫，看视频

15.6.5　开关按钮

开关按钮的功能类似于单选按钮或者下拉菜单的功能。从用户体检的角度来说，开关按钮更加直观。一般在移动设备中比较常见，用以提供配置设置。

jQuery Mobile 借助<select>标签设计开关按钮，当<select>标签定义了 data-role="slider"属性，可以将该下拉列表的两个<option>选项样式变成一个开关按钮。第一个<option>选项为开状态，返回值为 true 或 1 等；第二个<option>选项为关状态，返回值为 false 或 0 等。

【示例】　下面示例在内容框中设计一个开关按钮，代码如下，效果如图 15.26 所示。

```
<div data-role="page" id="page">
   <div data-role="header">
      <h1>使用表单组件</h1>
   </div>
   <div data-role="content">
      <label for="flipswitch">选项:</label>
      <select name="flipswitch" id="flipswitch" data-role="slider">
         <option value="off">关</option>
         <option value="on">开</option>
      </select>
   </div>
</div>
```

15.6.6　下拉菜单

jQuery Mobile 重新定制了<select>标签样式，使选择菜单操作更符合触摸体验。整个菜单由按钮和菜单两部分组成，当用户单击按钮时，对应的菜单选择器将会自动打开，选其中某一项后，菜单自动关闭，被单击的按钮的值将自动更新为菜单中用户所点选的值。

【示例 1】　下面示例设计一个选择菜单，代码如下所示，演示效果如图 15.27 所示。

图 15.26　设计开关按钮效果

扫一扫，看视频

```
<div data-role="page" id="page">
   <div data-role="header">
      <h1>使用表单组件</h1>
   </div>
   <div data-role="content">
      <label for="selectmenu" class="select">年</label>
      <select name="selectmenu" id="selectmenu">
         <option value="2016">2016</option>
         <option value="2017">2017</option>
         <option value="2018">2018</option>
```

```
    </select>
    <label for="selectmenu2" class="select">月</label>
    <select name="selectmenu2" id="selectmenu2">
        <option value="1">1 月</option>
        <option value="2">2 月</option>
        <option value="3">3 月</option>
    </select>
    <label for="selectmenu3" class="select">日</label>
    <select name="selectmenu3" id="selectmenu3">
        <option value="1">1</option>
        <option value="2">2</option>
        <option value="3">3</option>
    </select>
    </div>
</div>
```

图 15.27　设计开关按钮效果

【示例 2】　多个菜单可以分组进行显示，此时可以设计为水平布局或垂直布局。当水平显示时，菜单会显示为按钮组效果，并在右侧显示提示性的下拉图标，代码如下所示，效果如图 15.28 所示。

```
<div data-role="page" id="page">
    <div data-role="header">
        <h1>使用表单组件</h1>
    </div>
    <div data-role="content">
        <fieldset data-role="controlgroup" data-type="horizontal">
            <label for="selectmenu" class="select">年</label>
            <select name="selectmenu" id="selectmenu">
                <option value="2016">2016</option>
                <option value="2017">2017</option>
                <option value="2018">2018</option>
            </select>
            <label for="selectmenu2" class="select">月</label>
            <select name="selectmenu2" id="selectmenu2">
                <option value="1">1 月</option>
                <option value="2">2 月</option>
                <option value="3">3 月</option>
            </select>
            <label for="selectmenu3" class="select">日</label>
            <select name="selectmenu3" id="selectmenu3">
```

```
            <option value="1">1</option>
            <option value="2">2</option>
            <option value="3">3</option>
        </select>
    </fieldset>
  </div>
</div>
```

data-type 定义水平或者垂直布局显示，当值为"horizontal"表示水平布局，当值为"vertical"表示垂直布局。

图 15.28　设计菜单组布局样式

15.6.7　列表框

当为<select>标签添加 multiple 属性后，选择菜单对象将会转换为多项列表框，jQuery Mobile 支持列表框组件，允许在菜单基础上进一步设计多项选择的列表框，如果将选择菜单的 multiple 属性值设置为 true，单击该按钮将弹出的菜单对话框中，全部菜单选项的右侧将会出现一个可勾选的复选框，用户通过单击该复选框，可以选中任意多个选项。选择完成后，对应的按钮自动更新为用户所选择的多项内容值。

【示例 1】　下面示例代码设计一个列表框，当分别选择不同的值时，列表框会显示当前用户的所有选择。代码如下所示，演示效果如图 15.29 所示。

```
<div data-role="page" id="page">
  <div data-role="header">
      <h1>使用表单组件</h1>
  </div>
  <div data-role="content">
      <div data-role="fieldcontain">
          <label for="selectmenu" class="select">任务安排</label>
          <select name="selectmenu" id="selectmenu" multiple="true">
            <option value="1">周一</option>
            <option value="2">周二</option>
            <option value="3">周三</option>
            <option value="4">周四</option>
            <option value="5">周五</option>
          </select>
      </div>
  </div>
</div>
```

在点选多项选择列表框对应的按钮时，不仅会显示所选择的内容值，而且超过 2 项选择时，在下拉图标的左侧还会有一个圆形的标签，在标签中显示用户所选择的选项总数。

【示例 2】　为了能够兼容不同设备和浏览器，建议为<select>标签添加 data-native-menu="false"属性，激活菜单对话框，否则在部分浏览器中该组件显示无效果。当添加 data-native-menu="false"属性声明之后，会展开一个菜单选择对话框，而不是系统默认的菜单选项视图，如图 15.30 所示。

图 15.29　设计的多选列表框效果

```
<div data-role="page" id="page">
  <div data-role="header">
```

```
        <h1>使用表单组件</h1>
    </div>
    <div data-role="content">
        <div data-role="fieldcontain">
            <label for="selectmenu" class="select">任务安排</label>
            <select name="selectmenu" id="selectmenu" multiple="true" data-native-
menu="false">
                <option value="1">周一</option>
                <option value="2">周二</option>
                <option value="3">周三</option>
                <option value="4">周四</option>
                <option value="5">周五</option>
            </select>
        </div>
    </div>
</div>
```

图 15.30　打开菜单选择对话框

在弹出的菜单选择对话框中，选择某一个选项后，对话框不会自动关闭，必须单击左上角圆形的【关闭】按钮，才算完成一次菜单的选择。单击【关闭】按钮后，各项选择的值将会变成一行用逗号分隔的文本，显示在对应按钮中。如果按钮长度不够，多余部分将显示成省略号。

15.7　设计表单组件

jQuery Mobile 表单组件在触摸设备上更易用。例如，复选框和单选框将会变得很大，易于点选；单击列表框时，将会弹出一组大按钮列表选项，提供给用户选择。下面介绍表单组件常规应用设计。

15.7.1　恢复表单原生样式

扫一扫，看视频

在默认情况下，用户不需要专门美化表单样式，jQuery Mobile 会自动完成，表单中各个元素经过 jQuery Mobile 美化之后，将呈现与其他页面元素风格一致的样式，如输入框和按钮等。

在某些情况下，可能需要使用 HTML 原生的标签样式，为了阻止 jQuery Mobile 框架对该标签的自动渲染，可以为表单对象设置 data-role="none"属性，让表单元素以 HTML 原生的样式显示。

📢 提示：

由于在单个页面中可能会出现多个页面视图容器，为了保证表单在提交数据时的唯一性，必须确保每一个表单对象的 ID 值是唯一的。

【示例】 下面示例设计登录表单保持 HTML 默认样式呈现，效果如图 15.31 所示。

```
<div data-role="page" id="page">
    <div data-role="header">
        <h1>设计表单组件</h1>
    </div>
    <div data-role="content">
        <form>
            <input type="text" name="name" id="name" placeholder="登录名" data-role=
"none" />
            <input type="Password" name="password" id="password" placeholder="密码"
data-role="none" />
            <fieldset class="ui-grid-a">
                <div class="ui-block-a">
                    <button type="reset" data-theme="d"  data-role="none">取消</button>
                </div>
                <div class="ui-block-b">
                    <button type="submit" data-theme="a"  data-role="none">提交</button>
                </div>
            </fieldset>
        </form>
    </div>
</div>
```

📢 **提示：**

jQuery Mobile 支持新的 HTML5 表单对象，如 search 和 range。同时，jQuery Mobile 还支持组合单选框和组合复选框。利用<fieldset>标签，添加属性 data-role="controlgroup"，可以创建一组单选按钮或复选框，jQuery Mobile 自动格式化样式，使其看上去更时尚。一般来说，用户仅需要以正常的方式创建表单，jQuery Mobile 会帮助完成全部设计工作。

图 15.31 设计原生表单样式

扫一扫，看视频

15.7.2 选择项目分组

选择菜单中的内容可以分组显示，经过分组之后，一类内容被归纳在一起，这样有助于用户在不同分组中进行快速选择。每个分组菜单的标题和这个分组中的菜单项存在大致一个字符的缩进，这样使用者可以一目了然地识别出菜单的不同分组。如果分组之后的内容比较多，用户也可以通过上下滑动屏幕来看到更多菜单中的内容。

【示例】 要实现菜单内容的分组，需要将各个分组菜单项依次放置在 optgroup 容器中，然后再将 optgroup 按顺序放在 select 容器中就可以了。optgourp 的 label 属性值将会作为分组名称显示在菜单分组的列表中。本示例代码如下：

```
<div data-role="page" id="page">
    <div data-role="header">
        <h1>设计表单组件</h1>
    </div>
    <div data-role="content">
        <label for="select-choice" class="select">常用技术:</label>
        <select name="select-choice" id="select-choice" data-native-menu="false">
            <optgroup label="页面开发">
            <option value="HTML">HTML</option>
```

```
        <option value="JavaScript">JavaScript</option>
        <option value="CSS">CSS</option>
        </optgroup>
        <optgroup label="应用服务器开发">
        <option value="ASP.NET MVC">ASP.NET MVC</option>
        <option value="PHP">PHP</option>
        <option value="JSP">JSP</option>
        </optgroup>
        <optgroup label="数据库">
        <option value="MySQL">MySQL</option>
        <option value="SQL Server">SQL Server</option>
        <option value="SQLite">SQLite</option>
        </optgroup>
        <optgroup label="操作系统">
        <option value="Linux">Linux</option>
        <option value="Windows">Windows</option>
        <option value="Android">Android</option>
        </optgroup>
    </select>
    </div>
</div>
```

不同分组的内容会显示不同的样式，如图 15.32 所示。其中"页面开发"组内容包含有 HTML、JavaScript 和 CSS 这 3 个菜单项，它们可以被选中，而"页面开发"这几个字呈现灰色背景，不可选择。

图 15.32　为选择项目分组

15.7.3　禁用选择项目

扫一扫，看视频

在某种场景下，可能需要禁用某个选择项目，此时单独为某个项目设置 disabled 属性即可。

【示例】　下面示例禁用了第 3 个菜单项的功能，禁用之后，该项目显示为灰色，效果如图 15.33 所示。

图 15.33　禁用选择项目

```
<div data-role="page" id="page">
    <div data-role="header">
        <h1>设计表单组件</h1>
```

```
    </div>
    <div data-role="content">
        <label for="select-choice">Web 技术:</label>
        <select name="select-choice" id="select-choice" data-native-menu="false">
            <option value="HTML">HTML</option>
            <option value="JavaScript">JavaScript</option>
            <option value="CSS"  disabled>CSS</option>
        </select>
    </div>
</div>
```

15.7.4 禁用表单对象

如果要禁用某个表单元素，可以通过设置 CSS 为 ui-disabled 来实现。

【示例】 在下面示例中，文本输入框和搜索输入框被标记为 us-disabled，则表单对象呈现为灰色，无法输入或使用，如图 15.34 所示。表单元素被禁用之后，基于其之上的输入、事件、方法等操作都将被一同禁用掉。

```
<div data-role="page" id="page">
    <div data-role="header">
        <h1>设计表单组件</h1>
    </div>
    <div data-role="content">
        <div data-role="fieldcontain">
            <label for="name">文本框:</label>
            <input type="text" name="name" id="name" value="" class="ui-disabled" />
        </div>
        <div data-role="fieldcontain" class="ui-disabled">
            <label for="search">查询框:</label>
            <input type="search" name="search" id="search" value="" />
        </div>
    </div>
</div>
```

比较两个禁用对象，会发现它们略有不同：第一个输入框的文本不是灰色的，而第二个文本和输入框都是灰色的。这是由于第一个文本输入框的元素被禁用，而标签元素并没有被设置为 ui-disabled 样式，所以在第一个输入框中，只有文本输入框被禁用。

在第二个搜索输入框的代码中，由于禁用样式 ui-disabled 被应用于 fieldcontain 容器上，所有包含在这个 fieldcontain 容器中的表单元素都是被禁用的状态，搜索输入框的文本以及输入框都呈现为灰色。

图 15.34 禁用表单对象

扫一扫，看视频

15.7.5 隐藏标签

jQuery Mobile 提供了一种隐藏标签的功能，即设计表单的标签不会被独立显示，而是在输入框中显示。实现步骤如下。

第 1 步，在需要隐藏标签的<div data-role="filedcontain">容器中加入 class="ui-hide-label"类。

第 2 步，在输入框中添加 placeholder 属性，并将标签的内容赋值给该属性。

【示例】 下面示例做一个对比，设计两组相同的表单对象，其中在第一组表单容器中添加 class="ui-hide-label"，而第二组表单容器中没有添加.ui-hide-label 类，比较效果如图 15.35 所示。

```
<div data-role="page" id="page">
    <div data-role="header">
        <h1>设计表单组件</h1>
    </div>
    <div data-role="content">
        <h3>包含 ui-hide-label 类</h3>
        <div data-role="fieldcontain" class="ui-hide-label">
            <label for="name">文本输入框:</label>
            <input type="text" name="name" id="name" value="" placeholder="文本输入
框" />
        </div>
        <h3>不包含 ui-hide-label 类</h3>
        <div data-role="fieldcontain">
            <label for="name">文本输入框:</label>
            <input type="text" name="name" id="name" value="" placeholder="文本输入
框" />
        </div>
    </div>
</div>
```

图 15.35　隐藏标签效果比较

扫一扫，看视频

15.7.6　设计迷你表单

jQuery Mobile 提供了一套小尺寸的表单组件，方便用于特定的应用场景，如折叠内容块、工具栏或列表视图中。

定义方法：在表单元素中设置 data-mini="true"。

【示例】　下面示例使用 data-mini="true"设计一个 mini 尺寸的登录表单，演示效果如图 15.36 所示。

```
<div data-role="page" id="page">
    <div data-role="header">
        <h1>设计表单组件</h1>
    </div>
    <div data-role="content">
        <input type="text" id="name" value="" placeholder="登录名" data-mini="true"
/>
```

```
    <input type="password" id="password" value="" placeholder="密码" data-mini=
"true" />
    <div style="margin-top:16px">
        <fieldset class="ui-grid-a">
            <div class="ui-block-a">
                <button type="reset" data一theme="d">取消</button>
            </div>
            <div class="ui-block-b">
                <button type="submit" data-theme="a">提交</button>
            </div>
        </fieldset>
    </div>
  </div>
</div>
```

图 15.36　设计迷你表单

15.8　实　战　案　例

本节将通过多个案例练习各种 UI 组件的使用，提升用户实战水平。

15.8.1　设计播放器

本案例使用一组内联按钮设计一个简单播放器的控制面板。实现功能：选取页面中的一行，使其中并排放置 4 个大小相同的按钮，分别显示为播放、停止、前进和后退。案例演示效果如图 15.37 所示。

除了操作面板之外，本例利用按钮的分组功能设计了一个简单的音乐内容面板，其中包括正在播放音乐的名称、作者来源等消息。界面偏上部分的音乐内容面板，简单地将 4 个按钮分在了一组，在这一组按钮的外面包了一个 div 标签，其中将属性 data-role 设置为 controlgroup。给外面的 div 标签多设置一组属性 data-type="horizontal'，将排列方式设置成横向，在页面中可以清楚地看到 4 个按钮被紧紧地链接在了一起，最外侧加上了圆弧，看上去非常大气。

案例完整代码如下所示：

扫一扫，看视频

图 15.37　设计播放器界面

```
<!DOCTYPE html>
<html>
<head>
<meta charset="utf-8">
```

```
<meta name="viewport" content="width=device-width,initial-scale=1" />
<link href="jquery.mobile/jquery.mobile-1.4.5.css" rel="stylesheet" type="text/css">
<script type="text/javascript" src="jquery.mobile/jquery-1.12.2.min.js"></script>
<script type="text/javascript" src="jquery.mobile/jquery.mobile-1.4.5.js"></script>
</head>
<body>
<div data-role="page" data-theme="b">
    <div data-role="header">
        <h1>音乐播放器</h1>
    </div>
    <div data-role="content">
        <div data-role="controlgroup">
            <a href="#" data-role="button">《原谅我》 </a>
            <a href="#" data-role="button">
                <img src="images/1.jpg" style="width:100%;"/>
            </a>
            <a href="#" data-role="button">刘德华</a>
        </div>
        <div data-role="controlgroup" data-type="horizontal" data-mini="true">
            <a href="#" data-role="button">后退</a>
            <a href="#" data-role="button">播放</a>
            <a href="#" data-role="button">暂停</a>
            <a href="#" data-role="button">后退</a>
        </div>
    </div>
    <div data-role="footer">
        <h1>暂无歌词</h1>
    </div>
</div>
</body>
</html>
```

15.8.2 设计模拟键盘

扫一扫，看视频

可以使用分栏布局的方式来实现类似的效果，但是现实中的键盘往往并不是整齐排列的，而是有一定的交叉。这样的布局是用分栏布局无法实现的，虽然也可以勉强实现，但非常麻烦，因此本例将依靠按钮本身的特性来实现，如为按钮加入宽度的属性进行设计，示例效果如图 15.38 所示。

图 15.38　设计键盘界面

在 jQuery Mobile 布局中，控件大多都是单独占据页面中的一行，按钮自然也不例外，但是仍然有一些方法能够让多个按钮组成一行。本例使用 data-inline="true"属性定义按钮行内显示，通过多个按钮设计一个简单的模拟键盘界面。

示例完整代码如下所示：

```html
<!DOCTYPE html>
<html>
<head>
<meta charset="utf-8">
<meta name="viewport" content="width=device-width,initial-scale=1" />
<link href="jquery.mobile/jquery.mobile-1.4.5.css" rel="stylesheet" type="text/css">
<script type="text/javascript" src="jquery.mobile/jquery-1.12.2.min.js"></script>
<script type="text/javascript" src="jquery.mobile/jquery.mobile-1.4.5.js"></script>
<style type="text/css">
span.row1 a{/*调整第一排按钮左右补白*/
    padding-left:22px; padding-right:22px;
}
span.row1  a.small {/*设置第一排中小号按钮左右补白*/
    padding-left:20px; padding-right:20px;
}
span.row2 a{/*调整第二排按钮左右补白*/
    padding-left:21px; padding-right:21px;
}
span.row3 a{/*调整第三排按钮左右补白*/
    padding-left:21px; padding-right:21px;
}
</style>
</head>
<body>
<div data-role="page" data-theme="b">
    <div data-role="header">
        <h1>设计模拟键盘</h1>
    </div>
    <div data-role="content">
        <!--第一排--><span class="row1">
        <a href="#" data-role="button" data-inline="true" class="small">~</a>
        <a href="#" data-role="button" data-inline="true">1</a>
        <a href="#" data-role="button" data-inline="true">2</a>
        <a href="#" data-role="button" data-inline="true">3</a>
        <a href="#" data-role="button" data-inline="true">4</a>
        <a href="#" data-role="button" data-inline="true">5</a>
        <a href="#" data-role="button" data-inline="true">6</a>
        <a href="#" data-role="button" data-inline="true">7</a>
        <a href="#" data-role="button" data-inline="true">8</a>
        <a href="#" data-role="button" data-inline="true">9</a>
        <a href="#" data-role="button" data-inline="true">0</a>
        <a href="#" data-role="button" data-inline="true">-</a>
        <a href="#" data-role="button" data-inline="true">+</a>
        <a href="#" data-role="button" data-inline="true">Del</a></span>
        <br/><!--第二排--><span class="row2">
        <a href="#" data-role="button" data-inline="true" style="width:36px;">Tab
</a>
        <a href="#" data-role="button" data-inline="true">Q</a>
        <a href="#" data-role="button" data-inline="true">W</a>
```

```
        <a href="#" data-role="button" data-inline="true">E</a>
        <a href="#" data-role="button" data-inline="true">R</a>
        <a href="#" data-role="button" data-inline="true">T</a>
        <a href="#" data-role="button" data-inline="true">Y</a>
        <a href="#" data-role="button" data-inline="true">U</a>
        <a href="#" data-role="button" data-inline="true">I</a>
        <a href="#" data-role="button" data-inline="true">O</a>
        <a href="#" data-role="button" data-inline="true">P</a>
        <a href="#" data-role="button" data-inline="true">[</a>
        <a href="#" data-role="button" data-inline="true">]</a>
        <a href="#" data-role="button" data-inline="true">\</a></span>
        <br/><!--第三排--><span class="row3">
        <a href="#" data-role="button" data-inline="true">Caps Lock</a>
        <a href="#" data-role="button" data-inline="true">A</a>
        <a href="#" data-role="button" data-inline="true">S</a>
        <a href="#" data-role="button" data-inline="true">D</a>
        <a href="#" data-role="button" data-inline="true">F</a>
        <a href="#" data-role="button" data-inline="true">G</a>
        <a href="#" data-role="button" data-inline="true">H</a>
        <a href="#" data-role="button" data-inline="true">J</a>
        <a href="#" data-role="button" data-inline="true">K</a>
        <a href="#" data-role="button" data-inline="true">L</a>
        <a href="#" data-role="button" data-inline="true">;</a>
        <a href="#" data-role="button" data-inline="true">'</a>
        <a href="#" data-role="button" data-inline="true">Enter</a></span>
        <br/><!--第四排-->
        <a href="#" data-role="button" data-inline="true" data-icon="arrow-u" style=
"width:122px;">Shift</a>
        <a href="#" data-role="button" data-inline="true">Z</a>
        <a href="#" data-role="button" data-inline="true">X</a>
        <a href="#" data-role="button" data-inline="true">C</a>
        <a href="#" data-role="button" data-inline="true">V</a>
        <a href="#" data-role="button" data-inline="true">B</a>
        <a href="#" data-role="button" data-inline="true">N</a>
        <a href="#" data-role="button" data-inline="true">M</a>
        <a href="#" data-role="button" data-inline="true"><</a>
        <a href="#" data-role="button" data-inline="true">></a>
        <a href="#" data-role="button" data-inline="true">/</a>
        <a href="#" data-role="button" data-inline="true" data-icon="arrow-u"
style="width:122px;">Shift</a>
        <br/><!--最后一排-->
        <a href="#" data-role="button" data-inline="true" style="width:110px;">Ctrl
</a>
        <a href="#" data-role="button" data-inline="true">Fn</a>
        <a href="#" data-role="button" data-inline="true">Win</a>
        <a href="#" data-role="button" data-inline="true">Alt</a>
        <a href="#" data-role="button" data-inline="true" style="width:300px;">
Space</a>
        <a href="#" data-role="button" data-inline="true">Alt</a>
        <a href="#" data-role="button" data-inline="true">Ctrl</a>
        <a href="#" data-role="button" data-inline="true">PrntScr</a>
    </div>
</div>
</body>
</html>
```

本例使用了 3 种方式来调节按钮的宽度：

- 利用按钮的标题长度控制按钮的宽度，如 Del 键有 3 个字母，因此宽度明显比单个数字或字母要大一些。
- 通过增设按钮图标来增加按钮宽度，如 Shift 键加入了图标，因此比其他要宽。
- 通过直接修改 CSS 来修改按钮宽度，如直接将 Space 键的宽度设为 300px，为第一排、第二排和第三排统一设置左右空白等。

下面简单比较一下自定义样式和分栏布局的区别，如表 15.2 所示。

表 15.2 比较自定义样式和分栏布局

	自 定 义 样 式	分 栏 布 局
灵活性	高，可根据个人需要设计各元素的尺寸	低，仅能将元素以一定的规律进行排列
整齐度	低	高
适应性	低，当屏幕空间被占满后自动换行	高，具有较好的屏幕自适应能力
适用范围	有一定秩序，但总体布局杂乱，如全尺寸键盘、瀑布流的结构等	整齐的网状结构，如表格、棋盘等

通过比较可以看到，分栏布局与自定义样式各有自己的优缺点，都有自己的适应场景，用户应该根据自己的需求来决定到底应该使用哪一种方法。

属性 data-inline="true"可以使按钮的宽度变得仅包含按钮中标题的内容，而不是占据整整一行，但是这样也会带来一个缺点，就是 jQuery Mobile 中的元素将不知道该在何处换行，本例使用
标签强制按钮换行显示。

📢 提示：

使用 jQuery Mobile 中的分栏布局功能要比这种方式好得多，但是由于分栏布局只能产生规整的布局，所以在实际使用时还要根据实际情况来决定具体使用哪种方案比较合适。

扫一扫，看视频

15.8.3 设计调查问卷

本节案例设计制作一个简单的调查问卷，练习各种文本框的使用。

<textarea>标签可以定义多行文本，并能够根据内容自动调整自身的高度，同时也可以通过拖拽的方式对其大小进行调整。虽然 jQuery Mobile 支持所有 HTML5 文本框对象，但是它只是为提高用户体验而做出的改进。例如，在标注有 type="number"的文本框中，依然可以输入汉字，这就需要用户利用脚本来编写相应的内容限制用户的输入，这对应用的安全性以及用户体验至关重要。

本节案例的完整代码如下所示：

```
<!DOCTYPE html>
<html>
<head>
<meta charset="utf-8">
<meta name="viewport" content="width=device-width,initial-scale=1" />
<link href="jquery.mobile/jquery.mobile-1.4.5.css" rel="stylesheet" type="text/css">
<script type="text/javascript" src="jquery.mobile/jquery-1.12.2.min.js"></script>
<script type="text/javascript" src="jquery.mobile/jquery.mobile-1.4.5.js"></script>
</head>
<body>
<div data-role="page">
   <div data-role="header">
      <h1>调查问卷</h1>
   </div>
```

```
<div data-role="content">
    <form action="#" method="post">
        <!-- placeholder 属性的内容会在编辑框内以灰色显示-->
        <input type="text" name="xingming" id="xingming" placeholder="请输入你的
姓名: "/>
        <!--当 data-clear-btn 的值为 true 时，该编辑框被选中-->
        <!--可以单击右侧的按钮将其中的内容清空-->
        <input type="tel" name="dianhua" id="dianhua" data-clear-btn="true"
placeholder="请输入你的电话号码: ">
        <label for="adjust">请问您对本书有何看法? </label>
        <!--这里用到了 textarea 而不是 input-->
        <textarea name="adjust" id="adjust"></textarea>
        <!--通过 for 属性与 textarea 进行绑定-->
        <label for="where">请问在哪里得到这本书的? </label>
        <!--使用 label 时要使用 for 属性指向其对应控件的 id-->
        <textarea name="where" id="where"></textarea>
        <a href="#" data-role="button">提交</a>
    </form>
</div>
</div>
</body>
</html>
```

运行结果如图 15.39 所示。当在文本框中输入内容时，页面会发生一定的变化，如页面上方输入姓名和电话的两个文本框中的文字会自动消失，要求填写电话信息的文本框右侧会出现一个"删除"图标，单击该图标，文本框中的内容会被自动删除。

扫一扫，看视频

15.8.4　设计拾色器

在人机交互中，滑块是一个非常重要的组件，当给予用户某些自定义选择，如音量、屏幕亮度时，滑块控件是非常好的选项。本节案例设计一个拾色器。其中视图底部的 3 个滑块分别代表 RGB 颜色中的一个，通过拖动它们可以改变红绿蓝这 3 种颜色的值，从而改变整体的颜色，运行结果如图 15.40 所示。

图 15.39　设计调查问卷

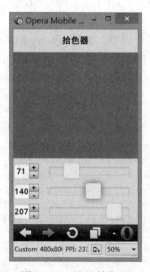

图 15.40　设计拾色器

本节案例的完整代码如下所示：

```
<!DOCTYPE html>
<html>
<head>
<meta charset="utf-8">
<meta name="viewport" content="width=device-width,initial-scale=1" />
<link href="jquery.mobile/jquery.mobile-1.4.5.css" rel="stylesheet" type="text/css">
<script type="text/javascript" src="jquery.mobile/jquery-1.12.2.min.js"></script>
<script type="text/javascript" src="jquery.mobile/jquery.mobile-1.4.5.js"></script>
<script>
function set_color(){
    var red = $("#red").val();                      //获取红色数值
    var green = $("#green").val();                   //获取绿色数值
    var blue =$("#blue").val();                      //获取蓝色数值
    var color = "RGB("+red+","+green+","+blue+")";   //生成 rgb 表示的颜色字符串
    $(".color").css("background-color",color);       //设计内容框背景色
}
</script>
<style type="text/css">
.color { height: 100%; min-height: 400px;}
</style>
</head>
<body>
<div data-role="page" onclick="al();">
    <div data-role="header">
        <h1>拾色器</h1>
    </div>
    <div data-role="content" class="color"> </div>
    <div data-role="footer" data-position="fixed">
        <form>
            <input name="red" id="red" min="0" max="255" value="0" type="range"
onchange="set_color();" />
            <input name="green" id="green" min="0" max="255" value="0" type="range"
onchange="set_color();" />
            <input name="blue" id="blue" min="0" max="255" value="0" type="range"
onchange="set_color();" />
        </form>
    </div>
</div>
</body>
</html>
```

15.8.5 设计登录对话框

本节案例设计一个登录对话框，当用户单击页面中央的"登录"按钮之后就会弹出一个对话框，如图 15.41 所示，这个对话框中包含两个文本框和一个"登录"按钮。

图 15.41 设计登录对话框

完整代码如下所示：

```
<!DOCTYPE html>
<html>
<head>
<meta charset="utf-8">
<meta name="viewport" content="width=device-width,initial-scale=1" />
<link href="jquery.mobile/jquery.mobile-1.4.5.css" rel="stylesheet" type="text/css">
<script type="text/javascript" src="jquery.mobile/jquery-1.12.2.min.js"></script>
<script type="text/javascript" src="jquery.mobile/jquery.mobile-1.4.5.js"></script>
</head>
<body>
<div data-role="page">
    <div data-role="header">
        <h1>登录框</h1>
    </div>
    <div data-role="content">
        <a href="#popupLogin" data-rel="popup" data-role="button">登录</a>
        <div data-role="popup" id="popupLogin" data-theme="a" class="ui-corner-all">
            <form>
                <div style="padding:10px 20px;">
                    <h3>输入用户名和密码</h3>
                    <label for="un" class="ui-hidden-accessible">用户名:</label>
                    <input name="user" id="un" value="" placeholder="用户名" type="text">
                    <label for="pw" class="ui-hidden-accessible">Password:</label>
                    <input name="pass" id="pw" value="" placeholder="密码" type=
"password">
                    <button type="submit" data-icon="check" data-theme="b">登 录
</button>
                </div>
            </form>
        </div>
    </div>
</div>
</body>
</html>
```

本实例的实现方法非常简单，只是将表单所用到的内容全部移到对话框所在的 div 标签中即可。还可以通过修改 div 的 style 属性来设置对话框的高度和宽度。

第 16 章　设 置 主 题

在 jQuery Mobile 中，用户可以对页面以及工具栏、按钮、表单、列表等组件应用主题样式。jQuery Mobile 1.4.5 版本默认内置了两种基本主题：浅灰色和黑色，用户也可以通过 ThemeRoller 定义适合个人应用程序的页面主题风格。

【学习重点】
● 使用主题。
● 使用 ThemeRoller。

16.1　使 用 主 题

jQuery Mobile 主题就是包含多套视图和组件配色方案，用户可以很方便地切换界面主题，以满足不同的 Web 应用风格设计。

16.1.1　认识主题

jQuery Mobile 主题具有以下几个特点：

➥ 文件的轻量级：使用 CSS3 来处理圆角、阴影和颜色渐变的效果，而没有使用图片，大大减轻了服务器的负担。

➥ 主题的灵活度高：框架系统提供了多套可选择的主题和色调，并且每种主题之间都可以混搭，丰富视觉纹理的设计。

➥ 自定义主题便捷：除使用系统提供的主题外，还允许用户自定义主题，用于保持设计的多样性。

➥ 图标的轻量级：在整个主题框架中，使用了一套简化的图标集，它包含了绝大部分在移动设备中使用的图标，极大减轻了服务器对图标处理的负荷。

从上述 jQuery Mobile 主题的特点不难看出：jQuery Mobile 中的每个应用程序或组件都提供了样式丰富、文件轻巧、处理便捷的样式主题，极大地方便了开发人员的使用。

jQuery Mobile 是用 CSS 来控制在屏幕中的显示效果，其 CSS 包含两个主要的部分：

➥ 结构（jquery.mobile.structure-1.4.5.css）：用于控制元素（如按钮、表单、列表等）在屏幕中显示的位置、内外边距等。

➥ 主题（jquery.mobile.theme-1.4.5.css）：用于控制可视元素的视觉效果，如字体、颜色、渐变、阴影、圆角等。用户可以通过修改主题来控制可视元素（如按钮）的效果。

在 jQuery Mobile 中，CSS 框架中的结构和主题是分离的，因此只要定义一套结构就可以反复与一套或多套主题配合或混合使用，从而实现页面布局和组件主题多样化的效果。

为了减少背景图片的使用，jQuery Mobile 使用了 CSS3 技术来替代传统的背景图方式创建按钮等组件。其目的是减少请求数，当然用图片来设计也可以，但这并不是推荐的方法。

◀))) 提示：

在 CSS 框架文件中，jquery.mobile-1.4.5.css 包含结构（jquery.mobile.structure-1.4.5.css）和主题（jquery.mobile.theme-1.4.5.css）。在应用中，可以直接导入 jquery.mobile-1.4.5.css，或者导入 jquery.mobile. structure-1.4.5.css 和 jquery.mobile.theme-1.4.5.css，应用效果相同。但是，如果应用自定义主题，则应该把结构和主题样式文件分开导入。

扫一扫，看视频

16.1.2 默认主题

jQuery Mobile 1.4.5 版本的 CSS 文件中默认包含两个主题：a 和 b，其中 a 为浅灰色，b 为黑色，默认主题为浅灰色。

【示例1】 下面示例在页面中分别为 5 个按钮应用不同的主题，显示效果如图 16.1 所示。

```html
<!DOCTYPE html>
<html>
<head>
<meta charset="utf-8">
<title></title>
<meta name="viewport" content="width=device-width,initial-scale=1" />
<link href="jquery.mobile/jquery.mobile.structure-1.4.5.css" rel="stylesheet" type=
"text/css">
<link href="jquery.mobile/jquery.mobile.theme-1.4.5.css" rel="stylesheet" type=
"text/css">
<script type="text/javascript" src="jquery.mobile/jquery-1.12.2.min.js"></script>
<script type="text/javascript" src="jquery.mobile/jquery.mobile-1.4.5.js"></script>
</head>
<body>
<div data-role="page" id="home">
    <div data-role="header">
        <h1>首页</h1>
    </div>
    <div data-role="content">
        <a href="#" data-role="button" data-theme="a">主题a</a>
        <a href="#" data-role="button" data-theme="b">主题b</a>
        <a href="#" data-role="button" data-theme="c">主题c</a>
        <a href="#" data-role="button" data-theme="d">主题d</a>
        <a href="#" data-role="button" data-theme="e">主题e</a>
    </div>
</div>
</body>
</html>
```

jQuery Mobile 老版本支持 5 个主题，即 a、b、c、d、e，其中主题 a 是优先级最高的主题，默认为浅灰色。以下是 jQuery Mobile 老版本默认主题所定义的 5 种主题及其含义：

- ↳ a：最高优先级，黑色。
- ↳ b：优先级次之，蓝色。
- ↳ c：基准优先级，灰色。
- ↳ d：可选优先级，灰白色。
- ↳ e：表示强调，黄色。

如果应用 jQuery Mobile 老版本主题样式，可以导入 jquery.mobile-1.4.5 开发代码包中 demos 目录下 theme-classic/theme-classic.css 支持主题文件，或者直接导入老版本的主题样式表文件也可以。

【示例2】 下面示例引入 theme-classic.css 主题文件，在页面中分别为 5 个按钮应用不同的主题，显示效果如图 16.2 所示。

```html
<!DOCTYPE html>
<html>
```

图 16.1 jQuery Mobile
1.4.5 版本主题

```
<head>
<meta charset="utf-8">
<title></title>
<meta name="viewport" content="width=device-width,initial-scale=1" />
<link  href="jquery.mobile/jquery.mobile.structure-1.4.5.css"  rel="stylesheet"
type="text/css">
<link href="jquery.mobile/theme-classic.css" rel="stylesheet" type="text/css">
<script type="text/javascript" src="jquery.mobile/jquery-1.12.2.min.js"></script>
<script type="text/javascript" src="jquery.mobile/jquery.mobile-1.4.5.js"></script>
<style type="text/css">
</style>
</head>
<body>
<div data-role="page" id="home">
    <div data-role="header">
        <h1>首页</h1>
    </div>
    <div data-role="content">
        <a href="#" data-role="button" data-theme="a">主题 a</a>
        <a href="#" data-role="button" data-theme="b">主题 b</a>
        <a href="#" data-role="button" data-theme="c">主题 c</a>
        <a href="#" data-role="button" data-theme="d">主题 d</a>
        <a href="#" data-role="button" data-theme="e">主题 e</a>
    </div>
</div>
</body>
</html>
```

图 16.2　jQuery Mobile 老版本主题

16.1.3　应用主题

　　jQuery Mobile 内建了主题控制模块。主题可以使用 data-theme 属性来控制。如果不指定 data-theme 属性，默认采用 a 主题。以下代码定义了一个默认主题的页面。

```
<div data-role="page" id="page">
    <div data-role="header">
```

扫一扫，看视频

407

```
        <h1>应用主题</h1>
    </div>
    <div data-role="content">
        <p>正文内容</p>
    </div>
</div>
```

使用不同的主题：

```
<div data-role="page" id="page" data-theme="b">
    <div data-role="header">
        <h1>应用主题</h1>
    </div>
    <div data-role="content">
        <p>正文内容</p>
    </div>
</div>
```

从代码结构上看是一样的，仅仅使用一个 data-theme="b"便可以将整个页面切换为黑色色调，如图 16.3 所示。

图 16.3　设计黑色主题的页面效果

在默认情况下，页面上所有的组件都会继承 page 上设置的主题，这意味着只需设置一次便可以更改整个页面视图效果：

```
<div data-role="page" id="page" data-theme="e">
```

【示例】　也可以为不同组件独立设置不同的主题，方法是为不同的容器定义不同的 data-theme 属性来实现，例如，在下面代码中，分别为标题栏、内容栏、页脚栏、按钮、折叠框和列表视图设计不同的主题样式，预览效果如图 16.4 所示。

```
<!DOCTYPE html>
<html>
<head>
<meta charset="utf-8">
<meta name="viewport" content="width=device-width,initial-scale=1" />
<link  href="jquery.mobile/jquery.mobile.structure-1.4.5.css"  rel="stylesheet"
type="text/css">
<link href="jquery.mobile/theme-classic.css" rel="stylesheet" type="text/css">
<script type="text/javascript" src="jquery.mobile/jquery-1.12.2.min.js"></script>
```

```
<script type="text/javascript" src="jquery.mobile/jquery.mobile-1.4.5.js"></script>
</head>
<body>
<div data-role="page" id="page">
    <div data-role="header" data-theme="c">
        <h1>标题栏</h1>
    </div>
    <div data-role="content" data-theme="d">
        <p>内容栏</p>
        <ul data-role="listview" data-theme="b">
            <li><a href="#page1">列表视图</a></li>
            <li><a href="#page1">列表视图</a></li>
        </ul>
        <p> <a href="#page4" data-role="button"data-icon="arrow-d"data-iconpos=
"left"data-theme="c">跳转按钮</a> </p>
        <div data-role="collapsible-set">
            <div data-role="collapsible" data-collapsed="true" data-theme="e">
                <h3>折叠框</h3>
                <p>内容</p>
            </div>
        </div>
    </div>
    <div data-role="footer">
        <h4>页脚栏</h4>
    </div>
</div>
</body>
</html>
```

图 16.4 为页面内不同组件设计不同的主题效果

📢 注意：

在应用不同的主题时，用户应在头部区域导入 theme-classic.css 主题样式表，或者 jQuery Mobile 1.3 版本的主题样式表。

16.2　使用 ThemeRoller

　　相信很多用户在制作网站时都会遇到配色的问题，既要选择背景颜色，又要搭配按钮颜色，对于没有美术功底的人来说，制作网页的大部分时间都浪费在配色上，实在是很累人的事。为此 jQuery Mobile 提供了一款非常好用的网页配色工具 ThemeRoller，下面就来介绍 ThemeRoller。

　　ThemeRoller 网站网址为 http://themeroller.jquerymobile.com/，如图 16.5 所示。

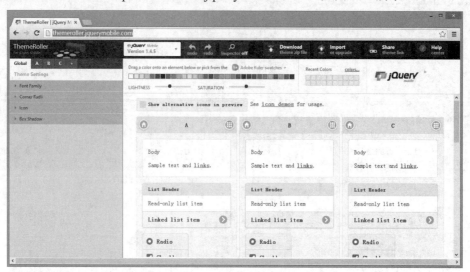

图 16.5　进入 ThemeRoller 网站

　　在默认状态下，ThemeRoller 编辑器包含 3 个空白的主题面板（swatch），分别为 A、B、C，而左侧功能区的标签也有对应的 A、B、C 标签，标签中有相关的选项可以设置，如图 16.6 所示。

图 16.6　设置和查看主题效果

　　如果不知道标签的选项对应的是什么组件，可以利用 inspector 工具来查看，如图 16.7 所示。

图 16.7　查看组件

还可以将主题面板上方的颜色块直接拖曳到组件上，如图 16.8 所示。

图 16.8　通过拖拽应用色块

设置好之后，只要单击左上方的 Download 按钮，就会出现如图 16.9 所示的下载界面。

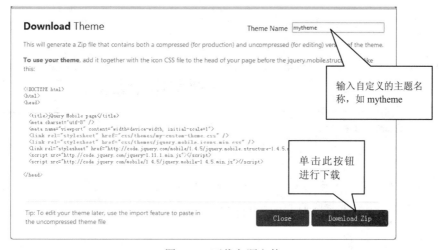

图 16.9　下载主题文件

下载的文件为 zip 压缩文件，解压缩文件之后，会有一个 index.html 文件和一个 themes 文件夹。index.html 文件中写着如何引用这个 CSS 文件，打开 index.html 文件之后，会告诉用户如何引用文件，只要用这几行代码取代网页中原来的引用代码即可，如图 16.10 所示。

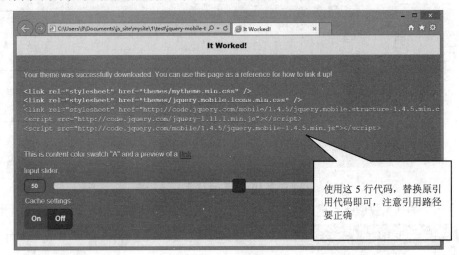

图 16.10　显示主题用法

记住要将 themes 文件夹复制到网页文件所在的文件夹。

themes 文件夹中包含要引用的 mytheme.min.css 文件，以及未压缩的 mytheme.css 文件。

当以后想要再次修改这个 CSS 样式时，只要回到 ThemeRoller 网站，单击 Import 按钮，粘贴 mytheme.css 文件的内容就可以了，如图 16.11 所示。

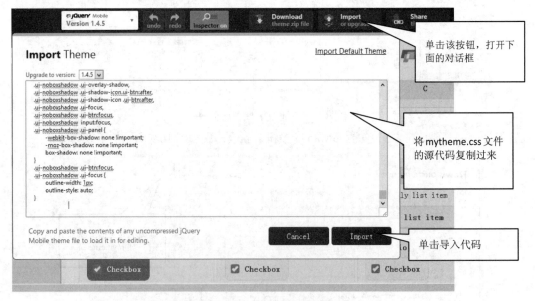

图 16.11　导入并修改样式

定制好样式后，在网页中使用 data-theme 属性就可以指定想应用的主题样式。例如，如果想应用主题 a，那么程序代码中只要在元素内加上 data-theme="a'即可。

```
<!DOCTYPE html>
<html>
<head>
```

```
<meta charset="utf-8">
<title></title>
<meta name="viewport" content="width=device-width,initial-scale=1" />
<link rel="stylesheet" href="jquery-mobile-theme-184851-0/themes/mytheme.min.css" />
<link rel="stylesheet" href="jquery-mobile-theme-184851-0/themes/jquery.mobile.
icons.min.css" />
<link href="jquery.mobile/jquery.mobile.structure-1.4.5.css" rel="stylesheet"
type="text/css">
<script type="text/javascript" src="jquery.mobile/jquery-1.12.2.min.js"></script>
<script type="text/javascript" src="jquery.mobile/jquery.mobile-1.4.5.js"></script>
<style type="text/css">
</style>
</head>
<body>
<div data-role="page" id="page" data-theme="a">
    <div data-role="header">
        <h1>标题栏</h1>
    </div>
    <div data-role="content">
        <p>内容栏</p>
        <ul data-role="listview">
            <li><a href="#page1">列表视图</a></li>
            <li><a href="#page1">列表视图</a></li>
        </ul>
        <p><a href="#page4" data-role="button" data-icon="arrow-d" data-iconpos=
"left">跳转按钮</a> </p>
        <div data-role="collapsible-set">
            <div data-role="collapsible" data-collapsed="true">
                <h3>折叠框</h3>
                <p>内容</p>
            </div>
        </div>
    </div>
    <div data-role="footer">
        <h4>页脚栏</h4>
    </div>
</div>
</body>
</html>
```

图 16.12 应用自定义样式

上面示例在 data-role="page"后添加 data-theme="a"，页面上的元素就会应用我们设置好的主题样式。此范例中仅设置了一个主题 a，当然还可以多做几个主题，如 b 与 c，再让各个组件应用不同的主题，例如想让标题栏使用主题 b，可以如下表示：

```
<div data-role="header" data-theme="b">
```

16.3 实 战 案 例

本节将通过 3 个案例介绍 jQuery Mobile 页面设计，以及主题样式定义。

16.3.1 定义多页面主题

本示例设计一个多页面视图，使用 data-theme 属性为每个页面视图定义不同的色块样式，然后通过按钮<a href="#page_n" data-role="button">在多个页面视图之间切换，显示效果如图 16.13 所示。

| 黑色 | 蓝色 | 灰色 | 灰白色 | 黄色 |

图 16.13 在多页面中应用色块主题

jQuery Mobile 主题具有继承性，本例为每个视图页中的<div data-role="page">标签定义 data-theme 属性，除了头部栏和脚注栏外，页面中所有对象将继承该主题样式。不过，用户可以通过 data-theme 属性为页面中的特定对象定义其他主题样式。

本示例完整代码如下所示：

```
<!doctype html>
<html>
<head>
<meta charset="utf-8">
<meta name="viewport" content="width=device-width,initial-scale=1" />
<link href="jquery.mobile/jquery.mobile.icons-1.4.5.css" rel="stylesheet" type=
"text/css">
<link href="jquery.mobile/theme-classic.css" rel="stylesheet" type="text/css">
<link  href="jquery.mobile/jquery.mobile.structure-1.4.5.css"  rel="stylesheet"
type="text/css">
<script type="text/javascript" src="jquery.mobile/jquery-1.12.2.min.js"></script>
<script type="text/javascript" src="jquery.mobile/jquery.mobile-1.4.5.js"></script>
<body>
<div data-role="page" data-theme="a" id="page_1" data-title="page_1">
   <div data-role="header" data-position="fixed">
       <a href="#">返回</a>
```

```
    <h1>头部栏</h1>
    <a href="#">设置</a>
</div>
<div data-role="content">
    <a href="#page_1" data-role="button">第一页</a>
    <a href="#page_2" data-role="button">第二页</a>
    <a href="#page_3" data-role="button">第三页</a>
    <a href="#page_4" data-role="button">第四页</a>
    <a href="#page_5" data-role="button">第五页</a>
</div>
<div data-role="footer" data-position="fixed">
    <h1>第一页</h1>
</div>
</div>
<div data-role="page" data-theme="b" id="page_2" data-title="page_2">
    <!--与第一页结构相同-->
</div>
<div data-role="page" data-theme="c" id="page_3" data-title="page_3">
    <!--与第一页结构相同-->
</div>
<div data-role="page" data-theme="d" id="page_4" data-title="page_4">
    <!--与第一页结构相同-->
</div>
<div data-role="page" data-theme="e" id="page_5" data-title="page_5">
    <!--与第一页结构相同-->
</div>
</body>
</html>
```

16.3.2 动态设置页面主题

本节示例将新建一个页面视图，并在内容区域中创建一个下拉列表框，用于选择系统自带的 5 种类型主题，当用户通过下拉列表框选择某一主题时，使用 cookie 方式保存所选择的主题值，并在刷新页面时，将内容区域的主题设置为 cookie 所保存的主题值，效果如图 16.14 所示。

（a）默认主题预览效果

（b）选择主题 a 的效果

图 16.14 示例效果

本示例完整代码如下所示：

```
<!doctype html>
<html>
<head>
<meta charset="utf-8">
<meta name="viewport" content="width=device-width,initial-scale=1" />
<link href="jquery.mobile/jquery.mobile.icons-1.4.5.css" rel="stylesheet" type=
"text/css">
<link href="jquery.mobile/theme-classic.css" rel="stylesheet" type="text/css">
<link href="jquery.mobile/jquery.mobile.structure-1.4.5.css" rel="stylesheet"
type="text/css">
<script type="text/javascript" src="jquery.mobile/jquery-1.12.2.min.js"></script>
<script type="text/javascript" src="jquery.mobile/jquery.mobile-1.4.5.js"></script>
<script src="jquery.mobile/jquery.cookie.js" type="text/javascript"></script>
<script type="text/javascript">
 $(function() {
    var selectmenu = $("#selectmenu");
    selectmenu.bind("change", function() {
        if (selectmenu.val() != "") {
            $.cookie("theme", selectmenu.val(), {
                path: "/",
                expires: 7
            })
            $.mobile.page.prototype.options.theme = $.cookie("theme");
            window.location.reload();
        }
    })
})
if ($.cookie("theme")) {
    $.mobile.page.prototype.options.theme = $.cookie("theme");
}
</script>
</head>
<body>
<div data-role="page" id="page">
    <div data-role="header">
        <h1>动态设置页面主题</h1>
    </div>
    <div data-role="content">
        <div data-role="fieldcontain">
            <label for="selectmenu" class="select">选择主题:</label>
            <select name="selectmenu" id="selectmenu">
                <option value="a">主题 a</option>
                <option value="b">主题 b</option>
                <option value="c">主题 c</option>
                <option value="d">主题 d</option>
                <option value="e">主题 e</option>
            </select>
        </div>
    </div>
    <div data-role="footer">
        <h4>脚注</h4>
    </div>
```

```
</div>
</body>
</html>
```

在页面头部区域导入 jquery.cookie js 插件文件之后，就可以在客户端存储用户的选择信息。在\<select name="selectmenu">标签的 Change 事件中，当用户选择的值不为空时，调用插件中的方法，将用户选择的主题值保存至名称为 theme 的 cookie 变量中。当页面刷新或重新加载时，如果名称为 theme 的 cookie 值不为空，则通过访问 $.mobi le.page.prototype.options.theme，把该 cookie 值写入页面视图的原型配置参数中，从而实现将页面内容区域的主题设置为用户所选择的主题值。

由于使用 cookie 方式保存页面的主题值，即使是关闭浏览器重新再打开时，用户所选择的主题依然有效，除非手动清除 cookie 值或对应的 cookie 值到期后自动失效，页面才会自动恢复到默认的主题值。

16.3.3 设计计算器

本节将模仿 Windows 7 自带的计算器，使用 jQuery Mobile 设计一款简单的计算器界面，效果如图 16.15 所示。

本例利用 jQuery Moile 的布局功能，使用\<fieldset class= "ui-grid-d">标签定义一个 5 列网格容器，实现平均分配各个按键的大小和位置。用户也可以利用按钮分组的方式来实现类似的效果。

然后使用\<div class="ui-block-a">、\<div class="ui-block-b">、\<div class="ui-block-c">、\<div class="ui-block-d">、\<div class="ui-block-e">五个标签定义列项目，并列显示，其中包含按钮标签\<a href="#" data-role="button" >。

当然通过本例也可以看到 jQuery Mobile 的弱点，即在某些特定场合下缺乏灵活性。例如，在计算器布局中，按钮 "0" 和按钮 "=" 分别占用了两个键位，这也扰乱了整个页面的布局，如果纯粹使用 HTML 来实现这样的布局非常麻烦，但是一旦实现之后就很容易理解。但是在 jQuery Mobile 中如果想实现这样的布局不但麻烦，而且还会大大降低代码的可读性。

图 16.15 设计计算器

本示例完整代码如下：

```
<!doctype html>
<html>
<head>
<meta charset="utf-8">
<meta name="viewport" content="width=device-width,initial-scale=1" />
<link  href="jquery-mobile/jquery.mobile.theme-1.3.0.min.css"  rel="stylesheet"
type="text/css">
<link  href="jquery-mobile/jquery.mobile.structure-1.3.0.min.css"  rel="stylesheet"
type="text/css">
<script src="jquery-mobile/jquery-1.8.3.min.js" type="text/javascript"></script>
<script  src="jquery-mobile/jquery.mobile-1.3.0.min.js"  type="text/javascript">
</script>
<style type="text/css">
.ui-grid-d .ui-block-a { width: 20%; }          /*定义第 1 列宽度*/
.ui-grid-d .ui-block-b { width: 20%; }          /*定义第 2 列宽度*/
```

```
.ui-grid-d .ui-block-c { width: 20%; }          /*定义第 3 列宽度*/
.ui-grid-d .ui-block-d { width: 20%; }          /*定义第 4 列宽度*/
.ui-grid-d .ui-block-e { width: 20%; }          /*定义第 5 列宽度*/
</style>
</head>
<body>
<div data-role="page" data-theme="a">
    <div data-role="header" data-position="fixed">
        <h1>计算器</h1>
    </div>
    <div data-role="content">
        <form>
            <input type="text" />
        </form>
        <fieldset class="ui-grid-d">
            <div class="ui-block-a"> <a href="#" data-role="button" >MC</a> </div>
            <div class="ui-block-b"> <a href="#" data-role="button" >MR</a> </div>
            <div class="ui-block-c"> <a href="#" data-role="button" >MS</a> </div>
            <div class="ui-block-d"> <a href="#" data-role="button" >M+</a> </div>
            <div class="ui-block-e"> <a href="#" data-role="button" >M-</a> </div>
            <!--第 2 行-->
            <div class="ui-block-a"> <a href="#" data-role="button" > </a>
</div>
            <div class="ui-block-b"> <a href="#" data-role="button" >CE</a> </div>
            <div class="ui-block-c"> <a href="#" data-role="button" >C</a> </div>
            <div class="ui-block-d"> <a href="#" data-role="button" >+/-</a> </div>
            <div class="ui-block-e"> <a href="#" data-role="button" >√</a> </div>
            <!--第 3 行-->
            <div class="ui-block-a"> <a href="#" data-role="button" >7</a> </div>
            <div class="ui-block-b"> <a href="#" data-role="button" >8</a> </div>
            <div class="ui-block-c"> <a href="#" data-role="button" >9</a> </div>
            <div class="ui-block-d"> <a href="#" data-role="button" >/</a> </div>
            <div class="ui-block-e"> <a href="#" data-role="button" >%</a> </div>
            <!--第 4 行-->
            <div class="ui-block-a"> <a href="#" data-role="button" >4</a> </div>
            <div class="ui-block-b"> <a href="#" data-role="button" >5</a> </div>
            <div class="ui-block-c"> <a href="#" data-role="button" >6</a> </div>
            <div class="ui-block-d"> <a href="#" data-role="button" >*</a> </div>
            <div class="ui-block-e"> <a href="#" data-role="button" >1/x</a> </div>
            <!--第 5 行-->
            <div class="ui-block-a"> <a href="#" data-role="button" >1</a> </div>
            <div class="ui-block-b"> <a href="#" data-role="button" >2</a> </div>
            <div class="ui-block-c"> <a href="#" data-role="button" >3</a> </div>
            <div class="ui-block-d"> <a href="#" data-role="button" >-</a> </div>
            <div class="ui-block-e"> <a href="#" data-role="button" >=</a> </div>
            <!--第 6 行-->
            <div class="ui-block-a"> <a href="#" data-role="button" >0</a> </div>
            <div class="ui-block-b"> <a href="#" data-role="button" >.</a> </div>
```

```
        <div class="ui-block-c"> <a href="#" data-role="button" >+</a> </div>
        <div class="ui-block-d"> <a href="#" data-role="button" >^</a> </div>
        <div class="ui-block-e"> <a href="#" data-role="button" >Del</a> </div>
    </fieldset>
  </div>
  <div data-role="footer" data-position="fixed">
    <h1>计算器</h1>
  </div>
</div>
</body>
</html>
```

使用 jQueiy Mobile 进行页面布局时，建议一定要尽量保证页面各元素的平均和整齐。

第 17 章　jQuery Mobile 配置和事件

jQuery Mobile 构建于 HTML5 和 CSS3 基础之上，为开发者提供了大量实用、可扩展的 API 接口。通过这些接口，可以拓展 jQuery Mobile 功能，如在页面触摸、滚动、加载、显示与隐藏的事件中，编写特定代码，实现事件触发时需要完成的功能。

【学习重点】
● 配置 jQuery Mobile。
● 定义事件。
● 使用方法。

17.1　配　　置

jQuery Mobile 允许用户在 mobileinit 事件中修改框架的基本配置，这些配置具有全局功能，并在页面加载后应用以增强特性。

17.1.1　jQuery Mobile 配置项

jQuery Mobile 把所有配置都封装在 $.mobile 中，作为它的属性，改变这些属性值就可以改变 jQuery Mobile 的默认配置。当 jQuery Mobile 开始执行时，它会在 document 对象上触发 mobileinit 事件，并且这个事件远早于 document.ready 发生，因此用户需要通过如下的形式重写默认配置：

```
$(document).bind("mobileinit", function(){
    //新的配置
});
```

由于 mobileinit 事件会在 jQuery Mobile 执行后马上触发，因此用户需要在 jQuery Mobile 加载前引入这个新的默认配置，若这些新配置保存在一个名为 custom-mobile.js 的文件中，则应该按如下顺序引入 jQuery Mobile 的各个文件。

```
<script src="jquery.min.js"></script>
<script src="custom-mobile.js"></script>
<script src="jquery-mobile.min.js"></script>
```

【示例 1】　下面以 Ajax 导航为例说明如何自定义 jQuery Mobile 的默认配置。

jQuery Mobile 是以 Ajax 的方式驱动网站，如果某个链接不需要 Ajax，可以为某个链接添加 data-ajax="false"属性，这是局部设置，如果用户需要取消默认的 Ajax 方式（即全局取消 Ajax），可以自定义默认配置：

```
$(document).bind("mobileinit", function(){
    $.mobile.ajaxEnabled = false;
});
```

jQuery Mobile 是基于 jQuery 的，因此也可以使用 jQuery 的$.extend 扩展$.mobile 对象：

```
$(document).bind("mobileinit", function(){
    $.extend($.mobile, {
        ajaxEnabled: false
    });
});
```

【示例 2】 使用上面的第二种方法可以很方便地自定义多个属性，如在上例的基础上同时设置 activeBtnClass，即为当前页面分配一个 class，原本的默认值为"ui-btn-active"，现在设置为"new-ui-btn-active"，可以这样写：

```
$(document).bind("mobileinit", function(){
    $.extend($.mobile, {
        ajaxEnabled: false,
        activeBtnClass: "new-ui-btn-active"
    });
});
```

上面的例子中介绍了简单同时也是最基本的 jQuery Mobile 事件，它反映了 jQuery Mobile 事件需要如何使用，同时也要注意触发事件的对象和顺序。

以下是 $.mobile 对象的常用配置选项以及其默认值，作为里程碑的版本，在 jQuery Mobile 3 版本中配置项中的属性使项目开发更加灵活可控。

➘ ns

值类型：字符型

默认值： " "。

说明：自定义属性命名空间，防止和其他的命名空间冲突。将[data-属性]的命名空间变更为[data-"自定义字符"属性]。

示例：

```
$(document).bind("mobileinit", function(){
    $.extend($.mobile , { ns: 'eddy-' });
});
```

声明后需要使用新的命名空间来定义属性，如 data-eddy-role。

➘ autoInitializePage

值类型：布尔型

默认：true。

说明：在 DOM 加载完成后是否立即调用$.mobile.initializePage 对页面进行自动渲染。如果设置为 false，页面将不会被立即渲染，并且保持隐藏状态。直到手动声明$.mobile.initializePage 页面才会开始渲染，这样可以方便用户控制异步操作完成后才开始渲染页面，避免动态元素渲染失败的问题。

示例：

```
$(document).bind("mobileinit", function(){
    $.extend($.mobile , { autoInitializePage: false });
});
```

➘ subPageUrlKey

值类型：字符型

默认值： "ui-page"。

说明：用于设置引用子页面时哈希表中的标识，URL 参数用来引用由 JQM 生成的子页面，例如 example.html&ui-page=subpageIdentifir。在&ui-page=前的部分被 JQM 框架用来向子页面所在的 URL 发送一个 Ajax 请求。

示例：

```
$(document).bind("mobileinit", function(){
    $.extend($.mobile , { subPageUrlKey: 'ui-eddypage' });
});
```

修改后，在 URL 中"&ui-page="将被转换为"&ui-eddypage="。

➘ activePageClass

值类型：字符型

默认值："ui-page-active"。

说明：处于活动状态的页面的 Class 名称，用于自定义活动状态的页面的样式引用。在自定义这个样式的时候必须要在样式中声明以下属性：

```
display:block !important; overflow:visible !important;
```

不熟悉 jQuery Mobile 的 CSS 框架的用户经常会遇到自定义的样式不起作用的情况，这一般是由于自定义的样式和原有 CSS 框架的继承关系不同引起的，可以在不起作用的样式后面加上!important 来提高自定义样式的优先级。

➥ activeBtnClass

值类型：字符型

默认值："ui-btn-active"。

说明：按钮在处于活动状态时的样式，包括按钮形态的元素被点击、激活时的显示效果。用于自定义样式风格。

➥ ajaxEnabled

值类型：布尔型

默认：true。

说明：在点击链接和提交按钮时，是否使用 Ajax 方式加载界面和提交数据，如果设置为 false，链接和提交方式将会使用 HTML 原生的跳转和提交方式。

➥ hashListeningEnabled

值类型：布尔型

默认：true。

说明：设置 jQuery Mobile 是否自动监听和处理 location.hash 的变化，如果设置为 false，可以使用手动的方式来处理 hash 的变化，或者简单地使用链接地址进行跳转，在一个文件中则使用 ID 标记的方式来切换页面。

➥ defaultPageTransition

值类型：字符型

默认值："slide"。

说明：设置默认的页面切换效果，如果设置为"none"，页面切换将没有效果。

可选的效果说明如下：

- ↺ slide：左右滑入。
- ↺ slideup：由下向上滑入。
- ↺ slidedown：由上向下滑入。
- ↺ pop：由中心展开。
- ↺ fade：渐显。
- ↺ flip：翻转。

由于浏览器的支持程度问题，有些效果在某些浏览器中不支持。

➥ touchOverflowEnabled

值类型：布尔型

默认：false。

说明：是否使用设备的原生区域滚动特性，除了 iOS 5 之外大部分的设备还不支持原生的区域滚动特性。

➥ defaultDialogTransition

值类型：字符型

默认值："pop"。

说明：设置 Ajax 对话框的弹出效果，如果设置为"none"，则没有过渡效果。可选的效果与 defaultPageTransition 属性相同。

➥ minScrollBack

值类型：数字型

默认值：150。

说明：当滚动超出所设置的高度时才会触发滚动位置记忆功能，当滚动高度没有超过所设置的高度时，当后退到该页面时滚动条会到达顶部，以此设置来减小位置记忆的数据量。

➥ loadingMessage

值类型：字符型

默认值："loading"。

说明：设置在页面加载时出现的提示框中的文本，如果设置为 false，将不显示提示框。

➥ pageLoadErrorMessage

值类型：字符型

默认值："Error Loading Page"。

说明：设置在 Ajax 加载失败后出现的提示框中的文字内容。

➥ gradeA()

值类型：函数返回一个布尔值。

默认值：$.support.mediaquery。

说明：用于判断浏览器是否属于 A 级浏览器。布尔型，默认$.support.mediaquery 用于返回这个布尔值。

扫一扫，看视频

17.1.2 案例：设置 gradeA

在 jQuery Mobile 的默认配置中，gradeA 配置项表示检测浏览器是否属于支持类型中的 A 级别，配置值为布尔型，默认为 S. support.mediaquery。除此之外，也可以通过代码检测当前浏览器是否是支持类型中的 A 级别。接下来通过一个实例进行详细的说明。

【示例 1】 下面示例在页面中添加一个 ID 为 title 的<p>标签。当执行该页面的浏览器属于 A 类支持级别时，在<p>中显示相关提示信息。

```
<!doctype html>
<html>
<head>
<meta charset="utf-8">
<meta name="viewport" content="width=device-width,initial-scale=1" />
<link href="jquery.mobile/jquery.mobile-1.4.5.css" rel="stylesheet" type="text/css">
<script type="text/javascript" src="jquery.mobile/jquery-1.12.2.min.js"></script>
<script type="text/javascript" src="jquery.mobile/jquery.mobile-1.4.5.js"></script>
<script>
$(function() {
    if($.mobile.gradeA())
        $("#title").html('当前浏览器为 A 类级别。');
})
</script>
<style type="text/css">
```

```
</style>
</head>
<body>
<div data-role="page" id="page">
    <div data-role="header">
        <h1>标题</h1>
    </div>
    <div data-role="content">
        <h3>浏览器级别</h3>
        <p id="title"></p>
    </div>
    <div data-role="footer" class="ui-footer-fixed">
        <h4>脚注</h4>
    </div>
</div>
</body>
</html>
```

在页面初始化事件回调函数中，使用 gradeA()工具函数获取当前浏览器的级别信息，如果是 A 级类型，则在<p id="title">标签中显示提示信息。完成设计之后，在移动设备模拟器中预览，将会显示如图 17.1 所示的提示信息。

图 17.1　gradeA 提示信息

【示例 2】　也可以重写 gradeA()函数，用来检测浏览器是否支持其他特性。例如，下面示例使用函数的方式创建一个<div>标签，然后检测各类浏览器对该标签中 CSS3 样式的支持状态，并将函数返回的值作为 gradeA 配置项的新值。

```
<!doctype html>
<html>
<head>
<meta charset="utf-8">
<meta name="viewport" content="width=device-width,initial-scale=1" />
<link href="jquery.mobile/jquery.mobile.icons-1.4.5.css" rel="stylesheet" type=
"text/css">
<link href="jquery.mobile/jquery.mobile-1.4.5.css" rel="stylesheet" type="text/css">
<script type="text/javascript" src="jquery.mobile/jquery-1.12.2.min.js"></script>
```

```
<script>
$(document).bind("mobileinit", function() {
    $.extend($.mobile, {
        gradeA: function() {
            //创建一个临时的div元素
            var divTmp = document.createElement("div");
            //设置元素的内容
            divTmp.innerHTML = '<div style="-webkit-transform:rotate(360deg);-moz
-transform:rotate (360deg);"></div>';
            //定义一个初始值
            var btnSupport = false;
            btnSupport = (divTmp.firstChild.style.webkitTransform != undefined) ||
(divTmp.firstChild.style.MozTransform != undefined);
            return btnSupport;
        }
    });
});
</script>
<script type="text/javascript" src="jquery.mobile/jquery.mobile-1.4.5.js"></script>
<script>
$(function() {
    if($.mobile.gradeA())
        $("#title").html('当前浏览器支持CSS3动画特性。');
    else
        $("#title").html('当前浏览器<span style="color:red;">不</span>支持CSS3动画特
性。');
})
</script>
</head>
<body>
<div data-role="page" id="page">
    <div data-role="header">
        <h1>标题</h1>
    </div>
    <div data-role="content">
        <h3>浏览器级别</h3>
        <p id="title"></p>
    </div>
    <div data-role="footer" class="ui-footer-fixed">
        <h4>脚注</h4>
    </div>
</div>
</body>
</html>
```

在上面 JavaScript 代码中，当触发 mobileinit 事件时，通过$.mobile 对象重置 gradeA 配置值。该配置值是一个函数的返回值。在这个函数中，先创建一个<div>标签，并在该标签中设置一个翻转 360 度的CSS3 样式效果。然后，根据浏览器对该样式效果的支持情况，返回 false 或 true 值。最后，将该值作为整个函数的返回值，对 gradeA 的配置值进行修改。如果返回值为 false，表示浏览器对该样式的支持并未达到 A 类级别，效果如图 17.2 所示。

图 17.2　检测浏览器支持特性

17.2　页 面 事 件

jQuery Mobile 针对各个页面生命周期的事件可以分为以下几类。

1. 页面改变事件

- pagebeforechange：在页面变化周期内触发两次，任意页面加载或过渡之前触发一次，接下来在页面成功完成加载后，但是在浏览器历史记录被导航进程修改之前触发。
- pagechange：在 changePage()请求已完成将页面载入 DOM，并且所有页面过渡动画已完成后触发。
- pagechangefailed：当 changePage()请求对页面的加载失败时触发。

2. 页面载入事件

- pagebeforeload：在做出任何加载请求之前触发。
- pageload：在页面成功加载并插入 DOM 后触发。
- pageloadfailed：页面加载请求失败时触发。

3. 页面初始化事件

- pagebeforecreate：当页面即将被初始化，但是在增强开始之前触发。
- pagecreate：当页面已创建，但是增强完成之前触发。
- pageinit：当页面已经初始化并且完成增强时触发。

4. 页面转换事件

- pagebeforehide：在过渡动画开始前，在“来源”页面上触发。
- pagebeforeshow：在过渡动画开始前，在“到达”页面上触发。
- pagehide：在过渡动画完成后，在“来源”页面触发。
- pageremove：在窗口视图从 DOM 中移除外部页面之前触发。
- pageshow：在过渡动画完成后，在“到达”页面触发。

下面结合案例简单进行说明。

17.2.1　页面初始事件

jQuery Mobile 定义了大量事件以便实现各种交互操作，下面使用一幅图来说明 jQuery Mobile 中的一些主要页面事件，如图 17.3 所示。

当设备浏览器加载 jQuery Mobile 文件时（即 HTML 文档），便触发了一个 mobile 事件，完成 jQuery Mobile 初始化。初始化完成之后便会链接到需要加载的页面，这时页面即将发生改变，便触发 pagebeforechange 事件。页面在改变之前自然首先需要加载一些资源，因此事件 pagebeforechange 和 pagebeforeload 紧密联系在一起。

页面加载完成后，首先需要做一些简单的初始化，之后便可以正式创建页面了，这时会触发 pagebeforecreate 和 pagecreate 事件。创建完成之后需要加载 pageinit 和 pageload 两个事件。在这之前虽然页面已经被创建了，但这时创建的仅仅是一个空页面，只有完成了这两个页面，才算是真正获得了一个有内容的页面。

pagebeforechange、pagebeforehide、pagebeforeshow 这三个事件是在为页面改变做预处理。在前面的步骤里，页面已经完成了渲染工作，这里所要做的就是将它们显示出来，或者页面内容发生了改变需要重新显示。最后一个事件 pagechange 在页面发生变化时触发。

另外，在图 17.3 下方还有两条箭头分别指向了 cachedpage 和 newpage，这两种不同的页面刷新就说明为什么将多个 page 放在同一页面中的跳转会比较迅速。

【示例】　下面示例比较了页面初始化事件 pagebeforecreate、pagecreate 和 pageinit 的使用。

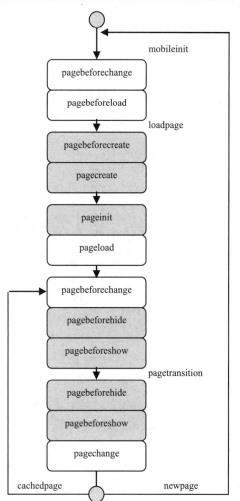

图 17.3　jQuery Mobile 主要事件流程图

```
<!doctype html>
<html>
<head>
<meta charset="utf-8">
<meta name="viewport" content="width=device-width,initial-scale=1" />
<link href="jquery.mobile/jquery.mobile-1.4.5.css" rel="stylesheet" type="text/css">
<script type="text/javascript" src="jquery.mobile/jquery-1.12.2.min.js"></script>
<script type="text/javascript" src="jquery.mobile/jquery.mobile-1.4.5.js"></script>
<script>
$(document).one("pagebeforecreate",function(){
    alert("pagebeforecreate 事件被触发了!")
});
$(document).one("pagecreate",function(){
    alert("pagecreate 事件被触发了!")
});
$(document).one("pageinit",function(){
    alert("pageinit 事件被触发了!")
});
</script>
```

```
</head>
<body>
<div data-role="page" data-title="第一页" id="first" data-theme="a">
    <div data-role="header"> <a href="#second">按我到第二页</a>
        <h1>初始化事件</h1>
    </div>
    <div data-role="content"> 初始化事件测试<br>这是第一页 </div>
    <div data-role="footer">
        <h4>页脚</h4>
    </div>
</div>
<div data-role="page" data-title="第二页" id="second" data-theme="b">
    <div data-role="header"> <a href="#first">返回第一页</a>
        <h1>初始化事件</h1>
    </div>
    <div data-role="content"> 初始化事件测试<br>这是第二页 </div>
    <div data-role="footer">
        <h4>页脚</h4>
    </div>
</div>
</body>
</html>
```

📢 提示：

绑定事件的 on() 方法也可以改用 one() 方法代替，两者的区别在于 one() 只能执行一次。例如，当要将按钮绑定 click（单击）事件时，on() 方法的程序代码如下：

```
$("btn").on("click",function(){
    //执行代码
});
```

扫一扫，看视频

17.2.2 页面切换事件

jQuery Mobile 切换页面的特效一直是人们很喜欢的功能之一，我们先来看看 jQueryMobile 切换页面的语法：

```
$(":mobile-pagecontainer").pagecontainer("change", to[, options])
```

参数 to 为字符串或者对象，表示切换目标页。字符串可以是绝对或相对 URL 地址，如"about/us.html"；对象是 jQuery 选择器对象，如$("#about")。

options 为可选参数，表示参数对象，设置属性说明如下：

➥ allowSamePageTransition（布尔值，默认：false）

默认情况下，changePage() 会忽略跳转到已活动的页面的请求。如果把这项设为 true，会使之执行。开发者应该注意有些页面的转场会假定一个跳转页面的请求中来自的页面和目标的页面是不同的，所以不会有转场动画。

➥ changeHash（布尔值，默认：true）

判断地址栏的哈希值是否应被更新。

➥ data（字符串或对象，默认：undefined）

要通过 ajax 请求发送的数据，只在 changePage() 的 to 参数是一个地址的时候可用。

➥ dataUrl（字符串，默认：undefined）

完成页面转换时要更新浏览器地址的 URL 地址。如不特别指定，则使用页面的 data-url 属性值。

➘ pageContainer（jQuery 选择器，默认：$.mobile.pageContainer）

指定应该包含页面的容器。

➘ reloadPage（布尔值，默认：false）

强制刷新页面，即使当页面容器中的 dom 元素已经准备好时，也强制刷新。只在 changePage() 的 to 参数是一个地址的时候可用。

➘ reverse（布尔值，默认：false）

设定页面转场动画的方向，设置为 true 时将导致反方向的转场。

➘ role（字符串，默认：undefined）

显示页面的时候使用 data-role 值。默认情况下此参数为 undefined，意为取决于元素的@data-role 属性。

➘ showLoadMsg（布尔值，默认：true）

设定加载外部页面时是否显示 loading 信息。

➘ transition（字符串，默认：$.mobile.defaultPageTransition）

使用显示的页面时过渡。

➘ type（字符串，默认：get）

指定页面请求的时候使用的方法（"get" 或者 "post"）。

【**示例**】 下面示例演示了如何具体设计页面转场动画，当单击"按我到第二页"按钮之后，第二页会由右侧滑入，单击"返回第一页"按钮，会以弹出方式显示第一页。当然，还可以用"回上页"按钮中的写法，直接在<a>标记中利用 data-transition 属性指定动画效果。示例完整代码如下：

```html
<!doctype html>
<html>
<head>
<meta charset="utf-8">
<meta name="viewport" content="width=device-width,initial-scale=1" />
<link href="jquery.mobile/jquery.mobile-1.4.5.css" rel="stylesheet" type="text/css">
<script type="text/javascript" src="jquery.mobile/jquery-1.12.2.min.js"></script>
<script type="text/javascript" src="jquery.mobile/jquery.mobile-1.4.5.js"></script>
<script>
$( document ).one( "pagecreate", ".demo_page", function() {
   $("#goSecond").on('click',function(){
      $( ":mobile-pagecontainer" ).pagecontainer( "change", "#second", {
         transition: "slide"
      });
   });
   $("#gofirst").on('click',function(){
      $( ":mobile-pagecontainer" ).pagecontainer( "change", "#first", {
         transition: "pop"
      });
   });
})
</script>
</head>
<body>
<div data-role="page" data-title="第一页" id="first" class="demo_page" data-theme= "a">
   <div data-role="header"> <a href="#" id="goSecond">按我到第二页</a>
      <h1>第一页</h1>
   </div>
```

```
</div>
<div data-role="page" data-title="第二页" id="second" class="demo_page" data-theme= "b">
    <div data-role="header"> <a href="#first" data-transition="pop">回上页</a> <a
href="#" id="gofirst">返回第一页</a>
        <h1>第二页</h1>
    </div>
</div>
</body>
</html>
```

其中，transition 属性用来指定页面转场动画效果，如飞入、弹出或淡入淡出效果等共 6 种，具体说明如下：

- slide：从右到左。
- slideup：从下到上。
- slidedown：从上到下。
- pop：从小点到全屏幕。
- fade：淡出淡入。
- flip：2D 或 3D 旋转动画（只有支持 3D 效果的设备才能使用）。

17.2.3 页面显隐事件

当在不同页面间或同一个页面不同容器间相互切换时，将触发页面中的显示或隐藏事件。具体包括四种事件类型：

- pagebeforeshow，页面显示前事件，当页面在显示之前、实际切换正在进行时触发，该事件回调函数传回的数据对象中包含一个 prevPage 属性，该属性是一个 jQuery 集合对象，它可以获取正在切换远离页的全部 DOM 元素。
- pagebeforehide，页面隐藏前事件，当页面在隐藏之前、实际切换正在进行时触发，此事件回调函数传回的数据对象中包含一个 nextPage 属性，该属性是一个 jQuery 集合对象，它可以获取正在切换目标页的全部 DOM 元素。
- pageshow，页面显示完成事件，当页面切换完成时触发，此事件回调函数传回的数据对象中包含一个 prevPage 属性，该属性是一个 jQuery 集合对象，它可以获取正在切换远离页的全部 DOM 元素。
- pagehide，页面隐藏完成事件，当页面隐藏完成时触发，此事件回调函数传回的数据对象中有一个 nextPage 属性，该属性是一个 jQuery 集合对象，它可以获取正在切换目标页的全部 DOM 元素。

【示例】 在下面示例中将新建一个 HTML 页面，在页面中添加两个 Page 容器，在每个容器中添加一个<a>标签，然后在两容器间进行切换。在切换过程中绑定页面的显示与隐藏事件，通过浏览器的控制台显示各类型事件执行的详细信息。

```
<!doctype html>
<html>
<head>
<meta charset="utf-8">
<meta name="viewport" content="width=device-width,initial-scale=1" />
<link href="jquery.mobile/jquery.mobile-1.4.5.css" rel="stylesheet" type="text/css">
<script type="text/javascript" src="jquery.mobile/jquery-1.12.2.min.js"></script>
<script type="text/javascript" src="jquery.mobile/jquery.mobile-1.4.5.js"></script>
<script>
```

```
$(function() {
    $('div').live('pagebeforehide', function(event, ui) {
        console.log('1. ' + ui.nextPage[0].id + ' 正在显示中... ');
    });
    $('div').live('pagebeforeshow', function(event, ui) {
        console.log('2. ' + ui.prevPage[0].id + ' 正在隐藏中... ');
    });
    $('div').live('pagehide', function(event, ui) {
        console.log('3. ' + ui.nextPage[0].id + ' 显示完成! ');
    });
    $('div').live('pageshow', function(event, ui) {
        console.log('4. ' + ui.prevPage[0].id + ' 隐藏完成! ');
    })
})
</script>
<style>
img {width:100%;}
</style>
</head>
<body>
<div data-role="page" id="page">
    <div data-role="header">
        <h1>标题</h1>
    </div>
    <div data-role="content">
        <a href="#page2">下一页</a>
        <img src="images/1.jpg" alt=""/>
    </div>
    <div data-role="footer">
        <h4>脚注</h4>
    </div>
</div>
<div data-role="page" id="page2">
    <div data-role="header">
        <h1>标题</h1>
    </div>
    <div data-role="content">
        <a href="#page">上一页</a>
        <img src="images/2.jpg" alt=""/>
    </div>
    <div data-role="footer">
        <h4>脚注</h4>
    </div>
</div>
</body>
</html>
```

在上面代码中将<div>容器与各类型的页面显示和隐藏事件绑定。在这些事件中，通过调用 console 的 logo 方法，记录每个事件中回调函数传回的数据对象属性，这些属性均是 jQuery 对象。在显示事件中，该对象可以获取切换之前页面（prevPage）的全部 DOM 元素。在隐藏事件中，该对象可以获取切换之后页面（nextPage）的全部 DOM 元素，各事件中获取的返回对象不同。

完成设计之后，在移动设备中预览 index.html 页面，将会显示如图 17.4（a）所示的效果，如果点击链接，则显示如图 17.4（b）所示效果。

（a）在 iPhone5 中预览效果

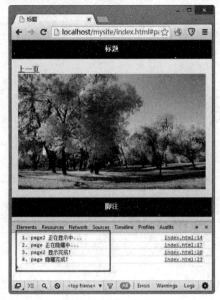

（b）在 Chrome 控制台中查看信息

图 17.4　范例效果

17.3　触摸事件

在 jQuery Mobile 中，触摸事件包括 5 种类型，详细说明如下：

- tap（轻击）：一次快速完整的轻击页面屏幕后触发。
- taphold（轻击不放）：轻击并不放（大约一秒）后触发。
- swipe（滑动）：一秒内水平拖拽大于 30px，同时纵向拖曳小于 20px 的事件发生时触发。
- swipeleft（左滑）：滑动事件为向左的方向时触发。
- swiperight（右滑）：滑动事件为向右的方向时触发。

下面分别进行说明。

扫一扫，看视频

17.3.1　滑动事件

触发 swipe 事件时需要注意下列属性：

- scrollSupressionThreshold：该属性默认值为 10px，水平拖曳大于该值则停止。
- durationThreshold：该属性默认值为 1000ms，滑动时超过该值则停止。
- horizontalDistanceThreshold：该属性默认值为 30px，水平拖曳超出该值时才能滑动。
- verticalDistanceThreshold：该属性默认值为 75px，垂直拖曳小于该值时才能滑动。

这 4 个默认配置属性可以通过下面的方法进行修改：

```
$(document).bind("mobileinit", function(){
    $.event.special.swipe.scrollSupressionThreshold ("10px")
    $.event.special.swipe.durationThreshold ("1000ms")
    $.event.special.swipe.horizontalDistanceThreshold ("30px");
```

```
    $.event.special.swipe.verticalDistanceThreshold ("75px");
});
```

【示例】 在下面示例中使用 swipeleft 和 swiperight 事件类型设计图片滑动预览效果。

```
<!doctype html>
<html>
<head>
<meta charset="utf-8">
<meta name="viewport" content="width=device-width,initial-scale=1" />
<link href="jquery.mobile/jquery.mobile-1.4.5.css" rel="stylesheet" type="text/css">
<script type="text/javascript" src="jquery.mobile/jquery-1.12.2.min.js"></script>
<script type="text/javascript" src="jquery.mobile/jquery.mobile-1.4.5.js"></script>
<script>
$(function() {
    var swiptimg = {
        $index: 0,
        $width: 160,
        $swipt: 0,
        $legth: 5
    }
    var $imgul = $("#pic_box");
    $(".pic").each(function() {
        $(this).swipeleft(function() {
            if (swiptimg.$index < swiptimg.$legth) {
                swiptimg.$index++;
                swiptimg.$swipt = -swiptimg.$index * swiptimg.$width;
                $imgul.animate({ left: swiptimg.$swipt }, "slow");
            }
        }).swiperight(function() {
            if (swiptimg.$index > 0) {
                swiptimg.$index--;
                swiptimg.$swipt = -swiptimg.$index * swiptimg.$width;
                $imgul.animate({ left: swiptimg.$swipt }, "slow");
            }
        })
    })
})
</script>
<style>
.outer { height: 220px; position: relative;}
.outer .inner { height: 100%; overflow: visible; position: relative}
.outer ul {
    width: 3000px; list-style: none; overflow: hidden;
    position: absolute; top: 0px; left: 0;
    margin: 0; padding: 0
}
.outer li {
    height: 100%;display: inline; float: left;
    position: relative; margin-right: 15px
```

```
    }
    .outer li .pic { height: 100%; cursor: pointer;}
    </style>
    </head>
    <body>
    <div data-role="page" id="page">
        <div data-role="header">
            <h1>标题</h1>
        </div>
        <div data-role="content">
            <div class="outer" >
                <div class="inner">
                    <ul id="pic_box">
                        <li><img src="images/1.jpg" class="pic" alt=""/></li>
                        <li><img src="Images/2.jpg" class="pic" alt=""/></li>
                        <li><img src="Images/3.jpg" class="pic" alt=""/></li>
                        <li><img src="Images/4.jpg" class="pic" alt=""/></li>
                        <li><img src="Images/5.jpg" class="pic" alt=""/></li>
                    </ul>
                </div>
            </div>
        </div>
        <div data-role="footer" class="ui-footer-fixed">
            <h4>脚注</h4>
        </div>
    </div>
    </body>
    </html>
```

在本实例中，首先在类名为 outer 的<div>容器中（<div class="outer" >）添加一个<ul>列表，并将全部滑动浏览的图片添加至列表的<li>标签中。

然后，在页面初始化事件回调函数中，先定义了一个全局性对象 swiptimg，在该对象中设置需要使用的变量，并将获取的图片加载框架标签（<ul id="pic_box">）保存在$imgul 变量中。

最后，无论是将图片绑定 swipeleft 事件还是 swiperight 事件，都要调用 each()方法遍历全部图片。在遍历时，通过 "$(this)" 对象获取当前的图片元素，并将它与 swipeleft 和 swiperight 事件相绑定。

在 swipeleft 事件中，先判断当前图片的索引变量 swiptimg.$index 值是否小于图片总值 swiptimg.$legth。如果成立，索引变量自动增加 1，然后将需要滑动的长度值保存到变量 swiptimg.$swipt 中。最后，通过前面保存元素的$imgul 变量调用 jQuery 的 animate()方法，以动画的方式向左边移动指定的长度。

在 swiperight 事件中，由于是向右滑动，因此先判断当前图片的索引变量 swiptimg.$index 的值是否大于 0。如果成立，说明整个图片框架已向左边滑动过，索引变量自动减少 1，然后，获取滑动时的长度值并保存到变量 swiptimg.$swipt 中。最后，通过前面保存的$imgul 变量调用 jQuery 的 animate()方法，以动画的方式向右边移动指定的长度。

完成设计之后，在移动设备中预览页面，当使用手指向左滑动图片时，将会显示如图 17.5（a）所示的效果，如果向右滑动则会显示如图 17.5（b）所示的效果。

（a）向左滑动图片　　　　　　　　　　　　　　（b）向右滑动图片

图 17.5　范例效果

　　每次滑动的长度值都与当前图片的索引变量相连，因此，每次的滑动长度都会不一样；另外，图片加载完成后，根据滑动的条件，必须按照先从右侧滑动至左侧，然后再从左侧滑动至右侧的顺序进行，其中每次滑动时的长度和图片总数变量可以自行修改。

17.3.2　翻转事件

　　在智能手机等移动设备中，都有对方向变换的自动感知功能，如当手机方向从水平方向切换到垂直方向时，则会触发该事件。在 jQuery Mobile 事件中，如果手持设备的方向发生变化，即手持方向为横向或纵向时，将触发 orientationchange 事件。在 orientationchange 事件中，通过获取回调函数中返回对象的 orientation 属性，可以判断用户手持设备的当前方向。orientation 属性的取值包括"portrait"和"landscape"，其中"portrait"表示纵向垂直，"landscape"表示横向水平。

　　【示例】　下面示例将根据 orientationchange 事件判断用户移动设备的手持方向，并及时调整页面布局，以适应不同宽度的显示效果。

扫一扫，看视频

```
<!doctype html>
<html>
<head>
<meta charset="utf-8">
<meta name="viewport" content="width=device-width,initial-scale=1" />
<link href="jquery.mobile/jquery.mobile-1.4.5.css" rel="stylesheet" type="text/css">
<script type="text/javascript" src="jquery.mobile/jquery-1.12.2.min.js"></script>
<script type="text/javascript" src="jquery.mobile/jquery.mobile-1.4.5.js"></script>
<script>
$(function() {
    var $pic = $(".news_pic");
    $('body').bind('orientationchange', function(event) {
        var $oVal = event.orientation;
        if ($oVal == 'portrait') {
```

```
            $pic.css({
                "width" : "100%",
                "margin-right" :0,
                "margin-bottom" :0,
                "float" : "none"
            });
        } else {
            $pic.css({
                "width" : "50%",
                "margin-right" :12,
                "margin-bottom" :12,
                "float" : "left"
            });
        }
    })
})
</script>
<style>
.news_pic{ width:100%;}
</style>
</head>
<body>
<div data-role="page" id="page">
    <div data-role="content">
        <h2>比特币：终将消失在历史的尘埃中</h2>
        <img src="images/1.jpg" class="news_pic" />
        <p>比特币是目前全球最流行的数字货币——不仅仅是一种财富的形式，而且是一种流通的方式——
也是目前科技界谈论最多的话题。</p>
        <p>笔者作为一名安全研究员，对比特币协议十分钦佩。其设计可谓是密码工程学的一次惊世之作，
特别是比特币工作机制的验证原理，在发挥得当的情况下，能够将量子计算机（quantum computer）可能
制造的竞争所带来的损失降到最低。但是我认为，比特币的货币功能却有着一个重大的缺陷，这一点必将导致
比特币永远无法成为一种广泛普及的货币。</p>
    </div>
</div>
</body>
</html>
```

在页面加载时，为<body>标签绑定 orientationchange 事件，在该事件的回调函数中，通过事件对象
传回的 orientation 属性值检测用户移动设备的手持方向。如果为"portrait"，则定义图片宽度为 100%，图
片右侧和底部边界为 0，禁止浮动显示；反之，则定义图片宽度为 50%，图片右侧和底部边界为 12 像素，
向左浮动显示，从而实现根据不同的移动设备的手持方向，动态地改变图片的显示样式，以适应屏幕宽
度的变化。

完成设计之后，在移动设备中预览页面，当纵向手持设备时，将会显示如图 17.6（a）所示的效果，
如果横向手持设备时，则显示如图 17.6（b）所示的效果。

（a）纵向手持　　　　　　　　　　　　　　（b）横向手持

图 17.6　范例效果

在页面中，orientationchange 事件的触发前提是必须将$.mobile.orientationChangeEnabled 配置选项设为 true，如果改变该选项的值，将不会触发该事件，只会触发 resize 事件。

扫一扫，看视频

17.3.3　滚屏事件

当用户在设备上滚动页面时，jQuery Mobile 提供了滚动事件进行监听。jQuery Mobile 屏幕滚动事件包含两个类型，一种是开始滚动事件（scrollstart），另一种为结束滚动事件（scrollstop）。这两种类型的事件主要区别在于触发时间不同，前者是用户开始滚动屏幕中页面时触发，而后者是用户停止滚动屏幕中页面时触发。

【示例】　下面通过一个完整的实例介绍如何在移动项目的页面中绑定这两个事件。

```
<!doctype html>
<html>
<head>
<meta charset="utf-8">
<meta name="viewport" content="width=device-width,initial-scale=1" />
<link href="jquery.mobile/jquery.mobile-1.4.5.css" rel="stylesheet" type="text/css">
<script type="text/javascript" src="jquery.mobile/jquery-1.12.2.min.js"></script>
<script type="text/javascript" src="jquery.mobile/jquery.mobile-1.4.5.js"></script>
<script>
$('div[data-role="page"]').live('pageinit', function(event, ui) {
    var div = $('div[data-role="content"]');
    var h2 = $('h2');
    $(window).bind('scrollstart', function() {
        h2.text("开始滚动屏幕").css("color","red");
        div.css('background-image', 'url(images/3.jpg)');
    })
    $(window).bind('scrollstop', function() {
        h2.text("停止滚动屏幕").css("color","blue");
        div.css('background-image', 'url(images/2.jpg)');
```

```
    })
})
</script>
<style>
body{ background-image:url(images/2.jpg); }
h2 {
    height: 400px; color: blue; font-size: 30px; text-align: center;
    -webkit-text-shadow: 4px 4px 4px #938484; text-shadow: 4px 4px 4px #938484;
}
</style>
</head>
<body>
<div data-role="page" id="page">
    <div data-role="header">
        <h1>标题</h1>
    </div>
    <div data-role="content">
        <h2>内容</h2>
    </div>
    <div data-role="footer" class="ui-footer-fixed">
        <h4>脚注</h4>
    </div>
</div>
</body>
</html>
```

在触发 pageinit 事件时，为 window 对象绑定 scrollstart 和 scrollstop 事件。当 window 屏幕开始滚动时触发 scrollstart 事件，在该事件中将<h2>标签包含的文字设为"开始滚动屏幕"字样，设置字体颜色为红色，同时设置内容框背景图像为 images/3.jpg；当 window 屏幕停止滚动时，触发 scrollstop 事件，在该事件中将<h2>标签包含的文字设为"停止滚动屏幕"字样，设置字体颜色为蓝色，同时设置内容框背景图像为 images/2.jpg。

完成设计之后，在移动设备中预览 index.html 页面，当使用手指向下滚动屏幕时，将会显示如图 17.7（a）所示的效果，如果停止滚动屏幕，则显示如图 17.7（b）所示的效果。

（a）开始滚动屏幕

（b）停止滚动屏幕

图 17.7　范例效果

iOS 系统中的屏幕在滚动时将停止 DOM 的操作，停止滚动后再按队列执行已终止的 DOM 操作，因此，在这样的系统中，屏幕的滚动事件将无效。

17.4 实 战 案 例

下面再通过两个案例进一步练习事件的使用，提升用户的开发能力。

17.4.1 单击和长按

在 jQuery Mobile 应用中，页面会出现中途改变的情况，而页面的改变往往是由于接收了来自用户的某种操作，而触发事件则是为了获取用户的这些操作而准备的。

下面示例介绍如何快速侦测用户动作，这里主要侦测用户单击和长按两个动作，并及时给出提示。演示效果如图 17.8 所示。

图 17.8　用户动作侦测

示例完整代码如下所示：

```
<!doctype html>
<html>
<head>
<meta charset="utf-8">
<meta name="viewport" content="width=device-width,initial-scale=1" />
<link href="jquery-mobile/jquery.mobile.theme-1.3.0.min.css" rel="stylesheet" type=
"text/css">
<link href="jquery-mobile/jquery.mobile.structure-1.3.0.min.css" rel="stylesheet" type=
"text/css">
<script src="jquery-mobile/jquery-1.8.3.min.js" type="text/javascript"></script>
<script src="jquery-mobile/jquery.mobile-1.3.0.min.js" type="text/javascript">
</script>
<script>
$(document).ready(function(){
    $("div").bind("tap", function(event) {        //绑定单击事件
        alert("屏幕被单击了");
    });
});
$(document).ready(function(){
    $("div").bind("taphold", function(event) {  //绑定长按事件
        alert("屏幕被长按");
```

```
    });
});
</script>
</head>
<body>
<div data-role="page" data-theme="c">
    <div data-role="content">
        <h1>用户事件侦测</h1>
    </div>
</div>
</body>
</html>
```

📢 注意：

> jQuery Mobile 事件之间可能会产生冲突，滑动这一行为本身就要求先单击屏幕，于是 swipe 就与 tap 产生了冲突，而完成滑动之时实际上也完成了一段连续按在屏幕上的行为，只不过位置产生了移动，于是又与 taphold 发生冲突。在使用 jQuery Mobile 事件时，一定要考虑事件之间是否会产生冲突，对于 tap 这样的操作在大多数情况下完全可以靠 jQuery 自带的 click（虽然也会造成冲突，但是可以限定一部分范围）方法来实现。

扫一扫，看视频

17.4.2 侧滑面板

本节案例设计一个左右滑动面板，当用户在屏幕上向左或向右轻轻滑动，就会打开左侧面板或右侧面板，演示效果如图 17.9 所示。

默认界面　　　　　　　　　　打开左侧面板　　　　　　　　　　打开右侧面板

图 17.9　滑动面板

本节示例用到了之前介绍过的面板控件<div data-role="panel" id="mypanel1">。然后在 JavaScript 脚本中使用 jQuery 的 bind()方法绑定事件：

```
$("div").bind("swiperight", function(event) {}
```

在前面的触发事件中曾经提到过 swiperight，它表示当屏幕被向右滑动时，运行事件函数中的脚本，打开一个 id 为 mypanel1 的面板：

```
$( "#mypanel1" ).panel( "open" );
```

以同样的方式定义 JavaScript 脚本，为向左滑动事件绑定打开右侧面板的行为。

整个示例的完整代码如下：

```
<!doctype html>
```

```html
<html>
<head>
<meta charset="utf-8">
<meta name="viewport" content="width=device-width,initial-scale=1" />
<link  href="jquery-mobile/jquery.mobile.theme-1.3.0.min.css"  rel="stylesheet"
type="text/css">
<link  href="jquery-mobile/jquery.mobile.structure-1.3.0.min.css"  rel="stylesheet"
type="text/css">
<script src="jquery-mobile/jquery-1.8.3.min.js" type="text/javascript"></script>
<script  src="jquery-mobile/jquery.mobile-1.3.0.min.js"  type="text/javascript">
</script>
<script>
$( "#mypanel1" ).trigger( "updatelayout" );              //声明一个面板
$( "#mypanel2" ).trigger( "updatelayout" );              //声明另一个面板
//监听向右滑动事件
$(document).ready(function(){
    $("div").bind("swiperight", function(event) {
        $( "#mypanel1" ).panel( "open" );                //向右滑动，打开左侧面板
    });
});
//监听向左滑动事件
$(document).ready(function(){
    $("div").bind("swipeleft", function(event) {
        $( "#mypanel2" ).panel( "open" );                //向左滑动，打开右侧面板
    });
});
</script>
</head>
<body>
<div data-role="page" data-theme="c">
    <div data-role="panel" id="mypanel1" data-theme="a">
        <h1>左侧面板</h1>
    </div>
    <div data-role="panel" id="mypanel2" data-theme="a" data-position="right">
        <h1>右侧面板</h1>
    </div>
    <div data-role="content">
        <h1>尝试左右滑动屏幕</h1>
    </div>
</div>
</body>
</html>
```

第 18 章　使用 Bootstrap

Boostrap 是推特公司（Twitter，www.twitter.com）主导开发的，一个基于 HTML、CSS、JavaScript 的前端框架。该框架的设计时尚、直观、强大，可用于快速、简单地构建网页或网站。本章将简单介绍 Bootstrap 的基本使用。

【学习重点】
- 了解 Bootstrap 框架结构。
- 能够正确使用 Bootstrap。
- 使用 Bootstrap 设计简单的页面和交互组件。

18.1　Bootstrap 概述

Twitter 推出的 Bootstrap 能够帮助开发人员摆脱这种重复性的工作。下面来了解一下 Bootstrap 是什么技术，它能够帮助用户做些什么事情。

18.1.1　Bootstrap 特色

Bootstrap 是非常棒的前端开发工具包，它拥有以下特色：

↘ 由匠人造，为匠人用

与所有前端开发人员一样，Bootstrap 团队是国际上最优秀的全端开发的组织，他们乐于创造出色的 Web 应用，同时希望帮助更多同行从业者，为同行提供更高效、更简洁的产品。

↘ 适应各种技术水平

Bootstrap 适应不同技术水平的从业者，无论是设计师还是程序开发人员，不管是骨灰级别的大牛，还是刚入门的菜鸟。使用 Bootstrap 既能开发简单的小应用，也能构造更为复杂的应用。

↘ 跨设备、跨浏览器

最初设想的 Bootstrap 只支持现代浏览器，不过新版本只能支持主流浏览器，不包括 IE7 及以下版本。从 Bootstrap 3 开始，重点支持各种平板电脑和智能手机等移动设备。

↘ 提供 12 列栅格布局

栅格系统不是万能的，不过在应用的核心层有一个稳定和灵活的栅格系统确实可以让开发变得更简单。可以选用内置的栅格，或是自己手写。

↘ 支持响应式设计

从 Bootstrap 2 开始，提供完整的响应式特性。所有的组件都能根据分辨率和设备灵活缩放，从而提供一致性的用户体验。

↘ 样式化的文档

与其他前端开发工具包不同，Bootstrap 优先设计了一个样式化的使用指南，不仅用来介绍特性，更用以展示最佳实践、应用以及代码实例。

↘ 不断完善的代码库

尽管经过 gzip 压缩后，Bootstrap 只有 10KB 大小，但是它却仍是最完备的前端工具箱之一，提供了几十个全功能的随时可用的组件。

➷　可定制的 jQuery 插件

任何出色的组件设计，都应该提供易用、易扩展的人机界面。Bootstrap 为此提供了定制的 jQuery 内置插件。

➷　选用 LESS 构建动态样式

当传统的枯燥 CSS 写法止步不前时，LESS 技术横空出世。LESS 使用变量、嵌套、操作、混合编码，帮助用户花费很小的时间成本，却可以编写更快、更灵活的 CSS 样式表。

➷　支持 HTML5

Bootstrap 支持 HTML5 标签和语法，要求建立在 HTML5 文档类型基础上进行设计和开发。

➷　支持 CSS3

Bootstrap 支持 CSS3 所有属性和标准，逐步改进组件以达到最终效果。

➷　提供开源代码

Bootstrap 全部托管于 GitHub（https://github.com/），完全开放源代码，并借助 GitHub 平台实现社区化开发和共建。

➷　由 Twitter 制造

Twitter 是互联网的技术先驱，引领时代技术潮流，Twitter 前端开发团队是公认的最棒的团队之一，整个 Bootstrap 项目由经验丰富的工程师和设计师奉献。

18.1.2　Bootstrap 模块

Bootstrap 构成模块从大的方面可以分为布局框架、页面排版、基本组件、jQuery 插件以及变量编译的 LESS 几个部分。下面简单介绍一下 Bootstrap 中各模块的功能。

➷　页面布局

布局在每个项目中都必不可少，Bootstrap 在 960 网格系统的基础上扩展了一套优秀的网格布局，而在响应式布局中有更强大的功能，能让网格布局适应各种设备。使用也相当简单，只需要按照 HTML 模板应用，就能轻松地构建所需的布局效果。

➷　页面排版

页面排版的好坏直接影响产品风格，也就是说页面设计是不是好看直接影响产品风格。在 Bootstrap 中，页面的排版都是从全局的概念上出发，定制了主体文本、段落文本、强调文本、标题、Code 风格、按钮、表单、表格等格式。

➷　基本组件

基本组件是 Bootstrap 的精华之一，里面都是开发者平时需要的交互组件。例如，网站导航、Tabs、工具条、面包屑、分页栏、提示标签、产品展示、提示信息块和进度条等。这些组件都配有 jQuery 插件，运用它们可以大幅度提高用户的交互体验，使产品不再那么呆板、无吸引力。

➷　jQuery 插件

Bootstrap 中的 jQuery 插件主要用来帮助开发者实现与用户交互的功能，下面是 Bootstrap 提供的常见插件。

　　↪　对话框（Modals）：在 JavaScript 模板基础上自定义的一款流线型、灵活性极强的弹出蒙板效果的插件。

　　↪　下拉框（Dropdowns）：Bootstrap 中一款轻巧实用的插件，可以制作具有下拉功能的效果，如下拉菜单、下拉按钮、下拉工具条等效果。

　　↪　滚动条（Scrollspy）：实现滚动条位置的效果，如在导航中有多个标签，用户单击其中一个标签，滚动条会自动定位到导航中标签对应的文本位置。

- Tabs：这个插件能够快速实现本地内容的转换，动态切换标签对应的本地内容。
- 提示工具（Tooltips）：是一款优秀的 jQuery 插件，无需加载任何图片，采用 CSS3 新技术，动态显示 data-attributes 存储的标题信息。
- 提示面板（Popover）：在 Tooltips 的插件上扩展，用来显示一些叠加内容的提示效果，此插件需要配合 Tooltips 一起使用。
- 警告框（Alert）：用来关闭警告信息块。
- 按钮（Button）：用来控制按钮的状态或更多组件功能，如复选框、单选按钮，以及载入状态条等。
- 折叠（Collapse）：一款轻巧实用的手风琴插件，可以用来制作折叠面板或菜单等效果。
- 幻灯片（Carouse）：实现图片播放功能的插件。
- 补全文本（Typeahead）：可以记住文本框输入的文本，下次输入时可以自动补全。
- 动画效果（Transitions）：Bootstrap 使用这个插件，为一些动画效果增加了过渡性，使动画效果更细腻、生动。

➥ 动态样式语言——LESS

LESS 是动态 CSS 语言，基于 JavaScript 引擎或者服务器端对传统的 CSS 进行动态的扩展，使得 LESS 具有更强大的功能和灵活性。基于 LESS，编辑 CSS 就可以像使用编程语言一样，定义变量、嵌入声明、混合模式、运算等。

Bootstrap 中有一套编辑好的 LESS 框架，开发者可以将其应用到自己的项目，也可以通过 less.js、Less.app 或 Node.js 等方法来编辑 LESS 文件。LESS 文件一旦编译，Bootstrap 框架就仅包含 CSS 样式，这意味着没有多余的图片、Flash 之类的元素。

➥ Bootstrap 的 jQuery UI

Bootstrap 的 jQuery UI 其实是从框架中衍生出来的一个 jQuery UI 主题，受到 Twitter 项目的启发，Addy Osmani 也在 Bootstrap 的基础上整理出一个 jQuery UI Bootstrap 主题。

jQuery UI Bootstrap 除了包含 Bootstrap 各个方面的功能之外，还在其基础上补充了以下特性：动态添加 Tabs、日期范围选择组件、自定义文件载入框、滑动块、日期控件。

18.2 下载 Bootstrap

下载 Bootstrap 3 之前，先确保系统中是否准备好了一个网页编辑器，本书使用 Dreamweaver 软件。

18.2.1 下载 Bootstrap

扫一扫，看视频

Bootstrap 提供了几种快速上手的方式，每种方式针对具有不同级别的开发者和不同的使用场景。Bootstrap 压缩包包含两个版本，一个是供学习使用的完全版，另一个是供直接引用的编译版。

➥ 下载源码版 Bootstrap

使用谷歌浏览器访问 https://github.com/twbs/bootstrap/ 页面（IE 浏览器不支持），下载最新版本的 Bootstrap 压缩包。在访问 GitHub 时，找到 Twitter 公司的 bootstrap 项目页面，单击 ZIP 选项卡，即可下载保存 Bootstrap 压缩包，如图 18.1 所示。从 GitHub 直接下载到的最新版的源码包括 CSS、JavaScript 的源文件，以及一份文档。

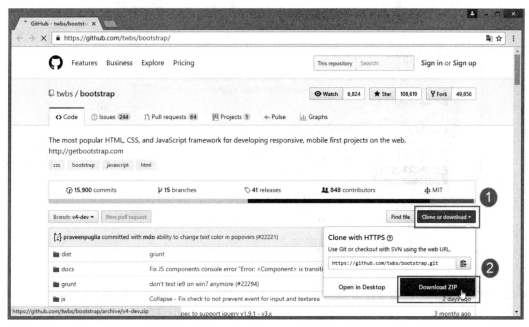

图 18.1　下载 Bootstrap 开发包

通过这种方式下载的 Bootstrap 压缩包，名称为 bootstrap-master.zip，包含 Bootstrap 库中所有的源文件，以及参考文档，它们适合读者学习和交流使用。用户也可以通过访问 http://getbootstrap.com/getting-started/下载源代码，如图 18.2 所示。

图 18.2　在官网下载 Bootstrap 源代码

❧　下载编译版 Bootstrap

如果希望快速开始，可以直接下载经过编译、压缩后的发布版，访问 http://getbootstrap.com/getting-started/页面（或者 http://www.bootcss.com/），单击 Download Bootstrap 按钮下载即可，下载文件名称为 bootstrap-3.1.0-dist.zip，如图 18.3 所示。

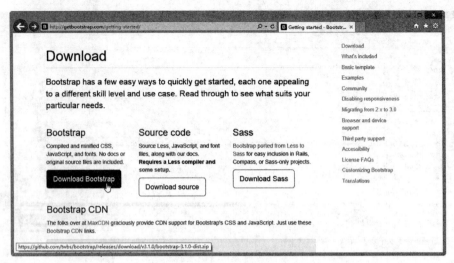

图 18.3 下载 Bootstrap 发布包

通过这种方式下载的压缩文件为 bootstrap.zip，仅包含编译好的 Bootstrap 应用文件，如 CSS、JS 和字体文件。而且所有文件已经过了压缩处理，不过文档和源码文件不包含在这个压缩包中。

直接复制压缩包中的文件到网站目录，导入相应的 CSS 文件和 JavaScript 文件，就可以在网站和页面中应用 Bootstrap 效果和插件了。

下载 Bootstrap 压缩包之后，在本地进行解压，就可以看到包中包含的 Bootstrap 的文件结构。下面两节针对不同的下载包简单进行说明。

18.2.2 源码版 Bootstrap 文件结构

如果按照 18.2.1 节第一种方法下载源码版 Bootstrap，解压 bootstrap-master.zip 文件，则可以看到该包中包含的所有文件，如图 18.4 所示。

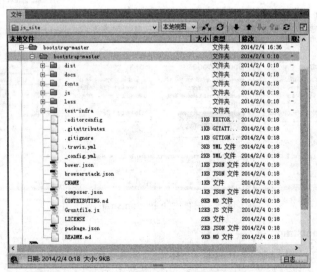

图 18.4 源码版 Bootstrap 文件结构

在下载的压缩包中，可以看到所有文件按逻辑进行分类存储，简单说明如下：

- ↪ dist 文件夹：包含预编译 Bootstrap 包内的所有文件。
- ↪ docs 文件夹：存储 Bootstrap 参考文档，在该文件夹中单击 index.html 文件，可以查阅相关参考

扫一扫，看视频

资料，在 examples 子目录中可以浏览 Bootstrap 应用示例。

❧ fonts 文件夹：存储字体图标文件，包括 glyphicons-halflings-regular.eot、glyphicons-halflings-regular.svg、glyphicons-halflings-regular.ttf 和 glyphicons-halflings-regular.woff。图标文件包括 200 个来自 Glyphicon Halflings（http://glyphicons.com/）的字体图标，部分效果如图 18.5 所示。Glyphicons Halflings 一般不允许免费使用，但是允许 Bootstrap 免费使用。

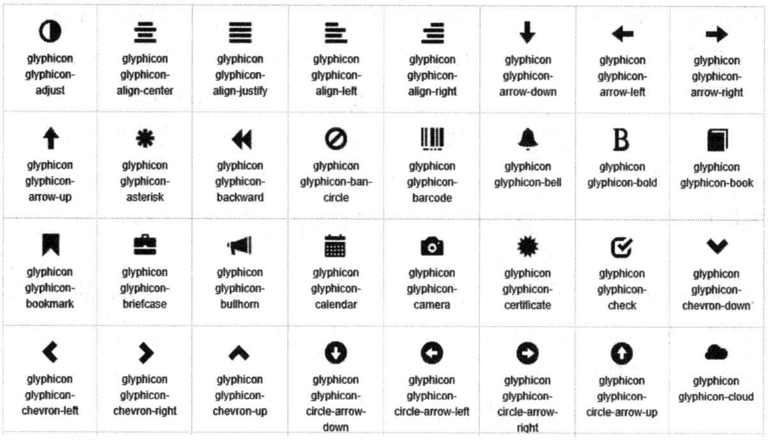

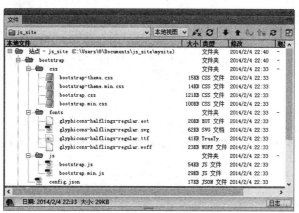

图 18.5　Glyphicon Halflings 字体图标效果

❧ js 文件夹：存储各种 jQuery 插件和交互行为所需要的 JavaScript 脚本文件，每一个插件都是一个独立的 JavaScript 脚本文件，可以根据需要进行独立引入。

❧ less 文件夹：存储所有 CSS 动态脚本文件，所有文件都以 less 作为扩展名，但可以通过任何文本编辑软件打开。Less 是动态样式表语言，需要编译才能在页面中应用，即只有 less 文件被转换为普通的 CSS 样式表文件后才可以被浏览器正确解析。

docs-assets 文件夹、examples 文件夹和所有*.html 文件是文档的源码文件。除了前面提到的这些文件，还包含 package 定义文件、许可证文件等。其中最为重要的是 docs 目录下的 CSS 样式文件、less 目录中的编译文件、js 目录中的 jQuery 插件。

扫一扫，看视频

18.2.3　编译版 Bootstrap 文件结构

如果按照 18.2.1 节第二种方法下载编译版 Bootstrap，解压 bootstrap.zip 文件，则可以看到该包中包含的所有文件，如图 18.6 所示。Bootstrap 提供了两种形式的压缩包，在下载的压缩包内可以看到以下目录和文件，这些文件按照类别放到不同的目录内，并且提供了压缩与未压缩两种版本。

图 18.6　编译版 Bootstrap 文件结构

图 18.6 是 Bootstrap 的基本结构，编译后的文件可以快速应用于任何 Web 项目。压缩包中提供了编译版的 CSS 和 JS 文件（bootstrap.*），也同时提供了编译并压缩之后的 CSS 和 JS 文件（bootstrap.min.*）。

注意，所有的 JavaScript 插件都依赖 jQuery 库。因此 jQuery 必须在 Bootstrap 之前引入，在 bower.json 文件中列出了 Bootstrap 所支持的 jQuery 版本，详见 bootstrap-master.zip 源码版压缩包。

- ➥ bootstrap.css：是完整的 bootstrap 样式表，未经压缩过，可供开发的时候进行调试使用。
- ➥ bootstrap.min.css：是经过压缩后的 bootstrap 样式表，内容和 bootstrap.css 完全一样，但是把中间不需要的东西都删掉了，如空格和注释，所以文件大小会比 bootstrap.css 小，可以在部署网站的时候引用，如果引用了这个文件，就没必要引用 bootstrap.css 了。
- ➥ bootstrap-theme.css：是 bootstrap 框架主题样式表，如果网站项目不需要各种复杂的主题样式，就不需要引用这个 CSS。
- ➥ bootstrap-theme.min.css：与 bootstrap-theme.css 的作用是一样的，是 bootstrap-theme.css 的压缩版。
- ➥ bootstrap.js：是 bootstrap 的所有 JavaScript 指令的集合，也是 bootstrap 的灵魂，用户看到 bootstrap 里面所有的 JavaScript 效果，都是由这个文件控制的，这个文件也是一个未经压缩的版本，供开发的时候进行调试使用。
- ➥ bootstrap.min.js：是 bootstrap.js 的压缩版，内容和 bootstrap.js 一样，但是文件大小会小很多，在部署网站的时候就可以不引用 bootstrap.js，而换成引用这个文件。

18.3　安装 Bootstrap

把 Bootstrap 压缩包下载到本地之后，就可以安装使用了。下面进行简单介绍。

18.3.1　在页面中导入 Bootstrap 框架

Bootstrap 3 的安装大致需要两步：

第 1 步：安装 Bootstrap 的基本样式，样式的安装有多种方法，下面代码使用<link>标签调用 CSS 样式，这是一种常用的调用样式的方法。

```
<!doctype html>
<html>
<head>
<meta charset="utf-8">
<title>test</title>
<link href="bootstrap/css/bootstrap.css" type="text/css">
<link href="bootstrap/css/bootstrap-theme.css" type="text/css">
<link href="bootstrap/css/self.css" type="text/css">
</head>
<body>
</body>
</html>
```

其中 bootstrap.css 是 Bootstrap 的基本样式，bootstrap-theme.css 是 Bootstrap 主题样式，self.css 是本文档自定义样式。

📢 注意：

这里有两个关键点，其中 bootstrap.css 是 Bootstrap 框架集中的基本样式文件，只要应用 Bootstrap，就必须调用这个文件。而 bootstrap-theme.css 则可以根据需要选择性安置，如果想设置各种主题的效果，就必须要调用这个样式文件。调用必须遵循先后顺序，bootstrap-theme.css 必须置于 bootstrap.css 之后，否则就不具有响应式布局功能。最后，self.css 是项目中的自定义样式，用来覆盖 Bootstrap 中的一些默认设置，便于开发者定制本地样式。

编译 Bootstrap 的 LESS 源码文件。如果用户下载的是源码文件，那就需要将 Bootstrap 的 LESS 源码编译为可以使用的 CSS 代码，目前，Bootstrap 官方仅支持 Recess 编译工具（http://twitter.github.io/recess/），这是 Twitter 提供的基于 less.js 构建的编译、代码检测工具。

第 2 步，CSS 样式安装完后，就可以进入 JavaScript 调用操作。方法很简单，仅把需要的 jQuery 插件源文件按照与上一步相似的方式加入到页面代码中。

调用 Bootstrap 的 jQuery 插件，代码如下。

```html
<!doctype html>
<html>
<head>
<meta charset="utf-8">
<title>test</title>
<link href="bootstrap/css/bootstrap.css" type="text/css">
<link href="bootstrap/css/bootstrap-theme.css" type="text/css">
<link href="bootstrap/css/self.css" type="text/css">
</head>
<body>
<!--文档内容-->
<script src="http://code.jquery.com/jquery.js"></script>
<script src="bootstrap/js/bootstrap.js"></script>
</body>
</html>
```

其中 jquery.js 是 jQuery 库基础文件，bootstrap.js 是 Bootstrap 的 jQuery 插件源文件。JavaScript 脚本文件建议置于文档尾部，即放置在</body>标签的前面，不要置于<head>标签内。

18.3.2 初次使用 Bootstrap

本节介绍如何创建一个基本的 Bootstrap 文档模板，引导读者正确使用 Bootstrap。

【操作步骤】

第 1 步：启动 Dreamweaver，新建 HTML5 文档。

第 2 步：保存为 index.html。设置网页标题为"Bootstrap 文档模板"。切换到代码视图，可以看到 HTML5 文档结构。

第 3 步：为了把页面设计为一个 Bootstrap 标准模板，需要包含相应的 CSS 和 JavaScript 文件。模板文档的详细代码如下。

```html
<!DOCTYPE html>
<html>
  <head>
    <title>Bootstrap 文档模板</title>
    <meta charset="utf-8">
    <meta name="viewport" content="width=device-width, initial-scale=1.0">
    <!-- Bootstrap -->
    <link rel="stylesheet" href="http://cdn.bootcss.com/twitter-bootstrap/3.0.3/css/bootstrap.min.css">
```

扫一扫，看视频

```
    <!-- HTML5 Shim and Respond.js IE8 support of HTML5 elements and media queries
-->
    <!-- WARNING: Respond.js doesn't work if you view the page via file:// -->
    <!--[if lt IE 9]>
        <script src="http://cdn.bootcss.com/html5shiv/3.7.0/html5shiv.min.js"></script>
        <script src="http://cdn.bootcss.com/respond.js/1.3.0/respond.min.js"></script>
    <![endif]-->
  </head>
  <body>
    <h1>Hello, world!</h1>
    <!-- jQuery (necessary for Bootstrap's JavaScript plugins) -->
    <script src="http://cdn.bootcss.com/jquery/1.10.2/jquery.min.js"></script>
    <!-- Include all compiled plugins (below), or include individual files as needed -->
    <script src="http://cdn.bootcss.com/twitter-bootstrap/3.0.3/js/bootstrap.min.
js"></script>
  </body>
</html>
```

第 4 步：设置成功，现在就可以开始使用 Bootstrap 开发任何网站和应用程序了。现在，在页面中输入一行信息，与大家打个招呼。使用<h1>标签输出一句问候，在标签类样式中，btn 表示把<h1>标签定义为按钮样式，btn-success 表示按钮成功类型样式，btn-large 表示大按钮效果。

在<h1>标签中包含一个<i>标签，用来定义图标，类 glyphicon 表示字体图标，glyphicon-user 表示图标的类型为用户，演示效果如图 18.7 所示。

```
<body class="text-center">
    <h1 class="btn btn-success btn-large"><i class="glyphicon glyphicon-user"></i>
Hello, world!</h1>
</body>
```

图 18.7　设计第一个案例效果

18.4　使用常用组件

下面简单介绍一些常用的 Bootstrap 组件，更详细的说明可参考官网提供的帮助文档。

扫一扫，看视频

18.4.1　设计下拉菜单

下拉菜单是网上最常见到的效果之一，用鼠标轻轻一点或是移过去，就会出现一个更加详细的菜单，它不仅节省了网页排版空间、使网页布局简洁有序，而且一个新颖美观的下拉菜单更是为网页增色不少。

【示例】　下面示例演示如何使用 Bootstrap 组件设计一个下拉菜单。

第 1 步，新建 HTML5 文档。Bootstrap 使用的某些 HTML 元素和 CSS 属性需要文档类型为 HTML5 doctype。因此这一文档类型必须出现在项目的每个页面的开始部分：

```
<!doctype html>
<html>
</html>
```

第 2 步，在页面头部区域引入下面的文件。

```
<script type="text/javascript" src="bootstrap/js/jquery.js"></script>
<script type="text/javascript" src="bootstrap/js/bootstrap.js"></script>
<link rel="stylesheet" type="text/css" href="bootstrap/css/bootstrap.css">
```

> ➘ bootstrap.css：Bootstrap 样式库，这是必不可少的。

> ➘ jquery.js：引入 jQuery，Bootstrap 插件是 jQuery 插件，依赖于 jQuery 技术库。

> ➘ bootstrap.js：Bootstrap 下拉菜单插件。

第 3 步，设计下拉菜单 HTML 结构。

```
<div class="dropdown">
    <a href="#" class="btn btn-lg btn-success">激活按钮 <i class="caret"></i></a>
    <ul class="dropdown-menu">
        <li><a href="#">菜单项1</a></li>
        <li><a href="#">菜单项2</a></li>
        <li><a href="#">菜单项3</a></li>
    </ul>
</div>
```

上面的代码就创建了一个下拉菜单。其中包括一个激活元件<a>标签，以及 N 个下拉菜单列表项。在下拉包含框中，引入 dropdown 类，定义当前框为下拉菜单框。然后在下拉列表框中引入 dropdown-menu 类，定义下拉菜单条面板。

第 4 步，上面的代码只是定义了下拉菜单的样式，要想使其真正成为下拉菜单，还必须激活下拉菜单，只需要在激活元件上设置 data-toggle="dropdown"即可，代码如下。

```
<div class="dropdown">
    <a href="#" class="btn btn-lg btn-success" data-toggle="dropdown">激活按钮 <i
class="caret"></i></a>
    <ul class="dropdown-menu">
        <li><a href="#">菜单项1</a></li>
        <li><a href="#">菜单项2</a></li>
        <li><a href="#">菜单项3</a></li>
    </ul>
</div>
```

第 5 步，在浏览器中预览，可以看到仅显示按钮，单击按钮即可显示下拉菜单，如图 18.8 所示。

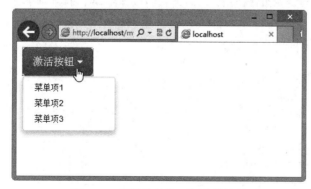

图 18.8　设计简单的下拉菜单效果

18.4.2 设计按钮组

按钮组顾名思义就是将多个按钮集合成一个页面部件。只需要使用 btn-group 类和一系列的<a>或者<button>标签，就可以轻易地生成一个按钮组或者按钮工具条。

【示例】 在下面示例代码中，把带有 btn 类的多个标签包含在 btn-group 中：

```
<div class=" btn-group">
    <p class="btn btn-default">按钮1(p)</p>
    <li class="btn btn-info">按钮2(li)</li>
    <a class="btn btn-info">按钮3(a)</a>
    <span class="btn btn-info">按钮4(span)</span>
</div>
```

上面代码使用不同的标签定义了四个按钮，然后包含在<div class=" btn-group">标签中，预览效果如图 18.9 所示。

图 18.9 设计向左弹出下拉菜单

注意，在设计按钮组时不需要导入 jquery.js 等脚本文件，因为在默认状态下，按钮不需要执行交互行为。但是必须导入 bootstrap.css 样式表。

```
<link rel="stylesheet" type="text/css" href="bootstrap/css/bootstrap.css">
```

📢 注意：

- ➥ 在单一的按钮组中不要混合使用<a>和<button>标签，仅用它们其中一个。
- ➥ 同一按钮组最好使用单一色。
- ➥ 使用图标的时候要确保正确的引用位置。

18.4.3 设计按钮导航条

如果将多个按钮组（btn-group）包含在一个 btn-toolbar 中，就可以设计一个按钮工具条，以此设计一个更复杂的按钮组件。

【示例】 下面代码设计三组按钮组，然后把它们包含在<div class="btn-toolbar">框中，即可设计一个分页导航条，演示效果如图 18.10 所示。

```
<div class="btn-toolbar text-center">
    <div class=" btn-group">
        <i class="btn btn-default"><i class="glyphicon glyphicon-fast-backward">
</i></i>
        <i class="btn btn-default"><i class="glyphicon glyphicon-backward"></i></i>
    </div>
    <div class=" btn-group">
        <i class="btn btn-default">1</i>
        <i class="btn btn-default">2</i>
        <i class="btn btn-default">...</i>
```

```
    <i class="btn btn-default">3</i>
    <i class="btn btn-default">4</i>
  </div>
  <div class=" btn-group">
    <i class="btn btn-default"><i class="glyphicon glyphicon-forward"></i></i>
    <i class="btn btn-default"><i class="glyphicon glyphicon-fast-forward">
</i></i>
  </div>
</div>
```

图 18.10　设计按钮导航条

注意，按钮必须包含在 btn-group 中，然后才能放入 btn-toolbar 中，只有这样才能正确渲染整个按钮导航条。

18.4.4　设计按钮式下拉菜单

【示例】　在下面代码中，为第一个按钮绑定下拉菜单，通过 data-toggle="dropdown"触发下拉菜单交互显现，此时在浏览器中预览效果如图 18.11 所示。

```
<div class="btn-group">
  <a class="btn btn-default" href="#" data-toggle="dropdown">按钮式下拉菜单 <i
class="caret"></i> </a>
  <ul class="dropdown-menu">
    <li><a href="#">菜单项 1</a></li>
    <li><a href="#">菜单项 2</a></li>
    <li><a href="#">菜单项 3</a></li>
  </ul>
  <a class="btn btn-default" href="#">按钮</a>
</div>
```

图 18.11　设计按钮式下拉菜单

按钮式下拉菜单需要和 Bootstrap 下拉菜单插件（bootstrap-dropdown.js）配合使用。如果导入 bootstrap.js，则不需要再导入 bootstrap-dropdown.js。

18.4.5 设计导航组件

所有的导航组件都具有相同的结构，并共用一个样式类 nav。基本结构代码如下：

```
<ul class="nav">
    <li class="active"><a href="#">首页</a></li>
    <li><a href="#">导航标题 1</a></li>
    <li><a href="#">导航标题 2</a></li>
</ul>
```

Bootstrap 支持使用无序列表和有序列表来定义导航结构，但是对于定义列表暂时没有提供支持。

1. 设计标签页

为导航结构添加 nav-tabs 样式类，就可以设计标签页（Tab 选项卡）。

【示例 1】 在上面列表结构中，为 <ul class="nav"> 添加 nav-tabs 样式类，则结构呈现效果如图 18.12 所示。

```
<ul class="nav nav-tabs">
    <li class="active"><a href="#">首页</a></li>
    <li><a href="#">导航标题 1</a></li>
    <li><a href="#">导航标题 2</a></li>
</ul>
```

图 18.12 设计标签页效果

2. 设计 pills 胶囊导航

为导航结构添加 nav-pills 样式类，就可以设计 pills（胶囊式导航）。

【示例 2】 在上面列表结构中，为 <ul class="nav"> 添加 nav-pills 样式类，则结构呈现效果如图 18.13 所示。

```
<ul class="nav nav-pills">
    <li class="active"><a href="#">首页</a></li>
    <li><a href="#">导航标题 1</a></li>
    <li><a href="#">导航标题 2</a></li>
</ul>
```

图 18.13 设计 pills 效果

扫一扫，看视频

18.4.6 绑定导航和下拉菜单

下拉菜单（dropdown）是一个独立的组件，它可以与页面中任何元素捆绑使用，如按钮、导航等。在操作之前，应该先导入下拉菜单 JavaScript 插件，同时导入 jQuery 库文件。

```
<script type="text/javascript" src="bootstrap/js/jquery.js"></script>
<script type="text/javascript" src="bootstrap/js/bootstrap.js"></script>
```

1. 设计标签页下拉菜单

在标签页选项中，包含一个下拉菜单结构，然后为标签项添加 dropdown 类，为下拉菜单结构添加 dropdown-menu。最后，在标签项的超链接中绑定激活属性 data-toggle="dropdown"，整个效果就设计完毕。

【示例 1】 针对上面示例中的标签结构，为第三个标签项添加一个下拉菜单，并添加一个向下箭头进行标识（<b class="caret"></b>），效果如图 18.14 所示。

```
<ul class="nav nav-tabs">
    <li class="active"><a href="#">首页</a></li>
    <li><a href="#">微客</a></li>
    <li class="dropdown"><a data-toggle="dropdown" href="#">微博 <b class="caret">
</b></a>
        <ul class="dropdown-menu">
            <li><a href="#">登录</a></li>
            <li><a href="#">注册</a></li>
            <li><a href="#">退出</a></li>
        </ul>
    </li>
</ul>
```

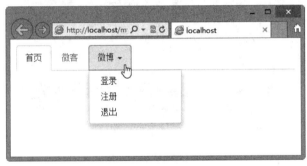

图 18.14 设计标签页下拉菜单效果

2. 设计 pills 下拉菜单

同样，针对 pills 导航结构，同样可以进行相同的操作，设计一个 pills 下拉菜单。

【示例 2】 把上面示例稍加修改，把标签页换成 pills 导航，则效果如图 18.15 所示。

```
<ul class="nav nav-pills">
    <li class="active"><a href="#">首页</a></li>
    <li><a href="#">微客</a></li>
    <li class="dropdown"><a data-toggle="dropdown" href="#">微博<b class="caret">
</b></a>
        <ul class="dropdown-menu">
            <li><a href="#">登录</a></li>
            <li><a href="#">注册</a></li>
            <li><a href="#">退出</a></li>
```

```
      </ul>
   </li>
</ul>
```

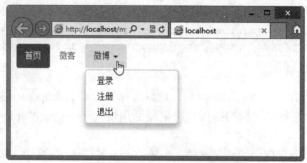

图 18.15 设计 pills 下拉菜单效果

扫一扫，看视频

18.4.7 设计导航条

导航条是一个长条形区块，其中可以包含导航或按钮，以方便用户执行导航操作。Bootstrap 3 使用 navbar 类定义导航条包含框。

```
<div class="navbar">
</div>
```

此时的导航条是一个空白区域，通过 navbar-default 类样式可以设计导航条的背景样式。

【示例1】 在导航条中包含导航结构，就可以设计更实用的导航条效果，如图 18.16 所示。

```
<div class="navbar navbar-default">
   <ul class="nav nav-pills">
      <li class="active"><a href="#">首页</a></li>
      <li><a href="#">导航标题1</a></li>
      <li><a href="#">导航标题2</a></li>
   </ul>
</div>
```

图 18.16 设计导航条效果

在默认情况下，导航条是静态的（static），不是定位显示（fixed、absolute）。

一个完整的导航条建议包含一个项目（或网站）名称和导航项。项目名称使用 navbar-brand 类样式进行设计，一般位于导航条的左侧。

【示例2】 在下面代码中通过<a class="navbar-brand">为导航条添加一个网站标识名，如图 18.17 所示。

```
<div class="navbar navbar-default">
   <a class="navbar-brand" href="#">网站名称</a>
   <ul class="nav nav-pills">
```

```
        <li class="active"><a href="#">首页</a></li>
        <li><a href="#">导航标题 1</a></li>
        <li><a href="#">导航标题 2</a></li>
    </ul>
</div>
```

图 18.17 设计导航条标题效果

复杂的导航条包含多种对象类型，同时可以设计响应式布局要素。

【示例 3】 在下面代码中设计一个导航条，包括链接、下拉菜单、网站标题和折叠按钮，效果如图 18.18 所示。

```
<nav class="navbar navbar-default" role="navigation">
    <div class="navbar-header">
        <button type="button" class="navbar-toggle" data-toggle="collapse" data-target="#menu">
            <span class="sr-only">展开导航</span>
            <span class="icon-bar"></span>
            <span class="icon-bar"></span>
            <span class="icon-bar"></span>
        </button>
        <a class="navbar-brand" href="#">网站标题</a>
    </div>
    <div class="collapse navbar-collapse" id="menu">
    <ul class="nav navbar-nav">
        <li class="active"><a href="#">首页</a></li>
        <li><a href="#">导航标题 1</a></li>
        <li><a href="#">导航标题 2</a></li>
        <li class="dropdown"> <a href="#" class="dropdown-toggle" data-toggle="dropdown">下拉菜单 <b class="caret"></b></a>
            <ul class="dropdown-menu">
                <li><a href="#">下拉菜单 1</a></li>
                <li class="divider"></li>
                <li><a href="#">下拉菜单 2</a></li>
                <li class="divider"></li>
            </ul>
        </li>
    </ul>
    </div>
</nav>
```

（a）在窄屏下显示效果

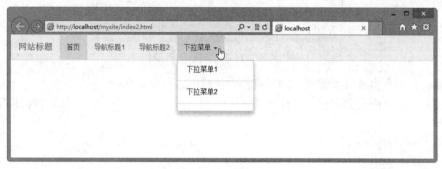

（b）在宽屏中显示效果

图 18.18　设计复杂的导航条效果

📢 提示：

> 这个响应式导航栏需要 Bootstrap 的 collapse 插件。为了增强导航条的可访问性，应给每个导航条加上 role="navigation"。

18.4.8　设计列表组

扫一扫，看视频

列表组是灵活又强大的组件，不仅仅用于显示简单的成列表的元素，还用于复杂的定制的内容。最简单的列表只是无顺序列表，然后为<ul>标签添加 list-group 类样式，效果如图 18.19 所示。

```
<ul class="list-group">
    <li class="list-group-item">项目 1</li>
    <li class="list-group-item">项目 2</li>
    <li class="list-group-item">项目 3</li>
    <li class="list-group-item">项目 4</li>
</ul>
```

![项目列表效果图，显示项目1、项目2、项目3、项目4]

图 18.19　设计基本列表组效果

【示例 1】 给列表组加入徽章，它会自动地放在右面。一般在列表项目中包含\<span class="badge">标签即可，效果如图 18.20 所示。

```html
<ul class="list-group">
   <li class="list-group-item">项目 1 <span class="badge">34</span></li>
   <li class="list-group-item">项目 2 <span class="badge">23</span></li>
   <li class="list-group-item">项目 3 <span class="badge">5</span></li>
   <li class="list-group-item">项目 4 <span class="badge">116</span> </li>
</ul>
```

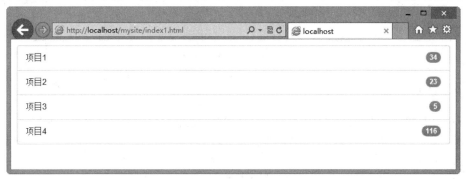

图 18.20　设计带有徽章的列表组效果

【示例 2】 列表组支持非列表结构，因此用户可以使用\<a>标签代替\<li>标签，使用\<div>标签代替\<ul>标签。

```html
<div class="list-group">
 <a href="#" class="list-group-item active">项目 1</a>
 <a href="#" class="list-group-item">项目 2</a>
 <a href="#" class="list-group-item">项目 3</a>
 <a href="#" class="list-group-item">项目 3</a>
</div>
```

在列表组内可以添加任何内容。

【示例 3】 在下面代码中为每个列表项目添加项目标题（list-group-item-heading）和正文（list-group-item-text），演示效果如图 18.21 所示。

```html
<div class="list-group"> <a href="#" class="list-group-item active">
     <h4 class="list-group-item-heading">列表项标题 1</h4>
     <p class="list-group-item-text">列表项正文 1</p>
  </a>
  <a href="#" class="list-group-item">
     <h4 class="list-group-item-heading">列表项标题 2</h4>
     <p class="list-group-item-text">列表项正文 2</p>
  </a>
  <a href="#" class="list-group-item">
     <h4 class="list-group-item-heading">列表项标题 3</h4>
     <p class="list-group-item-text">列表项正文 3</p>
  </a>
</div>
```

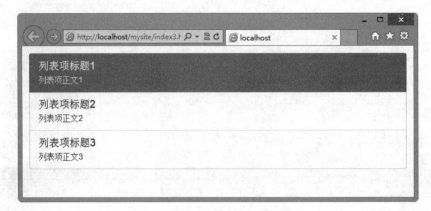

图 18.21　设计带标题和正文的列表项目

扫一扫，看视频

18.4.9　定义模态框

Bootstrap 模态框需要 bootstrap-modal.js 支持，在设计之前应导入下面两个脚本文件。

```
<script type="text/javascript" src="bootstrap/js/jquery.js"></script>
<script type="text/javascript" src="bootstrap/js/bootstrap-modal.js"></script>
```

也可以直接导入 Bootstrap 脚本文件（bootstrap.js）：

```
<script type="text/javascript" src="bootstrap/js/jquery.js"></script>
<script type="text/javascript" src="bootstrap/js/bootstrap.js"></script>
```

另外，需要加载 Bootstrap 样式表文件，它是 Bootstrap 框架的基础。

```
<link rel="stylesheet" type="text/css" href="bootstrap/css/bootstrap.css">
```

完成页面框架初始化操作之后，就可以在页面中设计模态框文档结构，并为页面特定对象绑定触发行为，就可以打开模态框。

【示例1】　下面是一个完整的示例，演示如何绑定并激活模态框，代码如下。

```
<!doctype html>
<html>
<head>
<meta charset="utf-8">
<meta name="viewport" content="width=device-width, initial-scale=1.0">
<!--引入Bootstrap样式表文件-->
<link href="bootstrap/css/bootstrap.css" rel="stylesheet" type="text/css">
<!--引入jQuery框架文件-->
<script src="bootstrap/jquery-1.9.1.js"></script>
<!--引入Bootstrap脚本文件-->
<script src="bootstrap/js/bootstrap.js"></script>
</head>
<body>
<a href="#myModal" class="btn btn-default" data-toggle="modal">弹出模态框</a>
<div id="myModal" class="modal">
    <div class="modal-dialog">
        <div class="modal-content">
            <h1>模态框</h1>
            <p>这是弹出的模态框.</p>
        </div>
    </div>
</div>
</body>
</html>
```

打开模态框的行为通过<a>标签来实现，其中 href 属性通过锚记与模态框（<div id="myModal" >标签）建立绑定关系，然后通过自定义属性 data-toggle 激活模态框显示行为，data-toggle 属性值指定了要打开模态框的组件。

在浏览器中预览该文档，然后单击按钮"弹出模态框"，将会看到如图 18.22 所示的弹出模态框。在模态框外面单击，即可自动关闭模态框，恢复页面的初始状态。

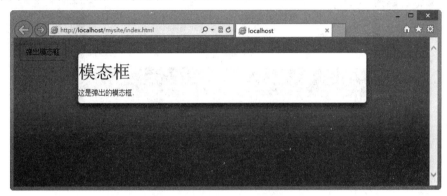

图 18.22　简单的弹出模态框

📢 提示：

模态对话框有固定的结构，外层使用 modal 类样式定义弹出模态框的外框，内部嵌套两层结构，分别为<div class="modal-dialog">和<div class="modal-content">，<div class="modal-dialog">负责定义模态对话框层，而<div class="modal-content">定义模态对话框显示样式。

```
<div class="modal" id="myModal">
    <div class="modal-dialog">
        <div class="modal-content">
            模态对话框包含显示内容
        </div>
    </div>
</div>
```

【示例 2】　在模态对话框内容区可以使用 modal-header、modal-body 和 modal-footer 三个类定义弹出模态框的标题区、主体区和脚注区。针对上面的示例代码，为模态框增加结构设计，则效果如图 18.23 所示。

```
<a href="#myModal" class="btn btn-default" data-toggle="modal">弹出模态框</a>
<div id="myModal" class="modal">
    <div class="modal-dialog">
        <div class="modal-content">
            <div class="modal-header">
                <button class="close" data-dismiss="modal">×</button>
                <h3>标题</h3>
            </div>
            <div class="modal-body">
                <p>正文</p>
            </div>
            <div class="modal-footer">
                <button class="btn btn-info" data-dismiss="modal">关闭</button>
            </div>
        </div>
    </div>
</div>
```

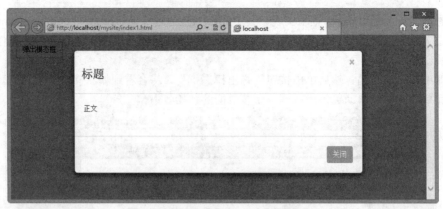

图 18.23　设计标准的弹出模态框样式

标准模态框中包含两个关闭按钮，一个是模态框右上角的关闭图标，另一个是页脚区域的关闭按钮，这两个关闭模态框的标签通过自定义属性 data-dismiss 触发模态框关闭行为，data-dismiss 属性值指定了要关闭的模态框组件。

18.4.10　定义滚动监听

扫一扫，看视频

Bootstrap 3 的 ScrollSpy（滚动监听）插件能够根据滚动的位置，自动更新导航条中相应的导航项。

【示例 1】　下面示例通过完整步骤演示如何实现滚动监听的操作。

第 1 步，使用滚动监听插件之前，应在页面中导入 jquery.js 和 bootstrap-scrollspy.js 文件。

```
<script type="text/javascript" src="bootstrap/js/jquery.js"></script>
<script type="text/javascript" src="bootstrap/js/bootstrap-scrollspy.js"></script>
```

第 2 步，设计导航条，在导航条中包含一个下拉菜单。分别为导航条列表项和下拉菜单项设计锚点链接，锚记分别为"#1"、"#2"、"#3"、"#4"、"#5"。同时为导航条外框定义一个 ID 值（id="menu"），以方便滚动监听控制。

```
<div id="menu" class="navbar navbar-default navbar-fixed-top">
    <ul class="nav navbar-nav">
        <li><a href="#1">列表 1</a></li>
        <li><a href="#2">列表 2</a></li>
        <li class="dropdown"> <a href="#" data-toggle="dropdown">下拉列表 <b
class="caret"></b></a>
            <ul class="dropdown-menu">
                <li><a href="#3">列表 3</a></li>
                <li><a href="#4">列表 4</a></li>
                <li class="divider"></li>
                <li><a href="#5">列表 5</a></li>
            </ul>
        </li>
    </ul>
</div>
```

第 3 步，设计监听对象。这里设计一个包含框，其中存放多个子内容框，代码如下。在内容框中，为每个标题设置锚点位置，即为每个<h3>标签定义 ID 值，对应值分别为 1、2、3、4、5。

```
<div class=" scrollspy">
   <h3 id="1">列表 1</h3>
   <p><img src="images/1.jpg"></p>
   <h3 id="2">列表 2</h3>
```

```
<p><img src="images/2.jpg"></p>
<h3 id="3">列表 3</h3>
<p><img src="images/3.jpg"></p>
<h3 id="4">列表 4</h3>
<p><img src="images/4.jpg"></p>
<h3 id="5">列表 5</h3>
<p><img src="images/5.jpg"></p>
</div>
```

第 4 步，为监听对象（<div class=" scrollspy">）定义类样式，设计该包含框为固定大小，并显示滚动条。

```
.scrollspy {
    width: 520px;
    height: 300px;
    overflow: scroll;
}
.scrollspy-example img { width: 500px; }
```

第 5 步，为监听对象设置被监听的 Data 属性：data-spy="scroll"，指定监听的导航条：data-target="#menu"，定义监听过程中滚动条偏移位置：data-spy="scroll" data-offset="30"。完成代码如下。

```
<div data-spy="scroll" data-target="#menu" data-offset="30" class="scrollspy">
    <h3 id="1">列表 1</h3>
    <p><img src="images/1.jpg"></p>
    <h3 id="2">列表 2</h3>
    <p><img src="images/2.jpg"></p>
    <h3 id="3">列表 3</h3>
    <p><img src="images/3.jpg"></p>
    <h3 id="4">列表 4</h3>
    <p><img src="images/4.jpg"></p>
    <h3 id="5">列表 5</h3>
    <p><img src="images/5.jpg"></p>
</div>
```

第 6 步，在浏览器中预览，则可以看到当滚动<div class=" scrollspy">的滚动条时，导航条会实时监听并更新当前被激活的菜单项，效果如图 18.24 所示。

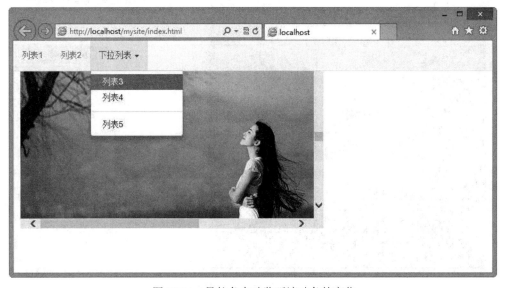

图 18.24　导航条自动监听滚动条的变化

【示例2】　通过滚动监听插件，也可以为页面绑定监听行为，实现对页面滚动的监听响应。

第1步，针对上面示例，为<body>标签建立监听行为：

```
<body data-spy="scroll" data-target="#navbar" data-offset="0">
```

第2步，清理掉原来页面中的<div class="scrollspy">包含框及其样式。同时清理掉导航条结构，重新设计导航结构，定义导航外包含框的 ID 值为 navbar。

```
<div id="navbar">
    <ul class="nav nav-pills nav-stacked">
        <li><a href="#1">列表 1</a></li>
        <li><a href="#2">列表 2</a></li>
        <li class="dropdown"> <a href="#" data-toggle="dropdown">下 拉 列 表 <b
class="caret"></b></a>
            <ul class="dropdown-menu">
                <li><a href="#3">列表 3</a></li>
                <li><a href="#4">列表 4</a></li>
                <li><a href="#5">列表 5</a></li>
            </ul>
        </li>
    </ul>
</div>
```

第3步，在样式表中定义导航包含框，让其固定在浏览器窗口右上角位置，并定义宽度和背景色，样式代码如下。

```
#navbar {
    top: 50px;
    right: 10px;
    position: fixed;
    width: 200px;
    background-color: #FFF;
}
```

第4步，最后在浏览器中预览，滚动页面会发现导航列表会自动进行监听，并显示活动的菜单项，效果如图 18.25 所示。

图 18.25　导航列表自动监听页面滚动

18.5　实　战　案　例

下面结合两个不同类型的示例演示 Bootstrap 的具体使用方法。

18.5.1　设计 Tabs 组件

Tabs 是页面中使用频率比较高的组件之一，要使用 BootStrap 设计基本组件，必须满足三个条件：

❥　正确设计最基本的 HTML 结构。

❥　需要 Bootstrap 中的 jQuery 插件提供相应功能。

❥　在项目中对应的 Tabs 元素上启用 Tabs 功能。

下面示例演示如何设计一个简单的 Tabs 效果，如图 18.26 所示。

图 18.26　应用 Tabs 组件

【操作步骤】

第 1 步，利用上一节介绍的方法完成页面基本结构的创建，读者可以直接把上一节设计的 Bootstrap 网页模板另存为 index.html。然后在页面中添加如下 Tabs 结构。

```html
<ul class="nav nav-tabs">
    <li class="active"><a href="#tab1" data-toggle="tab">Chart.js</a></li>
    <li><a href="#tab2" data-toggle="tab">grumble.js</a></li>
    <li><a href="#tab3" data-toggle="tab">Sco.js</a></li>
    <li><a href="#tab4" data-toggle="tab">Headroom.js</a></li>
</ul>
<div class="tab-content">
    <div class="tab-pane active" id="tab1"><img src="images/1.png"></div>
    <div class="tab-pane" id="tab2"><img src="images/2.png"></div>
    <div class="tab-pane" id="tab3"><img src="images/3.png"></div>
    <div class="tab-pane" id="tab4"><img src="images/4.png"></div>
</div>
```

在上面结构中，类 nav 清除列表的默认样式，类 nav-tabs 定义 Tabs 标题栏。类 tab-content 定义 Tabs

组件的内容框。在内容框中，每个子框都必须包含 tab-pane 类。

通过在标题栏超链接中定义<a>标签的 href 属性值，该值与内容框中每个框的 id 值相对应，实现标题项与子内容框绑定，并确保一一对应。

类 active 定义活动的 Tab 项。同时，应该为标题栏中每个<a>标签定义 data-toggle="tab"属性声明。

第 2 步，完成第 1 步设计工作，基本的 Tabs 组件就可以工作了。但是如果需要设计更复杂的交互行为，还需要调用 jQuery 插件。在官网网站下载 bootstrap-tab.js 文件，并导入到页面中，放置于 bootstrap.js 文件的后面。

```
<script src="http://code.jquery.com/jquery.js"></script>
<script src="bootstrap/js/bootstrap.min.js"></script>
<script src="bootstrap/js/bootstrap-tab.js"></script>
```

第 3 步，自定义 JavaScript 代码，调用 Tab 组件，开启 Tab 功能，代码如下。

```
<script type="text/javascript">
$(function(){
    $('.tabs a:last').tab('show')
})
</script>
```

对于其他组件，使用方法相近，在此不做赘述。

18.5.2 设计企业首页

本节借助 Bootstrap 布局版式设计一个完整的页面效果，页面版式模拟企业网站类型。企业网站一般都遵循基本的营销类设计格式，具有一个主消息板块和三个辅助性栏目，如图 18.27 所示。

图 18.27　设计企业网站布局版式

【操作步骤】

第 1 步，新建 HTML5 类型文档。根据上一节介绍的方法引入 Bootstrap 库文件。

第 2 步，在<body>标签内完成页面基本框架的设计，代码如下所示。在浏览器中的预览效果如图 18.28 所示，此时 Bootstrap 对文档并没有起到作用。

```
<div>
```

```
<div>
    <h1>联想控股</h1>
    <p><img src="images/bg2.png"></p>
    <p><a href="#">更多&raquo;</a></p>
</div>
<div>
    <div>
        <h2>公司专题</h2>
        <p>2013 年 12 月 2 日，联想之星创业大讲堂在常州举行，柳传志就"创业一把手的成长"、
"创业团队的建设"与创业者进行分享。</p>
        <p><a href="#">了解更多&raquo;</a></p>
    </div>
    <div>
        <h2>特别关注</h2>
        <p>从靠"卖电脑"起家，到旗下集 IT、房地产、消费与现代服务、化工新材料、现代农业五
大核心资产运营于一体，联想控股正冲刺在 2014 年~2016 年之间上市。</p>
        <p><a href="#">了解更多&raquo;</a></p>
    </div>
    <div>
        <h2>我们的历史</h2>
        <p><img src="images/bg1.png"></p>
        <p><a href="#">了解更多&raquo;</a></p>
    </div>
</div>
<hr>
<footer>
    <p>&copy; Company 2014</p>
</footer>
</div>
```

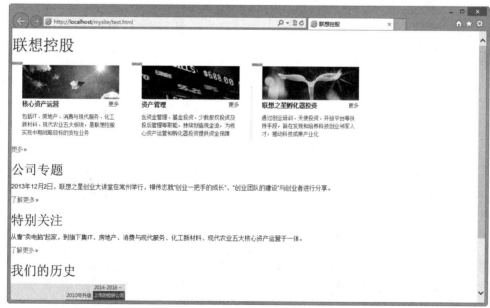

图 18.28　页面初始设计效果

第 3 步，设计页面基本布局效果。在第一层<div>标签中引入 container 类样式，设计页面包含框宽

度为 940 像素，居中显示；设计第二层中第一个<div>标签为大屏幕（jumbotron），通过 class 引入 jumbotron 类样式；设计第二层中第二个<div>标签为栅格布局框，通过 class 引入 row 类样式。

然后设计第三层<div>标签为栅格布局。分别为<div class="row">布局包含框中三个<div>子标签引入 col-md-4 类样式，即设计每列宽度为 228 像素。

增加布局类样式的结构代码如下，此时页面布局效果如图 18.29 所示。

```html
<div class="container">
    <div class="jumbotron"></div>
    <div class="row">
        <div class="col-md-4"></div>
        <div class="col-md-4"></div>
        <div class="col-md-4"></div>
    </div>
    <hr>
    <footer>
    </footer>
</div>
```

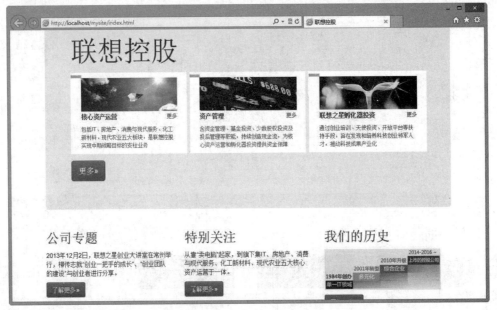

图 18.29　页面初始设计效果

第 4 步，完成页面细节设计。为超链接<a>标签引入按钮类样式，如<a class="btn" href="#">。

第 5 步，自定义页面样式，对 Bootstrap 布局效果进行适当修饰，主要是重写了大屏幕视图包含框<div class="container">的样式，修改宽度，设置高度，清除边界和补白的值，使用灰色边框覆盖默认的红色边框线，增加定义相对定位，设计为定位包含框。

然后隐藏大屏幕视图框内的一级标题，绝对定位广告文本和导航按钮，详细代码如下。

```css
<style type="text/css">
div. jumbotron { /*重写大屏幕视图框样式*/
    background: url(images/bg.png) no-repeat;    /*设计背景图 Banner 效果*/
    height: 443px;                               /*固定高度显示,方便显示背景图 Banner*/
    width: 980px;                                /*覆盖默认值 940 像素*/
    position: relative;                          /*设计定位包含框,以方便内部定位*/
    padding: 0;                                  /*清除默认值 60 像素*/
```

```
        margin: 0;                              /*清除 margin-bottom 默认值 30 像素*/
        border-color: gray;                     /*重写默认值为 red 边框*/
    }
    div. jumbotron h1 {  /*隐藏标题*/
        display: none;
    }
    div. jumbotron .banner {  /*定位广告文本在左下角显示*/
        position: absolute;
        bottom: 0;
        left: 10px;
    }
    div. jumbotron .btn {  /*定位按钮在右下角显示*/
        position: absolute;
        bottom: 14px;
        right: 20px;
    }
</style>
```

第 19 章 案例开发：微信 wap 网站

本章将介绍一款酒店预订的手机应用网站，网站以 Bootstrap 框架为技术基础，页面设计风格简洁、明亮，功能以"微"为核心，为浏览者提供一个迷你、简单、时尚的设计风格，与 Bootstrap 框架风格完美融合，非常适合移动应用和推广。

【学习重点】
- 设计符合移动设备使用的页面。
- 能够根据 Bootstrap 框架自定义样式。
- 掌握扁平化设计风格的基本方法。

19.1 设 计 思 路

与第 18 章示例相比，本章示例规模相对复杂些，不过在动手之前，还是先来理清一下设计思路。下面简单介绍一下。

扫一扫，看视频

19.1.1 内容

网站涉及的内容可能很多，单从网页设计的角度看，内容主要包括：图片和文字。本例素材具体存放的文件夹说明如下：
- Images：图片等多媒体素材。
- Styles：样式表文件。
- Scripts：JavaScript 脚本文件。
- Pictures：宣传的图片。
- Member：后台支持文件，本章暂不介绍。
- Help：帮助文件。
- Dialog：jQuery 插件文件，模态对话框插件。
- Calendar：日历插件。

本例需要的素材不是很多，但是涉及的文件比较多。

扫一扫，看视频

19.1.2 结构

本例主要包含下面几个文件，简单说明如下：
- Index.html：首页。
- Activitys.html：最新活动页面。
- CityList.html：城市列表页面。
- Gift.aspx.html：礼品页模板，供后台参考使用。
- GiftList.html：礼品商城。
- Hotel.aspx.html：预定酒店，选择房型模板，供后台参考使用。
- Hotel.aspxcheckInDate.html：房型和日期选择页面。
- HotelInfo.aspx.html：酒店信息介绍模板，供后台参考使用。
- HotelList.aspxcheckInDate.html：所选城市的相关酒店信息列表页面。

- HotelReview.aspx.html：用户评价页面。
- Login.html：用户登录页面。
- News.aspx.html：酒店新闻页面。

结构不仅仅包含文件，更多涉及页面内容，根据内容搭建页面结构，在下面各节中会逐一介绍每个页面的结构框架。

扫一扫，看视频

19.1.3 效果

下面使用 Opera Mobile Emulator 来预览一下网站整体效果，以便在分页设计时有一个整体把握。

首先，打开 index.html 页面，显示效果如图 19.1 所示。

首页以扁平化进行设计，包含 6 个导航图标色块，单击第一个图标色块"预定酒店"，进入选择城市页面，在该页面选择要入住的酒店，页面效果如图 19.2 所示。

图 19.1 首页页面设计效果

图 19.2 选择要入住的酒店效果

在首页单击"最新活动"选项，进入最新活动页面，在该页面显示酒店促销活动的相关信息，如图 19.3 所示。

在首页单击"我的订单"选项，可以查看个人订单信息，如果没有登录，则显示登录表单，如图 19.4 所示。

图 19.3 最新活动页面效果

图 19.4 查看我的订单页面

在首页单击"我的格子"选项，进入个人信息中心页面，如果没有登录，则显示登录表单。在首页单击"礼品商城"选项，进入商城页面，如图 19.5 所示。

在首页单击"帮助咨询"选项，将进入帮助中心页面，咨询相关帮助信息，如图 19.6 所示。

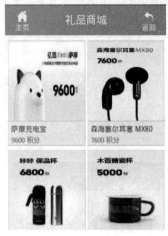

图 19.5　礼品商城页面效果

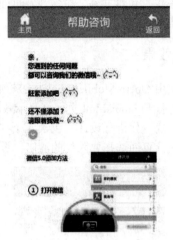

图 19.6　帮助咨询页面

扫一扫，看视频

19.2　设 计 首 页

首页是一个简单的导航列表，设计步骤如下：

【操作步骤】

第 1 步，打开 index.html 文件，首先在头部区域导入框架文件。

```
<!doctype html>
<html>
<head>
<meta charset="utf-8">
<meta name="viewport" content="width=device-width, initial-scale=1.0, maximum-
scale=1.0, user-scalable=0;">
<meta content="yes" name="apple-mobile-web-app-capable">
<link href="styles/bootstrap.min.css" rel="stylesheet">
<link href="styles/bootstrap-responsive.css" rel="stylesheet">
<link href="styles/NewGlobal.css" rel="stylesheet">
<script src="Scripts/jquery-1.7.2.min.js"></script>
<script src="Scripts/bootstrap.min.js"></script>
</head>
<body>
</body>
</html>
```

第 2 步，设计导航列表结构，使用<div class="container">布局容器包含项，其包含两部分：

```
<div class="container">
   <div class="header"> <img src="Images/logo.png" style="height: 40px; margin:
10px 0px 0px 15px"> </div>
   <div style="padding:0 5px 0 0;">
</div>
```

第一行为标题栏，显示网站 Logo，本例以一张大图代替显示，效果如图 19.7 所示。

图 19.7 设计首页标题栏效果

大图以 PNG 格式，镂空白色文字，然后使用 CSS 设计标题栏背景色为绿色。

```
.header {
    background:#6ac134;
    height: 60px;
    position: relative;
    width: 100%;
}
```

第 3 步，下面代码的第二行为导航列表结构，使用三个<ul class="unstyled defaultlist pt20">标签堆叠显示，每个列表框包含两个列表项目，并水平布局，效果如图 19.8 所示。

图 19.8 设计首页导航图标效果

```
<div style="padding:0 5px 0 0;">
    <ul class="unstyled defaultlist pt20">
        <li class="f"> <a href="CityList.html">
            <h3>预定酒店</h3>
            <figure class="jp_icon"></figure>
            </a> </li>
        <li class="h"> <a href="Activitys.html">
            <h3>最新活动</h3>
            <figure class="jd_icon"></figure>
            </a> </li>
    </ul>
    <ul class="unstyled defaultlist">…… </ul>
    <ul class="unstyled defaultlist">……</ul>
</div>
```

每个导航图标使用<a>标签包裹，里面包含文字和字体图标，然后在<li>列表项目上面定义不同皮肤颜色，<li>标签浮动显示，实现一行两列排版布局。

第 4 步，在页面底部插入<div class="footer">包含框，定义网站版权信息区域，结构如下，效果如图 19.9 所示。

```
<div class="footer">
    <div class="gezifooter"> <a href="#" class="ui-link">酒店预订</a> <font color=
"#878787">|</font> <a href="#" class="ui-link">我的订单</a> <font color= "#878787">
|</font> <a href="#" class="ui-link">我的格子</a> </div>
    <div class="gezifooter">
        <p style="color:#bbb;">格子微酒店连锁 &copy; 版权所有 2012-2017</p>
```

```
        </div>
    </div>
```

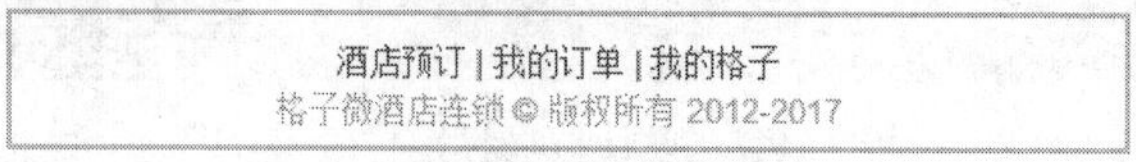

<div style="text-align:center">
酒店预订 | 我的订单 | 我的格子
格子微酒店连锁 © 版权所有 2012-2017
</div>

图 19.9　设计页脚信息显示效果

19.3　设计登录页

打开 login.html 页面，该页面包含三部分：顶部标题栏，底部脚注栏，中间部分是登录表单结构。
标题栏采用标准的移动设备布局样式，左右为导航图标，中间为标题文字，效果如图 19.10 所示。

<div style="text-align:center">
主页　　　　　　　登录　　　　　　　返回
</div>

图 19.10　标题栏设计效果

```
<div class="header"> <a href="index.html" class="home"> <span class="header-icon
header-icon-home"></span> <span class="header-name">主页</span> </a>
    <div class="title" id="titleString">登录</div>
    <a href="javascript:history.go(-1);" class="back"> <span class="header-icon
header-icon-return"></span> <span class="header-name">返回</span> </a>
</div>
```

标题栏图标以文字图标形式设计，这样方便与文字定义相同的颜色，为<div class="header">设计绿
色背景，营造一种扁平设计风格。

中间位置显示表单结构，代码如下所示：

```
<div class="container width80 pt20">
    <form name="aspnetForm" method="post" action="login.aspx?ReturnUrl=%2fMember%
2fDefault.aspx" id="aspnetForm" class="form-horizontal">
        <div>
            <input type="hidden" name="__EVENTTARGET" id="__EVENTTARGET" value="">
            <input type="hidden" name="__EVENTARGUMENT" id="__EVENTARGUMENT" value="">
            <input type="hidden" name="__VIEWSTATE" id="__VIEWSTATE" value="1">
        </div>
        <div>
            <input type="hidden" name="__EVENTVALIDATION" id="__EVENTVALIDATION"
value="/wEWBQLZmqilDgLJ4fq4BwL90KKTCAKqkJ77CQKI+JrmBdPJophKZ3je4aKMtEkXL+P8oASc
">
        </div>
        <div class="control-group">
            <input name="ctl00$ContentPlaceHolder1$txtUserName" type="text" id="ctl00_
ContentPlaceHolder1_txtUserName" class="input width100 " style="background: none
repeat scroll 0 0 #F9F9F9;padding: 8px 0px 8px 4px" placeholder="请输入手机号/身份
证/会员卡号">
        </div>
        <div class="control-group">
            <input name="ctl00$ContentPlaceHolder1$txtPassword" type="password"
id="ctl00_ContentPlaceHolder1_txtPassword" class="width100 input" style="background:
none repeat scroll 0 0 #F9F9F9;padding: 8px 0px 8px 4px" placeholder="默认密码为证
件号后 4 位">
```

```
        </div>
        <div class="control-group">
            <label class="checkbox fl">
                <input  name="ctl00$ContentPlaceHolder1$cbSaveCookie"  type="checkbox"
id="ctl00_ContentPlaceHolder1_cbSaveCookie" style="float: none;margin-left: 0px;">
                记住账号 </label>
            <a class="fr" href="GetPassword.aspx">忘记密码？</a> </div>
        <div class="control-group"> <span class="red"></span> </div>
        <div class="control-group">
            <button  onclick="__doPostBack('ctl00$ContentPlaceHolder1$btnOK','')"
id="ctl00_ContentPlaceHolder1_btnOK" class="btn-large green button width100">立即
登录</button>
        </div>
        <div class="control-group"> 还没账号？<a href="Reg.aspx@ReturnUrl=_252fMember_
252fDefault.aspx" id="ctl00_ContentPlaceHolder1_RegBtn">立即免费注册</a> </div>
        <div class="control-group"> 或者使用合作账号一键登录：<br>
            <a class="servIco ico_qq" href="qlogin.aspx"></a> <a class="servIco
ico_sina" href="default.htm"></a> </div>
    </form>
</div>
```

在表单中通过<input type="hidden">隐藏控件负责传递用户附加信息，借助 Bootstrap 表单控件美化
效果，如图 19.11 所示。提交按钮使用 Bootstrap 的风格设计块状显示，在整个页面中显得很大气。

```
<button class="btn-large green button width100">立即登录</button>
```

图 19.11　登录表单设计效果

19.4　选 择 城 市

打开 CityList.html 页面，该页面提供一个交互界面，供用户选择要入住的酒店所在城市。

该页面标题栏和脚注栏与其他页面的设计相同，在此就不再重复，下面主要看下交互表单界面。设
计的表单结构如下：

```
<div class="container width90 pt20">
    <form class="form-horizontal" action="HotelList.aspx" method="get" id="form1">
        <ul class="search-group unstyled">
            <li>
                <div class="coupon-nav coupon-nav-style"> <span class="search-icon
location-icon"></span> <span class="coupon-label">选择城市：</span> <span class=
"coupon-input"> <span style="font-size: 16px; line-height: 35px;" id="cityname">
```

```
全部城市</span></span> </div>
            <div class="citybox"> <span cityid="0">全部</span> <span cityid=
"771">南宁</span> <span cityid="773">桂林</span> <span cityid="371">郑州</span>
</div>
        </li>
        <li>
            <div class="coupon-nav coupon-nav-style"> <span class="search-icon
time-icon"></span> <span class="coupon-label">入住日期：</span> <span class=
"coupon-input"><a id="datestart" class="datebox" href="javascript:void(0)"><span
class="ui-icon-down"></span></a></span> </div>
            <div id="dp_start" class="none">
                <div id="datepicker_start"></div>
            </div>
        </li>
        <li>
            <div class="coupon-nav coupon-nav-style"> <span class="search-icon
time-icon"></span> <span class="coupon-label">离店日期：</span> <span class=
"coupon-input"><a id="dateend" class="datebox" href="javascript:void(0)"><span
class="ui-icon-down"></span></a></span> </div>
            <div id="dp_end" class="none">
                <div id="datepicker_end"></div>
            </div>
        </li>
    </ul>
    <input id="checkInDate" name="checkInDate" value="2017-04-11" type="hidden">
    <input id="checkOutDate" name="checkOutDate" value="2017-04-12" type="hidden">
    <input id="cityID" name="cityID" value="0" type="hidden">            <div
class="control-group tc">
        <button class="btn-large green button width80" style="padding-left:
0px;padding-right: 0px;" ID="btnOK" >
        <A href="HotelList.aspxcheckInDate.html">立即查找</A>
        </button>
    </div>
    <div class="control-group tc"> <a href="NearHotel.aspx" style="padding-left:
0px;padding-right: 0px;"  class="btn-large green button width80">附近酒店</a> </div>
    </form>
</div>
```

为了方便 JavaScript 脚本控制，整个页面没有使用传统的表单控件来设计，而是通过 JavaScript+CSS
来设计，界面效果如图 19.12 所示。

图 19.12　查找酒店界面

单击"选择城市"选项，将会滑出城市列表面板，如图 19.13 所示，用户可以选择目标城市。

图 19.13 选择城市

在城市列表面板中选择一个城市，然后在下面选项中选择入住日期，效果如图 19.14 所示。

图 19.14 选择日期

用户选择的日期通过 JavaScript 显示在界面中，同时赋值给隐藏控件，以便传递给服务器进行处理。
交互控制的 JavaScript 代码如下所示：

```javascript
<script type="text/javascript">
    (function ($, undefined) {
        $(function () {//dom ready
            var open = null, today = new Date();
            var beginday = '2017-04-11';
            var endday = '2017-04-12';
            //设置开始时间为今天
            $('#datestart').html(beginday + '<span class="ui-icon-down"></span>');
            //设置结束事件
            $('#dateend').html(endday +
                '<span class="ui-icon-down"></span>');
            $('#datepicker_start').calendar({//初始化开始时间的 datepicker
                date: $('#datestart').text(), //设置初始日期为文本内容
                //设置最小日期为当月第一天，既上一月的不能选
                minDate: new Date(today.getFullYear(), today.getMonth(), today.
getDate()),
                //设置最大日期为结束日期，结束日期以后的天不能选
                maxDate: new Date(today.getFullYear(), today.getMonth(), today.
getDate() + 25),
                select: function (e, date, dateStr) {//当选中某个日期时。
                    var day1 = new Date(date.getFullYear(), date.getMonth(), date.
getDate() + 1);
                    //将结束时间的 datepick 的最小日期设成所选日期
```

```javascript
                    $('#datepicker_end').calendar('minDate',
day1).calendar('refresh');
                    $('#dp_start').toggle();
                    //把所选日期赋值给文本
                    $('#datestart').html(dateStr + '<span class="ui-icon-down"></span>').
removeClass('ui-state-active');
                    $('#checkInDate').val(dateStr);
                    $('#dateend').html($.calendar.formatDate(day1) + '<span class=
"ui-icon-down"></span>').removeClass('ui-state-active');
                    $('#checkOutDate').val($.calendar.formatDate(day1));
                }
            });
        $('#datepicker_end').calendar({               //初始化结束时间的 datepicker
            date: $('#dateend').text(),                //设置初始日期为文本内容
            minDate: new Date(today.getFullYear(), today.getMonth(), today.
getDate() + 1),
            maxDate: new Date(today.getFullYear(), today.getMonth(), today.
getDate() + 16),
            select: function (e, date, dateStr) {//当选中某个日期时
                //收起 datepicker
                open = null;
                $('#dp_end').toggle();
                //把所选日期赋值给文本
                $('#dateend').html(dateStr + '<span class="ui-icon-down"></span>').
removeClass('ui-state-active');
                $('#checkOutDate').val(dateStr);
            }
        });
        $('#datestart').click(function (e) {        //展开或收起日期
            $('#datestart').removeClass('ui-state-active');
            var type = $(this).addClass('ui-state-active').is('#datestart') ?
'start' : 'end';
            $('#dp_start').toggle();
        }).highlight('ui-state-hover');
        $('#cityname').click(function (e) {
            $('.citybox').toggle();
        });
        $('.citybox span').click(function (e) {
            $('#cityname').text($(this).text());
            $('.citybox').toggle();
            $('#cityID').val($(this).attr("cityId"));
        });
        $('#dateend').click(function (e) {           //展开或收起日期
            $('#dateend').removeClass('ui-state-active');
            var type = $(this).addClass('ui-state-active').is('#dateend') ?
'start' : 'end';
            $('#dp_end').toggle();
        }).highlight('ui-state-hover');
    });
})(Zepto);
</script>
```

19.5 选 择 酒 店

当用户在选择城市页面提交表单之后，将会跳转到 HotelList.aspx 页面，该页面为后台服务器处理文件，该文件将动态显示所在城市相关酒店信息列表，本例模拟效果如图 19.15 所示（HotelList.aspx checkInDate.html）。

图 19.15   所选城市的酒店列表

页面基本结构如下：

```
<div class="container hotellistbg">
   <ul class="unstyled hotellist">
      <li> <a href="Hotel.aspxcheckInDate.html"> <img class="hotelimg fl" src=
"Pictures/1/5.jpg">
         <div class="inline">
            <h3>南宁秀灵店</h3>
            <p>地址：秀灵路 55 号（出入境管理局旁）</p>
            <p>评分：4.6 （1200 人已评）</p>
         </div>
         <div class="clear"></div>
         </a>
         <ul class="unstyled">
            <li><a href="Hotel.aspx@id=5" class="order">预订</a></li>
            <li><a href="Hotelmap.aspx@id=5" class="gps">导航</a></li>
            <li><a href="Hotelinfo.aspx@id=5" class="reality">实景</a></li>
         </ul>
      </li>
      ......
   </ul>
</div>
```

在该页面中可以选择特定酒店，并根据每个酒店底部的三个导航按钮：预定酒店，查看酒店信息，或者进行导航。

19.6　预定酒店

当用户在酒店列表页面选择一个酒店之后，将会跳转到 Hotel.aspx 页面，该页面为后台服务器处理文件，该文件将动态显示用户可选择的房型信息，本例模拟效果如图 19.16 所示（Hotel.aspx.html）。

图 19.16　选择房型

页面基本结构如下：

```
<div class="container">
    <ul class="unstyled hotel-bar">
        <li class="first"> <a href="#BookRoom"  class="active">房型</a> </li>
        <li><a href="HotelInfo.aspx.html">简介</a></li>
        <li><a href="#">地图</a></li>
        <li><a href="Hotelreview.aspx.html">评论</a></li>
    </ul>
    <div id="BookRoom" class="tab-pane active fade in">
        <div class="detail-address-bar"> <img alt="" src="images/location_icon.
png">
            <p>秀灵路 55 号（出入境管理局旁）</p>
        </div>
        <div id="datetab" class="detail-time-bar"> <img alt="" src="images/calendar.
png">
            <p>04 月 11 日 - 04 月 12 日</p>
            <span class="icon-down"></span> </div>
        <form action="hotel.aspx" method="get">
            <div id="datebox" class="section none">
                <div class="filter clearfix">
                    <p style="margin-bottom: 10px;display: block;">入 住： <a id=
"datestart" href="javascript:void(0)"><span class="ui-icon-down"></span></a></p>
                    <br>
                    <p> 离开： <a id="dateend" href="javascript:void(0)"><span class=
"ui-icon-down"></span></a></p>
```

```
        </div>
        <div id="datepicker_wrap">
            <div id="dp_start">
                <p>入住时间：</p>
                <div id="datepicker_start"></div>
            </div>
            <div id="dp_end">
                <p>离开时间：</p>
                <div id="datepicker_end"></div>
            </div>
        </div>
        <div class="result">
            <input type="submit" class="btn" value="确定修改">
            <span class="btn" id="datecancel">取消</span> </div>
        <input id="id" name="id" type="hidden" value="5">
        <input id="CheckInDate" name="CheckInDate" type="hidden" value=
"2017-4-11">
        <input id="CheckOutDate" name="CheckOutDate" type="hidden" value=
"2017-4-12">
        </div>
    </form>
    <ul class="unstyled roomlist">
        <li>
            <div class="roomtitle">
                <div class="roomname">上下铺</div>
                <div class="fr"> <em class="orange roomprice"> ￥134 起 </em> <a
href='login.aspx@page=_2Forderhotel.aspx&hotelid=5&roomtype=5&checkInDate=2017-
4-11&checkOutDate=2017-4-12' title='立即预定' class='btn btn-success iframe'>预定
</a> </div>
            </div>
            <a class="fl roompic" bigsrc="Pictures/20130411152105m.jpg"> <img
title="秀灵上下铺"
                        src="Pictures/20130411152105s.jpg"></a> </li>
            ......
    </ul>
    <div style="transform-origin: 0px 0px 0px; opacity: 1; transform: scale(1,
1);" class="hotel-prompt"> <span class="hotel-prompt-title" id="digxx">特别提示
</span>
            <p>最早入住时间为中午 12：00，如需提前入住请联系客服。</p>
    </div>
    </div>
</div>
```

在该页面顶部显示一行次级导航面板，分别为：房型、简介、地图和评价。当单击"简介"选项，将会打开 HotelInfo.aspx 页面，该页面将会动态显示对应酒店的详细介绍。本例模板页面效果如图 19.17 所示。

图 19.17　查看酒店信息

该页面结构如下（HotelInfo.aspx.html）：

```
<div class="container">
  <ul class="unstyled hotel-bar">
    <li class="first"> <a href="Hotel.aspx.html">房型</a> </li>
    <li><a href="HotelInfo.aspx"  class="active">简介</a></li>
    <li><a href="#">地图</a></li>
    <li><a href="HotelReview.aspx.HTML">评论</a></li>
  </ul>
  <div class="hotel-prompt "> <span class="hotel-prompt-title">酒店图片</span>
    <div id="slider" style="margin-top: 10px;">
      <div> <img src="Pictures/20121231113309m.jpg">
          <p>酒店外观</p>
      </div>
      <div> <img src="Pictures/20121231113406m.jpg">
          <p>大堂</p>
      </div>
      <div> <img src="Pictures/20121231113520m.jpg">
          <p>阳光大床房</p>
      </div>
    </div>
  </div>
  <div id="hotelinfo" class="hotel-prompt "> <span class="hotel-prompt-title">
酒店简介</span>
      <p>格子微酒店南宁南宁秀灵路店位于广西最著名大学广西大学东门旁，紧邻邕江边，周边超市、餐
饮、银行等配套设施完善，出行便利。 酒店倡导低碳环保，客房内配有 24 小时热水、wifi 网络、电视等设
施，客房虽小，设施齐全。酒店服务周到细致，是您出行的不错选择。 酒店开业时间 2012 年 12 月。</p>
      <p>地址：秀灵路 55 号（出入境管理局旁）</p>
      <p>电话：0771-3391588</p>
  </div>
</div>
```

如果在页面顶部单击"评价"选项，可以打开评价页面 HotelReview.aspx，了解网友对该酒店的评价信息列表，效果如图 19.18 所示。

图 19.18 查看用户评价信息

打开本例 HotelReview.aspx.html 模板页面，该页面的基本结构如下：

```html
<div class="container">
  <ul class="unstyled hotel-bar">
      <li class="first"> <a href="Hotel.aspx.HTML">房型</a> </li>
      <li><a href="HotelInfo.aspx.html">简介</a></li>
      <li><a href="#">地图</a></li>
      <li><a href="HotelReview.aspx.html" class="active">评论</a></li>
  </ul>
  <div class="hotel-comment-list">
      <div class="hotel-user-comment"> <span class="hotel-user"><img width="32"
height="32" src="Pictures/2/user01.png">会员李*清:</span>
          <div class="hotel-user-comment-cotent">
              <p> 这次去这个房间有点烟味，住了这么多次只有这个有烟味~除了烟味都是一如既往的
好! </p>
              <span>2017-04-11</span> </div>
      </div>
      ......
  </div>
</div>
```

上面重点介绍了酒店预订的完整流程，从选择城市，到选择酒店，再到选择房型，查看酒店信息和用户评价等，本示例网站还包含其他辅助页面，这些页面设计风格相近，结构大致相同，这里就不再详细展开。

第 20 章　实战开发：记事本应用项目

本章将通过一个完整项目介绍记事本移动应用的开发，详细介绍在 jQuery Mobile 中使用 localStorage 对象开发移动项目的方法与技巧。为了加快开发速度，本章借助 Dreamweaver CC 可视化操作界面，快速完成 jQuery Mobile 界面设计，当然用户也可以手写代码完成整个项目开发。

【学习重点】
- 了解 Web Database 和 Web Storage。
- 能够在 jQuery Mobile 应用项目中使用 localStorage。
- 结合 jQuery Mobile 和 JavaScript 设计交互界面，实现数据存储。

20.1　项　目　分　析

整个记事本项目应用中，主要包括如下几个需求：
- 进入首页后，以列表的形式展示各类别记事数据的总量信息，单击某类别选项进入该类别的记录列表页。
- 在分类记事列表页中展示该类别下的全部记事标题内容，并增加根据记事标题进行搜索的功能。
- 如果单击类别列表中的某记事标题，则进入记事信息详细页，在该页面中展示记事信息的标题和正文信息。在该页面添加一个删除按钮，用以删除该条记事信息。
- 如果在记事信息的详细页中单击"修改"按钮，则进入记事信息编辑页，在该页中可以编辑标题和正文信息。
- 无论在首页或记事列表页中，单击"记录"按钮，就可以进入记事信息增加页，在该页中可以增加一条新的记事信息。

记事应用程序定位目标是：方便、快捷地记录和管理用户的记事数据。在总体设计时，重点把握操作简单、流程简单、系统可拓展性强的原则。因此本示例的总体设计流程如图 20.1 所示。

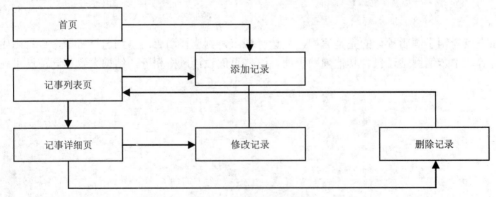

图 20.1　记事本流程图

上面流程图列出了本案例应用程序的功能和操作流程。整个系统包含五大功能：分类列表页、记事列表页、记事详细页、修改记事页和增加记事页。当用户进入应用系统，首先进入 index.html 页面，浏览记事分类列表，然后选择记事分类，即可进入列表页面，在分类和记事列表页中都可以进入增加记事页，只有在记事列表页中才能进入记事详细页。在记事详细页中，进入修改记事页。最后，在完成增加或者修改记事的操作后，都返回相应类别的记事列表页。

扫一扫，看视频

20.2　框架设计

根据设计思路和设计流程，本案例灵活使用 jQuery Mobile 技术框架设计了 5 个功能页面，具体说明如下。

❯　首页（index.html）

在本页面中，利用 HTML 本地存储技术，使用 JavaScript 遍历 localStorage 对象，读取其保存的记事数据。在遍历过程中，以累加方式记录各类别下记事数据的总量，并通过<ul>列表显示类别名称和对应记事数据总量。当单击<ul>列表中某选项时，则进入该类别下的记事列表页（list.html）。

❯　记事列表页（list.html）

本页将根据 localStorage 对象存储的记事类别，获取该类别名称下的记事数据，并通过列表的方式将记事标题信息显示在页面中。同时，将列表元素的 data-filter 属性值设置为 true，使该列表具有根据记事标题信息进行搜索的功能。当单击<ul>列表中某选项时，则进入该标题下的记事详细页（notedetail.html）。

❯　记事详细页（notedetail.html）

在该页面中，根据 localStorage 对象存储的记事 ID 编号，获取对应的记事数据，并将记录的标题与内容显示在页面中。在该页面中当单击头部栏左侧"修改"按钮时，进入修改记事页。单击头部栏右侧"删除"按钮时，弹出询问对话框，单击"确定"按钮后，将删除该条记事数据。

❯　修改记事页（editnote.html）

在该页面中，以文本框的方式显示某条记事数据的类别、标题和内容，用户可以对这三项内容进行修改。修改后，单击头部栏右侧"保存"按钮，便完成了该条记事数据的修改。

❯　增加记事页（addnote.html）

在分类列表页或记事列表页中，当单击头部栏右侧"写日记"按钮时，进入增加记事页。在该页面中，用户可以选择记事的类别，输入记事标题、内容，然后单击该页面中的头部栏右侧"保存"按钮，便完成了一条新记事数据的增加。

20.3　技术准备

HTML5 的 Web Storage 提供了两种在客户端存储数据的方法，简单说明如下。

❯　localStorage

localStorage 是一种没有时间限制的数据存储方式，可以将数据保存在客户端的硬盘或其他存储器。localStorage 用于持久化的本地存储，除非主动删除数据，否则数据是永远不会过期的。

❯　sessionStorage

sessionStorage 用于本地存储一个会话（session）中的数据，这些数据只有在同一个会话中的页面才能访问并且当会话结束后数据也随之销毁。因此 sessionStorage 不是一种持久化的本地存储，仅仅是会话级别的存储。

总之，localStorage 可以永久保存数据，而 sessionStorage 只能暂时保存数据，这是两者之间的重要区别，在具体使用时应该注意。

20.3.1　兼容性检查

在 Web Storage API 中，特定域名下的 Storage 数据库可以直接通过 window 对象访问。因此首先确定用户的浏览器是否支持 Web Storage 就非常重要。在编写代码时，只要检测 window.localStorage 和 window.sessionStorage 是否存在即可，详细代码如下：

```
function checkStorageSupport() {
    if(window.sessionStorage) {
        alert('当前浏览器支持 sessionStorage');
    } else {
        alert('当前浏览器不支持 sessionStorage');
    }
    if(window.localStorage) {
        alert('当前浏览器支持 localStorage');
    } else {
        alert('当前浏览器不支持 localStorage');
    }
}
```

许多浏览器不支持从文件系统直接访问文件式的 sessionStorage。所以，在上机测试代码之前，应当确保是从 Web 服务器上获取页面。例如，可以通过本地虚拟服务器发出页面请求：

```
http://localhost/test.html
```

对于很多 API 来说，特定的浏览器可能只支持其部分功能，但是因为 Web Storage API 非常小，所以它已经得到了相当广泛的支持。不过出于安全考虑，即使浏览器本身支持 Web Storage，用户仍然可自行选择是否将其关闭。

➥　sessionStorage 测试

测试方法：打开页面 A，在页面 A 中写入当前的 session 数据，然后通过页面 A 中的链接或按钮进入页面 B，如果页面 B 中能够访问到页面 A 中的数据则说明浏览器将当前情况的页面 A、B 视为同一个 session，测试结果如表 20.1 所示。

表 20.1　sessionStorage 兼容性测试

浏 览 器	执行的运算	target="_blank"	window.open	ctrl + click	跨 域 访 问
IE	是	是	是	是	否
Firefox	是	是	是	否（null）	否
Chrome	是	是	是	否（undefined）	否
Safari	是	否	是	否（undefined）	否
Opera	是	否	否	否（undefined）	否

上面主要针对 sessionStorage 的一些特性进行了测试，测试的重点在于各个浏览器对于 session 的定义以及跨域情况。从表 20.1 中可以看出，出于安全性考虑所有浏览器下 session 数据都是不允许跨域访问的，包括跨子域也是不允许的。其他方面主流浏览器中的实现较为一致。

API 测试方法包括 setItem(key,value)、removeItem(key)、getItem(key)、clear()、key(index)，属性包括 length、remainingSpace（非标准）。不过存储数据时可以简单地使用 localStorage.key=value 的方式。

标准中定义的接口在各个浏览器中都已实现，此外 IE 下新增了一个非标准的 remainingSpace 属性，用于获取存储空间中剩余的空间。结果如表 20.2 所示。

表 20.2　API 测试

浏览器	setItem	removeItem	getItem	clear	key	length	remainingSpace
IE	是	是	是	是	是	是	是
Firefox	是	是	是	是	是	是	否
Chrome	是	是	是	是	是	是	否
Safari	是	是	是	是	是	是	否
Opera	是	是	是	是	是	是	否

此外关于 setItem(key,value)方法中的 value 类型，理论上可以是任意类型，不过实际上浏览器会调用 value 的 toString 方法来获取其字符串值并存储到本地，因此如果是自定义的类型则需要自己定义有意义的 toString 方法。

Web Storage 标准事件为 onstorage，当存储空间中的数据发生变化时触发。此外，IE 自定义了一个 onstoragecommit 事件，当数据写入的时候触发。onstorage 事件中的事件对象应该支持以下属性。

- ⬊ key：被改变的键。
- ⬊ oldValue：被改变键的旧值。
- ⬊ newValue：被改变键的新值。
- ⬊ url：被改变键的文档地址。
- ⬊ storageArea：影响存储对象。

对于这一标准的实现，Webkit 内核的浏览器（Chrome、Safari）以及 Opera 是完全遵循标准的，IE 则只实现了 url，Firefox 下则均未实现，具体结果如表 20.3 所示。

表 20.3　onStorage 事件对象属性测试

浏览器	key	oldValue	newValue	url	storageArea
IE	无	无	无	有	无
Firefox	无	无	无	无	无
Chrome	有	有	有	有	有
Safari	有	有	有	有	有
Opera	有	有	有	有	有

此外，不同的浏览器事件注册的方式以及对象也不一致，其中 IE 和 Firefox 在 document 对象上注册，Chrome5 和 Opera 在 window 对象上注册，而 Safari 在 body 对象上注册。Firefox 必须使用 document. addEventListener 注册，否则无效。

20.3.2　读写数据

下面介绍如何使用 sessionStorage 设置和获取网页中的简单数据。设置数据值很简单，具体用法如下：
`window.sessionStorage.setItem('myFirstKey', 'myFirstValue');`
使用上面的存储访问语句时，需要注意三点：

- ⬊ 实现 Web Storage 的对象是 window 对象的子对象，因此 window.sessionStorage 包含开发人员需要调用的函数。
- ⬊ setItem 方法需要一个字符串类型的键和一个字符串类型的值来作为参数。虽然 Web Storage 支持传递非字符数据，但是目前浏览器可能还不支持其他数据类型。
- ⬊ 调用的结果是将字符串 myFirstKey 设置到 sessionStorage 中，这些数据随后可以通过键

扫一扫，看视频

myFirstKey 获取。

获取数据需要调用 get Item 函数。例如，如果把下面的声明语句添加到前面的示例中：

```
alert(window.sessionStorage.get Item('myFirstKey'));
```

浏览器将弹出提示对话框，显示文本 myFirstValue。可以看出，使用 Web Storage 设置和获取数据非常简单。不过，访问 Storage 对象还有更简单的方法。可以使用点语法设置数据，使用这种方法，可完全避免调用 setItem 和 getItem，而只是根据键值的配对关系，直接在 sessionStorage 对象上设置和获取数据。使用这种方法设置数据调用代码可以改写为：

```
window.sessionStorage.myFirstKey = 'myFirstValue';
```

同样，获取数据的代码可以改写为：

```
alert(window.sessionStorage.myFirstKey);
```

JavaScript 允许开发人员设置和获取几乎任何对象的属性，那么为什么还要引入 sessionStorage 对象？其实，二者之间最大的不同在于作用城。只要网页是同源的（包括规则、主机和端口），基于相同的键，都能够在其他网页中获得设置在 sessionStorage 上的数据。在对同一页面后续多次加载的情况下也是如此。大部分开发者对页面重新加载时经常会丢失脚本数据，但通过 Web Storage 保存的数据不再如此，重新加载页面后这些数据仍然还在。

有时候，一个应用程序会用到多个标签页或窗口中的数据，或多个视图共享的数据。在这种情况下，比较恰当的做法是使用 HTML5 Web Storage 的另一种实现方式 localStorage。localStorage 与 sessionStorage 用法相同，唯一的区别是访问它们的名称不同，分别是通过 localStorage 和 sessionStorage 对象来访问。二者在行为上的差异主要是数据的保存时长及它们的共享方式。

localStorage 数据的生命周期要比浏览器和窗口的生命周期长，同时被同源的多个窗口或者标签页共享；而 sessionStorage 数据的生命周期只在构建它们的窗口或者标签页中可见，数据被保存到存储它的窗口或者标签页关闭时。

20.3.3　使用 Web Storage

扫一扫，看视频

在使用 sessionStorage 或 localStorage 对象的文档中，可以通过 window 对象来获取它们。除了名字和数据的生命周期外，它们的功能完全相同。具体说明如下。

使用 length 属性获取目前 Storage 对象中存储的键值对的数量。注意，Storage 对象是同源的，这意味着 Storage 对象的长度只反映同源情况下的长度。

key(index)方法允许获取一个指定位置的键。一般而言，最有用的情况是遍历特定 Storage 对象的所有键。键的索引从 0 开始，即第一个键的索引是 0，最后一个键的索引是 index（ length-1）。获取到键后，就可以用它来获取其相应的数据。除非键本身或者在它前面的键被删除，否则其索引值会在给定 Storage 对象的生命周期内一直保留。

getItem(key)函数是根据给定的键返回相应数据的一种方式，另一种方式是将 Storage 对象当作数组，而将键作为数组的索引。在这种情况下，如果 Storage 中不存在指定键，则返回 null。

与 getItem(key)函数类似，setItem(key, value)函数能够将数据存入指定键对应的位置。如果值已存在，则替换原值。需要注意的是设置数据可能会出错。如果用户已关闭了网站的存储，或者存储已达到其最大容量，那么此时设置数据将会抛出错误。因此，在需要设置数据的场合，务必保证应用程序能够处理此类异常。

removeItem(key)函数的作用是删除数据项，如果数据存储在键参数下，则调用此函数会将相应的数据项剔除。如果键参数没有对应数据，则不执行任何操作。

提示，与某些数据集或数据框架不同，删除数据项时不会将原有数据作为结果返回。在删除操作前请确保已经存储相应数据的副本。

clear()函数能删除存储列表中的所有数据。空的 Storage 对象调用 clear()方法也是安全的，此时调用不执行任何操作。

扫一扫，看视频

20.3.4　Web Storage 事件监测

某些复杂情况下，多个网页、标签页或者 Worker 都需要访问存储的数据。此时，应用程序可能会在存储数据被修改后触发一系列操作。对于这种情况，Web Storage 内建了一套事件通知机制，它可以将数据更新通知发送给监听者。无论监听窗口本身是否存储过数据，与执行存储操作的窗口同源的每个窗口的 window 对象上都会触发 Web Storage 事件。添加如下事件监听器，即可接收同源窗口的 Storage 事件：

```
window.addEventListener("storage", displayStorageEvent, true);
```

其中事件类型参数是 storage，这样只要有同源的 Storage 事件发生（包括 SessionStorage 和 LocalStorage 触发的事件），已注册的所有事件侦听器作为事件处理程序就会接收到相应的 Storage 事件。

StorageEvent 对象是传入事件处理程序的第一个对象，它包含与存储变化有关的所有必要信息。

key 属性包含了存储中被更新或删除的键。

oldValue 属性包含了更新前键对应的数据，newValue 属性包含更新后的数据。如果是新添加的数据，则 oldValue 属性值为 null，如果是被删除的数据，newValue 属性值为 null。

url 属性指向 Storage 事件发生的源。

storageArea 属性是一个引用。它指向值发生改变的 localStorage 或 sessionStorage 对象，如此一来，处理程序就可以方便地查询到 Storage 中的当前值，或基于其他 Storage 的改变而执行其他操作。

【示例】　下面代码是一个简单的事件处理程序，它以提示框的形式显示在当前页面上触发的 Storage 事件的详细信息。

```
function displayStorageEvent(e) {
    var logged = "key:" + e.key + ", newValue:" + e.newValue + ", oldValue:" +
e.oldValue + ", url:" + e.url + ", storageArea:" + e.storageArea;
    alert(logged);
}
window.addEventListener("storage", displayStorageEvent, true);
```

20.4　制作主页面

扫一扫，看视频

当用户进入本案例应用系统时，将首先进入系统首页面。在该页面中，通过<ul>标签以列表视图的形式显示记事数据的全部类别名称，并将各类别记事数据的总数显示在列表中对应类别的右侧，效果如图 20.2 所示。

图 20.2　首页设计效果

新建一个 HTML5 页面，在页面 Page 容器中添加一个<ul>列表标签，在列表中显示记事数据的分类名称与类别总数，单击该列表选项进入记事列表页。

【操作步骤】

第 1 步，启动 Dreamweaver CC，选择【文件】|【新建】菜单命令，打开【新建文档】对话框。在该对话框中选择"空白页"项，设置页面类型为"HTML"，设置文档类型为"HTML5"，然后单击【确定】按钮，完成文档的创建操作。

第 2 步，按 Ctrl+S 快捷键，保存文档为 index.html。选择【插入】|【jQuery Mobile】|【页面】菜单命令，打开【jQuery Mobile 文件】对话框，保留默认设置，单击【确定】按钮，完成在当前文档中插入视图页，设置如图 20.3 所示。

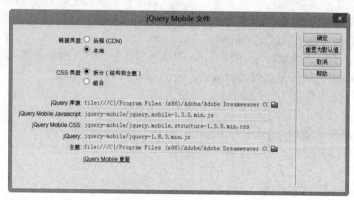

图 20.3　设置【jQuery Mobile 文件】对话框

第 3 步，单击【确定】按钮，关闭【jQuery Mobile 文件】对话框，然后打开【页面】对话框，在该对话框中设置页面的 ID 值为 index，同时设置页面视图包含标题栏和页脚栏，单击【确定】按钮，完成在当前 HTML5 文档中插入页面视图结构，设置如图 20.4 所示。

第 4 步，按 Ctrl+S 快捷键，保存当前文档 index.html。此时，Dreamweaver CC 会弹出对话框提示保存相关的框架文件。

此时，在编辑窗口中，可以看到 Dreamweaver CC 新建了一个页面，页面视图包含标题栏、内容框和页脚栏，同时在【文件】面板的列表中可以看到复制的相关库文件。

第 5 步，选中内容栏中的"内容"文本，清除内容栏内的文本，然后选择【插入】|【结构】|【项目列表】菜单命令，在内容栏插入一个空项目列表结构。为<ul>标签定义 data-role="listview"属性，设计列表视图。

第 6 步，为标题栏和页脚栏添加 data-position="fixed"属性，定义标题栏和页脚栏固定在页面顶部和底部显示，同时修改标题栏的标题为"飞鸽记事"。

第 7 步，选择【插入】|【jQuery Mobile】|【按钮】菜单命令，打开【按钮】对话框，设置如图 20.5 所示，单击【确定】按钮，在标题栏右侧插入一个添加日记的按钮，如图 20.2 所示。

图 20.4　设置【页面】对话框

图 20.5　插入按钮

第 8 步，为添加日记按钮设置链接地址：href="addnote.html"，绑定类样式 ui-btn-right，让其显示在标题栏右侧。切换到代码视图，可以看到整个文档结构，代码如下所示。

```
<div data-role="page" id="index">
    <div data-role="header" data-position="fixed" data-position="inline">
        <h2>飞鸽记事</h2>
        <a href="addnote.html" class="ui-btn-right" data-role="button" data-icon="plus">写日记</a> </div>
    <div data-role="content">
        <ul data-role="listview"></ul>
    </div>
    <div data-role="footer" data-position="fixed" >
        <h1>©2014 <a href="http://www.node.cn/" target="_blank">www.node.cn</a></h1>
    </div>
</div>
```

第 9 步，新建 JavaScript 文件，保存为 js/note.js，在其中编写如下代码：

```
//Web 存储对象
var myNode = {
    author: 'node',
    version: '2.1',
    website: 'http://www.node.cn/'
}
myNode.utils = {
    setParam: function(name, value) {
        localStorage.setItem(name, value)
    },
    getParam: function(name) {
        return localStorage.getItem(name)
    }
}
//首页页面创建事件
$("#index").live("pagecreate", function() {
    var $listview = $(this).find('ul[data-role="listview"]');
    var $strKey = "";
    var $m = 0, $n = 0;
    var $strHTML = "";
    for (var intI = 0; intI < localStorage.length; intI++) {
        $strKey = localStorage.key(intI);
        if ($strKey.substring(0, 4) == "note") {
            var getData = JSON.parse(myNode.utils.getParam($strKey));
            if (getData.type == "a") {
                $m++;
            }
            if (getData.type == "b") {
                $n++;
            }
        }
    }
    var $sum = parseInt($m) + parseInt($n);
    $strHTML += '<li data-role="list-divider">目录<span class="ui-li-count">' + $sum + '</span></li>';
    $strHTML += '<li><a href="list.html" data-ajax="false" data-id="a" data-name="流水账">流水账<span class="ui-li-count">' + $m + '</span></li>';
    $strHTML += '<li><a href="list.html" data-ajax="false" data-id="b" data-name="心情日记">心情日记<span class="ui-li-count">' + $n + '</span></li>';
```

```
$listview.html($strHTML);
$listview.delegate('li a', 'click', function(e) {
    myNode.utils.setParam('link_type', $(this).data('id'))
    myNode.utils.setParam('type_name', $(this).data('name'))
})
})
```

在上面代码中，首先定义一个 myNode 对象，用来存储版权信息，同时为其定义一个子对象 utils，该对象包含两个方法：setParam()和 getParam()，其中 setParam()方法用来存储记事信息，而 getParam()方法用来从本地存储中读取已经写过的记事信息。

然后，为首页视图绑定 pagecreate 事件，在页面视图创建时执行其中代码。在视图创建事件回调函数中，先定义一些数值和元素变量，供后续代码的使用。由于全部的记事数据都保存在 localStorage 对象中，需要遍历全部的 localStorage 对象，根据键值中前 4 个字符为 note 的标准，筛选对象中保存的记事数据，并通过 JSON.parse()方法，将该数据字符内容转换成 JSON 格式对象，再根据该对象的类型值，将不同类型的记事数量进行累加，分别保存在变量$m 和$n 中。

最后，在页面列表<ul>标签中组织显示内容，并保存在变量$strHTML 中，调用列表<ul>标签的 html()方法，将内容赋值于页面列表<ul>标签中。使用 delegate()方法设置列表选项触发单击事件时需要执行的代码。

由于本系统的数据全部保存在用户本地的 localStorage 对象中，读取数据的速度很快，当将字符串内容赋值给列表<ul>标签时，已完成样式加载，无须再调用 refresh()方法。

第 10 步，在头部位置添加如下元信息，定义视图宽度与设备屏幕宽度保持一致。同时使用<script>标签加载 js/note.js 文件，代码如下所示。

```
<meta name="viewport" content="width=device-width,initial-scale=1" />
<script src="js/note.js" type="text/javascript" ></script>
```

第 11 步，完成设计之后，在移动设备中预览 index.html 页面，将会显示如图 20.2 所示效果。

20.5　制作列表页

用户在首页单击列表中某类别选项时，将类别名称写入 localStorage 对象的对应键值中，当从首页切换至记事列表页时，再将这个已保存的类别键值与整个 localStorage 对象保存的数据进行匹配，获取该类别键值对应的记事数据，并通过<ul>列表将数据内容显示在页面中，页面演示效果如图 20.6 所示。

图 20.6　列表页设计效果

新建一个 HTML5 页面，在页面 Page 容器中添加一个<ul>列表标签，在列表中显示指定类别下的记事数据，同时开放列表过滤搜索功能。

【操作步骤】

第 1 步，启动 Dreamweaver CC，选择【文件】|【新建】菜单命令，打开【新建文档】对话框。在该对话框中选择"空白页"项，设置页面类型为"HTML"，设置文档类型为"HTML5"，然后单击【确定】按钮，完成文档的创建操作。

第 2 步，按 Ctrl+S 快捷键，保存文档为 list.html。选择【插入】|【jQuery Mobile】|【页面】菜单命令，打开【jQuery Mobile 文件】对话框，保留默认设置，在当前文档中插入视图页。

第 3 步，单击【确定】按钮，关闭【jQuery Mobile 文件】对话框，然后打开【页面】对话框，在该对话框中设置页面的 ID 值为 list，同时设置页面视图包含标题栏和页脚栏，单击【确定】按钮，完成在当前 HTML5 文档中插入页面视图结构，设置如图 20.7 所示。

第 4 步，按 Ctrl+S 快捷键，保存当前文档 list.html。此时，Dreamweaver CC 会弹出对话框提示保存相关的框架文件。

第 5 步，选中内容栏中的"内容"文本，清除内容栏内的文本，然后选择【插入】|【结构】|【项目列表】菜单命令，在内容栏插入一个空项目列表结构。为<ul>标签定义 data-role="listview"属性，设计列表视图。

图 20.7 设置【页面】对话框

为列表视图开启搜索功能，方法是在 <ul> 标签中添加 data-filter="true"属性，然后定义 data-filter-placeholder="过滤项目..."属性，设置搜索框中显示的替代文本的提示信息。完成代码如下所示：

```
<div data-role="content">
    <ul data-role="listview" data-filter="true" data-filter-placeholder="过滤项目..."></ul>
</div>
```

第 6 步，为标题栏和页脚栏添加 data-position="fixed"属性，定义标题栏和页脚栏固定在页面顶部和底部显示，同时修改标题栏标题为"记事列表"。选择【插入】|【图像】|【图像】菜单命令，在标题栏标题标签中插入一个图标 images/node3.png，设置类样式为 class="h_icon"。

第 7 步，选择【插入】|【jQuery Mobile】|【按钮】菜单命令，打开【按钮】对话框，设置如图 20.8 所示，单击【确定】按钮，在标题栏插入两个按钮。然后在代码中修改按钮的标签字符和属性，设置第一个按钮的字符为"返回"，标签图标为 data-icon="back"，链接地址为 href="index.html"，第二个按钮的字符为"写日记"，链接地址为 "addnote.html"，完整代码如下所示。

图 20.8 设置【按钮】对话框

```
<div data-role="header" data-position="fixed" data-position="inline">
    <h2><img src="images/node3.png" class="h_icon" alt="" /> 记事列表</h2>
    <a href="index.html" data-role="button" data-icon="back" data-inline="true">返回</a>
    <a href="addnote.html" data-role="button" data-icon="plus" data-inline="true">写日记</a>
</div>
```

第 8 步，打开 js/note.js 文档，在其中编写如下代码：

```
//列表页面创建事件
```

```
$("#list").live("pagecreate", function() {
    var $listview = $(this).find('ul[data-role="listview"]');
    var $strKey = "", $strHTML = "", $intSum = 0;
    var $strType = myNode.utils.getParam('link_type');
    var $strName = myNode.utils.getParam('type_name');
    for (var intI = 0; intI < localStorage.length; intI++) {
        $strKey = localStorage.key(intI);
        if ($strKey.substring(0, 4) == "note") {
            var getData = JSON.parse(myNode.utils.getParam($strKey));
            if (getData.type == $strType) {
                if(getData.date)
                    var date = new Date(getData.date);
                if(date)
                    var _date = date.getFullYear() + "-" + date.getMonth() + "-" +
date.getDate();
                else
                    var _date = "";
                $strHTML += '<li data-icon="false" data-ajax="false"><a href=
"notedetail.html" data-id="' + getData.nid + '">' + getData.title + '<p class=
"ui-li-aside">' + _date + '</p></a></li>';
                $intSum++;
            }
        }
    }
    var strTitle = '<li data-role="list-divider">' + $strName + '<span class=
"ui-li-count">' + $intSum + '</span></li>';
    $listview.html(strTitle + $strHTML);
    $listview.delegate('li a', 'click', function(e) {
        myNode.utils.setParam('list_link_id', $(this).data('id'))
    })
})
```

在上面代码中，先定义一些字符和元素对象变量，并通过自定义函数的方法 getParam()获取传递的类别字符和名称，分别保存在变量$strType 和$strName 中。然后遍历整个 localStorage 对象筛选记事数据。在遍历过程中，将记事的字符数据转换成 JSON 对象，再根据对象的类别与保存的类别变量相比较，如果符合，则将该条记事的 ID 编号和标题信息追加到字符串变量$strHTML 中，并通过变量$intSum 累加该类别下的记事数据总量。

最后，将获取的数字变量$intSum 放入列表<ul>元素的分隔项中，并将保存分隔项内容的字符变量strTitle 和保存列表项内容的字符变量$strHTML 组合，通过元素的 html()方法将组合后的内容赋值给列表对象。同时，使用 delegate()方法设置列表选项被单击时执行的代码。

第 9 步，在头部位置添加如下元信息，定义视图宽度与设备屏幕宽度保持一致。

```
<meta name="viewport" content="width=device-width,initial-scale=1" />
```

第 10 步，完成设计之后，在移动设备中预览 index.html 页面，然后单击记事分类项目，则会跳转到 list.html 页面，显示效果如图 20.6 所示。

20.6 制作详细页

当用户在记事列表页中单击某记事标题选项时，将该记事标题的 ID 编号通过 key/value 的方式保存

扫一扫，看视频

在 localStorage 对象中。当进入记事详细页时，先调出保存的键值作为传回的记事数据 ID 值，并将该 ID 值作为键名获取对应的键值，然后将获取的键值字符串数据转成 JSON 对象，再将该对象的记事标题和内容显示在页面指定的元素中。页面演示效果如图 20.9 所示。

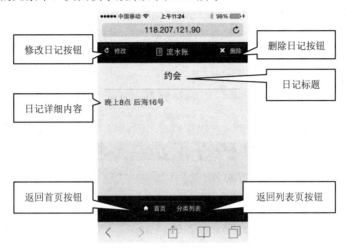

图 20.9　详细页设计效果

新建一个 HTML 页面，在 Page 容器的正文区域中添加一个<h3>标签和两个<p>标签，分别用于显示记事信息的标题和内容，单击头部栏左侧的"修改"按钮进入记事编辑页，单击头部栏右侧的"删除"按钮，可以删除当前的记事数据。

【操作步骤】

第 1 步，启动 Dreamweaver CC，选择【文件】|【新建】菜单命令，打开【新建文档】对话框。在该对话框中选择"空白页"项，设置页面类型为"HTML"，设置文档类型为"HTML5"，然后单击【确定】按钮，完成文档的创建操作。

第 2 步，按 Ctrl+S 快捷键，保存文档为 notedetail.html。选择【插入】|【jQuery Mobile】|【页面】菜单命令，打开【jQuery Mobile 文件】对话框，保留默认设置，在当前文档中插入视图页。

第 3 步，单击【确定】按钮，关闭【jQuery Mobile 文件】对话框，然后打开【页面】对话框，在该对话框中设置页面的 ID 值为 notedetail，同时设置页面视图包含标题栏和页脚栏，单击【确定】按钮，完成在当前 HTML5 文档中插入页面视图结构，设置如图 20.10 所示。

图 20.10　设置【页面】对话框

第 4 步，按 Ctrl+S 快捷键，保存当前文档 notedetail.html。此时，Dreamweaver CC 会弹出对话框提示保存相关的框架文件。

第 5 步，选中内容栏中的"内容"文本，清除内容栏内的文本，然后插入一个三级标题和两个段落文本，设置标题的 ID 值为 title，段落文本的 ID 值为 content，具体代码如下所示。

```
<div data-role="content">
    <h3 id="title"></h3>
    <p class="notep"></p>
    <p id="content"></p>
</div>
```

第 6 步，为标题栏和页脚栏添加 data-position="fixed"属性，定义标题栏和页脚栏固定在页面顶部和底部显示，同时删除标题栏标题字符，显示为空标题。

第 7 步，选择【插入】|【jQuery Mobile】|【按钮】菜单命令，打开【按钮】对话框，设置如图 20.11 所示，单击【确定】按钮，在标题栏插入两个按钮。然后在代码中修改按钮的标签字符和属性，设置第一个按钮的字符为"修改"，标签图为 data-icon="refresh"，链接地址为 href="editnote.html"，第二个按钮的字符为"删除"，链接地址为"#"，完整代码如下所示。

```html
<div data-role="header" data-position="fixed" data-position="inline">
   <h4></h4>
    <a  href="editnote.html"  data-ajax="false"  data-role="button"  data-icon=
"refresh" data-inline="true">修改</a>
    <a href="javascript:" id="alink_delete"  data-role="button" data-icon="delete"
data-inline="true">删除</a>
</div>
```

图 20.11　设置【按钮】对话框

第 8 步，以同样的方式在页脚栏插入两个按钮，然后在代码中修改按钮的标签字符和属性，设置第一个按钮的字符为"首页"，标签图标为 data-icon="home"，链接地址为 href="index.html"，第二个按钮的字符为"分类列表"，链接地址为"list.html"，完整代码如下所示。

```html
<div data-role="footer" data-position="fixed" >
   <h1 data-role="controlgroup" data-type="horizontal">
     <a href="index.html" data-role="button" data-icon="home">首页</a>
      <a href="list.html" data-role="button">分类列表</a>
   </h1>
</div>
```

第 9 步，打开 js/note.js 文档，在其中编写如下代码：

```javascript
//详细页面创建事件
$("#notedetail").live("pagecreate", function() {
   var $type = $(this).find('div[data-role="header"] h4');
   var $strId = myNode.utils.getParam('list_link_id');
   var $titile = $("#title");
   var $content = $("#content");
   var listData = JSON.parse(myNode.utils.getParam($strId));
   var strType = listData.type == "a" ? "流水账" : "心情日记";
   $type.html('<img src="images/node5.png" class="h_icon" alt=""/> ' + strType);
   $titile.html(listData.title);
   $content.html(listData.content);
   $(this).delegate('#alink_delete', 'click', function(e) {
     var yn = confirm("确定要删除吗？");
     if (yn) {
```

```
            localStorage.removeItem($strId);
            window.location.href = "list.html";
        }
    })
})
```

在上面代码中先定义一些变量，通过自定义方法 getParam()获取传递的某记事 ID 值，并保存在变量 $strId 中。然后将该变量作为键名，获取对应的键值字符串，并将键值字符串调用 JSON.parse()方法转换成 JSON 对象，在该对象中依次获取记事的标题和内容，显示在内容区域对应的标签中。

通过 delegate()方法添加单击事件，当单击"删除"按钮时触发记录删除操作。在该事件的回调函数中，先通过变量 yn 保存 confirm()函数返回的 true 或 false 值，如果为真，将根据记事数据的键名值使用 removeItem()方法，删除指定键名的全部对应键值，实现删除记事数据的功能，删除操作之后页面返回记事列表页。

第 10 步，在头部位置添加如下元信息，定义视图宽度与设备屏幕宽度保持一致。

```
<meta name="viewport" content="width=device-width,initial-scale=1" />
```

第 11 步，完成设计之后，在移动设备中预览记事列表页面（list.html），然后单击某条记事项目，则会跳转到 notedetail.html 页面，显示效果如图 20.9 所示。

20.7 制作修改页

当在记事详细页中单击标题栏左侧的"修改"按钮时，进入修改记事内容页，在该页面中，可以修改某条记事数据的类别、标题和内容信息，修改完成后返回记事详细页。页面演示效果如图 20.12 所示。

图 20.12 修改页设计效果

新建 HTML5 页面，在 Page 视图容器的正文区域中，通过水平式的单选按钮组显示记事数据的所属类别，一个文本框和一个文本区域框显示记事数据的标题和内容，用户可以重新选择所属类别、编辑标题和内容数据。单击"保存"按钮，则完成数据的修改操作，并返回列表页。

【操作步骤】

第 1 步，启动 Dreamweaver CC，选择【文件】|【新建】菜单命令，打开【新建文档】对话框。在

该对话框中选择"空白页"项，设置页面类型为"HTML"，设置文档类型为"HTML5"，然后单击【确定】按钮，完成文档的创建操作。

第 2 步，按 Ctrl+S 快捷键，保存文档为 editnote.html。选择【插入】|【jQuery Mobile】|【页面】菜单命令，打开【jQuery Mobile 文件】对话框，保留默认设置，在当前文档中插入视图页。

第 3 步，单击【确定】按钮，关闭【jQuery Mobile 文件】对话框，然后打开【页面】对话框，在该对话框中设置页面的 ID 值为 editnote，同时设置页面视图包含标题栏和页脚栏，单击【确定】按钮，完成在当前 HTML5 文档中插入页面视图结构，设置如图 20.13 所示。

第 4 步，按 Ctrl+S 快捷键，保存当前文档 notedetail.html。此时，Dreamweaver CC 会弹出对话框提示保存相关的框架文件。

第 5 步，选中内容栏中的"内容"文本，清除内容栏内的文本。选择【插入】|【jQuery Mobile】|【单选按钮】菜单命令，打开【单选按钮】对话框，设置名称为 rdo-type，设置单选按钮个数为 2，水平布局，设置如图 20.14 所示。

图 20.13　设置【页面】对话框

图 20.14　设置【单选按钮】对话框

第 6 步，单击【确定】按钮，在内容区域插入一个单选按钮组，为每个单选按钮设置 ID 值，修改单选按钮的标签，以及绑定属性值，并在该单选按钮中插入一个隐藏域，ID 为 hidtype，值为 a。完整代码如下所示：

```html
<div data-role="fieldcontain">
    <fieldset data-role="controlgroup" data-type="horizontal"  id="rdo-type" data-mini="true" >
        <legend for="rdo-type" >类型:</legend>
        <input type="radio" name="rdo-type" id="rdo-type-0" value="a" />
        <label for="rdo-type-0" id="lbl-type-0">流水账</label>
        <input type="radio" name="rdo-type" id="rdo-type-1" value="b" />
        <label for="rdo-type-1" id="lbl-type-1">心情日记</label>
        <input type="hidden" id="hidtype"  value="a"/>
    </fieldset>
</div>
```

第 7 步，选择【插入】|【jQuery Mobile】|【文本】菜单命令，在内容区域插入单行文本框，修改文本框的 ID 值，以及<label>标签的 for 属性值，绑定标签和文本框，设置<label>标签包含字符为"标题:"，完成后的代码如下。

```html
<div data-role="fieldcontain">
    <label for="txt-title">标题:</label>
    <input type="text" name="txt-title" id="txt-title" value=""  />
</div>
```

第 8 步，选择【插入】|【jQuery Mobile】|【文本区域】菜单命令，在内容区域插入多行文本框，修改文本区域的 ID 值，以及<label>标签的 for 属性值，绑定标签和文本区域，设置<label>标签包含字符为"正文:"，完成后的代码如下。

```
<div data-role="fieldcontain">
    <label for="txta-content">正文:</label>
    <textarea cols="40" rows="8" name="txta-content" id="txta-content"></textarea>
</div>
```

第 9 步，为标题栏和页脚栏添加 data-position="fixed"属性，定义标题栏和页脚栏固定在页面顶部和底部显示，同时修改标题栏标题为"修改记事"。选择【插入】|【图像】|【图像】菜单命令，在标题栏标题标签中插入一个图标 images/node.png，设置类样式为 class="h_icon"。

第 10 步，选择【插入】|【jQuery Mobile】|【按钮】菜单命令，打开【按钮】对话框，设置如图 20.15 所示，单击【确定】按钮，在标题栏插入两个按钮。然后在代码中修改按钮的标签字符和属性，设置第一个按钮的字符为"返回"，标签图标为 data-icon="back"，链接地址为 href="notedetail.html"，第二个按钮的字符为"保存"，链接地址为"javascript:"，完整代码如下所示。

图 20.15　设置【按钮】对话框

```
<div data-role="header" data-position="fixed" data-position="inline">
    <h2><img src="images/node.png" class="h_icon" alt=""/> 修改记事</h2>
    <a href="notedetail.html" data-ajax="false" data-role="button" data-icon=
"back" data-inline="true">返回</a>
    <a href="javascript:" data-role="button" data-icon="check" data-inline=
"true">保存</a>
</div>
```

第 11 步，打开 js/note.js 文档，在其中编写如下代码：

```
//修改页面创建事件
$("#editnote").live("pageshow", function() {
    var $strId = myNode.utils.getParam('list_link_id');
    var $header = $(this).find('div[data-role="header"]');
    var $rdotype = $("input[type='radio']");
    var $hidtype = $("#hidtype");
    var $txttitle = $("#txt-title");
    var $txtacontent = $("#txta-content");
    var editData = JSON.parse(myNode.utils.getParam($strId));
    $hidtype.val(editData.type);
    $txttitle.val(editData.title);
    $txtacontent.val(editData.content);
    if (editData.type == "a") {
        $("#lbl-type-0").removeClass("ui-radio-off").addClass("ui-radio-on
ui-btn-active");
    } else {
        $("#lbl-type-1").removeClass("ui-radio-off").addClass("ui-radio-on
ui-btn-active");
    }
    $rdotype.bind("change", function() {
        $hidtype.val(this.value);
    });
```

```
$header.delegate('a', 'click', function(e) {
    if ($txttitle.val().length > 0 && $txtacontent.val().length > 0) {
        var strnid = $strId;
        var notedata = new Object;
        notedata.nid = strnid;
        notedata.type = $hidtype.val();
        notedata.title = $txttitle.val();
        notedata.content = $txtacontent.val();
        var jsonotedata = JSON.stringify(notedata);
        myNode.utils.setParam(strnid, jsonotedata);
        window.location.href = "list.html";
    }
})
})
```

在上面代码中先调用自定义的 getParam()方法获取当前修改的记事数据 ID 编号，并保存在变量$strId 中，然后将该变量值作为 localStorage 对象的键名，通过该键名获取对应的键值字符串，并将该字符串转换成 JSON 格式对象。在对象中，通过属性的方式获取记事数据的类、标题和正文信息，依次显示在页面指定的表单对象中。

当通过水平单选按钮组显示记事类型数据时，先将对象的类型值保存在 ID 属性值为 hidtype 的隐藏表单域中，再根据该值的内容，使用 removeClass()和 addClass()方法修改按钮组中单个按钮的样式，使整个按钮组的选中项与记事数据的类型一致。为单选按钮组绑定 change 事件，在该事件中，当修改默认类型时，ID 属性值为 hidtype 的隐藏表单域的值也随之发生变化，以确保记事类型修改后，该值可以实时保存。

最后，设置标题栏中右侧"保存"按钮 click 事件。在该事件中，先检测标题文本框和正文文本区域的字符长度是否大于 0，来检测标题和正文是否为空。当两者都不为空时，实例化一个新的 Object 对象，并将记事数据的信息作为该对象的属性值，保存在该对象中。然后，通过调用 JSON.stringify()方法将对象转换成 JSON 格式的文本字符串，使用自定义的 setParam()方法，将数据写入 localStorage 对象对应键名的键值中，最终实现记事数据更新的功能。

第 12 步，在头部位置添加如下元信息，定义视图宽度与设备屏幕宽度保持一致。

```
<meta name="viewport" content="width=device-width,initial-scale=1" />
```

第 13 步，完成设计之后，在移动设备中预览详细页面（notedetail.html），然后单击某条记事项目，则会跳转到 editnote.html 页面，显示效果如图 20.12 所示。

20.8　制作添加页

扫一扫，看视频

在首页或列表页中，单击标题栏右侧的"写日记"按钮后，将进入添加记事内容页，在该页面中，用户可以通过单选按钮组选择记事类型，在文本框中输入记事标题，在文本区域中输入记事内容，单击该页面头部栏右侧的"保存"按钮后，便把写入的日记信息保存起来，在系统中新增了一条记事数据。页面演示效果如图 20.16 所示。

图 20.16　添加页设计效果

新建 HTML5 页面，在 Page 视图容器的正文区域中，插入水平单选按钮组用于选择记事类型，同时插入一个文本框和一个文本区域，分别用于输入记事标题和内容，当用户选择记事数据类型，同时输入记事数据标题和内容，单击"保存"按钮则完成数据的添加操作，将返回列表页。

【操作步骤】

第 1 步，启动 Dreamweaver CC，选择【文件】|【新建】菜单命令，打开【新建文档】对话框。在该对话框中选择"空白页"项，设置页面类型为"HTML"，设置文档类型为"HTML5"，然后单击【确定】按钮，完成文档的创建操作。

第 2 步，按 Ctrl+S 快捷键，保存文档为 addnote.html。选择【插入】|【jQuery Mobile】|【页面】菜单命令，打开【jQuery Mobile 文件】对话框，保留默认设置，在当前文档中插入视图页。

第 3 步，单击【确定】按钮，关闭【jQuery Mobile 文件】对话框，然后打开【页面】对话框，在该对话框中设置页面的 ID 值为 addnote，同时设置页面视图包含标题栏和页脚栏，单击【确定】按钮，完成在当前 HTML5 文档中插入页面视图结构，设置如图 20.17 所示。

第 4 步，按 Ctrl+S 快捷键，保存当前文档 addnote.html。此时，Dreamweaver CC 会弹出对话框提示保存相关的框架文件。

第 5 步，选中内容栏中的"内容"文本，清除内容栏内的文本。选择【插入】|【jQuery Mobile】|【单选按钮】菜单命令，打开【单选按钮】对话框，设置名称为 rdo-type，设置单选按钮个数为 2，水平布局，设置如图 20.18 所示。

图 20.17　设置【页面】对话框

图 20.18　设置【单选按钮】对话框

第 6 步，单击【确定】按钮，在内容区域插入一个单选按钮组，为每个单选按钮设置 ID 值，修改单选按钮的标签，以及绑定属性值，并在该单选按钮中插入一个隐藏域，ID 为 hidtype，值为 a。完整代码如下所示：

```
<div data-role="fieldcontain">
    <fieldset data-role="controlgroup" data-type="horizontal" id="rdo-type" data-
mini="true" data-mini="true" >
        <legend for="rdo-type" >类型:</legend>
        <input type="radio" name="rdo-type" id="rdo-type-0" value="a" checked=
"checked" />
        <label for="rdo-type-0" id="lbl-type-0">流水账</label>
        <input type="radio" name="rdo-type" id="rdo-type-1" value="b" />
        <label for="rdo-type-1" id="lbl-type-1">心情日记</label>
        <input type="hidden" id="hidtype" value="a"/>
    </fieldset>
</div>
```

第 7 步，选择【插入】|【jQuery Mobile】|【文本】菜单命令，在内容区域插入单行文本框，修改文本框的 ID 值，以及<label>标签的 for 属性值，绑定标签和文本框，设置<label>标签包含字符为"标题："，完成后的代码如下。

```
<div data-role="fieldcontain">
    <label for="txt-title">标题:</label>
    <input type="text" name="txt-title" id="txt-title" value="" />
</div>
```

第 8 步，选择【插入】|【jQuery Mobile】|【文本区域】菜单命令，在内容区域插入多行文本框，修改文本区域的 ID 值，以及<label>标签的 for 属性值，绑定标签和文本区域，设置<label>标签包含字符为"正文："，完成后的代码如下。

```
<div data-role="fieldcontain">
    <label for="txta-content">正文:</label>
    <textarea name="txta-content" id="txta-content"></textarea>
</div>
```

第 9 步，为标题栏和页脚栏添加 data-position="fixed"属性，定义标题栏和页脚栏固定在页面顶部和底部显示，同时修改标题栏标题为"增加记事"。选择【插入】|【图像】|【图像】菜单命令，在标题栏标题标签中插入一个图标 images/write.png，设置类样式为 class="h_icon"。

图 20.19 设置【按钮】对话框

第 10 步，选择【插入】|【jQuery Mobile】|【按钮】菜单命令，打开【按钮】对话框，设置如图 20.19 所示，单击【确定】按钮，在标题栏插入两个按钮。然后在代码中修改按钮的标签字符和属性，设置第一个按钮的字符为"返回"，标签图标为 data-icon="back"，链接地址为 href="javascript:"，第二个按钮的字符为"保存"，链接地址为"javascript:"，完整代码如下所示。

```
<div data-role="header" data-position="fixed" data-position="inline">
    <h2><img src="images/write.png" class="h_icon" alt=""/> 增加记事</h2>
    <a href="javascript:" data-ajax="false" data-role="button" data-icon="back"
data-inline="true">返回</a>
    <a href="javascript:" data-role="button" data-icon="check" data-inline=
"true">保存</a>
</div>
```

第 11 步，打开 js/note.js 文档，在其中编写如下代码：

```javascript
//增加页面创建事件
$("#addnote").live("pagecreate", function() {
    var $header = $(this).find('div[data-role="header"]');
    var $rdotype = $("input[type='radio']");
    var $hidtype = $("#hidtype");
    var $txttitle = $("#txt-title");
    var $txtacontent = $("#txta-content");
    $rdotype.bind("change", function() {
        $hidtype.val(this.value);
    });
    $header.delegate('a', 'click', function(e) {
        if ($txttitle.val().length > 0 && $txtacontent.val().length > 0) {
            var strnid = "note_" + RetRndNum(3);
            var notedata = new Object;
            notedata.nid = strnid;
            notedata.type = $hidtype.val();
            notedata.title = $txttitle.val();
            notedata.content = $txtacontent.val();
            notedata.date = new Date().valueOf();
            var jsonotedata = JSON.stringify(notedata);
            myNode.utils.setParam(strnid, jsonotedata);
            window.location.href = "list.html";
        }
    });
    function RetRndNum(n) {
        var strRnd = "";
        for (var intI = 0; intI < n; intI++) {
            strRnd += Math.floor(Math.random() * 10);
        }
        return strRnd;
    }
})
```

在上面代码中，先通过定义一些变量保存页面中的各元素对象，并设置单选按钮组的 change 事件。在该事件中，当单选按钮的选项中发生变化时，保存选项值的隐藏型元素值也将随之变化。然后，使用 delegate()方法添加标题栏右侧"保存"按钮的单击事件。在该事件中，先检测标题文本框和内容文本域的内容是否为空，如果不为空，那么调用一个自定义的按长度生成随机数的数，生成一个 3 位数的随机数字，并与 note 字符一起组成记事数据的 ID 编号保存在变量 strnid 中。最后，实例化一个新的 Object 对象，将记事数据的 ID 编号、类型、标题、正文内容都作为该对象的属性值赋值给对象，使用 JSON.stringify()方法将对象转换成 JSON 格式的文本字符串，通过自定义的 setParam()方法，保存在以记事数据的 ID 编号为键名的对应键值中，实现添加记事数据的功能。

第 12 步，在头部位置添加如下元信息，定义视图宽度与设备屏幕宽度保持一致。

```html
<meta name="viewport" content="width=device-width,initial-scale=1" />
```

第 13 步，完成设计之后，在移动设备中首页（index.html）或列表页（list.html）中单击"写日记"按钮，则会跳转到 addnote.html 页面，显示效果如图 20.16 所示。

第 21 章　实战开发：互动社区 wap 项目

本章将以社区项目为例，进一步学习使用 jQuery Mobile 进行应用开发。本例实际上是一个简单的会员交流的应用，涉及更多的交互性，如信息提交、用户注册、登录等功能块，通过 jQuery Mobile+cookie 整合，实现信息交互移动应用设计。

【学习重点】
- 利用 jQuery Mobile 进行注册和登录功能设计。
- 利用 jQuery Mobile 向服务端提交数据的方法。
- 利用 jQuery Mobile 操控 cookie 的方法。

扫一扫，看视频

21.1　项　目　分　析

从交互本质上分析，本例实际与桌面端留言板功能类似，但是整合 jQuery Mobile 之后，应用目标更明确、集中，功能单一、实用，适合手机控者使用。

本例通过留言的方式将所要说的话发给公共主页，然后服务器将这句话发送出来达到说的效果，对于手机社区交互来说是一个非常好的想法。

本例使用 jQuery Mobile 实现一个具有类似功能的留言板系统，主要包括以下功能：注册、登录、发表留言和回复。用户可以通过该应用的主页查看已经被发送的信息，也可以在登录之后对表白内容进行跟帖。

扫一扫，看视频

21.2　主　页　设　计

首页通过使用 jQuery Mobile 的 panel 控件将登录界面和首页的信息列表结合在一起，当向一侧滑动屏幕时，登录界面弹出，而正常情况下则不显示。使用折叠组控件+列表视图陈列发布信息。

当向右侧滑动屏幕时，登录界面将会弹出，其中包括输入账号和密码的文本框和两个按钮。为了美观，两个按钮要放在同一行中。

首页模板结构和布局代码如下（index.html）：

```html
<div data-role="page">
    <div data-role="panel" id="mypanel">
        <h4>已登录</h4>
        <p>张三</p>
        <p>小张</p>
    </div>
    <div data-role="header" data-position="fixed">
        <h1>闺蜜说</h1>
    </div>
    <div data-role="content">
        <div data-role="collapsible-set">
            <div data-role="collapsible">
                <h4>张三对李四说</h4>
                <h4>很喜欢这个东西</h4>
                <p><b>王五：</b>什么东西</p>
```

```
            <form>
                <input type="text">
                <a href="#" data-role="button">回复</a>
            </form>
        </div>
        <div data-role="collapsible">
            <h4>王 4 对 No 女性说</h4>
            <h4>好样的</h4>
            <p><b>赵六：</b>呵呵</p>
            <p><b>齐七：</b>哈哈</p>
            <p><b>巴巴：</b>都说话呀。</p>
            <form>
                <input type="text">
                <a href="#" data-role="button">回复</a>
            </form>
        </div>
        ......
    </div>
</div>
<div data-role="footer" data-position="fixed">
    <div data-role="navbar" data-position="fixed">
        <ul>
            <li><a href="#">闺蜜说</a></li>
            <li><a href="#">登录</a></li>
            <li><a href="#">注册</a></li>
        </ul>
    </div>
</div>
</div>
```

在头部区域添加如下 JavaScript 脚本，用来控制侧滑面板的隐藏和显示功能。

```
<script>
$( "#mypanel" ).trigger( "updatelayout" );              //更新侧滑面板
$(document).ready(function(){
    $("div").bind("swiperight", function(event) {       //向右滑动屏幕时，触发该事件
        $( "#mypanel" ).panel( "open" );                //展开侧栏面板
    });
});
</script>
```

运行效果如图 21.1、图 21.2 所示。

图 21.1　首页模板效果

图 21.2　首页侧滑面板效果

21.3 登录页设计

除了首页侧滑面板提供登录表单外，也提供了专用登录页面，该页面结构简单，用户可以把侧滑面板中的表单直接复制过来，然后设置<form>标签属性即可。

登录页设计代码如下（login.html）：

```
<div data-role="page">
    <div data-role="header" data-position="fixed">
        <h1>登录闺蜜</h1>
    </div>
    <div data-role="content">
        <form action="index.php" method="get">
            <label for="zhanghao">真名:</label>
            <input name="zhanghao" id="zhanghao" value="" type="text">
            <label for="zhanghao">密码:</label>
            <input name="mima" id="mima" value="" type="text">
            <fieldset class="ui-grid-a">
                <div class="ui-block-a">
                    <input type="submit" data-role="button" value="登录">
                </div>
                <div class="ui-block-b">
                    <a data-role="button" href="register.php">注册</a>
                </div>
            </fieldset>
        </form>
    </div>
    <div data-role="footer" data-position="fixed">
        <div data-role="navbar" data-position="fixed">
            <ul>
                <li><a href="index.php" data-ajax="false" rel="external">闺蜜说
</a></li>
                <li><a href="login.html" data-ajax="false" rel="external">登录
</a></li>
                <li><a href="register.php" data-ajax="false" rel="external">注册
</a></li>
            </ul>
        </div>
    </div>
</div>
```

运行结果如图 21.3 所示。

图 21.3 登录页设计效果图

提交本页面之后，将会跳转到首页，与首页的登录表单的 PHP 后台代码合并处理，这样可以优化代码。在首页再通过 PHP 脚本设计显示条件：登录之前侧滑面板显示登录表单，登录之后侧滑面板显示登录信息。

21.4　注册页设计

扫一扫，看视频

在用户登录之前，需要注册为会员，那么注册界面是少不了的，为了简化程序，注册功能部分仅保留了用户名、密码和昵称三项，然后在下方直接加入一"确认"按钮即可。

注册页模板设计代码如下（register.html）：

```
<div data-role="page">
    <div data-role="header" data-position="fixed">
        <h1>注册为闺蜜</h1>
    </div>
    <div data-role="content">
        <form>
            <label for="zhanghao">真名（请尽量使用真实姓名）:</label>
            <input name="zhanghao" id="zhanghao" value="" type="text">
            <label for="nicheng">昵称:</label>
            <input name="nicheng" id="nicheng" value="" type="text">
            <label for="zhanghao">密码:</label>
            <input name="mima" id="mima" value="" type="text">
            <a data-role="button">注册</a>
        </form>
    </div>
    <div data-role="footer" data-position="fixed">
        <div data-role="navbar" data-position="fixed">
            <ul>
                <li><a href="#">闺蜜</a></li>
                <li><a href="#">登录</a></li>
                <li><a href="#">注册</a></li>
            </ul>
        </div>
    </div>
</div>
```

运行结果如图 21.4 所示。

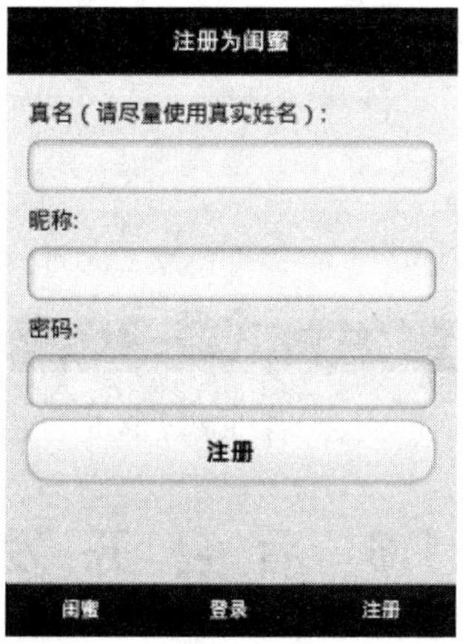

图 21.4　注册页面效果图

扫一扫，看视频

21.5　发布页设计

除注册页面之外，还要有一个能够发布信息的地方，本例为该功能单独设计一个页面，其布局也非常简单，只有一个文本框和一个“发布”按钮。

发布页面模板设计代码如下（say.html）：

```
<div data-role="page">
    <div data-role="header" data-position="fixed">
        <h1>闺蜜说</h1>
    </div>
    <div data-role="content">
        <form>
            <label for="demo">对谁说:</label>
            <input name="demo" id="demo" value="" type="text">
            <label for="biaobai">说什么:</label>
            <textarea rows="20" name="biaobai" id="biaobai">
                                            </textarea>
            <a data-role="button">发布</a>
        </form>
    </div>
    <div data-role="footer" data-position="fixed">
        <div  data-role="navbar" data-position="fixed">
            <ul>
                <li><a href="#">闺蜜</a></li>
                <li><a href="#">登录</a></li>
                <li><a href="#">注册</a></li>
            </ul>
        </div>
    </div>
</div>
```

运行结果如图 21.5 所示。

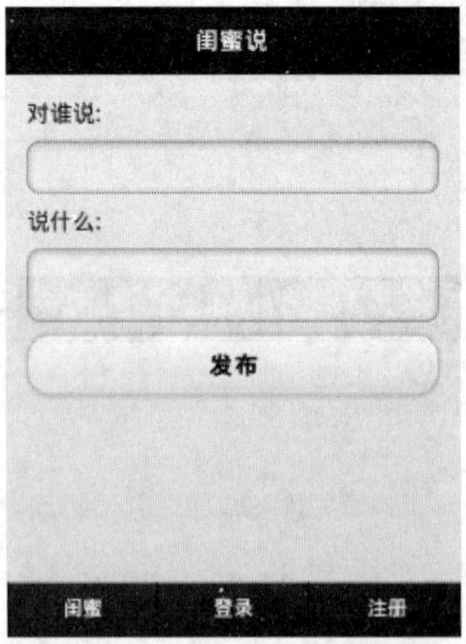

图 21.5　发布页面效果图

21.6　后 台 开 发

完成前台模板页面的布局和设计，本节将从后台开发的角度介绍各个页面的动态信息显示和各种逻辑功能的实现。

21.6.1 设计数据库

本项目数据库结构比较简单，包含 5 张表，其中三张主表，两张关系表。具体创建过程如下：

【操作步骤】

第 1 步，新建一个数据库，命名为 friend。

第 2 步，新建一个表，命名为 message，用来存储发布的信息。设置该表包含三个字段，简单说明如下，详细设置如图 21.6 所示。

- ↘ message_id：发布信息的 id 编号。
- ↘ message_neirong：发布信息的具体内容。
- ↘ message_demo：向谁说。

第 3 步，新建一个表，命名为 replay，该表存储用户回复信息，字段说明如下，详细设置如图 21.7 所示。

- ↘ replay_id：回复信息的 id 编号。
- ↘ replay_neirong：回复信息的具体内容。
- ↘ user_id：回复信息的用户编号。

#	名字	类型	排序规则	属性	空	默认
1	message_id	int(10)		UNSIGNED	否	无
2	message_neirong	varchar(200)	utf8_bin		否	无
3	message_demo	varchar(20)	utf8_bin		否	无

#	名字	类型	排序规则	属性	空	默认	额外
1	replay_id	int(10)		UNSIGNED	否	无	
2	user_id	int(10)		UNSIGNED	否	无	
3	replay_neirong	varchar(200)	utf8_bin		否	无	

图 21.6　设置 message 表字段　　　　　　图 21.7　设置 replay 表字段

第 4 步，新建一个表，命名为 replay_info，该表关联 replay 和 message 数据表，把发布信息和回复信息关联起来，字段说明如下，详细设置如图 21.8 所示。

- ↘ message_id：发布信息的 id 编号。
- ↘ replay_id：回复信息的 id 编号。

第 5 步，新建一个表，命名为 user，该表存储用户信息，如用户名称、昵称、登录密码等，字段说明如下，详细设置如图 21.9 所示。

- ↘ user_id：用户的 id 编号。
- ↘ user_name：用户的名称。
- ↘ user_nicheng：用户的昵称。
- ↘ password：用户的登录密码。

#	名字	类型	排序规则	属性	空	默认	额外
1	user_id	int(10)		UNSIGNED	否	无	
2	user_name	varchar(20)	utf8_bin		否	无	
3	user_nicheng	varchar(20)	utf8_bin		否	无	
4	password	varchar(20)	utf8_bin		否	无	

#	名字	类型	排序规则	属性	空	默认	额外
1	message_id	int(11)			否	无	
2	replay_id	int(11)			否	无	

图 21.8　设置 replay_info 表字段　　　　　　图 21.9　设置 user 表字段

第 6 步，为了关联用户表（user）和信息表（message），需要再新建 user_message 表。数据结构如图 21.10 所示，字段说明如下：

➲ user_id：用户的 id 编号。

➲ message_id：发布信息的 id 编号。

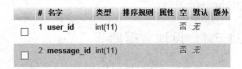

#	名字	类型	排序规则	属性	空	默认	额外
☐	1 user_id	int(11)			否	无	
☐	2 message_id	int(11)			否	无	

21.6.2　连接数据库

完成数据库设计操作之后，本节介绍如何使用 PHP 连接

图 21.10　设置 user_message 表字段

数据库，开始使用 PHP 读取服务器上的信息了，实际上本项目所要实现的大部分功能与之前的项目大同小异。

本例采用上一章项目中的数据库连接类。用户把上一章项目中的 sql_connect.php 文件复制到本例网站根目录下即可。

📢 注意：

完成 sql_connect 类的定义，当数据库的账号或密码修改时，还需要修改该文件中的内容。

21.6.3　首页功能实现

下面开始设计首页功能，根据前台设计的模板结构，直接嵌入 PHP 代码，从数据库中读取 message、user_message 和 user 数据表中的记录，然后根据关联绑定到列表视图中。

【操作步骤】

第 1 步，打开首页模板页，把 index.html 另存为 index.php，然后放到本地站点根目录下。

第 2 步，在页面顶部引入数据库连接文件，并创建数据库连接实例。

```php
<?php include('sql_connect.php'); ?>
<?php header("Content-Type:text/html;charset=UTF-8"); ?>
<?php
$is_login=0;
$sql=new SQL_CONNECT();
$sql->connection();
$sql->set_laugue();
$sql->choice();
?>
```

第 3 步，清除 <div data-role="collapsible-set"> 标签下所有静态代码，输入下面的 PHP 代码，动态显示发布信息。

```php
<?php
$sql_query="SELECT * FROM message,user_message,user
WHERE user_message.message_id=message.message_id
AND user_message.user_id=user.user_id";
$result=mysql_query($sql_query,$sql->con);
?>
<?php
$num = 1;
while($row = mysql_fetch_array($result)) {
    echo "<div data-role='collapsible'>";
    echo "<h4>";
    echo "<span class='red'>".$row['user_nicheng']."</span> 对 <span class=
'red'>".$row['message_demo']."</span>说";
    echo "</h4>";
    echo "<h4>";
    echo $row["message_neirong"];
    echo "</h4>";
```

```php
        $message_id = $row['message_id'];
        $sql_query="SELECT * FROM replay,replay_info,user WHERE replay.replay_id=
replay_info.replay_id AND user.user_id=replay.user_id AND replay_info.message_id=
".$row['message_id'];
        $result1=mysql_query($sql_query,$sql->con);
        while($row1 = mysql_fetch_array($result1)) {
            echo "<p><span class='blue'>";
            echo $row1['user_nicheng'];
            echo "</span>: ";
            echo $row1['replay_neirong'];
            echo "</p>";
        }
        if(1==$is_login) {
            echo "<form id='frm".$num."'>";
            echo "<input type='text' id='replay_text'>";
            echo "<input type='hidden' id='bianhao' value='";
            echo $message_id;
            echo "'>";
            echo "<input type='hidden' id='nicheng' value='";
            echo $name;
            echo "'>";
            echo "<a href='' data-role='button' onclick='replay(".$num.");'>跟说
</a>";
            echo "</form>";
        }
        $num = $num + 1;
        echo "</div>";
    }
?>
```

在上面 PHP 代码中，先查询 message 数据表，使用 while 结构展示所有信息，然后再嵌套一个子查询语句，查询 replay 数据表，找出每条信息后跟帖的回复信息，再使用 while 结构罗列出来。

同时根据$is_login 变量，判断当前用户是否登录，如果登录则显示回复表单，否则不显示该表单。

第 4 步，在页面顶部输入下面 PHP 代码，获取查询字符串信息，如果有对应的'zhanghao'和'mima'名值信息，则与数据表 user 进行比对，如果存在，则设置变量$is_login 为 1，表示用户登录成功，然后把用户信息存储到 cookie 中。如果没有查询字符串，则读取 cookie 信息，判断是否存在名称为 id 的 cookie 值，如果存在则设置$is_login 为 1，同时从 cookie 中读取用户身份信息。

```php
<?php
    if(isset($_GET['zhanghao']) && isset($_GET['mima'])) {
        $zhanghao = trim($_GET['zhanghao']);
        $mima = trim($_GET['mima']);
        if( $zhanghao == '' || $mima == ''){
            echo "<script language='javascript'>alert('对不起，提交信息不能够为空!');
history.back();</script>";
            exit;
        }
        $sql_query="SELECT * FROM user WHERE user_name='".$zhanghao."'";
        $result=mysql_query($sql_query,$sql->con);
        while($row = mysql_fetch_array($result)) {
            if($mima==$row['password']) {
                $is_login=1;
```

```
            $id=$row['user_id'];
            $username=$row['user_name'];
            $name=$row['user_nicheng'];
            $password=$row['password'];
            setcookie("id", $id, time()+3600);
            setcookie("username", $username, time()+3600);
            setcookie("name", $name, time()+3600);
            setcookie("password", $password, time()+3600);
        }
    }
}
if(isset($_COOKIE['id'])) {
    $is_login=1;
    $id=$_COOKIE['id'];
    $username=$_COOKIE['username'];
    $name=$_COOKIE['name'];
    $password=$_COOKIE['password'];
}
?>
```

第 5 步，根据变量$is_login 的值，定义标题栏显示的标题信息。

```
<?php
if(0==$is_login) {
    echo "闺蜜说";
}else{
    echo "[". $name . "]";
    echo "的闺蜜说";
}
?>
```

第 6 步，清除<div data-role="panel" id="mypanel">标签包含代码，重新设置侧滑面板信息，根据变量$is_login 的值，设计侧滑面板是显示登录表单还是显示用户信息。

```
<?php
if(0==$is_login) {
    echo "<form>";
    echo "<label for='zhanghao'>真名:</label>";
    echo "<input name='zhanghao' id='zhanghao' value='' type='text'>";
    echo "<label for='zhanghao'>密码:</label>";
    echo "<input name='mima' id='mima' value='' type='text'>";
    echo "<fieldset class='ui-grid-a'>";
    echo "<div class='ui-block-a'>";
    echo "<a data-role='button' onclick='login();'>登录</a>";
    echo "</div>";
    echo "<div class='ui-block-b'>";
    echo "<a href='register.php' data-role='button'>注册</a>";
    echo "</div>";
    echo "</fieldset>";
    echo "</form>";
}else {
    echo "<h4>已登录</h4>";
    echo "<p>真名: ";
    echo $username;
```

```
    echo "</p>";
    echo "<p>昵称: ";
    echo $name;
    echo "</p>";
}
?>
```

第 7 步，当用户在侧滑面板中进行登录时，单击"登录"按钮，将调用 login() 函数，该函数将获取用户填写的名称和密码，以查询字符串形式传递给 index.php。具体 JavaScript 代码如下：

```
function login(){
    var zhanghao = $("#zhanghao").val();
    var mima = $("#mima").val();
    var site="index.php?zhanghao=" + zhanghao + "&mima="+ mima;
    location.href=site;
}
```

第 8 步，在浏览器中输入 http://localhost/index.php，运行效果如图 21.11 所示。

显示信息

查询回复

侧栏登录

跟帖回复

图 21.11 首页动态功能实现

21.6.4 注册页功能实现

下面介绍注册页功能实现过程。该功能包含两个页面文件：register.php 和 register_ok.php，其中 register.php 页面提供注册表单界面，register_ok.php 负责后台信息处理。

【操作步骤】

第 1 步，打开注册模板页，将 register.html 另存为 register.php，保存在根目录下。

第 2 步，先打开 register.php，为"注册"按钮绑定 click 事件处理函数 register()。

```
<a data-role="button" onclick="register()">注册</a>
```

第 3 步，打开外部 JavaScript 文件 js/ form.js，设计函数 register()，用来把表单信息提交给 register_ok.php 文件。

```
function register(){
    //获取真名的值
    $zhanghao = $("#zhanghao").val();
     //获取昵称的值
    $nicheng = $("#nicheng").val();
    //获取密码的值
    $mima= $("#mima").val();
    //将获取的值通过 URL 传送给 reg.php
    $site="register_ok.php?zhanghao="+$zhanghao+"&nicheng="+$nicheng+"&mima="+$mima;
    location.href=$site;
}
```

第 4 步，新建 register_ok.php，输入下面 PHP 代码，接收 register.html 页面传递过来的查询字符串信息，对接收的信息进行处理，同时与数据表 user 的信息进行比对，检查是否存在重名，最后通过检查之后，提交给 MySQL 数据库保存起来。

```
<?php
$sql=new SQL_CONNECT();
$sql->connection();
$sql->set_laugue();
$sql->choice();
$sql_query1 = mysql_query("select user_name from user where user_name='$zhanghao'
or user_nicheng='$nicheng' ",$sql->con);
$info=mysql_fetch_array($sql_query1);
if($info!=false){
    echo "<script language='javascript'>alert('对不起，该昵称已被其他用户使用!');
history.back();</script>";
    exit;
}
$sql_query2 = "SELECT * FROM user";
$result = mysql_query($sql_query2, $sql->con);
$num=1;
while($row = mysql_fetch_array($result)) {
    $num=$num+1;
}
$sql_query3 = "INSERT INTO user (user_id,user_name,user_nicheng,password) VALUES
($num,'$zhanghao','$nicheng','$mima')";
mysql_query($sql_query3);
$sql->disconnect();
?>
```

第 5 步，在浏览器中输入 http://localhost/index.php，然后在底部脚注栏中单击"注册"按钮，进入注册页面，运行效果如图 21.12 所示。

注册新用户

登录用户

发布信息或者跟帖

图 21.12　注册页面功能实现

扫一扫，看视频

21.6.5　发布页功能实现

下面介绍发布页功能实现过程。该功能也包含两个页面文件：say.php 和 say_ok.php，其中 say.php 页面提供发布信息的表单界面，say_ok.php 负责后台信息处理。

【操作步骤】

第 1 步，打开发布信息模板页，将 say.html 另存为 say.php，保存在根目录下。

第 2 步，根据 cookie 信息，判断用户是否登录，并显示不同标题信息。

```php
<?php
if(isset($_COOKIE['id'])) {
    echo $_COOKIE['username'];
    echo " 要说 ......";
}else{
    echo "说啥呢";
}
?>
```

第 3 步，对表单结构进行重构，清除<input name="demo" id="demo">文本框，使用下拉菜单控件来代替，使用 PHP 读取数据表 user 中所有用户信息，动态生成一个用户列表结构。

```php
<select name="who" id="who" data-native-menu="false">
    <option value='所有人'>所有人</option>
    <?php include('sql_connect.php'); ?>
    <?php header("Content-Type:text/html;charset=UTF-8"); ?>
    <?php
        $sql=new SQL_CONNECT();
        $sql->connection();
        $sql->set_laugue();
        $sql->choice();
        if(isset($_COOKIE['id'])) {
            $sql_query="SELECT * FROM user";
            $result=mysql_query($sql_query,$sql->con);
```

515

```
        while($row = mysql_fetch_array($result)) {
            $name=$row['user_name'];
            $nicheng=$row['user_nicheng'];
            echo "<option value='$nicheng'>$nicheng</option>";
        }
    }
    $sql->disconnect();
    ?>
</select>
```

第 4 步，打开 say_ok.php 文件，输入下面 PHP 代码，接收发布信息表单提交的信息，并进行检查。

```
<?php include('sql_connect.php'); ?>
<?php header("Content-Type:text/html;charset=UTF-8"); ?>
<?php
    $who=trim($_GET["who"]);
    $what=trim($_GET["what"]);
    if( $who == '' || $what == ''){
        echo "<script language='javascript'>alert('对不起，提交信息不能够为空!');
history.back();</script>";
        exit;
    }
?>
```

第 5 步，如果用户登录，则把提交的信息写入到数据库，否则不允许执行写入操作。

```
<?php
    if(isset($_COOKIE['id'])) {
        $sql=new SQL_CONNECT();
        $sql->connection();
        $sql->set_laugue();
        $sql->choice();
        $sql_query="SELECT * FROM message";
        $result=mysql_query($sql_query,$sql->con);
        $num=1;
        while($row = mysql_fetch_array($result)) {
            $num=$num+1;
        }
        $sql_query="INSERT INTO message (message_id,message_neirong,message_demo)
VALUES ($num,'$what','$who')";
        mysql_query($sql_query);
        $id = intval($_COOKIE['id']);
        $sql_query="INSERT INTO user_message (message_id,user_id) VALUES ($num, $id)";
        mysql_query($sql_query);
        $sql->disconnect();
    } else {
        echo "<script language='javascript'>alert('对不起，请登录!');</script>";
        exit;
    }
?>
```

第 6 步，在浏览器中输入 http://localhost/index.php，然后在底部脚注栏中单击"我要说"按钮，进入发布信息页面，运行效果如图 21.13 所示。

发布信息　　　　　　　　　　　　　　　　查看发布的信息

图 21.13　发布信息页面演示效果

21.6.6　回复功能实现

当在首页浏览用户发布的信息时，可以根据爱好进行跟帖，这个跟帖会立即显示在页面上，并把回复信息同步存储到数据库中。这个过程使用 Ajax 技术实现，具体步骤如下。

【操作步骤】

第 1 步，打开 index.php，找到下面代码，在"跟说"按钮上绑定 click 事件处理函数 replay()，同时把当前表单在整个页面中的下标位置值传递给该函数。

```
echo "<a href='' data-role='button' onclick='replay(".$num.");'>跟说</a>";
```

第 2 步，编写 replay()函数，根据参数指定的表单位置，获取当前表单 form，然后获取该表单中的用户填写的信息，最后使用 jQuery 的 get()方法把用户填写的信息以查询字符串的形式发给 replay.php 文件。同时，在回调函数中接收服务器端响应的信息，并把信息嵌入 HTML 字符串中，显示在跟帖列表的尾部。

```
function replay(n){
    form = $("#frm"+n);
    var replay_text = form[0]["replay_text"].value;
    var bianhao = form[0]["bianhao"].value;
    var nicheng = form[0]["nicheng"].value;
    var site="replay.php?replay_text="+ encodeURIComponent(replay_text) + "&bianhao= "+
bianhao;
    $.get(site, function(data){
        if(data){
            form.before("<p><span class='blue'>"+ nicheng + "</span>: "+ replay_text
+ "</p>");
            form[0]["replay_text"].value = "";
            form[0]["replay_text"].focus();
        }
        else{
        alert("回复失败");
```

```
    }
  });
}
```

第 3 步，新建 replay.php 文件，编写下面 PHP 代码，接收用户通过 Ajax 方式提交的数据，并进行检查。

```php
<?php
$replay_text=trim($_GET["replay_text"]);
$bianhao=trim($_GET["bianhao"]);
if( $replay_text == '' || $bianhao == ''){
    echo "0";
    exit;
}
?>
```

第 4 步，打开数据库连接，把用户回复信息保存到数据库中，保存成功，则响应数字 1，否则响应数字 0，这样在 index.php 文件的 JavaScript 代码中根据响应值进行判断，并执行不同的响应处理。

```php
<?php
    $sql=new SQL_CONNECT();
    $sql->connection();
    $sql->set_laugue();
    $sql->choice();
    mysql_query("set names utf8");//设置编码
    $sql_query1="SELECT * FROM replay";
    $result=mysql_query($sql_query1,$sql->con);
    $num=1;
    while($row = mysql_fetch_array($result)) {
        $num=$num+1;
    }
    if(isset($_COOKIE['id'])) {
        $id = intval($_COOKIE['id']);
        $sql_query2="INSERT INTO replay_info (message_id,replay_id) VALUES ($bianhao,
$num)";
        mysql_query($sql_query2);
        //$replay_text1 = iconv('UTF-8','gb2312',$replay_text);
        $sql_query3="INSERT INTO replay (replay_id, user_id, replay_neirong) VALUES
($num, $id, '$replay_text')";
        mysql_query($sql_query3);
        echo "1";
    }else{
        echo "0";
    }
    $sql->disconnect();
?>
```

第 5 步，在 index.php 页面单击一条信息，展开该信息之后，可以看到所有回复信息，用户可以跟帖回复，运行效果如图 21.14 所示。

发布跟帖   显示跟帖

图 21.14 跟帖功能实现